개정판

건설 감정

하자편

이기상
손은성
감수 유선봉

추천의 글

김 영 수 (대한건축사협회 회장)

감정의 중요성은 아무리 강조해도 지나치지 않습니다. 감정결과가 재판에 큰 영향을 미치기 때문입니다. 그래서 저는 수많은 건설소송 감정을 수행하면서 더욱 전문적이고 과학적인 감정방안을 모색해 왔습니다. 2004년부터 3년에 걸쳐 당시 서울중앙지방법원의 강재철 부장판사님을 도와 '건설감정인 세미나'를 진행하면서 감정의 개념과 체계를 정리했던 기억이 아직도 선합니다.

서울시건축사회 회장을 맡고서는 '건축물의 조사감정서 작성요령'을 만들어 전국의 건축사들에게 배포하고 대대적인 감정교육을 실시하였습니다. 감정은 건축사의 고유한 업무 중의 하나입니다. 하지만 실무 자료가 드물고 교육기관이 없어 감정을 배우기도 쉽지 않았는데 이러한 여건을 보완하고 개선하고자 하는 노력의 일환이었습니다. 그때의 노력이 감정인들의 자질과 업무역량 향상에 조금이나마 도움이 되었다고 하니 다행입니다.

더 큰 보람을 느낀 때는 이 같은 서울시건축사회의 활동이 서울중앙지방법원에 알려지면서 감정기준 공동연구에 참여를 요청받았을 때입니다. 이후 '건설감정실무'는 거의 6개월 동안 매주 치열한 토론을 거쳐 만들게 되는데, 바로 서울시건축사회의 감정위원회가 주축이 되어 대한건축사회관 회의실에서 작성한 것입니다. 현재 '건설감정실무'는 전국 법원에서 표준적인 매뉴얼로 정착되고 있습니다.

하지만 안타깝게도 건설분쟁이 급증하고 있는 데 비하여 감정에 관한 전문서적은 여전히 부족한 실정이었습니다. 그래서 '건설감정실무' 작성에 참여했던 분들이 감정실무서를 쓰겠다며 조언을 부탁했을 때 참으로 반갑고 고마웠습니다. 이분들이면 건설감정의 수준을 한 단계 끌어올릴 수 있겠다는 생각도 들었습니다. 그리고 무려 일년에 걸친 작업 끝에 책이 완성된 것입니다.

이 책은 감정의 처음부터 마지막까지 상세하게 해설하고 있습니다. 풍부한 사례 분석을 통해 하자를 실증적으로 분석하였고, 전문적이고 과학적인 조사방법과 최근 제기되는 주요 이슈까지 다루고 있습니다. 따라서 감정을 배우고자 하는 사람들에게는 좋은 입문서가 되고 전문감정인에게는 훌륭한 실무서가 될 것입니다. 명실상부한 감정의 참고서로서 중요한 초석이 될 것으로 기대합니다.

저자들의 노고와 열정에 큰 박수를 보냅니다.

감수의 글

유 선 봉 (광운대학교 건설법무대학원 원장)

건설산업은 아주 중요한 산업이다. 사람들이 거주할 집을 짓는 것부터 도로나 다리, 항만과 같은 기반시설까지 범위가 매우 넓은데다 생활에 직접적인 영향을 미치기 때문이다. 그러나 건축주와 설계자, 시공자, 관련 행정기관에 이르기까지 서로 이해관계가 얽혀있어 많은 분쟁이 발생하기도 한다. 오죽하면 '건설은 태생적으로 분쟁을 안고 태어난다'는 말이 있을까.

일단 분쟁이 발생하면 건설과 법률에 대한 전문지식을 바탕으로 엉킨 실타래에서 실마리를 찾듯이 혼란 속에서 해결방안을 찾아야 한다. 하지만 아쉽게도 국내에서는 속 시원하게 건설분쟁을 해결해 줄 수 있는 진정한 건설법무전문가를 찾기가 쉽지 않다. 관련된 연구문헌도 찾기 어렵다. 건설과 법률을 통섭하여 체계적으로 교육하고 연구하는 곳도 광운대학교 건설법무대학원이 거의 유일한 실정이다. 또한 국내에는 건설감정에 관한 서적도 드문 편인데, 몇몇 자료가 있지만 실제로 감정업무에 참고하기에는 다소 미흡하거나 정연하지 못하다. 전문매뉴얼로는 2011년 서울중앙지방법원에서 발표한 '건설감정실무'가 유일하다고 할 수 있을 뿐이다.

이처럼 불모지와 같은 건설감정 분야에서 체계적인 교육을 받고 풍부한 실무경험을 쌓아온 전문가들이 쓴 건설감정 전문서가 나왔다. 바로 이 책이다. 이 책의 장점을 살펴보면, 우선 저자들이 '건설감정실무'의 작성에 참여했던 이들로 법원의 감정실무를 상세히 해설하고 있다. 감정을 수행함에 있어서 '하자'에 관한 법적 개념을 정확하게 이해하는 것이 매우 중요하기에 관련된 법규와 다양한 판례를 들어 하자의 개념을 설명하고 있다. 그리고 하자에 대한 분류방식이 기존의 공종별 분류방식이 아닌 현상별 분류방식을 적용하고 있다는 점도 하나의 큰 장점이다. 이는 아주 획기적이라고 할 수 있는데, 기존의 시공자 일변도의 관점에서 비전문가의 입장인 사용자적 관점으로 전환을 시도한 것이기 때문이다. 하자를 조사하고 분석하고 이해하는데 있어 기존의 연구보다 상당한 진전을 이루었다고 할 수 있다. 이 책을 처음부터 끝까지 읽으면서 느낀 또 다른 장점은 실제 사례를 취합하여 분석한 결과를 근거로 하자를 실증적으로 접근하면서, 이를 토대로 체계적이고 명쾌하게 감정의 개념과 방법을 설명하고 있는 것이다.

이처럼 저자들이 실전경험에서 쌓은 풍부한 노하우가 고스란히 반영된 이 책은 앞으로 법조계뿐만 아니라 건설감정을 수행하는 건축사, 기술사들에게 건설감정의 좋은 길잡이가 될 것으로 기대한다.

프롤로그

  아파트는 상업적으로 성공했지만 하자에서는 실패했다. 2009년 대한주택건설협회가 조사한 바에 따르면 전국 220여 건설사를 대상으로 무려 600여건의 하자소송이 진행되었고 청구금액 또한 4,700억 원에 달한다고 한다.[1] 최근에는 더욱 늘어났을 것으로 추정된다.

  하자가 공동주택에만 머물러 있는 것은 아니다. 모든 건축물에서 하자가 발생하고 있다. 비단 하자 외에도 공사대금이나 건축물 손상, 계약내용의 불일치와 같은 다양한 분쟁요인이 건설단계에 잠재해 있다. 이런 문제가 적절히 해소되지 못하면 소송으로 전개되는 것이 현실이다. 근래에는 그 범위가 각종 환경문제나 요구 성능의 달성여부까지 확대되고 있다. 다투는 내용의 규모 또한 크고 복잡해서 소송의 진행에 상당한 비용과 시간이 소요되기도 한다.

  문제는 이 같은 대부분의 건설분쟁이 일반적인 사안과는 달리 건설에 관한 전문적 지식이나 기술을 이해하면서 사실의 진위를 파악해야 한다는 점이다. 따라서 건설소송과 같은 전문분야의 재판에서는 어느 정도 관련 지식과 경험을 보유한 법관이라 하더라도 구체적인 사실관계를 판단하기가 쉽지 않을 때가 있다.

  이때 제3자로부터 부족한 지식과 경험을 보충하는 방법이 바로 '감정(鑑定)'이다. 따라서 건설감정은 건설소송의 생산물이라고 할 수 있다. 향후 감정이 차지하는 비중이나 요구하는 수준은 건설분쟁이 증가함에 따라 더욱 높아지고 깊어질 것으로 예상된다. 그러나 분쟁이 더욱 다양해지고 규모가 커질수록 감정결과에 대해 끊임없는 이의제기가 있었다. 감정인에 따라 그 결과가 다른 경우가 많았기 때문이다. 이 같은 건설감정의 문제점을 점검하고 합리적인 개선방안을 찾기 위한 세미나가 사법사상 최초로 서울중앙지방법원에서 개최되었다. 그게 2002년도이다. 이후 이 세미나는 '건설감정인 실무연수'의 목적으로 매년 열리면서 감정의 전반적 체계를 잡는 중요한 축이 되었다.

그럼에도 불구하고 감정인에 따라 동일시안의 감정결과에 적지 않은 편차가 발생하는 문제는 잘 해소되지 않았다. 감정서는 백인백색으로 검토가 어려웠다. 공동주택 수분양자나 입주자와 시행자, 시공사 사이의 하자분쟁은 더욱 치열하게 전개되었다. 일부 감정인은 업무를 통째로 외부에 의뢰하면서 스스로 불신을 초래하는 일도 종종 빚어졌다.

이에 세부 쟁점에 대해서도 객관적이며 통일된 기준과 표준화된 서식이 요구되었다. 이런 시대적 요청을 외면할 수 없었던 서울중앙지방법원은 마침내 2011년 9월에 「건설감정실무」를 발표하게 된다. 이 지침은 쟁점에 대한 구체적인 '감정기준'과 전자소송을 대비한 '표준적인 감정서 작성방법'을 담고 있어, 감정의 객관화·과학화·표준화를 도모하는 획기적인 계기가 되었다.

그렇지만 3~4시간 정도의 세미나로는 감정인들을 충분히 교육시키기에는 시간이 절대적으로 부족했다. 배포된 자료도 요약문 위주로 설명이 모자랐다. 서울시건축사회나 한국기술사회가 소속 감정인을 대상으로 추가적인 건설감정 실무교육을 실시했지만 시간과 콘텐츠가 부족하긴 마찬가지였다. 동일한 사안에서 감정인의 의견이 자주 갈리는 것은 기준이 다르기도 하지만 어쩌면 공유하는 자료가 별로 없기 때문일지도 모른다. 사실 감정업무를 배우고 싶어도 시중에 참고로 할 서적이 드문 실정이다. 감정을 다룬 논문도 타 분야에 비해서 아주 빈약한 편이다. 「건설감정실무」에 대한 상세한 해설이 필요하고, 더 심화된 정보를 요청하는 목소리가 많아졌다. 동시에 감정을 배우고자 하는 사람들에게 유익한 참고자료가 필요했다. 이것이 이 책을 쓴 이유다.

　이 책은 총 14개의 장과 에필로그로 구성되어 있다. 제1장과 2장에서는 감정에 대한 개념과 건축하자를 설명하였다. 제3장에서부터 9장까지는 균열, 누수, 결로 같은 개별 하자를 실증적 조사 데이터를 근거로 개별 하자의 현상과 원인, 조사방법, 감정시 유의점까지 구체적으로 분석하였다. 제10장에서는 감정의 기준이 되는 설계도서의 불일치를 다루었고, 제11장에서는 최근 이슈가 되고 있는 건축물의 요구 성능을 살펴보았다. 제12장에서는 주변의 공사로 인해 벌어지는 건축물 손상의 원인, 상태에 대한 감정이 사안의 속성으로는 하자의 연장선상이라고 할 수 있지만 보통 별개의 사건으로 다루어지기 때문에 별도로 장으로 정리하였다. 제13장과 14장에서는 구체적으로 감정을 수행할 때 요구되는 현장조사 방법과 감정결과의 최종적 성과물인 감정내역서 작성방법까지 자세하게 설명하였다.

　몇 가지 특징을 언급하면 다음과 같다. 먼저 관련 법규와 판례를 들어 하자를 상세하게 다루었다. 감정에서의 하자는 단순한 전문기술의 나열이나 분석으로 판단이 어렵기 때문이다. 주어진 전제사실과 증명주제를 감정으로 풀어내어 감정서로 작성하기 위해서는 법률가만큼은 아니겠지만 민법과 집합건물법, 주택법의 법리에 대한 기본적 이해가 필요하다. 법의 구조와 개념을 어느 정도는 파악하고 있어야 한다.

　또한 하자에 대한 분류방식을 기존의 공종별 분류방식이 아닌 현상별 분류방식을 적용하였다. 보통 건축에 문외한인 사용자는 하자를 현상으로 인식하기 때문에 공종별 분류가 사실 별 의미가 없다고 할 수 있다. 오히려 하자를 공종별로 나누다 보니 사용자의 입장에서 하자를 명확하게 규정하기가 더 어려운 측면이 있었다. 이에 하자의 구성요소를 현상별로 정의하고 분류하는 방식을 적용하였다. 이는 기존의 시공자적 관점에서 사용자의 관점으로 전환한 것이라고 할 수 있다.

이 책이 기존의 연구와 비교할 때 가장 두드러지는 점을 든다면 실제의 감정사례와 감정사건의 정보를 취합하여 다룬 것이다. 사실 감정업무의 속성상 폐쇄적 작업으로 인해 다른 이들이 어떻게 감정을 하는지 알 수 없는 경우가 대부분이었다. 실제로 '공동주택에서 가장 많이 발생하는 하자현상은 무엇인가, 어디에서 하자가 가장 많이 발생하고 있는가', 이런 질문에 정확하게 답변할 수 있는 감정인은 별로 없을 것이다. 그래서 자신이 도출한 감정결과가 과연 어떤 정도의 수준에 이르고 있는지, 제대로 한 것인지, 다른 감정인들은 어떻게 하고 있는지를 가늠하기가 어려운 것이 현실이다. 이에 다수의 전문 감정인들의 자료를 모아 통계적 분석을 시도한 것이다. 그리고 이를 토대로 하자의 현상과 원인, 감정업무의 방법과 유의사항을 설명하고자 했다.

하자를 정면으로 다루었지만 아직 부족한 점이 많다. 이 책을 통해서 감정업무를 객관적이고 과학적으로 수행할 수 있는 로드맵을 만들 수 있기를 바란다. 이 책이 모쪼록 하나의 시발점이 되어 감정업무가 더욱 전문화하는 계기가 되기를 바란다.

2013년 5월 23일
이기상, 이명규, 현명효, 안무영

프롤로그(개정판)

우리는 싸우지 않고 이기는 것이 최상이며 싸움은 말리고 흥정은 붙이라고 배워왔다. 그런데 살다보면 그럴 수 없는 경우가 있다. 다툼 이란 것이 자의에 의해서만 비롯되는 것이 아니기 때문이다. 다투게 되더라도 합의나 조정을 통해 싸움을 멈출 수 있다면 그것은 차선일 것이다. 하지만 그럴 수 없는 경우 소송과 같이 제삼자의 판단을 빌어 시시비비를 가려야 하며 그 방법에 감정이 포함된다.

소송에서는 당사자의 주장이 모두 수긍할 수 있는 증거로 정립되어 야만 받아들여지며 그렇지 않는 것들은 배제된다. 건설소송에서 이와 같은 역할을 하는 이 중에 "감정인"이 포함된다. 그런 의미에서 감정 은 분쟁의 마지막 단계에서 근거를 제시하는 역할을 수행하는 도구라 고 할 수 있다. 그렇기 때문에 감정결과는 과학적이고, 객관적이며, 합 리적이어야 한다.

건설소송에서 제시된 감정결과가 과학적인지를 확인하는 것은 어 렵지 않다. 이를 확인할 수 있는 각종 자료들이 산재하고 있기 때문이 다. 문제는 과학적 방법이라 하더라도 그 감정의 결과가 객관적이고 합리적인지 확인하는 것은 쉽지 않다는 것이다. 왜냐하면 각자의 기 준이 다른 경우가 많기 때문이다. 같은 방안에 있어도 어떤 사람은 덥 고 어떤 사람은 따뜻하게 느끼는 것처럼 동일한 하자 현상인데도 감정인에 따라 하자의 중요성 여부가 다를 수 있으며 보수방법과 보수범위가 달라질 수 있기 때문이다. 그래서 다들 감정이 어렵다고 한다. 감정은 정답을 찾는 게 아니라 과학적이고 객관적인 확인을 통해 합리적인 기준에 따른 의견을 제시하는 것이기 때문이다.

"감정"이란 단어를 처음 접한 것은 시공사에서 건설소송 기술지원 업무를 담당하면서였다. 그때는 당사자 입장에서 "감정"을 접했다. 그 후 감정인으로서 6년을 보냈다. 그 동안 감정실무제도와 관련하여 법원이 주도한 각종 TF에 참여하여 관련기준을 정리하는 과정과 사법연수원 법관 교육에도 참여하였다. 이 밖에 법원행정처가 주도한 법관용 건설감정매뉴얼 작성 및 감정인들을 위한 서울중앙지방법원의 2016 건설감정실무 개정작업에 참여하였다. 이와 같은 과정을 거쳐 지금은 법원에 소속된 법관의 보조자로서 감정을 바라보고 있다.

지난 1월부터 이기상 감정인이 펴낸 건설감정 하자편 개정 작업을 주관하였다. 감정인으로서 감정을 수행하는 동안 사례나 자료 및 기준의 부재로 인해 힘들었던 점을 풀기 위해 내용을 보완하였다. 소송 관계자의 상반된 입장과 감정인의 기준이 다른 것에서 비롯된 괴리감을 완벽하게 극복할 수는 없을 것이다. 하지만 합리적인 판단을 위해서는 감정에 대한 적정한 기준이 필요하다는 생각에는 변함이 없다.

개정판에는 2013년 초판 발행 후 개정된 2016 건설감정실무 내용과 더불어 지진이나 감리관련 사항 등 최근 떠오르는 문제들도 반영하였다. 기존 공동주택 하자소송에서는 시각적 현상을 중심으로 하자를 주장하였지만 최근에는 성능과 관련한 하자가 급증하고 있다. 건물이 날로 고층화, 복합화 되면서 화재나 붕괴 등 안전과 관련한 문제들이 증가하고 있기 때문이다. 법률적으로는 주택법이나 집합건물법처럼 중복되고 불일치한 조항들을 개정하여 공동주택관리법과 같이 당초 목적인 공동주택관리에 효율적으로 적용할 수 있도록 전문화되고 있다.

2016년부터 사법연감 민사소송 손해배상 분야에 '건설·건축'분야가 별도로 집계될 정도로 건설소송은 증가하고 있다. 이러한 추세에 비추어 감정도 발전의 길을 도모해야 한다. 단순한 보수비 산출만이 아니라 정확한 원인분석과 합리적 판단이 감정서로 도출되어야 한다. 완성된 문장과 적확한 서술을 통해 누구나 쉽게 판독할 수 있는 감정서가 제시될 때 감정의 신뢰도 또한 높아 질 것이다. 이러한 결과가 누적되면 건설감정 또한 법의학처럼 건축의 한 분야로서 자리매김 할 수 있을 것으로 생각한다.

2018년 8월
손은성

차례

1

건설소송에
있어서의 감정

제1장

건설소송에 있어서의 감정

1. 건설단계별 분쟁 유형[2]

모든 일에는 순서가 있고 단계가 있고 수준이 있다. 건물을 짓고 길을 내고 다리를 놓는 건설도 마찬가지다. 건물을 짓는 과정을 살펴보면 우선 건축주의 의도가 설계로 이어지고 이를 기초로 건축허가를 받으면서 시작된다고 할 수 있다. 이후 설계도면과 시방서를[3] 근거로 공사도급계약을 체결하면서 시공사를 선정하고 공사를 진행하게 된다. 상당기간에 걸친 공사가 완료되면 사용승인검사를 거친 후 건축주에게 인도하는 단계를 맞게 된다. 당연히 그 공사는 일정 수준을 만족해야 한다.

그런데 이러한 건설의 모든 단계에서 문제가 발생하고 있다. 대부분 하자와 관련된 것들이다. 기초가 부실하면 집이 내려앉고, 단열이 미비하면 겨울에 춥고, 방수가 허술하면 비가 샌다. 바로 공사의 수준에 관한 문제라고 할 수 있다. 이외에도 건설의 각 단계에서 파생되는 문제는 아주 다양하다.

건설과정은 공사도급계약이나 설계·감리계약 외에도 전문공사부분의 하도급계약, 하자보수와 관련된 보증계약과 같이 대부분 계약의 형태로 법률관계가 형성되어 있어, 하자는 물론이고 설계도서불일치나 각종 설계변경, 추가공사 등 공사비를 둘러싼 문제가 계약서를 근거로 하여 분쟁으로 전개되는 경우가 많기 때문이다. 대개가 당사자들 사이에서 원만히 해결되지만 해소되지 않는 경우에는 소송으로 전개되기도 한다. 시공사는 건설의 전문가인데 비하여 건축주는 비전문가가 많아 하자를 보는 시각이 다르거나, 계약내용을 주관적으로 해석하여 공사비에 대한 갈등이 커져 도저히 합의에 이르지 못할 때가 많기 때문이다. 때로는 건설관계자들이 구두로만 합의한 채 공사를 진행하다가 추후 그 합의에 대하여 견해와 해석이 달라 다툼이 발생하기도 한다. 이런 경우는 증거 확보도 쉽지 않다.

이처럼 건설소송은 그 순서와 단계, 시공 수준에 따라 다양한 양상으로 발생하는데, 사안의 쟁점파악에 시간이 걸리며, 이해관계가 복잡하며 정리가 어려운 특징이 있다고 할 수 있다. 또한 상당한 비용이 소요되기도 한다. 따라서 복잡한 건설분쟁이나 소송의 쟁점을 정확하게 파악하기 위해서는 그 본질적 원인을 잘 짚어내는 것이 중요하다. 이를 위해서는 건설단계의 흐름을 제대로 이해하고 주요 단계별 분쟁 유형과 발생원인을 충분히 파악하여야 한다.

(1) 기획 및 인허가 단계

건축행위를 위해서는 허가나 신고 같은 일련의 행정절차가 필요하다. 이때 각종 인·허가 과정에서 법령해석의 변경으로 행정절차가 중단되거나 미숙한 처리로 인·허가 일정이 지연되는 상황이 종종 생긴다. 이때 처분의 취소나 인·허가 지연으로 인한 손해배상청구와 같은 분쟁이 발생하기도 한다. 실례로 법제처의 준주거지역 일조권 해석을 들 수 있다. 그동안 준주거지역에서는 관행적으로 일조가이드라인을 지키지 않았다. 그런데 2012년 2월 법제처가 준주거지역에 짓는 공동주택도 건축법 61조 1항과 법 시행령 86조 1항에 따라 '정북방

향일조권'을 지켜야 한다는 유권해석을 내린 것이다. 당장 준주거지역에 들어서는 도시형 생활주택, 주상복합 등 공동주택에 대한 건설사업이 전면 중단되었다. 이 같은 사업중단에 따라 많은 분쟁이 발생하였다. 진행 중인 건설사업이라 하더라도 법령의 해석에 따라서 큰 차질이 생길 수 있다는 점에서 아주 중요한 사례라고 할 수 있다.

(2) 설계단계

건축물을 짓기 위해서는 설계도면이 필요하므로 건축주는 건축사에게 설계를 의뢰해야 한다. 이 과정에서 건축사는 건축주의 수많은 요구들을 수용하면서 설계를 수행한다. 문제는 요구사항이 상호간에 모순되거나, 실현이 어려울 때가 많다는 것이다. 게다가 설계용역비는 저가인데 반하여 설계의 난이도를 상급으로 요구하거나, 용역의 범위 밖인데도 불구하고 공사비내역서와 같은 추가적인 업무를 요구하는 사례도 있다. 이런 상황에서 건축주가 자신의 요구를 모두 만족시킬 수 있는 설계를 고집하는 경우에는 사실상 설계가 불가능하거나 완성도를 높이기가 어렵게 된다. 대부분 이러한 갈등은 계약체결시에는 잘 나타나지 않다가 설계업무가 한창 진행 중일때 나타나는 경우가 많다. 이로 인해 설계가 중단되면서 분쟁으로 전개되기도 한다.

① 설계자의 자격

건축사 자격이 없는 사람이 설계했을 경우나 건축사 사무소가 적법한 등록이 돼 있지 않은 경우에는 계약 및 설계의 유효성을 둘러싼 문제가 발생한다.

② 설계자의 불법행위 책임을 둘러싼 문제

설계변경 허가 없이 무단 축조된 건축물을 인지하지 못하거나, 대지와 도로와의 관계가 건축법령에 위반되는 데도 불구하고 묵인하거나, 건축허가 이전에 이미 시공된 건축물을 적합하다고 인정하여 현장조사 결과를 반영하는 경우가 대표적인 건축법규 위반 유형이다. 대개 이런 위반사항은 설계를 수주하기 위해서 건축주와 체결한 설계계약에 근거해서 발생한다. 그러나 결과가 건축주의 의도와 맞지않게 나오거나 행정기관의 점검에 위반사항이 적발되어 건축이 중단될 시에 건축주와 분쟁이 발생하기도 한다. 바로 이때 설계자에게는 설계의 결과물에 대해서 선량한 관리자로서의 주의나 설명책임을 다했는지가 문제시 된다. 최근에는 설계자에 대하여 엄격한 '전문가의 책임'을 요구하는 분위기다. 설계자에게 높은 수준의 주의의무를 요구하므로 상당히 유의해야 한다.

③ 설계용역비 청구권을 둘러싼 문제

설계는 예술적인 감각이 필요하므로 표현에 있어 고도의 기술력을 요한다. 따라서 설계비의 책정은 공사비와 같이 기계적으로 구분할 수 없는 특수한 경우라고 할 수 있다. 그럼에도 불구하고 설계용역비를 결정하지 않은 상태에서 설계를 진행하다가 중단된 경우나 용역비는 확정됐지만 도중에 계약이 해지됐을 때 설계용역비의 지급을 두고 분쟁이 종종 발생한다. 이 같은 설계용역비 감정시에는 당초 당사자 간의 계약체결 방법 및 계약의 중도 해지 시점을 재판부를 통해 명확하게 확인한 후 업무를 수행해야 한다. 이때는 명시적으로 확인할 수 없는 부분까지도 충분히 감안하여 설계의 전 과정을 면밀하게 검토해야 한다.

(3) 시공단계

시공은 설계도서에 근거하여 건물을 짓는 과정이다. 시공과 관련한 대부분의 문제는 건설사업 과정에서 필연적으로 발생하는 '클레임'으로[4] 나타난다. 클레임을 비롯한 각종 분쟁은 발주자와 시공자와의 관계만이 아니라 도급인과 하도업체, 자재업체와의 관계에서도 일어난다. 원만하게 타협이 되지 않는 경우 결국 소송으로 전개되기도 한다.

① 설계변경

공사 도중에 설계변경이 일어나는 경우는 비일비재하다. 건축주가 설계변경을 요청하기도 하고 반대로 시공자가 요청하는 경우도 있다. 어떤 경우라도 설계변경에 대하여 건축주의 승인을 받고 진행하면 추후 분쟁의 여지가 줄어들게 된다. 하지만 대부분 설계변경 사항을 구두 합의의 형태로 확정하거나, 아예 확정하지도 않고 공사 완료 후 정산할 것을 합의하는 경우도 빈번한데, 정산시 분쟁이 생기는 경우도 많다. 공사종반에 이르러서야 설계변경의 유무, 변경내용의 확정, 변경에 의한 공사비 증감, 공사기간 연장여부를 두고 다툼이 일어나는 것이다.

② 기성고, 공사품질

건설과정에는 약정 외 업무의 추가나 설계변경에 의한 공사비 증가 이외에도 공사 중단에 의한 기성고, 공사계약 해제시 대금청구권의 존부 등과 같은 다툼도 자주 발생한다. 추가공사의 경우 약정여부나 실제 추가여부 판단이 필요한데 이때는 기존 계약범위와의 구분이 중요하다. 기성고 공사대금의 산정시에는 공사가 진행된 부분이 전체 공사의 어디까지인지 확인하는 것이 요구된다. 구체적 시공부분에 대하여 원·피고 사이에 의견불일치가 심하고, 공사 중단 이후 제3자에 의해 마무리 공사가 시행되었거나, 공사 착수 이전에 시공된 부분이 있는 경우도 많기 때문에 상당한 주의를 요한다. 이외에도 공사 타절에 관한 합의여부나 완성된 건축물의 자재나 공간규격의 허용오차에 관한 다툼도 많다.

③ 공사기간

근래에는 공사기간이 분쟁의 요인이 되는 사례도 잦다. 공사기간은 공사도급계약에서 결정되는데, 시공자에게는 적정한 공사기간의 설정이 필요한 반면 발주자는 빠른 완성을 기대한다. 건설공사의 공기는 본질적으로 날씨나 기후와 같은 자연적 조건에 좌우되는 특징이 있다. 이외에도 지질조사의 미비나 주변의 민원, 하도업체의 도산 등 다양한 요인에 의해 공사가 지연되는 경우가 발생한다. 건축주는 도급 계약을 전제로 공사비를 지급하므로 정해진 기간 내에 공사가 완료되지 못할 경우 공사의 지체에 대한 다툼이 생긴다. 또한 품질 확보를 위한 절대적 공기를 무시한 공사기간도 문제가 될 수 있다.

④ 감리자

시공상의 품질관리는 감리업무를 통해 이루어진다. 하자 없는 고품질의 건축물을 구현하기 위해서 감리업무는 매우 중요하다고 할 수 있다. 문제는 공사가 설계도서대로 실시되는지의 확인하는 것이 감리의 주된 업무인데, 실제로는 감리를 수행하는 방법이 외관상 검사에 지나지 않는 한계점이다. 건축법에 의하면 설계도서대로 공사가 진행되지 않을 경우 감리자는 이를 건축주에게 통지하고, 시공자에게 시정 또는 재시공토록 요청해야 하는데 실제로는 이를 묵인하는 경우도 많다. 또한 공사시공자가 시정요구를 거부할 경우 허가권자에게 보고해야 함에도 공사감리자로서 아무런 조치를 취하지 않아 업무정지와 같은 행정처분을 받는 경우도 있다.

이처럼 감리 및 현장조사 업무를 맡고 있는 건축사 사무소의 건축사들이 건축주나 시공사의 불법행위를 묵과하는 경우가 적지 않아 부실공사를 방조하고 있다는 지적도 많다. 그럼에도 불구하고 시공과정에서 감리업무에 하자가 발견될 경우 건축주는 클레임을 제기하며,

이를 해소하지 못할 경우 감리계약상의 책임이나 불법행위 책임과 같은 소송으로 전개되기도 한다. 반면 감리용역비를 제대로 지급받지 못하여 감리보수를 청구하는 소송도 있다. 지금까지 대부분의 건설소송이 주로 시공사를 상대로 한 것이었다면 향후에는 감리자를 대상으로 한 분쟁도 상당히 늘어날 것으로 예상된다.

⑤ 건축주와 제3자

건축공사 과정에서 주변건물에 영향을 미쳐 건축주나 시공자와 제3자 사이에 분쟁이 생기는 경우도 많다. 대개 인접 대지의 지반굴착공사로 인한 진동으로 발생하는 균열, 누수, 소음, 진동과 같은 물리적 하자가 주 원인이다. 그리고 일조권이나 조망권에 관한 다툼도 자주 발생한다. 이처럼 인접지공사로 인한 건축물의 손상이나 상태에 대한 감정시에는 직접적인 피해 현황과 함께 건물 자체의 노후화나 구조적 취약점을 감안하여야 한다. 건축물의 노후정도에 따라 그 피해 분석이 달라지기 때문이다. 통상 해당 공사가 건축물의 피해에 끼친 기여도를 파악하는데, 만약 사전조사 자료가 있다면 기여도를 객관화하기가 훨씬 수월해진다. 피해건물에 대한 조사기록이 없다면 피해상황에 대한 기여도를 추정할 수밖에 없다.

(4) 유지관리 단계

건축주 입장에서 건축물에 결함이 생겼을 때, 책임소재를 따지지 않고 무조건 시공자를 상대로 소송하는 일이 많다. 준공 시점에는 실제 구현된 건축물에 대해 주문자인 발주자의 기대와 시공자 입장의 편차가 발생할 수밖에 없는데, 그 편차가 도저히 수긍할 수 없을 정도라면 결국 분쟁으로 이어지게 된다. 이 과정에서 그동안 수면 아래에 있던 추가공사비 및 공사대금 채권 확보, 또는 지체상금 등과 같은 제반 문제점들이 함께 수면위로 떠오른다. 그 밖에도 건물의 소유권 귀속과 같은 다양한 이슈가 나타나기도 한다.

① 추가공사대금

최근 추가공사분에 대한 공사비를 요구하는 다툼이 늘고 있다. 애초 설계 자체가 상세하지 못한 부분도 있고, 공사 도중 발주자가 수시로 설계를 변경하는 경우도 많기 때문이다. 심지어 현장에서 즉흥적으로 추가공사를 지시하는 경우도 있다. 공사 초기에는 수급인이 각종 설계변경이나 지시사항도 원만한 진행을 위해서 대부분 수용하지만 공사가 종반에 이르거나 완료된 이후 손실이 예상될 경우에는 추가부분에 대한 공사대금을 요구하게 되는 것이 전형적인 갈등 유형이다. 이때 추가공사비에 관한 계약서가 없거나, 명시적 합의가 없었던 경우, 합의가 있다 해도 구두로 이루어져 입증이 어려운 경우 분쟁이 발생한다.

② 지체상금

채무자가 계약기간 내에 계약상의 의무를 이행하지 못했을 때 채권자에게 지불하는 금액을 '지체상금'이라 한다. 대법원은 일관되게 공사도급계약에 있어서의 지체상금 약정은 수급인이 건물준공이라는 일의 완성을 지체한 데 대한 '손해배상액의 예정'으로 보고 있다.[5] 지체상금을 산정하기 위해서는 우선 공사의 지연일자를 확정해야 하는데 계약으로 준공일이 지정되어 있지만 특약조건으로 별도의 기한을 정할 수 있으므로 도급계약에서 정한 준공일과 동시에 특약조건도 주의 깊게 살펴야 한다. 또한 발주자의 긴급한 설계변경이 있었는지, 타 공정과의 연계로 인한 불가피한 문제는 없었는지 그에 대한 공사지연의 책임은 누구에게 귀속되는 것인지를 면밀히 파악하는 것이 중요하다.

③ 하자

보통의 공업제품은 하자가 있는 경우 교환이 가능하다. 반면 건축물은 중대한 하자가 발생하더라도 교환이 어려우며 철거를 통한 재시공도 과다한 비용이 소요되므로 현실적으로 이루어지기 힘들다. 발주자의 입장에서 보면 불만스러운 제품에 대하여 사용을 강요당하는 상황이라고 할 수 있다. 따라서 이런 문제가 생겼을 때는 하자보수청구나 손해배상청구와 같은 소송으로 전개되는 경우가 많다. 건물이 완성된 이후 가장 자주 발생하는 분쟁이 바로 하자에 관한 소송이다. 하자의 쟁점은 균열, 파손, 결로, 누수 등의 부실시공 외에도 계약내용, 설계도면과의 불일치나 건축법령의 이행여부 등 범위가 상당히 넓다고 할 수 있다. 이러한 하자의 발생과 전개는 시공상의 이유 외에 설계상 과실이나 건축주의 사용, 관리상 과실 등 그 원인이 너무도 다양하기 때문에 책임소재를 놓고 상당한 논란이 빚어지기도 한다. 건설감정의 대부분이 바로 이런 하자에 관한 감정이다. 그 중 공동주택의 하자소송이 가장 규모가 크다고 할 수 있다.

2. 건설감정의 의의

(1) 건설감정 개요

민사소송에서 다툼이 없는 사실은 증거가 필요 없지만 다툼이 있는 사실은 증거에 의하여 인정되어야 한다. 법원은 변론 전체의 취지와 증거조사의 결과를 참작하여 자유로운 심증으로 사회정의와 형평의 이념에 입각하여 논리와 경험의 법칙에 따라 사실주장이 진실한지 아닌지를 판단한다.[6] 하지만 건축물의 하자나 공사대금, 인접지공사로 인한 피해, 설계비 분쟁과 같은 건설소송은 어느 정도 관련 지식과 경험을 보유한 법관이라 하더라도 구체적인 사실관계를 파악하기가 쉽지 않다.

이때 법관의 지식과 경험을 보충하기 위해서 특별한 학식과 경험을 가진 자에게 전문적인 지식 또는 그 지식을 이용한 판단을 보고받는 증거방법이 바로 '감정(鑑定)'이다.[7] 이외에도 증거의 조사방법에는 증인신문과 각종 서증 · 검증 및 당사자 신문과 같은 다양한 유형이 있다. 사건의 당사자가 아닌 제3자라는 측면에서는 감정인과 증인은 동일한 입장이지만 전문적 판단을 제시해야 한다는 점에서 과거의 경험사실만을 이야기할 수 있는 증인과는 본질적으로 다르다. 감정에 의한 증거조사는 감정인의 전문지식과 식견을 통한 조사결과로 법관의 사실판단 능력을 보조하는 기능을 가진다.

따라서 법원 입장에서는 효율적인 재판의 진행을 위해 전문적이면서 성실하게 감정업무를 수행할 전문가들을 확보해야 한다. 이를 위해 대법원은 감정과목별로 감정인선정을 위한 절차로서 '감정인등 선정과 감정료 산정기준 등에 관한 예규'를 규정하고 있다. 그에 따르면 토지, 건물, 동산 그 밖의 재산에 대한 시가 또는 임료 등에 대한 감정, 토지수용으로 인한 손실액의 산정을 위한 '시가감정'과 토지분할측량, 경계복원측량, 현황측량, 그 밖의 일반측량 등의 '측량감정' 그리고 필적 · 문서 · 인영 · 문자 · 지문 등의 '문서감정', 진료기록감정과 같은 신체감정, 공사비, 유익비, 하자보수비, 건축물의 구조, 공정, 그 밖에 이에 준하는 사항의 '공사비 등의 감정' 등 5개 분야로 나누고, 감정과목별로 감정인 선정과 지정, 감정절차, 감정료 산정방법 등을 정하고 있다.

한편 감정은 재판부의 지시나 업무 유형에 따라 추상적인 지식을 제공하는 '자문형', 전제사실을 법원에서 제시하는 경우로 '전제사실제시형', 전문지식이 결여된 법관이 사실인정 자체가 불가능한 경우, 증명주제를 감정인에게 제공하고 사실인정을 주문하는 '증명주제 제공형' 등과 이런 유형이 상호결합된 '혼합형'과 같이 네 가지 형태로 분류된다.[8] 일반 사건에서 흔히 시행되는 측량감정, 시가감정, 문서감정 등은 '전제사실 제시형'인 반면에 건설소송에서의 감정은 '혼합형' 감정이 많다. 따라서 감정인은 감정의 유형을 잘 구분하여, 주관적인 판단보다는 과학적이고 객관적이며 전문적인 시각으로 감정결론을 제시해야 한다.

건설감정은 건설소송에서 제기되는 사실조사를 위해 건축물의 하자를 감지하거나 진행된 공사의 정도를 파악하고, 손상이나 피해의 정도를 조사하는 경우가 많다. 국내의 경우, 건축물의 유지·관리를 위한 정기점검 및 수시점검을 의무화하는 법률근거(건축법 제35조 건축물유지관리)가 2012년도에 비로소 마련될 정도로 건물 POE[9]가 아직 활성화되지 못하고 있다. 이런 점을 감안하면, 지금까지 건축물에 대한 사후평가는 바로 '감정'을 통해 이루어져 왔다고 해도 과언이 아닐 것이다. 따라서 건설감정은 건설소송에서 사건의 결론을 좌우하는 증거방법일 뿐만 아니라 건물을 최종적으로 평가하는 방법이라고도 할 수 있다. 게다가 다른 감정과 달리 전문지식을 적용할 전제사실을 주도적으로 수집하고 이를 기초로 감정의견을 제출하는 경우가 대부분이므로 그 범위가 아주 넓고 고도로 복잡한 업무라고 할 수 있다. 그러므로 건설감정인에게는 기술의 집약과 더불어 건축과정 전반을 아우르는 통찰력이 요구된다고 하겠다.

해외 여러 국가들에서는[10] 오래전부터 사실인정을 위한 증거방법으로서 감정인을 재판에 활용하고 있다. 건축물이 대형화되고 기능이 복잡해질수록 감정이 차지하는 비중은 점점 더 높아지고 있어 해외의 선진 감정기법에 대한 연구도 필요하다. 이제는 무엇을 감정하느냐 보다는 어떻게 감정해야 하느냐가 더 중요한 시점이라고 할 수 있다.

(2) 건설감정의 종류[11]

구체적인 소송사건에서는 감정이 중복되어 신청되는 경우도 많지만 건설감정은 주로 다음과 같이 세 가지 유형으로 나뉜다.

① 하자감정

건축물의 하자란 일반적으로 완성된 건축물의 공사계약에서 정한 내용과 다른 구조적 기능적 결함이 있거나, 거래관념상 통상 건축물이 갖추어야 할 내구성, 강도 등의 품질을 제대로 갖추지 못하여 그 사용가치 또는 교환가치를 감쇄시키는 결점을 뜻한다.[12] 여기서 하자는 건축공정에 따라 설계과정에서 발생한 하자인 설계상의 하자, 시공과정에서 발생한 하자인 시공상의 하자, 감리과정에서 발생한 감리상의 하자, 건축물을 인도받은 후 도급인 등이 사용하는 과정에서 우발적으로 발생하는 하자로 나눌 수 있다.

하자감정은 건축물의 하자현상을 확인하고 발생원인을 파악하고 보수비용을 산정하는 감정이다. 공사수급인이 하자보수책임을 부담하는 하자는 건축시공과정에서 발생한 시공상의 하자에 해당된다. 감정 실시 단계에서 건축물에 나타나 있는 하자가 설계상의 하자와 시공상의 하자 또는 사용자의 과실 등 복합적인 원인에 의하여 발생된 경우에는 이를 구분하여 시공상의 하자가 기여한 부분만을 고려하여 하자보수비를 산정해야 한다.

② 건축물의 손상, 상태에 대한 감정

건축물의 손상에 대한 원인 또는 상태의 감정은 주로 토지굴착으로 인한 인접지 건축공사로 인해 발생하는 피해에 대한 감정이다. 만약 건물의 침하나 균열 등 하자가 발생한 경우에는 보수가 가능하다면 하자보수비 상당액이, 보수가 불가능하다면 당시의 교환가치가 통상의 손해가 된다.[13] 하지만 훼손된 건물의 보수가 가능하기는 하지만 이에 소

요되는 하자보수비가 건물의 교환가치를 초과하는 경우에는 그 손해
액은 형평의 원칙상 그 건물의 교환가치 범위 내로 제한되어야 한다.

하자보수비 상당액을 산정함에 있어서 피해건물의 균열 등으로 인
한 붕괴를 방지하기 위해 지출한 응급조치비용은 건물을 원상회복시
키는데 소요되는 하자보수비와는 성질을 달리하므로 별도로 처리해
야 한다.[14]

또한 건물상태에 따른 기여도의 감정도 필요하다. 피해를 입었다는
건물이 건축 후 상당기간이 경과하고 상당한 정도의 균열이 있는 경
우에 시공자가 착공 전에 촬영한 기존건물의 상태를 확인하거나, 기
존건물의 설계도 등 건축자료를 검토하여 피해건물 자체의 구조내력
을 확인하였다면 이를 감안하여 손상의 원인을 판단하여야 하고, 그
피해상태에 대한 외부공사의 그 기여도까지 반영하여야 한다.[15] 정상
적인 건물은 기본적인 구조내력을 가지고 있는데 이를 유지하지 못하
는 노후화된 건물은 동일한 충격에도 취약하기 때문이다.

③ 공사비 감정

공사비 감정은 공사가 중단된 경우, 기성고 비율의 산정과 추가공사
비 산정을 위한 감정이다. 건축공사에 여러 시공자가 관여한 경우에는
전체 건축공정 중에서 기성고 비율을 구하는 시공자가 시공한 공사부
분을 명확하게 확정해 다툼 있는 부분을 명시하여 각 부분별로 감정해
야 한다. 판결시 각 부분의 공사비 구분이 가능해야 하기 때문이다.

한편 추가공사[16] 또는 변경공사비용을 감정하는 경우에는 당초의
설계도면, 시방서 등에 의하여 인정되는 공사도급계약에 비추어 구체
적으로 시공된 공사부분이 추가나 변경공사에 해당하는지 여부를 확
인해야 한다. 추가공사의 경우 당시 소요된 비용, 변경공사의 경우 변
경공사에 소요된 당시의 공사비용과 도급계약에 정한 변경 전 공사비
용의 차액이 감정사항이 될 것이다.

(3) 건설감정의 절차[17]

① 건설감정 시행 전에 정리할 기본사항

재판부는 먼저 감정을 실시하지 않고 종국적인 판결이나 조정이 가능한지 여부를 먼저 살펴 신중히 그 채부를 결정할 필요성이 있다. 사실의 존부나 당사자 적격 등 법리적인 판단에 따라 결론이 도출될 수 있는 사건인지, 필요한 전문적인 지식을 다른 방법, 예를 들면 증인신문, 사감정서, 문헌 등에 의하여 획득할 수 있는 사건인지를 고려해야 한다. 그리고 감정료가 고액인 경우 조정기일을 미리 열어 감정료를 감안하여 조정을 권고하기도 한다. 조정위원에 의한 간이감정의 방법을 채택할 수 있는 사건인지, 도급인이 부도가 나서 변제 자력이 없는데도 불구하고 기성고를 확정하기 위하여 감정이 필요한 경우에는 당사자의 합의에 의하여 감리자의 감리보고서 등으로 기성고를 파악할 수 있는 사건인지 등도 확인할 필요성이 있다.[18]

감정신청 후에는, 이를 채택하기 전에 재판당사자의 주장과 그 상대방에 대한 주장을 듣기 위하여 준비절차기일을 열어 쟁점정리절차를[19] 시행하는 것이 바람직하다. 그리고 감정사항, 감정자료, 감정조건에 대한 충분한 검토가 완료된 후에 검증과 함께 감정을 채택하는 것이 재판진행에 효과적이다. 당사자 사이에 다툼이 있는 부분은 사전에 원·피고와 함께 감정의 조건을 합의하거나, 불가피한 경우 각 주장에 따라 감정의 조건을 달리하여 조건부 감정을 진행하는 방법도 있다. 이러한 조건부 감정은 사후검증식 감정이나 사전검증시 과다한 노력이 소모되는 문제를 피하고 최소한의 노력으로 상당한 효과를 거둘 수 있게 한다. 사후에 감정의 전제조건에 대한 불필요한 분쟁을 최소화할 수 있는 장점도 있다. 이처럼 감정은 사전 준비가 철저하게 필요한 절차라고 할 수 있다.

② 건설감정인 선정절차

감정인 선정

감정인의 지정은 민사소송법 제335조에 의거 수소법원·수명법관 또는 수탁판사가 지정한다. 감정인 선정의 구체적 방법은 재판부가 '감정인 선정 전산프로그램'을 이용하여 감정인 명단[20] 중에서 2인 또는 3인의 감정인 후보자를 선정 후 그 중 1명을 감정인으로 지정 결정하는 방식이다. 법원에 등록된 건설감정인 명단 중에서 '감정인 선정 전산프로그램'에 의해 선정된 감정인 후보자는 감정신청사항을 검토하여 '예상감정료 산출내역서'를 제출하고 재판부는 원·피고 당사자 의견과 감정인 후보자의 전문분야, 경력, 예상감정료를 종합하여 적합한 감정인을 지정하게 되는 것이다.

건설감정인 명단은 '전문면허·자격'을 갖춘 건축전문가로 구성되어 있다. 그렇지만 전문면허·자격을 보유하여 감정인 명단에 등재되어 있다 하더라도 사건을 감정하기 위한 전문적 지식이나 경험, 수행능력이 부족하여 법원이 요청하는 감정을 제대로 수행하지 못하는 경우도 많다. 이와 같은 문제는 감정의 부실화로 나타나며 감정을 보충해야 하거나 '재감정'이 진행되기도 한다. 따라서 사건의 감정을 원활하게 소화할 수 있는 감정인을 배양하기 위해서는 감정인의 소수정예화를 통한 전문화가 절실하다고 하겠다.

또한 민사소송법 제314조는 필요한 경우 감정인 명단에서 감정인을 선정하지 않고, 해당 사건의 감정에 적합하다고 인정되는 단체에 감정을 촉탁할 수 있는 감정촉탁제도를 규정하고 있어 당사자들의 합의에 의해 감정인을 지정하거나 외부기관의 추천을 받을 수도 있다. 대개 일반적인 감정인으로 해결할 수 없는 특수한 분야나 심화된 감정에서 이와 같은 방법이 종종 활용되고 있다. 특수한 감정의 경우 재판부가 법원행정처에 전문분야 감정인 선정을 의뢰하여 사건의 감정을 맡기에 충분한 자질을 갖춘 감정인을 채택하기도 한다.

㉠ 일반적인 절차

감정인의 선정은 감정인 등 선정과 감정료 산정기준 등에 관한 예규(재판예규 제1211호)에 따라 이루어진다. 법원장 또는 지원장이 주관하여 매년 12월 20일까지 감정인 명단을 작성하여 감정인의 성명, 주소, 사무소 명칭, 전화번호 및 감정료 입금계좌 등을 '감정인 선정 전산프로그램'을 통해 관리하고 있다. 감정인은 법원행정처에서 작성한 '감정인 선정 전산프로그램'에 의하여 선정된다. 조정사건이 소송절차로 이행된 경우 조정위원으로 조정절차에 관여한 자는 그 사건에서 감정인으로 선정될 수 없다.

㉡ 당사자들의 합의에 의한 감정인의 선정

당사자가 합의하여 특정 감정인 등에 대한 감정인 선정신청을 하는 경우에는 합의에 따른다(위 예규 제4조 제1항 단서).

㉢ 감정인 선정 전산프로그램에 의하여 선정할 수 없는 경우

감정사항을 감정하기에 적합한 자격을 갖춘 자가 감정인 명단에 등재되어 있지 않은 것으로 인정되는 경우에는 외부의 공공단체, 교육기관, 연구기관 등에 후보자 추천을 의뢰하는 등 적절한 방법으로 적격자를 선정하여 감정인을 지정하기도 한다.

㉣ 감정인 후보자를 복수로 추출한 다음 재판부가 감정인을 지정

재판장이 '감정인 선정 전산프로그램'을 이용하여 감정인 명단 중에서 1인을 무작위로 추출·선정하는 것이 적절하지 아니하다고 인정하여 '복수 후보자 선정 후 감정인 지정'을 명하는 경우, 감정사항에 비추어 적합한 자격을 갖춘 자가 위 예규 제5조에 따른 '감정인 명단'에 등재되어 있을 때에는 '감정인 선정 전산프로그램'에 의하여 2인 또는 3인의 감정인 후보자를 선정한 다음 감정인 후보자의 전문분야, 경력,

예상감정료 및 당사자의 의견 등을 종합하여 감정인을 지정한다.

ⓓ 복수의 감정인 지정

감정인에 대한 감정인 신문결과 감정사항에 전문분야가 아닌 사항이 포함되어 있어서 감정할 수 없는 부분이 있거나 대규모 건축물 감정시에는 시간 및 작업효율에 비추어 다른 감정인과 감정대상을 나누는 것이 바람직하다는 의견이 제시되는 경우에는 복수의 감정인을 지정하는 사례도 있다.

감정료 결정과 예납

공사비, 유익비, 건축물의 구조, 공정 그 밖에 이에 준하는 건설감정의 감정료는 감정인의 자격에 따라 '건축사용역의 범위와 대가기준' 중 감정에 관한 업무의 대가규정 또는 '엔지니어링사업대가의 기준'이 정한 실비정액 가산식으로 산출된 금액으로 한다. 다만, 제경비는 직접인건비의 80%, 기술료는 직접인건비와 제경비를 합한 금액의 15% 이내로 정하고 있다. 통상 직접비로 특급기술자로부터 초급기술자까지 필요한 인원수를 산정한 후 한국엔지니어링진흥협회가 조사공표한 가격을 곱하여 산정하고, 간접비나 보상비(제경비와 기술료)는 직접비에 일정한 비율을 곱하여 산정하고 있다.

감정인에 따라 감정에 투입되는 인원이 차이가 발생하여 필요 이상 고액의 감정료가 책정되거나 비슷한 감정에서 한쪽이 턱없이 높은 감정료를 요구하기도 하므로 감정료 산정의 편차를 줄이기 위한 노력이 필요하다. 재판장은 감정인 후보자에게 개략적인 감정사항 및 감정목적물을 알려주고 감정목적물에 대한 감정료의 예상액과 그 산출근거를 기재한 예상감정료 산정서를 제출케 하고, 감정인은 감정을 시행하기 전에 항목별, 투입인원별로 분석하여 가장 최적화된 산출내역서를 제출하여야 한다.

후보자들이 예상감정료 산정서 등을 제출한 경우, 법원은 이를 신청인에게 보여주고 그에 관한 의견을 제시할 기회를 부여한다. 이렇게 감정의 대상, 방법에 따라 감정인 등이 제출한 예상감정료 산정서, 당사자들의 의견 등을 종합하여 감정인과 감정료를 결정하고 감정신청인에게 이를 예납하도록 명하고 있다. 당사자가 이러한 납부명령을 받고서도 응하지 아니하는 경우에는 법원은 소송행위를 하지 않을 수 있으나, 통상 미납기간이 장기화 될 때에는 감정채택을 취소하고 소송이 진행된다.

감정기일에 감정인에게 고지하고 확인할 사항

㉠ 공정한 감정의 의무

건설재판에서 감정인은 중립적이고 공정한 입장에서 감정을 진행하여야 한다. 재판장은 현장조사시 감정인에게 당사자들과 접촉하면서 편파적인 행동을 한다거나 자신의 잠정적인 결론을 표명하는 등 오해를 살 수 있는 행동을 삼가야 하고 과도할 시에는 기피의 대상이 될 수도 있음을 고지한다. 감정인의 공정성에 의문이 생기는 경우 당사자들은 감정결과에 승복하지 않을 것이고, 재감정을 실시하는 경우와 같이 감정에 기초한 판결을 불신하는 사태에 이르게 된다는 점을 분명하게 인식해야 한다.

따라서 감정인은 공식적인 자료취득이나 현장조사 외에는 원·피고와 불필요한 접촉은 가급적 피해야 한다. 이를 문제 삼아 이의를 제기하거나 심한 경우 감정인을 탄핵하는 경우도 발생하기 때문이다. 서울중앙지방법원이 「건설감정실무」에서 '감정인 업무수행 및 당사자 관계자 접촉 경과표'에 당사자와의 접촉내용을 명확하게 기록해 추후 논란의 여지를 없애야 한다고 명시하고 있는 것도 바로 감정의 공정성 확보를 위한 방편이라고 할 수 있다.

ⓛ 감정서의 제출기한 확정

감정인은 감정기일, 감정사항을 확인하고 감정서의 제출 가능한 기한을 재판부에 제시해야 한다. 부득이하게 제출기한을 지키지 못하는 경우에는 사전에 재판부에 고지해야 한다.

ⓒ 재판부와 원활한 연락체계 확보

감정인이 감정절차를 진행하면서 의문이 발생하거나 문제가 발생하는 경우에는 필히 재판부에 그 상황을 알리고 협의하여 이를 해소해야 한다. 재판부에는 사건을 담당하는 판사 외에 소송기록의 관리와 행정지원업무를 담당하는 참여관, 실무관 등이 있다. 재판부와 연락을 취하고자 할 때는 대개 실무관을 통하는데 사건의 신속한 조회를 위해서는 사건번호와 사건명을 정확하게 불러주어야 한다. 가급적 각종 문서의 수·발신은 팩스를 사용한다. 여러 재판부가 팩스를 공동으로 사용하는 경우가 많기 때문에 팩스 송신 후에는 반드시 전화를 통한 수신 확인이 필요하다.

감정업무의 수행

감정업무의 단계는 크게 준비작업, 현장조사, 감정서 작성과 같은 세 단계로 구분할 수 있다. 준비단계에서는 감정신청사항의 충분한 검토와 숙지가 필요하다. 우선 각종 설계도서 등 자료의 확보가 중요하다. 현장조사를 위한 장비와 조사방법의 점검 및 조사양식 등도 미리 준비해야 한다. 준비단계가 미흡하면 차질이 발생하고 현장조사가 지연되기도 한다.

현장조사 단계에서는 감정신청사항에 대한 조사가 이뤄지며 야장을 정리하고 결함현황도를 작성한다. 감정서 작성단계에서는 현장조사 결과를 토대로 감정의견과 감정내역을 작성하여 감정결과를 도출하게 된다. 감정서에는 감정사항에 대한 종합적인 감정의견이 반영되어야 한다.

| 표 1-1 | 감정인 업무수행 및 관계자 접촉경과표(예시)

번호	일 자	장 소	참가자	내 용	비 고
1	2011.03.18.	조정실	감정인 원·피고 당사자 원·피고 대리인	감정시점, 감정기준, 기준도 면 확정 / 완료예정일 지정	감정기일
2	2011.04.09.	관리 사무소	감정인, 원고측 관리소장 피고측 과장	사용승인도면, 하자관련 수 발신문서, 기타 자료 인수 감정항목에 대한 의견 협의	착수회의
3	2011.04.10. ~ 06.18	현장	감정인 외 보조자 3명	원고 신청항목별 하자 유형 파악	현장조사
4	2011.06.20	관리 사무소	감정인, 관리소장	감정항목에 대한 의견 협의	회의
5	2011.06.20. ~ 06.23	현장	감정인 외 기술자 3명	외벽균열 및 공용부 현장 조사	현장조사
6	2011.06.24. ~ 06.25	현장	감정인 외 관리소장 입회	지하주차장, 전기실, 기계실 균열조사	현장조사

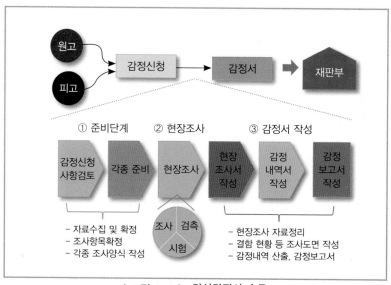

| 그림 1-1 | 건설감정의 흐름

(4) 감정서 제출 이후의 절차

① 감정보완신청

감정결과에 대한 불만이나 의문사항 또는 감정사항에 누락이 있는 경우에는 당사자가 재판부에 감정에 대한 설명을 요구하거나 보완을 요구하면서 감정내용을 다투는 사례가 많다. 특히 감정사항, 감정자료, 감정조건을 확정하지 못한 상태에서 감정을 진행한 경우에는 더욱 그렇다. 따라서 감정서가 제출된 이후, 신청인이 감정서가 미흡하다고 여기거나, 이해하기 어려운 경우에는 재판부가 감정인에게 보완을 요구한다.[21]

이처럼 감정인은 감정서를 제출한 이후에도 재판과정에 지속적으로 참여하게 된다. 주로 감정결과에 대한 구체적인 설명이 필요하거나, 미비한 사항에 대한 보충을 구하는 형태가 그것이다. 흔히 '사실조회'로 부르는데 감정결과는 사실조회의 대상이 될 수 없으므로 가급적 '사실조회'란 용어의 사용을 피해야 한다. '감정보완'이 적합한 용어라고 할 수 있다.[22]

제출된 감정결과를 어떻게 평가할 것인가는 재판부의 자유로운 심증에 맡겨져 있다.[23] 복수의 감정결과나 여러 감정결과 중 일부사항을 채택하는 것도 법원의 심증에 의하여 결정된다. 당사자가 원용하지 않는 감정결과도 법원이 증거로 채택할 수 있다. 동일한 사안에 대한 상반된 여러 개의 결과 중에 어느 것을 채택하더라도 채증법칙에 위배되지 않는 한 적법하다. 그렇지만 동일한 감정인이 감정한 사항임에도 불구하고 서로 모순되거나 불명료한 감정의견을 냈을 때는 감정서의 보완을 명해 정확한 감정의견을 밝히도록 하거나 감정인 신문을 통해 정확한 감정의견을 확정하는 등 적극적 조치가 이루어져야 한다.

'감정보완'은 하자소송에서 특히 많이 발생하는데 하자여부를 다시 묻거나, 하자보수비의 과다여부 및 시공물량의 적정성 등에 대한 보완신청이 많다. 감정은 법관의 판단에 필요한 기술적 보조자료일 뿐 판결과 같이 최종확정성을 갖는 것이 아니므로[24] 감정인의 감정결과를 믿지 못할 경우 재감정을 명할 수도 있다. 따라서 감정인은 감정의 논리에 오류가 생기지 않도록 주의를 기울여야 한다. 논리적 허점이 있을 경우에는 이를 적극 보완하려는 자세가 요구된다.

감정보완을 요청받았을 때 감정인은 신속하게 보완감정서를 작성하여 답변해야 한다. 요청을 받은 지 대개 2~4주 이내에 보완감정서를 제출해야 한다. 보완작업이 지연되면 재판진행에 차질을 빚는 경우가 생기므로 주의해야 한다. 이처럼 감정인은 항상 재판부의 각종 질의나 보충적 감정요청에 충실히 답변할 의무가 있음을 잊지 말아야 한다. 그러므로 감정인은 감정의 주재자로서 항상 감정사항과 각종 전제사실 및 감정보고서의 내용을 면밀히 파악하고 있어야 한다.[25] 비교적 큰 대형 건설사건에서는 기존의 감정내용을 보완하는 경우 말고도 추가적인 사안에 대한 '추가감정'을 진행하는 사례도 있다.

② 감정인 신문

건설감정은 전문지식에 기한 의견을 제시하는 것이 대부분이기 때문에 감정인을 증인으로 채택하는 경우는 드물다.[26] 하지만 감정결과에 불복하는 당사자가 감정증인을 신청하는 경우가 많다. 때로는 감정인 신문이 감정내용의 정확한 내용을 이해하기 위한 설명회 방식으로 진행되기도 한다. 따라서 감정인에게는 감정 전반에 대한 숙지가 필요하다고 하겠다.

③ 재감정 여부

감정보완신청을 통한 감정보충서, 감정인 신문결과로도 그 내용이 불충분하거나, 감정절차가 위법한 경우에는 동일 감정인 또는 다른 감정인에게 재감정을 명하기도 한다.[27] 재감정의 채택여부는 재판부

의 전권사항이므로 감정결과상 보충 및 수정이 가능한 경우에는 보완
감정서로 해결하고, 종전 감정결과를 수용하기 어려운 경우에만 허
용된다.[28] 종전 감정과 재감정의 각 결과가 일치하지 않을 때에는 어
떠한 감정결과를 채택할지 판단하기가 어렵고, 다시 재재감정을 하는
경우까지도 발생하는 경우도 있으므로 감정인에게는 소명의식을 가
지고 전문적이고 객관적인 감정결과를 도출해 낼 수 있는 적극적 자
세가 요구된다.

(5) 건설감정인 세미나

건설감정은 사건에 따라 감정가가 수천만 원이 넘는 고액인 경우도
많은데 감정결과가 불비하면 소송당사자들이 불복하거나 불만을 표
하는 경우가 종종 있다. 법원은 이러한 건설감정의 문제점을 파악하
고 대안을 모색하기 위해 법관과 변호사, 건설사건 감정인, 건설전문
조정위원 및 건축사협회 등 건축관련 단체까지 한 자리에 모아 건설
감정의 문제점을 논의하는 자리를 마련했다. 2002년 10월, 개최된 서
울중앙지방법원의 '건설감정인 세미나'가 바로 그 자리였다. 사법사
상 최초의 일이었다. 당시 건설소송실무연구회장인 윤재윤 부장판사
의[29] 주관으로 열린 이 세미나는 감정서 양식과 감정기준 등을 정립하
는 큰 틀이 되었다. 이후 매년 '건설감정인 실무연수회'가 열렸고 강재
철 부장판사가 주관한 2006년도에는 실무상 쟁점에 대한 연구성과가
담긴 '건설재판실무논단'이 발간되기도 했다.

그러나 최근에는 수분양자나 입주자들이 전문가를 동원하여 지금
까지 미처 인식하지 못하던 하자까지도 아주 세심하게 들춰내고 소송
을 제기하고 있어 분쟁은 더욱 치열한 양상으로 전개되고 있다. 세부
적인 부분에서는 건설감정기준이 미처 정리되지 않아 감정결과에 대
한 편차가 여전했고 감정서 형식 또한 백인백색으로 검토에 상당한

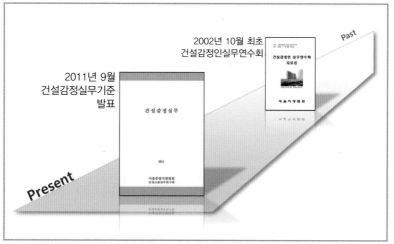

01

2011년 9월
건설감정실무기준
발표

2002년 10월 최초
건설감정인실무연수회

Past

Present

| 그림 1-2 | 건설감정인 세미나

애로가 있었다. 구체적인 쟁점사항에 대해서 보다 객관적인 감정기준
이 요구되었고, 표준화된 감정서식도 필요했다. 제반의 쟁점들을 짚
어보고 실제 업무에 참고 가능한 자료도 절실한 실정이었다.

이에 2011년 9월 서울중앙지방법원의 '건설소송실무연구회(회장 고
충정 부장판사)'는 건축전문 감정인 및 조정위원들과 6개월에 걸친 공동
연구 끝에 「건설감정실무」를 발표하게 된다. 이 지침은 '건설감정기준'
과 '감정서 작성방법'을 구체적으로 담고 있어 각종 하자감정의 편차를
해소하고 감정의 객관화, 과학화, 표준화를 도모하는 획기적인 계기가
되었다. 당시 세미나에는 300여명의 감정인과 건설사 관계자들이 대거
참석하여 큰 관심을 보였다. 이와 같은 노력의 결과는 감정관련 정보에
목마른 이들에게 한줄기 시원한 물줄기처럼 갈증을 해소해 주었다. 서
울중앙지방법원의 건설감정인 세미나는 건설감정인들이 놓쳐서는 안
되는 중요한 지표가 되었다.

3. 건설감정의 특수성과 유의사항

(1) 건설감정의 특수성[30]

감정은 건설소송의 진행에서 아주 중요한 과정이다. 그러나 재판의 당사자들이 감정결과를 수긍하지 못하고 보완을 요청하거나 재감정을 요구하면서 감정결과에 불만을 표출하는 것도 사실이다. 그에 대한 주된 이유를 다음과 같이 들 수 있다.

첫째, 당사자, 소송대리인, 재판부 등 소송관계자들의 전문지식 부족으로 인한 준비 불충분을 들 수 있다. 소송대리인들이 건설관행과 기법에 대한 이해가 부족하기 때문에 감정신청 단계에서 정확한 감정사항을 제시하지 못하는 경우가 많다. 건설감정의 복잡성과 전문성 부족의 특징에 비하여 실제의 감정신청은 사후검증 식으로 간단하고 형식적으로 이루어지는 경우도 있다. 대부분의 감정신청은 건축하자에 관한 일반적 사항을 간단히 기재한 감정신청서를 제출하는 방식인데, 재판부는 특별한 사정이 없으면 이를 채택하여 감정인에게 감정을 명한다. 이 과정에서 구체적으로 감정에 반영할 사항이 빠졌을 때 전제사실이나 자료들이 미비한 채 감정이 진행될 수밖에 없어, 신청자의 의도와는 전혀 다른 내용으로 감정결과가 도출되는 사례도 자주 발생한다. 그러므로 감정시에는 반드시 착수 전에 제반 전제사실을 확인하고 관련 자료를 확보하기 위한 노력을 기울여야 한다. 특히 감정보고서가 제출되고서야 비로소 감정의 기초가 될 도면이 빠졌다든지, 중요한 감정사항이 누락되었다며 이의를 제기하는 감정신청자도 있으므로 주의해야 한다. 부득이 감정보완이나 추가감정이 발생하면 재판이 지연될 수 있으므로 철저한 사전 점검이 요구된다.

둘째, 건설감정이 감정인의 주관성에 의지되는 본질적 한계를 들 수 있다. 건축공사는 설계를 거쳐 기초공사, 골조공사, 각종 마감공사와 같이 순차적이지만 아주 복잡한 공정으로 진행된다. 따라서 건설 감정은 감정할 사항이 복잡하고 양적으로도 아주 많아 업무를 수행하기가 쉽지 않으며 경우에 따라서는 설계도서나 입증자료가 미비한 부분은 감정인이 주관적으로 판단을 해야 한다. 예컨대 시공량 적산에 있어서 설계도상 특정되지 않은 창틀이나 은폐된 부분의 평가, 노동력 소요량 평가 등 세부적인 사항은 주관적 판단인 전문적 식견으로 진행한다는 것이 감정인들의 솔직한 고백이다.

셋째, 감정인의 수준과 정확도 역시 천차만별이다. 물론 우수하고 성실한 감정인도 있지만 전문성이 결여되고 소송감정제도에 대한 이해가 부족한 감정인도 적지 않다. 일부 감정인의 경우 감정업무 자체를 일괄하여 외주업체에게 넘기고 감정서에는 날인만 하여 제출하는 경우도 있다고 한다. 이처럼 감정업무를 본인이 직접 수행하지 않는 행위는 법관의 부족한 전문적 지식을 전문가에게서 보충하고자 하는 감정의 취지에 정면으로 반하는 것이라고 할 수 있다. 이는 공정한 재판업무를 방해하는 중대한 위해행위로 인식되어 적발시 엄중하게 처리되고 있으므로 각별히 유의해야 한다.

(2) 감정업무 수행시 유의사항

① 감정대상

감정대상은 감정을 실시하기에 앞서 반드시 확정되어야 한다. 감정은 본질상 법관이 가지는 경험, 지식만으로는 판단이 곤란한 전문적 분야이므로 적절한 감정사항을 확정하기 어려운 측면이 있는 것이 사실이다. 또한 감정의 전제가 되는 사실관계가 당사자 간에 일치하지 않을 때도 있다. 하지만 전제사실의 확정은 재판부에서 먼저 명확하게 정리해줘야 한다. 감정사항 및 감정의 전제사실에 대해서는 법원 및 당사자와 감정인의 사이에 공통적인 인식이 공유되어야 하기 때문이다. 따라서 감정인은 소송기록을 충분히 검토하고, 감정신청사항에 의문점이 있는 경우에는 신속히 법원이나 대리인에게 문의해야 한다.

② 감정자료의 확보

설계도서

감정착수 전 감정인은 설계도면과 공사도급계약서, 시방서, 견적서 등 건축물의 각종 현황을 미리 확인해야 한다. 설계도면은 동일한 건축물에 대한 도면일지라도 허가도면, 착공도면, 사용검사도면 등 행정행위나 공사 진행에 따라 여러 가지 종류로 나뉘고 있으므로 감정기준에 맞는 도면을 빠른 시일·내에 확보하는 것이 중요하다. 공동주택의 경우 시공자가 설계도서를 보유하기도 하지만 관리사무소가 구비하고 있는 경우도 많다. 설계도서의 요청시에는 당사자들에게 공식적인 문서를 통해 요청하여야 하며 반드시 원·피고 상호입회하에 감정에 근거할 도면이나 자료를 입수하는 것이 공정성 확보측면에서 중요하다.

감정자료의 당사자 확인

감정인이 자료를 확보하는 과정에서 당사자들의 확인을 거치지 않고, 당사자 일방이 제공한 서류를 함부로 자료로 삼아서는 안 된다. 감정의 객관성을 위하여 감정인은 항상 공정하고 중립적인 입장을 견지해야 하기 때문이다. 기본적으로 감정의 기초가 되는 자료는 모두 민사소송법의 규칙에 따라서 제출, 수집된 것이어야 한다. 감정인이 감정 과정에서 필요한 자료를 제대로 확보하기 위해서는 직접 당사자에 문의하는 등의 과정도 필요한데, 확인된 자료는 항상 원·피고가 입회하거나 동의하에 입수해야 한다. 어떤 면에서는 감정이 결과보다 절차가 더 중요하다고 인식되는데 바로 공정성 때문이다.

참고자료

감정에 임하다 보면 각종 전문기술분야 논문, 학회지, 외국서적 등의 문헌자료에 대한 수집과 활용이 필요한 경우가 있다. 인용문헌 내지 참고문헌의 내용을 토대로 감정 이유를 기술했다면 반드시 출처를 명시해야 한다. 중요한 사실에 대해서 판단한 결과의 객관성을 확보할 수 있는 근거가 되기 때문이다. 사본을 감정서에 첨부하는 것도 좋은 방법이다.

사적 감정도 일종의 참고자료가 될 수 있다. 공동주택의 경우 하자조사기관의 조사보고서를 서증으로 제출하는 경우가 많다. 사적 감정서는 당사자의 계약에 의해 작성한 서류로 법원의 감정서와는 성격이 다르다. 하지만 참고자료로서 감정신청사항 파악을 위해 검토가 필요하다. 다만 일방당사자 측에서 제공한 정보를 전제로 작성되어 논리의 비약이 심한 경우가 많으므로 유의해야 한다.

문서제출명령

'문서제출명령제도'란 법원이 당사자의 신청에 의하여 문서제출의무가 있는 문서소지자에게 제출을 명하여 상대방 또는 제3자가 소지하고 있는 문서를 제출하게 하는 것이다. 일정한 한계가 있지만 당사자 간 구조적인 불평등을 시정할 수 있다. 감정은 충분한 자료가 확보되어야 완성도가 높아진다. 따라서 가급적이면 많은 자료를 원·피고 당사자를 통해 요청해야 한다.

문제는 당사자가 불리하다고 판단되는 자료는 제출하지 않는다는 점이다. 특히 건축사건의 경우 건축주는 건설기술에 비전문가인 반면에 시공자는 전문가이므로 자신에게 불리한 서류를 제출하지 않는 경우가 많다. 이와 같은 증거의 편재현상으로 당사자 간 실질적 무기평등의 실현이 곤란해진다. 이럴 때에는 민사소송법에서 규정한 '문서제출명령제도'를 활용하면 확보가 어려웠던 서류의 입수가 수월하다. 예를 들어 건축과정에 관한 자료를 확보하지 못한 건축주는 공사일지, 하도급계약서, 자재 매입 근거, 각종 대금 지급대장 등을 시공자에 요구할 수 있다. 이를 통해 시공자가 접하기 어려웠던 건축주가 제3자와 체결한 계약서나 구조안전진단자료와 같은 공사 이전의 상태에 관한 자료 등도 구할 수 있으므로 한계는 있겠지만 당사자 간 정보의 불평등을 보완할 수 있다.

③ 감정의 기준 시점

하자보수의 규모가 크고, 공사 종료, 목적물 인도 시점과 하자발생, 하자보수 청구 시점 및 소송제기, 하자감정 시점 사이에 상당한 시간적 차이가 존재하는 건설사건[31]의 경우, 어떤 시점을 기준으로 하자보수비를 산정하느냐에 따라 손해배상액의 인정범위에 큰 차이가 생기게 된다. 그러므로 감정인은 감정에 임할 때 재판부를 통해 전제사실의 일환으로 감정의 기준 시점을 반드시 확인하여야 한다.

④ 감정의 전제조건과 인정사실의 근거

감정은 확인된 사실에 전문적 경험·법칙을 적용하여 결과를 끌어내거나 식견과 기술을 이용하여 사실을 발견하고 인정해가는 성질을 가진다. 그러므로 '감정의 전제사실'은 감정인이 하나의 다른 사실을 인정할 때 전제가 되는 것이므로 매우 중요하다. 감정결과가 어떤 전제사실에 근거하였는지 명확치 않으면 감정인과 재판부뿐만 아니라 당사자에게 있어서도 감정으로서의 증거가치를 확인할 수가 없기 때문이다. 따라서 법원으로부터 주어진 전제사실이나 감정인이 수립한 전제사실이 있을 경우 반드시 감정서에 명시해야 한다.

감정진행 중 새로운 사실을 판단해야 할 때도 있다. 감정신청서에는 없는 사안인데 현장조사시 돌출되는 경우가 있다. 예컨대 증축공사와 관련된 감정에서 증축행위 자체가 허가를 득하지 않은 위법시설물이라는 것이 드러났을 때 축조된 부분을 '공사'로 봐야하는가, 아니면 철거를 필요로 하는 '하자'로 볼 것인지를 판단해야 하는 경우를 들

수 있다. 이처럼 새로운 사실을 파악해야 할 때는 조사내용과 자료 등 사실인정 근거를 확인하고 판단의 전제조건을 수립한 이후 그 조건에 맞추어 사실을 확인해야 한다.

⑤ 소송기록의 검토

감정을 진행하면서 소송기록을 봐야 할 때도 있다. 소송기록은 담당 법원, 사건번호, 사건명, 당사자 및 소송대리인의 이름 등이 기재돼 있는 표지에 이어 본문이 철이 되어 있다. 제1분류에는 먼저 소송수속의 진행 상태를 나타내는 수속조서 다음으로 양 당사자의 주장서면이 있다. 제2분류에는 쌍방이 제출한 증거(원고가 제출한 서류증거가 갑호증거, 피고가 제출한 서류증거가 을호증거로서 각각 번호 순으로 철이 되어 있고 증인 등의 증언을 기록한 증인조서 등)가 이어서 편철된다. 소송위임장과 법인자격증명서, 송달관계문서 등도 첨부되어 있다.

원고의 주장을 파악해야 하는 경우는 소장과 원고가 제출한 준비서면을 봐야 한다. 원고의 주장을 뒷받침하는 증거를 보고자 할 때는 소장과 제2분류의 원고가 준비한 서면에 기재된 갑호증거를 조회해야 한다. 소송기록 중에는 당사자의 개인정보 및 사적 비밀에 관한 부분이 있으므로 소송기록을 복사해서 가져가는 경우에는 엄정한 관리와 보안이 요구되므로 주의해야 한다.

⑥ 감정서의 작성

감정서란 감정인이 법원에 보고하기 위해 감정의 경위와 결과를 적은 서류를 말한다. 감정서는 일반적인 기술용역보고서처럼 단순한 지식의 결합이나 분석이 아닌 사실인정에 대한 획을 긋는 중요한 기초자료라고 할 수 있다. 따라서 감정인에게는 명확한 감정의견 전달을 위한 문장력이 요구된다. 감정은 대개 문서로 된 감정서로[32] 제출되기 때문이다. 또한 감정인 중에는 판단은 전문적인데 비해 문장을 만드는 일에 서툰 사람도 있다. 전문적 의견에 대한 설명이 난해하거나 기술적 분석을 서술함에 있어 그 뜻이 쉽게 전달되지 못하는 경우도 많다. 이러한 문제점을 방지하기 위해서 감정서를 이해하기 쉽게 써야 한다. 또한 감정서는 표준양식을 활용하여 작성하여야 한다. 재판부나 재판당사자가 이해할 수 있도록 감정사항에 대응하는 감정결론과 그 감정결론에 이르게 된 논리적인 이유를 나누어서 쉽게 설명해야 하고, 전문용어에 대한 해설 또한 필요하다.

감정인이 감정서를 제대로 작성하기 위해서는 사전에 감정사항과 의도를 충분히 숙지해야 하는데, 법률가가 작성한 문장을 제대로 이해하지 못하거나 감정신청내용을 오해하여 요구하는 사항과 전혀 다른 내용을 감정결과로 제출하는 경우도 간혹 있다. 어떤 자재의 구체적 기능에 관하여 묻는데 자재의 결함에 대해 기술하는 감정서를 제출하거나, 결로의 원인을 파악하고자 하는데 단순히 보수비용만을 제시한 사례도 있다. 이렇게 제출된 감정서는 증거로서 활용할 수 없을 뿐더러 감정을 보충하더라도 재판일정까지 차질을 빚게 되므로 상당한 주의를 요한다고 할 수 있다.

또한 감정서에는 법원이 지시한 감정사항에 대해 답변하기 위해서는 어떤 기술적 문제가 있었는지 적시해야 한다. 감정인이 적용한 전문적 법칙이나 조사·검사방법도 상세히 설명되어야 한다. 섬사방법에 따라 감정결과가 달라지는 상황이라면 검사방법을 채택한 이유도 첨부되어야 한다. 이 모든 것이 감정서가 객관적이고 전문적이면서 이해하기 쉬워야 하기 때문이다.

⑦ 감정의 보조자

감정조사 및 감정서 작성과 같은 제반업무는 감정인의 책임에 의해 이루어져야 한다. 하지만 현실적으로 공동주택과 같이 규모가 방대하고 타 분야의 기술까지 복합되어 있는 건축물에 대한 감정을 감정인이 단독으로 수행하기는 어렵다. 이때 자료의 수집, 분류와 같은 단순하고 반복되는 업무에 한해 보조자에게 맡기는 것은 불가피하다고 할 수 있다. 그렇지만 보조업무도 어디까지나 감정인의 지휘와 책임하에 통제되어야 한다. 또한 건설기술의 특성상 토목기술, 기계·전기·소방설비, 감정내역과 같이 특화된 업무에 대해서도 협업이 불가피한 경우가 있다. 이 같은 업무에 대해서도 결국 감정인에게 감정의 주재자로서 철저한 감독과 총괄적인 책임의무가 지워지므로 유의해서 감정업무를 진행하여야 한다.

⑧ 감정인 기피, 사퇴

감정인의 기피는 민사소송법 제336조(감정인 기피)[33]에서 정하고 있다. 최근에는 2~3인의 감정인 후보자를 선정하는 공동주택 하자사건의 경우 감정인 후보자에 대한 배제의견이 왕왕 제기되기도 한다. 문제는 이러한 의견의 피력이 감정을 직접 수행하지 않고 일괄하도를 주는 감정인이나, 편파적 감정이나 금품을 수수하여 물의를 일으킨 감정인에 한정되지 않는다는데 있다. 때로는 감정인의 성향을 철저히 분석하여 불리하다고 판단되는 감정인에게는 배제의견을 제시한다고 한다.[34] 따라서 이 같은 기피를 방지하기 위해서는 감정인에게 철저한 중립지대와 객관적이고 전문적인 감정이 요구된다.

다른 한편으로 감정인 지정을 받은 후에 건강 상태에 문제가 생기는 경우 병의 증상 여하에 따라 감정인 지정을 그대로 계속하는 것이 어려운 상황이 발생할 수 있다. 이외에도 업무의 수행에 지장을 줄만한 사정이 발생한 경우에는 신속히 그 상황을 법원에 알려야 한다. 불가피한 경우 스스로 감정인 지정의 철회를 요청할 수도 있고, 재판부가 감정을 계속하는 것이 곤란하다고 판단한 경우에는 감정인 지정을 철회할 수도 있다.

2

건축물의
하자담보책임

제2장
건축물의 하자담보책임

1. 하자담보책임 개요

(1) 하자의 개념

'하자'란 사물이나 일이 잘못되거나 불완전한 것을 말한다. 법률적으로는 당사자가 예상한 상태나 성질이 결여되어 있는 것을 뜻하기도 한다.[35] 이 같은 하자의 의미는 건축물의 경우에도 그대로 투영된다. 하지만 국내의 법령에서는 하자를 따로 명확하게 규정하지 않고 있다. 다만 주택법 시행령(59조)별표 6, 7에서 하자보수대상 하자의 범위 및 시설공사별 하자담보책임기간의 정함에 있어 하자범위를 정하고 있을 뿐이다.

따라서 '하자'에 대한 판단은 결국 법원의 해석에 따를 수밖에 없다. 법관이 법적인 견지에서 최종적인 판단을 내리게 되는 것이다. 대법원은 '하자의 의미와 판단기준'에 대해 2008다16851 판결을 통해 다음과 같이 판시하고 있다.

"건축물의 하자라고 함은 완성된 건축물에 공사계약에서 정한 내용과 다른 구조적 · 기능적 결함이 있거나, 거래관념상 통상 갖추어야 할 품질을 제대로 갖추고 있지 아니한 것을 말하는데, 하자여부는 당사자 사이의 계약내용, 해당 건축물이 설계도대로 건축되었는지 여부, 건축관련 법령에서 정한 기준에 적합한지 여부 등 여러 사정을 종합하여 고려하여 판단되어야 한다."

대법원 판례를 분석해 보면 '하자'는 해당 건축물이 당사자 사이의 계약내용, 설계도대로 건축되었는지 여부와 거래관념상 통상적으로 갖추어야 할 품질에 미치지 못한 것에 대한 기준을 어디에 두느냐에 따라 '주관적 하자'와 '객관적 하자'로 구별할 수 있다. 여기서 주관적 하자라고 함은 목적물이 갖추어야 할 상태가 계약당사자가 명시적 또는 묵시적으로 합의한 성상을 가지고 있지 못한 경우, 즉 목적물의 성상이 계약의 내용과 다른 경우를 의미하는 것이다. 객관적 하자라고 함은 목적물이 갖추어야 할 상태가 일반거래 관념상 보통 가지고 있다고 기대되는 성상을 가지고 있지 못한 경우를 뜻하는 것이라고 할 수 있다.

주관적 하자를 하자개념으로 삼는 견해를 주관설, 객관적 하자를 하자개념으로 삼는 견해를 객관설이라고 한다. 하자개념에 관하여 주관설의 입장에 있으면서도 일정한 경우 예컨대 당사자의 합의, 계약의 내용, 계약의 목적 등 주관적 기준을 확정할 수 없을 때에는 객관설에 따라 물건의 하자여부를 결정해야 한다고 주장하는 절충적 견해도 있다. 일반적으로 하자란 거래관념상 보통 갖추고 있어야 할 품질, 성능 등을 갖추지 못한 것이라는 설명은 객관설의 입장이고, 당사자가 품질, 성능 등에 관하여 특별한 약정을 한 경우 그 결여도 하자가 된다고 하는 입장은 주관설의 입장이라고 할 수 있다. 이처럼 하자의 개념은 객관적 하자와 주관적 하자를 모두 포함하는 것이라고 보는 것이 타당하다.

따라서 법적 분쟁에서 '하자'는 건축기술상의 결함이나 불편 그 자체와 같은 단순한 사실의 개념이 아니고 하자소송에서 제기되는 '하자보수청구권'이나 '손해배상청구권'과 같은 '법률효과'를 발생시키기 위한 '법률요건'이라 할 것이다.[36]

(2) 하자관련 법규

지금까지 건축기술자는 '건축법'이나 '주택법', '건설기술관리법', '건설산업기본법'과 같은 건설관련 공법 정도만 숙지하면 별 문제가 없었다. 하지만 건설감정인에게는 이러한 기술관련 법령뿐만 아니라 '민법'이나 '집합건물의 소유 및 관리에 관한 법(이하 집합건물법)'과 같은 사법에 대한 이해와 소양은 물론 개정된 법령에 대한 이해도 요구된다. 특히 하자소송의 대표적인 사례라고 할 수 있는 공동주택의 하자감정은 단순한 전문기술의 나열이나 분석만으로는 감정을 제대로 수행하기 어렵다. 공동주택과 같은 건축물의 하자소송에는 민법과 집합건물법, 주택법의 법리가 한데 얽혀 작용하고 있기 때문이다.

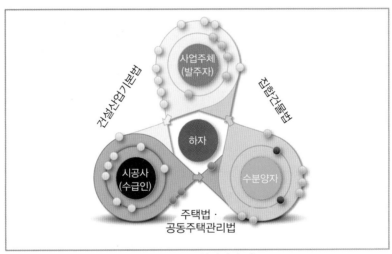

| 그림 2-1 | 하자관련 법규

여기서 하자감정은 이른바 전제사실과 증명주제가 함께 주어지는 '혼합형' 감정 유형이라고 할 수 있다. 따라서 법률가만큼은 아니겠지만 하자관련 법의 개념과 구조는 어느 정도 파악하고 있어야 감정의

수행이 가능하다. 예를 들면 민법의 법리에 따라 하자의 중요도에 대한 구분이나 보수 가능 여부에 따라 비용의 산정방식을 다르게 적용하여야 하고, 공동주택 하자소송의 경우는 주택법에서 적용하는 하자담보책임의 기간에 따라 보수비용을 나누어야 한다. 또한 채권양도에 의한 구분소유자별로 내역서를 작성해야 하고 동시에 일부 사항의 배척이 가능한 내역 체계를 구성해야 한다.

간혹 관련 법리에 전혀 문외한인 초보감정인이 감정을 맡아 감정결과가 불비하였을 때에는 상당한 보완이 필요하거나 아예 재판에 활용하기 어려운 상황이 발생하기도 한다. 현장의 건축기술자와 건축전문 감정인을 가르는 경계선이 바로 이 대목이다. 그러므로 제출된 감정결과가 쓸모없어지는 사태를 미연에 방지하고 재판에 활용 가능한 감정서를 작성하기 위해서는 감정인 스스로 전문지식과 관련 법률을 이해하기 위해 만전의 노력을 기울여야 한다.

| 표 2-1 | 집합건물법. 주택법 및 공동주택관리법의 하자책임 비교

구 분	집합건물법에 의한 책임	주택법에 의한 책임	공동주택관리법에 의한 책임
취지	집합건물의 분양에 따른 법률관계를 도급계약과 유사하게 보아 민법상 수급인의 담보책임조항을 준용하여 분양자의 책임을 명시함	공동주택에 관한 부실시공 방지, 경제적 약자인 다수의 피분양자 등 입주자 보호	공동주택 하자분쟁 관련 책임 범위와 기간 규정
권리자	현재의 구분소유자	수분양자 · 입주자 · 입주자대표회의 · 권리권을 위임받은 관리주체	입주자 및 사용자(임차인), 관리주체
의무자	집합건물을 건축하여 분양한 자, 분양자와 계약에 따라 건물을 건축한 자*	주택건설사업 시행자 · 분양을 목적으로 하는 공동주택을 건축한 건축주 · 공동주택 시공자	주택건설 사업주체 및 시공자

구 분		집합건물법에 의한 책임	주택법에 의한 책임	공동주택관리법에 의한 책임
권리의 내용		• 하자보수청구권 • 하자보수에 갈음하여 또는 그와 함께 하는 손해배상청구권	• 하자보수청구권 • 내력구조부에 중대한 하자가 발생한 경우의 손해배상청구권 • 하자보수보증금으로 직접 보수하거나 제3 자에게 대행시킬 권리 • 준공검사권자에게 하자조사를 하고 보수를 명하도록 요구할 수 있는 권리	• 하자보수청구권 • 하자로 인한 손해배상 청구권 • 준공검사권자 및 분쟁조정기관을 통한 하자 · 안전 진단 시행 등
행정기관의 관여여부		관여할 수 없음	관여가 가능함	관여가 가능함
하자의 발생시기 및 정도		인도 후 10년간 발생한 모든 하자(중요하지 아니하고 그 보수에 과다한 비용을 요할 때에는 제외)	주택법 시행령이 정한 보수책임기간 내 발생한 하자로서 기능상, 미관상, 안전상의 지장을 초래할 정도의 하자	공사상 잘못으로 발생하여 건축물 또는 시설물의 안전상 · 기능상 또는 미관상의 지장을 초래할 정도의 결함
하자담보 책임기간		• 10년(제척기간) • 하자로 멸실 · 훼손된 때에는 그날로부터 1년	• 주택법시행령 등이 정한 기간(하자발생 기간)	• 내력구조부하자 (10년) • 시설공사별하자 (2~5년)
하자 보수 소송	근거 법령	집합건물법 제9조 민법 667~671조	주택법 제46조	공동주택관리법 제36, 37조 민법 667조
	원고	구분소유자	입주자대표회의	입주자 등, 관리주체
	피고	사업주체, 시공자	보증회사	사업주체, 보증회사
	청구 범위	사용검사 전후를 막론하고 아파트에 발생한 하자 및 도면과 달리 시공된 부분(미시공, 변경시공, 부실시공)	사용검사 이후 보증기간 (1, 2, 3, 5, 10년)내에 발생된 보증금 이내의 하자	담보책임기간(2, 3, 5, 10년)내에 발생된 하자의 실제 보수에 소요되는 공사비

주: 윤재윤, 건설분쟁관계법, 박영사, p. 335.

* 2012년 11월 22일 개정된 집합건물법이 국회를 통과함에 따라 개정법은 아파트, 오피스텔 등에 하자가 생기면 시공사(건설회사)를 상대로 하자보수나 손해배상청구가 가능해졌다.

(3) 하자담보책임

하자담보책임이란 매매를 비롯한 유상계약 및 기타 이와 동일시 할 수 있는 법률관계에서 권리에 흠결이 있거나 또는 권리의 객체인 물건에 하자가 있는 경우 매도인 등이 부담해야 하는 책임을 말한다. 우리나라의 경우 대부분의 학설이 담보책임에 관한 법적 성질에 대해서 법률의 규정에 의해 특별히 인정되는 무과실책임으로 보고 있다. 반면 넓은 의미에서 채무불이행책임에 해당한다는 학설도 있다.[37] 채무불이행설은 담보책임을 매도인의 급부의무불이행으로 인한 채무불이행책임으로 이해한다. 매도인은 매수인에 대하여 하자 없는 완전한 권리 또는 하자 없는 완전한 물건을 인도할 채무를 부담한다. 특정물의 경우 매도인에게는 '있는 그대로의 상태로서의 채무'를 지는 것이 아니라 '있어야 할 상태로서의 채무', 즉 '하자 없는 상태에서의 급부의무'가 있다는 것이다. 있어야 할 상태로서의 채무의 범위가 중요하므로 담보책임이 성립하기 위하여 매도인의 귀책사유가 필요 없다는 것이 다수설의 입장이다.

하자는 수급인의 귀책사유로 생겨야 하는 것이 아니며, 책임의 내용도 법률에 정해지는 것에 한정되므로 채무불이행과는 별개의 책임체계를 이루지만 실질적으로 수급인의 하자담보책임은 채무불이행과 밀접한 관련이 있고, 도급계약상 수급인은 계약내용대로 하자 없는 일을 완성할 의무가 있는데, 하자가 있다면 하자담보책임은 불완전이행책임을 도급에 적합하도록 조절한 것에 불과하다는 학설도 있다.[38] 매매계약상 매도인은 목적물의 재산권을 이전해 줄 채무를 부담해야 하지만 도급계약상 수급인은 일(목적물)을 하자 없이 완성해야 할 채무도 부담해야 하는데, 목적물에 하자가 생기면 수급인의 행위와 목적물의 하자 사이에 인과관계가 있고, 수급인의 귀책사유로 추정되는 경우가 대부분이기 때문이다. 이런 의미에서 보면 수급인의 하자담보

책임은 매도인의 하자담보책임보다 더 채무불이행책임에 가깝다고 할 수 있다.[39]

법정책임설은 담보책임이 급부의무의 존재를 전제로 하지 않고 유상계약에서 특별히 성립하는 법정의 책임이라고 본다. 매도인은 '하자 있는 권리 또는 물건을 있는 상태대로 인도할 의무'를 부담할 뿐이므로 물건 또는 권리를 하자 있는 상태로 급부한 것으로 채무를 완전히 이행한 것이 된다. 다만 이 경우 매도인의 급부와 매수인의 반대급부 사이에 등가적인 균형관계가 깨어지기 때문에 이를 시정하여 매수인을 보호하는 데에 바로 담보책임의 취지가 있다는 것이다. 법정책임설은 일반적으로 매도인이 매수인에 배상하여야 할 손해의 범위를 일반적인 채무불이행의 경우보다 제한하고자 하는 것이다.

담보책임의 대상이 되는 하자는 완성된 목적물 또는 완성 전의 성취된 부분에서 발생한다. 즉 공사가 당초 예정된 최후의 공정까지 일단 종료하고 그 주요 구조부분이 약정된 대로 시공되어 사회통념상 건물로서 완성되었으나, 다만 그것이 불완전하여 보수를 하여야 할 경우에 해당된다. 따라서 공사가 도중에 중단되어 예정된 마지막 단계의 공정을 종료하지 못한 경우인 미완성과는 구별되어야 한다. 여기서 미완성이란 어떠한 일을 아직 마치지 않은 상태라는 의미가 아니라, 일이 도중에 방치되는 등 계획되었던 일정이 마지막까지 이르지 못했다는 뜻으로 이해할 수 있다.[40] 예정된 최후의 공정을 종료하였는지 여부는 수급인의 주장이나 도급인이 실시하는 준공검사 여부에 구애됨이 없이 당해 공사계약의 구체적 내용과 신의성실원칙에 비추어 객관적으로 판단할 수밖에 없다.[41]

다만 공사가 여러 개의 단계로 연결되어 있고 도급인과 수급인 사이에서 부분 공사 또는 공정의 종류에 따라 그 공사비용의 적합여부에 대한 검사를 하고 기성 공사금을 지급하는 것으로 되어 있는 경우에는 그 부분 공사 또는 공정의 종료와 검사의 완료로 일단 공사는 종료된 것으로 보고 그 후에 발견된 시공상의 흠결은 하자보수의 대상이 되는 하자로 봄이 상당하다.[42] 게다가 완성 전의 성취된 부분에 하자가 있는 때에도 도급인은 수급인에 대하여 상당한 기간을 정하여 그 하자의 보수를 청구할 수 있으므로 공사가 미완성인 경우에도 이미 시공된 부분에 대해서는 하자담보책임이 있다고 할 수 있다.[43]

여기서 하자보수청구권은 중요한 하자와 덜 중요하지만 보수에 과다한 비용이 들지 않는 하자에 대해서만 성립한다고 할 수 있는데, 민법 제667조 1항에 의하면 건축물에 하자가 있는 때에는 먼저 도급인은 수급인에 대하여 상당한 기간을 정하여 그 하자의 보수를 청구할 수 있고, 다만 하자가 중요하지 않고 그 보수에 과다한 비용을 요할 때에는 그러하지 아니하다고 규정하고 있기 때문이다. 무조건적인 하자보수로 인한 사회적 손실을 막고 수급인에게 과다한 부담을 지우지 않기 위한 취지로 볼 수 있다.[44] 따라서 덜 중요하지만 보수에 과다한 비용이 들지 않는 하자는 그 하자로 인하여 입은 손해의 배상만을 청구할 수 있다는 것이다.

초점을 좁혀 집합주택의 하자담보책임을 살펴보자. 집합주택[45]의 분양계약이란 일정한 금액의 지급을 대가로 하여 집합건물의 전유부분의 소유권 및 공용부분의 지분권 그리고 대지에 대한 공유권과 대지사용권에 대한 준 공유권을 취득하는 계약이다. 이때 완공 후의 아파트 분양계약은 특정물매매라고 봄이 상당하나, 완공 전의 아파트 분양계약은 공동주택을 구입하는 계약이 아니라 공동주택의 완성을 의뢰하는 계약과 그 완성된 공동주택을 구입하는 두 가지 계약의 결합이라고 볼 수 있다. 따라서 분양자는 약정기간 내에 건축물을 완성해야 할 의무와 이를 인도하여야 할 의무를 함께 지고, 건축물을 완성해야 할 의무에 관하여는 수급인의 지위를, 목적물을 인도하여야 할 의무에 관하여는 매도인의 지위를 가지게 된다는 것이다.

그런데 집합건물법 제9조가 집합건물을 건축하여 분양한 자의 담보책임에 관하여는 민법 제667조 내지 제671조의 규정(수급인의 담보책임)을 준용한다고 하고 있어 아파트의 분양자는 민법상 수급인의 하자담보책임을 진다고 할 수밖에 없다는 것이다. 공동주택의 경우, 사업주체의 하자보수와 하자보수보증금 납부의무 및 그 처리절차에 관하여는 주택법 시행령 제59조, 제60조, 제61조에서 상세히 규정하고 있다. 2016년 8월 12일 '공동주택관리법'이 제정되었다. 공동주택관리법은 주택법에 포함되어 있던 공동주택관리와 관련한 조항을 별도로 구분하여 독립시킨 것이라고 이해할 수 있다. 공동주택의 관리에 관한 사항을 규정하여 공동주택을 투명하고 안전하며 효율적으로 관리할 수 있게 하여 국민의 주거수준 향상에 이바지함을 목적으로 한다. 당연히 공동주택 관리주체 운영기준과 더불어 하자담보책임 및 하자분쟁조정과 관련한 사항이 포함되어 있다. 유의할 점은 이 법의 시행일 이후 사용승인된 공동주택의 하자담보책임기간은 이 법령에 따라야 한다는 것이다.

| 표 2-2 | 법령별 하자담보책임 조문 비교

구 분		내 용
민법	제667조 (수급인의 담보책임)	① 완성된 목적물 또는 완성 전의 성취된 부분에 하자가 있는 때에는 도급인은 수급인에 대하여 상당한 기간을 정하여 그 하자의 보수를 청구할 수 있다. 하자가 중요하지 아니한 경우에 그 보수에 과다한 비용을 요할 때에는 그러하지 아니하다. ② 도급인은 하자의 보수에 갈음하여 또는 보수와 함께 손해배상을 청구할 수 있다.
	제671조 (수급인의 담보 책임 토지, 건물 등에 대한 특칙)	토지, 건물 기타 공작물의 수급인은 목적물 또는 지반공사의 하자에 대하여 인도 후 5년간 담보의 책임이 있다. 목적물이 석조, 석회조, 연와조, 금속 기타 이와 유사한 재료로 조성된 것인 때에는 10년으로 한다.

구 분		내 용
집합 건물법	제9조 (담보책임)	① 제1조 또는 제1조의2의 건물을 건축하여 분양한 자의 담보책임에 관하여는 '민법' 제667조부터 제671조까지의 규정을 준용한다. ② 제1항의 분양자의 담보책임에 관하여 '민법'에 규정된 것보다 매수인에게 불리한 특약은 효력이 없다.
주택법	제46조 (담보책임 및 하자보수 등)	① --- 건축물 분양에 따른 담보책임에 관하여 '민법' 제667조부터 제671조까지의 규정을 준용하도록 한 '집합건물의 소유 및 관리에 관한 법률' 제9조에도 불구하고, 공동주택의 사용검사일 또는 '건축법' 제22조에 따른 공동주택의 사용승인일부터 공동주택의 내력구조부별 및 시설공사별로 10년 이내의 범위에서 대통령령으로 정하는 담보책임기간에 공사상 잘못으로 인한 균열·침하(沈下)·파손 등 대통령령으로 정하는 하자가 발생한 경우에는 해당 공동주택의 다음 각 호의 어느 하나에 해당하는 자의 청구에 따라 그 하자를 보수해야 한다. 〈개정 2009.2.3, 2010.4.5, 2012.1.26.〉 ② 사업주체는 제1항에 따른 담보책임기간에 공동주택의 내력구조부에 중대한 하자가 발생한 경우에는 하자 발생으로 인한 손해를 배상할 책임이 있다. 〈개정 2009.2.3〉
공동 주택 관리법	제36조 (담보책임)	① 사업주체(「건축법」 제11조에 따른 건축허가를 받아 분양을 목적으로 하는 공동주택을 건축한 건축주 및 제35조 제1항 제2호에 따른 행위와 「주택법」 제66조 제1항에 따른 리모델링을 수행한 시공자를 포함한다. 이하 이 장에서 같다)는 공동주택의 하자에 대하여 분양에 따른 담보책임(시공자는 수급인의 담보책임을 말한다)을 진다. 〈개정 2016.1.19.〉
	제37조 (하자보수 등)	① 사업주체(「건설산업기본법」 제28조에 따라 하자담보책임이 있는 자로서 제36조 제1항에 따른 사업주체로부터 건설공사를 일괄 도급받아 건설공사를 수행한 자가 따로 있는 경우에는 그 자를 말한다. 이하 이 장에서 같다)는 담보책임기간에 하자가 발생한 경우에는 해당 공동주택의 다음 각 호의 어느 하나에 해당하는 자(이하 이 장에서 "입주자대표회의등"이라 한다)의 청구에 따라 그 하자를 보수하여야 한다. 이 경우 하자보수의 절차 및 종료 등에 필요한 사항은 대통령령으로 정한다. ② 사업주체는 담보책임기간에 공동주택의 내력구조부에 중대한 하자가 발생한 경우에는 하자 발생으로 인한 손해를 배상할 책임이 있다.

구 분		내 용
건설 산업 기본법	제28조 (건설공사 수급인의 하자담보 책임)	① 수급인은 발주자에 대하여 다음 각 호의 범위에서 공사의 종류별로 대통령령으로 정하는 기간에 발생한 하자에 대하여 담보책임이 있다. 　1. 건설공사의 목적물이 벽돌쌓기식구조, 철근콘크리트구조, 철골구조, 철골철근콘크리트구조, 그 밖에 이와 유사한 구조로 된 것인 경우: 건설공사의 완공일로부터 10년 　2. 제1호 이외의 구조로 된 것인 경우: 건설공사 완공일로부터 5년 ② 수급인은 다음 각 호의 어느 하나의 사유로 발생한 하자에 대하여는 제1항에도 불구하고 담보책임이 없다. 　1. 발주자가 제공한 재료의 품질이나 규격 등이 기준미달로 인한 경우 　2. 발주자의 지시에 따라 시공한 경우 　3. 발주자가 건설공사의 목적물을 관계 법령에 따른 내구연한(耐久年限) 또는 설계상의 구조내력(構造耐力)을 초과하여 사용한 경우 ③ 건설공사의 하자담보책임기간에 관하여 다른 법령('민법' 제670조 및 제671조는 제외한다)에 특별하게 규정되어 있거나 도급계약에서 따로 정한 경우에는 그 법령이나 도급계약에서 정한 바에 따른다.

(4) 하자담보책임기간

'하자담보책임기간'은 공사의 완성일로부터 시작하여 시공 목적물에 하자가 발생할 경우 보수의 책임을 부담하는 기간으로 시공자의 하자보수에 관한 법적 책임의 발생과 종료까지의 기간을 의미한다. 한편 하자담보책임기간에 관해서는 민법, 집합건물법,[46] 주택법, 건설산업기본법에 각각 조문이 있는데 내용이 조금씩 상이하다. 예를 들어 집합건물법 제9조(하자담보책임)에서는 분양자에게 매매계약상 하자에 대하여 민법상 수급인의 하자담보책임규정을 따르게 하므로 민법 제667조부터 제671조까지의 규정을 준용해야 한다. 하지만 공동주택의 경우 부칙 제6조에 의해 담보책임과 하자보수에 관하여는 주택법 제46조를 따라야 한다. 한편 주택법에서는 시행령 별표6 하자의 범위에서 하자를 '시공상 잘못으로 발생한 것'으로 규정하고 공종별 하자담보책임기간을 정하고 있다. 각 법령에서 정하고 있는 하자담보책임을 자세히 살펴보자.

① 민법

민법(제667조, 제671조)은 수급인(시공자)의 담보책임에 대하여 일반적인 규정을 두면서도 별도로 토지, 건물에 대한 특칙을 명시함으로써 공사에 의한 하자에 대해서 하자담보책임을 강화하고 있다. 토지, 건물 기타 공작물에 대해서는 수급인이 목적물 또는 지반공사의 하자에 대하여 인도 후 5년간 담보의 책임을 규정하고 있다. 목적물이 석조, 석회조, 연와조, 금속 기타 이와 유사한 재료로 조성된 것은 10년의 기간을 정하고 있다.

② 건설산업기본법

건설산업기본법(이하 건산법)은 제28조에서 건설공사의 부실을 방지하고 하자책임에 대한 분쟁의 소지를 없애기 위하여 하자담보책임기간을 정하고 있다. 하자담보책임기간을 시공 목적물의 구조별로 크게 나누고, 구조별 최장 기간 내에서 공사의 종류별로 다시 세분화하는 개념이다. 수급인은 발주자에 대하여 건설공사의 목적물이 벽돌쌓기식이나 철근콘크리트 · 철골 · 철골철근콘크리트 기타 이와 유사한 구조로 된 경우에는 건설공사의 완공일로부터 10년의 범위 내에서 공사의 종류별로 대통령령이 정하는 기간 이내에 발생한 하자에 대하여 담보책임이 있다. 기타 구조로 된 경우에는 건설공사의 완공일로부터 5년의 범위 내에서 공사의 종류별로 대통령령이 정하는 기간 이내에 발생한 하자에 대하여 담보책임이 있다고 규정하고 있다.

건산법의 하자담보책임에 관한 규정(제28조 건설공사 수급인의 하자담보책임)이 시공 목적물을 재료가 아닌 구조별·공사의 종류에 따라 기간을 세분한다는 점에서 민법의 규정과 비교하면 확연이 차이가 난다고 할 수 있다. 건산법은 타 법령과의 관계도 명시하고 있는데 살펴보면 건설공사의 하자담보책임기간과 관련하여 다른 법령에 특별한 규정이 있거나 도급계약에서 따로 정한 경우에는 법령이나 도급계약이 정한 바에 우선적으로 따르게 하고 하자담보책임에 관한 기본법이라고 할 수 있는 민법 제670조 및 제671조는 명시하여 제외하고 있다. 이는 집합건물법에서의 민법 준용과 아주 상반되는 모습이라고 할 수 있는데 1994년에 하자담보책임제도를 도입하면서 건산법상의 하자담보책임기간에 관한 규정과 다른 법령의 특별한 규정에 대한 우선적 효력을 인정하면서 당시의 경제상황이나 건설시장에 민법 규정의 획일적인 적용은 부적절하다고 판단한 취지로 보인다.[47]

③ 집합건물법

최근 몇년 사이에 집합건물법의 하자담보책임기간에 대한 규정은 다음과 같이 계속 개정되고 있다.

2005.5.26 법률 제7502호로 개정되기 전의 집합건물법

2005년 5월 26일 개정 이전의 집합건물법 제9조(담보책임)에서는 건물을 건축하여 분양한 지의 담보책임에 관하여는 민법 제667조 내지 제671조의 규정을 준용하고, 분양자의 담보책임에 관하여는 민법에 규정하는 것보다 매수인을 불리하게 한 특약은 그 효력이 없다고 규정하고 있다. 또한 부칙 제6조(주택건설촉진법과의 관계) 집합주택의 관리방법과 기준에 관한 주택건설촉진법의 특별한 규정은 그것이 이 법에 저촉하여 구분소유자의 기본적인 권리를 해하지 않는 한 효력이 있다고 정하고 있다.

2005.5.26 법률 제7502호로 개정된 집합건물법

개정된 집합건물법에서는 제9조는 동일하지만, 부칙 제6조에서 집합주택의 관리방법과 기준에 관한 「주택법」의 특별한 규정은 그것이 이 법에 저촉하여 구분소유자의 기본적인 권리를 해하지 않는 한 효력이 있는데, 다만, 공동주택의 담보책임 및 하자보수에 관하여는 「주택법」 제46조의 규정이 정하는 바에 따른다로 개정되었다.

2012.12.18 법률 제1159호로 개정된 집합건물법(시행 2013.6.19.)

2012년 말 다시 집합건물법에서 담보책임 조항이 개정되는데, 개정된 제9조(담보책임)에서는 건물을 건축하여 분양한 자와 건물을 건축한 자는 구분소유자에 대하여 담보책임을 지고, 이 경우 그 담보책임에 관하여는 「민법」 제667조 및 제668조를 준용할 것을 명시하였다. 또한 시공자가 분양자에게 부담하는 담보책임에 관하여 다른 법률에 특별한 규정이 있으면 시공자는 그 법률에서 정하는 담보책임의 범위에서 구분소유자에게 제1항의 담보책임을 지게끔 했다. 그리고 시공자의 담보책임 중 「민법」 제667조 제2항에 따른 손해배상책임은 분양자에게 회생절차개시 신청, 파산 신청, 해산, 무자력 또는 그 밖에 이에 준하는 사유가 있는 경우에만 지며, 시공자가 이미 분양자에게 손해배상을 한 경우에는 그 범위 내에서 구분소유자에 대한 책임을 면하게 하였다.

제9조의2항(담보책임의 존속기간)에서는 제9조에 따른 담보책임에 관한 구분소유자의 권리행사의 기간을 정하고 있는데 「건축법」 제2조 제1항 제7호에 따른 건물의 주요 구조부 및 지반공사의 하자는 10년, 그 외 하자는 하자의 중대성, 내구연한, 교체가능성 등을 고려해 5년의 범위에서 대통령령으로 정하게 했다. 분양자와 시공자의 담보책임에 관하여 이 법과 「민법」에 규정된 것보다 매수인에게 불리한 특약은 효력이 없다는 사실도 명확하게 확인하고 있다.

④ 주택법

주택법도 집합건물법과 마찬가지로 계속 개정되고 있는데, 여기서 집합건물법의 담보책임과 관련된 조항은 다음과 같다.

2005. 5. 26. 법률 제7502호로 개정되기 전의 주택법

주택법에서는 제46조에서 하자보수의 책임을 규정하고 있다. 2005. 5. 26. 개정된 주택법령의 하자보수의 책임은 아래와 같다.

> 사업주체(「건축법」 제8조의 규정에 의하여 건축허가를 받아 분양을 목적으로 하는 공동주택을 건축한 건축주 및 제42조 제2항 제2호의 행위를 한 시공자를 포함한다. 이하 이 조에서 같다)는 대통령령이 정하는 바에 의하여 공동주택의 하자를 보수할 책임이 있다.

이때까지만 해도 집합건물법과 별다른 연결고리가 없었다.

2005. 5. 26. 법률 제7502호로 개정된 주택법

그런데 2005. 5. 26. 주택법이 개정되면서 제46조 조항의 집합건물법의 담보책임을 직접 제약하는 내용으로 바뀌게 된다. 제46조에 따르면 사업주체(건축법 제8조의 규정에 의하여 건축허가를 받아 분양을 목적으로 하는 공동주택을 건축한 건축주 및 제42조 제2항 제2호의 행위를 한 시공자를 포함한다. 이하 이 조에서 같다)는 건축물 분양에 따른 담보책임에 관하여 「민법」 제667조 내지 제671조의 규정을 준용하도록 한 「집합건물법」 제9조의 규정에 불구하고 공동주택의 사용검사일 또는 「건축법」 제18조의 규정에 의한 공동주택의 사용승인일부터 공동주택의 내력구조부별 및 시설공사별로 10년 이내의 범위에서 대통령령이 정하는 담보책임기간 안에 공사상 잘못으로 인한 균열·침하·파손 등 대통령령으로 정하는 하자가 발생한 때에는 공동주택의 입주자 등 대통령령이 정하는 자의 청구에 따라 그 하자를 보수하여야 한다고 개정된 것이다.

2012.12.18 법률 제11590호로 개정된 주택법 (시행 2013.6.19.)

주택법과 집합건물법 사이에서 노출된 몇 가지 문제점들을 해소하기 위해 다시 주택법이 개정되었다. 개정된 제46조에서는 기존의 집합건물법에 관한 규정이 바뀌고 담보책임의 주체인 사업주체에 시공자까지 포함시키게 된다. 그 내용은 다음과 같다.

사업주체(「건축법」 제11조에 따라 건축허가를 받아 분양을 목적으로 하는 공동주택을 건축한 건축주 및 제42조 제2항 제2호에 따른 행위를 한 시공자를 포함한다. 이하 이 조 및 제46조의2부터 제46조의7까지는 같다)는 건축물 분양에 따른 담보책임에 관하여 전유부분은 입주자에게 인도한 날부터, 공용부분은 공동주택의 사용검사일 또는 「건축법」 제22조에 따른 공동주택의 사용승인일부터 공동주택의 내력구조부별 및 시설공사별로 10년 이내의 범위에서 대통령령으로 정하는 담보책임기간에 공사상 잘못으로 인한 균열ㆍ침하(沈下)ㆍ파손 등 대통령령으로 정하는 하자가 발생한 경우에는 해당 공동주택의 다음 각 호의 어느 하나에 해당하는 자(이하 이 조 및 제46조의2부터 제46조의7까지에서 "입주자대표회의등"이라 한다)의 청구에 따라 그 하자를 보수하여야 한다.

공동주택관리법 제정

아파트와 같은 공동주택에 대한 관리 법률이 크게 바뀌었다. 2016년 8월 12일 주택법 중 공동주택관리와 관련된 내용이 공동주택관리법으로 분리, 제정되었기 때문이다. 공동주택관리에 관한 규정이 지난 1978년 12월 주택건설촉진법(2003. 5. 주택법으로 전부 개정됨)으로 신설된 이래 40년 만에 별도로 분리된 것이다.

공동주택관리법에서는 분쟁해소 및 법 적용을 명확히 하기 위해서 하자담보책임기간을 「집합건물법」과 일치시켰다. 하자보수청구기간에 대해서도 주택법에서는 하자담보책임기간 이후에도 하자보수청구가 가능하던 것을 공동주택관리법에서는 「집합건물법」에 따라 하자

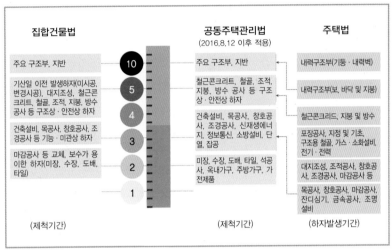

| 그림 2-2 | 하자관련 법규

담보책임기간 이내에만 청구가 가능하도록 바뀌었다. 반면 하자담보
책임기간은 내력구조부와 시설공사별 기간이 조금씩 증가하였으며,[48]
1~2년이던 단순마감공사 보수기한 중 1년 책임간이 2~3년 기간으
로 늘어났다. 내력구조부의 하자담책임기간도 수직부재(기둥·내력벽)
는 10년, 수평부재(보·바닥 및 지붕)는 5년이던 것이 내력구조부별(「건
축법」 제2조 제1항 제7호에 따른 건물의 주요 구조부를 말한다. 이하 같다)로
일원화되면서 책임기간은 10년으로 통일되었다.[49]

⑤ 집합건물법과 주택법과의 관계

이처럼 집합건물법과 주택법은 지난 몇 년간 계속 개정되고 있는데
그 주된 이유는 민법과 주택법에 내재된 법리의 충돌이라고 할 수 있
다. 2005년 개정된 주택법에 대해서는 위헌심판이 제청되기도 했다.

주택법의 위헌심판 결과를 살펴보면 다음과 같다.

2005년 5월 26일, 공동주택 하자담보책임기간과 관련해 집합건물
법보다 주택법을 우선 적용토록 하는 취지로 주택법 및 집합건물법이

개정됐다. 이에 서울고등법원은 개정된 주택법 제46조 제1항 및 제3항과 부칙 제3조에 대한 위헌심판을 직권으로 제청하였다. 이에 대해 2008년 8월, 헌법재판소는 2005년 5월 26일 주택법 개정 이전에 발생한 하자에 대해서 개정 주택법을 적용토록 한 '소급적용규정'을 위헌이라고 판단을 내리게 된다. 신법이 시행되기 전에 하자가 발생해 구법에 의하면 10년의 하자담보기간 내이지만 신법에 의할 때는 1년 내지 4년의 하자담보기간이 이미 경과된 경우 신법을 소급적용하면 이미 발생한 하자담보청구권을 소급하여 박탈하는 결과가 되므로 당사자 신뢰보호원칙에 위배된다는 취지였다.

그 후 대법원은 2008년 12월, 2008다12439 판결을 통해 "개정 주택법 및 개정 집합건물법 부칙 제6조가 시행된 2005년 5월 26일 이전에 사용검사 또는 사용승인을 받은 공동주택에 관하여 구분소유자가 집합건물법에 따라 하자보수에 갈음하는 손해배상을 청구하는 경우에는 담보책임 및 하자보수에 관하여 개정 주택법 제46조를 적용할 수 없고, 집합건물법 제9조 및 준용되는 민법 제667조 내지 제671조에 따라 하자담보책임의 내용 및 범위가 결정된다고 보아야 한다."고 판시한다. 이후 실무에서는 2005년 5월 26일을 기준으로 그 이전에 준공된 아파트는 집합건물법을, 그 이후에 준공된 아파트는 주택법을 적용하는 것으로 굳어지고 있다.

그런데 이러한 구분에서 몇 가지 문제점이 발생했다. 우선 오피스텔이나 상가와 같은 집합건물은 민법상 10년의 담보책임을 부과하는 반면 공동주택은 1, 2, 3, 4, 5, 10년차로 세분화된 담보기간을 적용함으로써 중요도가 더 높은 공동주택의 담보책임은 오히려 줄어들게 되는 것이다. 또한 2005년 5월 26일 이전에 준공된 아파트는 10년간 담보책임을 부담하는 데 비해, 이후의 공동주택은 새로운 규정을 적용함으로써 낡은 아파트의 담보책임기간이 더 길어지는 모순적인 상황도 생겼다. 심지어 업무시설, 판매시설, 근린생활시설, 주거시설이 복합되어 있는 주상복합 건축물의 경우는 아파트가 가장 담보책임기간이 짧아지는 사례도 생길 수 있게 되었다. 즉 아파트 등 공동주택의 하자담보책임에 관하여는 주택법이 적용되고, 그 밖의 집합건물의 하자담보책임에 관하여는 집건법이 적용되고 있어, 권리보호의 필요성이 큰 대형 아파트 등의 하자담보책임기간이 다른 집합건물보다 짧아지는 등 구분소유자의 권리가 부당하게 제한되는 문제점이 발생한 것이다.

이에 2012년 법무부는 다시 집건법을 개정하기에 이른다. 2012년 12월 국회 본회의를 통과한 개정안에 따르면 아파트 등 공동주택에 대하여 집건법의 적용을 배제하던 규정을 삭제하여 집합건물의 하자담보책임 범위와 책임기간을 일치시키고 있다. 또한 하자담보책임기간을 건물의 주요 구조부와 지반공사 하자의 경우에는 10년으로, 그 밖의 경우에는 5년의 범위에서 대통령령으로 정하도록 하여 공사의 성격에 맞게 합리적인 범위에서 담보책임기간을 재설정하고 있다. 우선 10년으로 획일적이던 담보책임기간을 합리적으로 세분화하여 보나 바닥, 지붕, 기둥 등 집합건물의 주요 구조부에 대한 담보책임기간을 현행 5년에서 10년으로 늘렸고, 기타 부분은 5년 이내에서 대통령령으로 정하도록 하고 있다.

그리고 집합건물에 생긴 균열, 누수 등 각종 하자에 대해 분양회사뿐만 아니라 시공사를 상대로도 직접 하자보수나 손해배상을 청구할 수 있게 하고, 동시에 집합건물의 분양자 이외에 시공자도 담보책임을 지도록 했다. 향후에도 법무부는 아파트 층간소음, 집합건물 수리, 관리비 산정, 주차장 사용 등 이해관계인들의 분쟁을 합리적으로 조정하도록 표준관리규약을 제정해 연내 배포할 계획이라고 한다. 개정안이 시행되면 향후 아파트 소유자 및 거주자의 권익이 크게 증진될 것으로 기대된다.

동시에 주택법개정안도 국회 본회의를 통과하여 하자심사·분쟁조정위원회의 권한이 대폭 확대될 것으로 예상된다. 집건법 개정안과 동시에 하자심사·분쟁조정위원회 권한 확대를 요지로 주택법이 개정되어 국회 본회의를 통과했기 때문이다. 개정안에 따르면 분쟁조정 결과에 대하여 재판상 화해의[50] 효력을 부여했고 민간 사업주체도 조정에 의무적으로 참여토록해 조기에 분쟁을 해결토록 했다. 또한 하자분쟁조정의 전문성과 일관성을 위해 사업주체·설계자 또는 감리자 간의 분쟁도 하자심사·분쟁조정위원회에서 조정하게 했다.[51]

⑥ 공동주택관리법과 주택법과의 관계

우리나라 주거형태 중 공동주택의 비율이 70%에 달한다. 공동주택의 특성상 유지보수와 관리를 위해 관리비 외 장기수선충당금 등 공통의 비용이 마련되어야 하고, 그 관리는 자치기구인 입주자대표회의를 통해 이루어진다. 그리고 이런 운영에 관한 근거는 주택법에 근거하였다. 하지만 주택법은 공법적 특성의 한계상 주택에 관한 건설과 공급, 관리, 자금 조달 등 사업 전반에 걸친 포괄적인 기준을 규정하고 있을 뿐이다. 사용승인 후 공동주택을 사용하는 단계의 체계적이고 효율적인 관리기준 제시에는 미흡하고, 시설에 대한 관리 또한 체계적이지 못해 전문적이고 체계적인 공동주택관리가 필요하다는 지적이 많았다.

문제는 그동안 입주자대표회의의 구성·운영이나 관리비 등과 관련하여 많은 민원과 비리, 분쟁이 발생하고 있다는 것이다. 공동주택관리와 관련된 비용도 지속적으로 증가하는 경향인데 비례하여 이를 둘러싼 분쟁 또한 증가하고 있다. 효율적 관리와 분쟁에 보다 효과적이고 능동적으로 대처하기 위해 결국 「주택법」 중 공동주택과 관련된 내용을 분리하여 공동주택관리법을 제정하게 된 것이다. 그래서 공동주택관리법은 공동주택을 투명하고 안전하며 효율적인 관리를 통해 국민의 주거수준 향상에 이바지함을 목적으로 하고 있다. 구체적으로 관리대상, 관리주체, 관리기준 및 방법 외에도 분쟁에 대한 대응방법 등을 규정하고 있다.

공동주택 관리법은 하자담보책임 및 하자분쟁과 관련하여 권리와 범위 및 해결방법 등에 대해 세부적인 기준을 제시하고 있다. 하자담보책임과 관련하여 당사자(사업주체 및 입주자 등)의무와 권리범위 규정과 더불어 하자담보책임기간을 수정하였다. 하자보수에 대한 권리 행사기간도 주택법에서는 하자발생시점, 집합건물법에서는 제척기간으로 이원화 되어있던 것을 공동주택관리법에서는 제척기간으로 통일하고 있다.

가장 하자가 빈번한 마감공사에 대해 책임기간 1년을 2년으로 연장하고, 방수공사의 경우 4년을 5년, 지반공사의 경우 2년을 10년으로 대폭 연장하면서 사업주체의 하자보수책임은 증가시켰다. 층간소음 방지 및 간접흡연방지 등 공동체 생활 활성화를 위한 기준 및 관리비 운영과 관련하여 세밀한 기준도 제시하고 있다. 다만 공동주택관리법은 시행일 이후에 사용승인된 공동주택에 적용되므로 시행일인 2016. 8. 12.로부터 10년 동안은 공동주택에 대하여 주택법과 공동주택관리법이 이원화 되어 적용되므로 입주자 등을 비롯한 관리주체의 이해가 필요할 것으로 여겨진다.

이처럼 하자담보책임기간은 관련 법령들의 개정으로 인하여 적용에 혼란을 빚기도 했으나 이제 접점을 만나 제대로 적용될 것으로 기대된다. 먼길을 돌아온 것 같지만 결국 집합건물법이나 공동주택관리법 및 주택법 모두 국민의 권익을 보호하기 위한 방향으로 작동하고 있는 것은 틀림없어 보인다.

| 표 2-3 | 하자관련 법규의 비교

구 분	사 법		공 법		
	민 법	집합건물법	주택법	공동주택 관리법	건설산업 기본법
조문	제667조	제9조	제46조	36조, 37조	제28조
제목	수급인의 담보책임	담보책임 민법 준용	담보책임 및 하자보수	담보책임 및 하자보수	건설공사수급인 의 하자담보책임
권리의 내용	하자담보 청구권	하자담보 청구권	하자보수 청구, 손해배상	하자보수 담보청구권, 손해배상	하자담보 청구권
적용범위	수급인	분양자 시공자[52]	사업주체	사업주체	수급인
담보책임 기간	토지, 건물 인도 후 5년 / 석조, 석회조, 연와조 10년	주요 구조부 10년 기타 5년 내 시행령 (2012년 개정)	시설공사별 1~4년, 내력구조부 등 5~10년	시설공사별 2~5년, 내력구조부 등 10년	철근콘크리트조 등 공종별 1~10년
기간의 법적 성질	제척기간[53]	제척기간	하자발생기간	하자발생기간	하자발생기간

| 표 2-4 | 주택법의 시설공사별 하자담보책임기간

〈별표 6〉〈개정 2008.11.5〉
하자보수대상 하자의 범위 및 시설공사별 하자담보책임기간 (제59조 제1항)

1. 하자의 범위
공사상의 잘못에 의한 균열 · 처짐 · 비틀림 · 침하 · 파손 · 붕괴 · 누수 · 누출, 작동 또는 기능불량, 부착 · 접지 또는 결선불량, 고사 및 입상불량 등이 발생하여 건축물 또는 시설물의 기능 · 미관 또는 안전상의 지장을 초래할 정도의 하자

2. 시설공사별 하자담보책임기간

구 분		하자담보책임기간			
		1년	2년	3년	4년
1. 대지조성공사	가. 토공사		○		
	나. 석축공사		○		
	다. 옹벽공사		○		
	라. 배수공사		○		
	마. 포장공사			○	

구 분		하자담보책임기간			
		1년	2년	3년	4년
2. 옥외급수·위생 관련 공사	가. 공동구공사		○		
	나. 지하저수조공사		○		
	다. 옥외위생(정화조) 관련 공사		○		
	라. 옥외급수 관련 공사		○		
3. 지정 및 기초	가. 직접기초공사			○	
	나. 말뚝기초공사			○	
4. 철근콘크리트공사	가. 일반철근콘크리트공사				○
	나. 특수콘크리트공사				○
	다. 프리캐스트콘크리트공사				○
5. 철골공사	가. 구조용철골공사				○
	나. 경량철골공사			○	
	다. 철골부대공사			○	
6. 조적공사	가. 일반벽돌공사			○	
	나. 점토벽돌공사			○	
	다. 블럭공사			○	
7. 목공사	가. 구조체 또는 바탕재공사			○	
	나. 수장목공사	○			
8. 창호공사	가. 창문틀 및 문짝공사			○	
	나. 창호철물공사			○	
	다. 유리공사	○			

이하 공종 생략

〈별표 7〉〈개정 2005.9.16〉
내력구조부별 하자보수대상 하자의 범위 및 하자담보책임기간 (제59조 제1항)

1. 하자의 범위
    가. 내력구조부에 발생한 결함으로 인하여 당해 공동주택이 무너진 경우
    나. 제62조 제3항의 규정에 의한 안전진단 실시결과 당해 공동주택이 무너질 우려
       가 있다고 판정된 경우

2. 내력구조부별 하자보수기간
    가. 기둥. 내력벽(힘을 받지 않는 조적벽 등은 제외한다): 10년
    나. 보· 바닥 및 지붕: 5년

| 표 2-5 | 건설산업기본법 건설공사의 종류별 하자담보책임기간 <별표 4>

공사별	세부공종별	책임기간
1. 교량	① 기둥사이의 거리가 50m 이상이거나 길이가 500m 이상인 교량의 철근콘크리트 또는 철골구조부	10년
	② 길이가 500m 미만인 교량의 철근콘크리트 또는 철골구조부	7년
	③ 교량 중 ①·② 외의 공종(교면포장·이음부·난간시설 등)	2년
2. 터널	① (지하철을 포함한다)의 철근콘크리트 또는 철골구조부	10년
	② 터널 중 ① 외의 공종	5년
3. 철도	① 교량·터널을 제외한 철도시설 중 철근콘크리트 또는 철골구조	7년
	② ①외의 시설	5년
4. 공항·삭도	① 철근콘크리트·철골구조부	7년
	② ①외의 시설	5년
5. 항만·사방간척	① 철근콘크리트·철골구조부	7년
	② ①외의 시설	5년
6. 도로	① 콘크리트 포장도로(암거 및 측구를 포함한다)	3년
	② 아스팔트 포장도로(암거 및 측구를 포함한다)	2년
7. 댐	① 본체 및 여수로 부분	10년
	② ①외의 시설	5년
8. 상·하수도	① 철근콘크리트·철골구조부	7년
	② 관로매설·기기설치	3년
9. 관계수로·매립		3년
10. 부지정지		2년
11. 조경	조경시설물 및 조경식재	2년
12. 발전·가스 및 산업설비	① 철근콘크리트·철골구조부	7년
	② 압력이 1제곱센티미터당 10킬로그램 이상인 고압가스의 관로(부 대기기를 포함한다)설치공사	5년
	③ ①·② 외의 시설	3년
13. 기타 토목공사		1년

공사별	세부공종별	책임기간
14. 건축	① 대형공공성 건축물(공동주택 · 종합병원 · 관광숙박시설 · 관람집회시설 · 대규모소매점과 16층 이.상 기타 용도의 건축물)의 기둥 및 내력벽 ② 대형공공성 건축물 중 기둥 및 내력벽 외의 구조상 주요 부분	10년
	① 외의 건축물 중 구조상 주요 부분	5년
	③ 건축물 중 ① · ②와 제15호의 전문공사를 제외한 기타부분	1년
15. 전문공사	실내의장, 미장 · 타일, 도장, 창호설치, 판금, 보일러설치, 건물 내 설비,.건축물조립(건축물의 기둥 및 내력벽의 조립을 제외하며, 이는 제14호에 따른다)	1년
	토공, 석공사 · 조적, 철물(제1호 내지 제14호에 해당하는 철골을 제외한다), 급배수 · 공동구 · 지하저수조 · 냉난방 · 환기 · 공기조화 · 자동제어 · 가스 · 배연설비, 아스팔트 포장, 보링, 온실설치 ,	2년
	방수, 지붕, 철근콘크리트(제1호부터 제14호까지의 규정에 해당하는 철근콘크리트는 제외한다) 및 콘크리트 포장, 승강기 및 인양기기 설비	3년

비고: 위 표 중 2 이상의 공종이 복합된 공사의 하자담보책임기간은 하자책임을 구분할 수 없는 경우를 제외하고는 각각의 세부 공종별 하자담보책임기간으로 한다.

| 표 2-6 | 공동주택관리법의 시설공사별 담보책임기간
〈별표 4〉 시설공사별 담보책임기간(제36조 제4항 관련)

구 분		기간
시설공사	세부공종	
1. 마감공사	가. 미장공사 나. 수장공사 다. 도장공사 라. 도배공사 마. 타일공사 바. 석공사(건물내부 공사) 사. 옥내가구공사 아. 주방기구공사 자. 가전제품	2년

구 분		기간
시설공사	세부공종	
4. 급·배수 및 위생설비공사	가. 급수설비공사 나. 온수공급설비공사 다. 배수·통기설비공사 라. 위생기구설비공사 마. 철 및 보온공사 바. 특수설비공사	3년
5. 가스설비공사	가. 가스설비공사 나. 가스저장시설공사	
6. 목공사	가. 구조체 또는 바탕재공사 나. 수장목공사	
7. 창호공사	가. 창문틀 및 문짝공사 나. 창호철물공사 다. 창호유리공사 라. 커튼월공사	
8. 조경공사	가. 식재공사 나. 조경시설물공사 다. 관수 및 배수공사 라. 조경포장공사 마. 조경부대시설공사 바. 잔디심기공사 사. 조형물공사	
9. 전기 및 전력설비공사	가. 배관·배선공사 나. 피뢰침공사 다. 동력설비공사 라. 수·변전설비공사 마. 수·배전공사 바. 전기기기공사 사. 발전설비공사 아. 승강기설비공사 자. 인양기설비공사 차. 조명설비공사	

구 분		기간
시설공사	세부공종	
10. 신재생 에너지 설비공사	가. 태양열설비공사 나. 태양광설비공사 다. 지열설비공사 라. 풍력설비공사	3년
11. 정보통신공사	가. 통신·신호설비공사 나. TV공청설비공사 다. 감시제어설비공사 라. 가정자동화설비공사 마. 정보통신설비공사	
12. 지능형 홈네트워크 설비 공사	가. 홈네트워크망공사 나. 홈네트워크기기공사 다. 단지공용시스템공사	
13. 소방시설공사	가. 소화설비공사 나. 제연설비공사 다. 방재설비공사 라. 자동화재탐지설비공사	
14. 단열공사	가. 벽체, 천장 및 바닥의 단열공사	
15. 잡공사	가. 옥내설비공사(우편함, 무인택배시스템 등) 나. 옥외설비공사(담장, 울타리, 안내시설물 등), 금속공사	
16. 대지조성공사	가. 토공사 나. 석축공사 다. 옹벽공사(토목옹벽) 라. 배수공사 마. 포장공사	5년
17. 철근콘크리트공사	가. 일반철근콘크리트공사 나. 특수콘크리트공사 다. 프리캐스트콘크리트공사 라. 옹벽공사(건축옹벽) 마. 콘크리트공사	

구 분		기간
시설공사	세부공종	
18. 철골공사	가. 일반철골공사 나. 철골부대공사 다. 경량철골공사	5년
19. 조적공사	가. 일반벽돌공사 나. 점토벽돌공사 다. 블록공사 라. 석공사(건물외부 공사)	
20. 지붕공사	가. 지붕공사 나. 홈통 및 우수관공사	
21. 방수공사	방수공사	

비고: 기초공사 · 지정공사 등 「집합건물의 소유 및 관리에 관한 법률」 제9조의2 제1항 제1호에 따른 지반공사의 경우 담보책임기간은 10년

2. 하자의 분류

하자를 한번 자세히 들여다보자. 재판에서 하자는 개념적인 구분을 비롯하여 보수가능 여부, 하자의 중요도, 발생원인, 시공현황, 하자담보책임기간, 하자현상에 따라 아주 다양하게 분류된다.[54] 현재 공동주택 하자소송에서는 하자를 시공현황별로 구분하고 담보책임기간별로 나누어야 한다. 하자발생시점을 표기하고 하자의 중요도를 고려하여 감정내역서를 작성하여야 한다.

이런 방식의 하자분류는 개별하자들을 어떻게 구분하느냐에 따른 것으로 하자로 판단되는 것들을 병렬로 늘어놓고 정해진 카테고리로 나누는 방식이다. 그런데 문제는 이런 방식이 사용자가 하자를 판단하는 데 있어 큰 도움을 주지 못한다는 것이다. 대부분의 사용자는 하자에 대해서 이러한 분류가 불가능한 비전문가이기 때문이다. 따라서 하자를 확인하고 하자인지 여부를 결정하기 위해서는 하자를 주로 발견

할 수밖에 없는 사용자 입장에서 파악이 가능한 하자 자체의 속성에 초점을 맞출 필요가 있다.

(1) 하자의 구성요소

하자는 단지 하나의 개념이 아니고 몇 가지 복합적인 요소로 구성되어 있다. 하자의 현상이 못이라면 하자의 원인은 망치다. 벽에 박히는 것은 못이지 망치가 아니다. 박혀있는 못을 보았을 때 망치는 볼 수 없다. 어떤 망치로 박았는지도 알기 어렵다. 건물 곳곳에 나타나는 각종 하자도 마찬가지로 그 원인을 찾기가 쉽지 않다. 대개 하자는 사용자가 품는 기본적인 관찰에서부터 시작한다. "어, 여기 물이 새네. 벽에 금이 갔네. 왜 이러지?"와 같이 사용자가 어떤 비정상적인 현상을 인지하면서 비로소 하자를 인식하게 된다.

그런데 지금껏 국내에서의 하자는 특별히 구성요소를 따지지 않고 하자를 하나의 단위로만 인식하고 하자담보책임의 분류체계인 공종별 방식으로만 나누고 있다. 시공자가 하자를 공종별로 분류하는 것은 하자의 원인을 파악하고 보수공법을 도출해내는 데 적합하다. '누수현상'의 원인이 방수의 부실이라면 '방수하자'가 되고, 천정 배관의 파손 때문이라면 '설비하자'로 처리하는 식이다. 하지만 이런 방식은 건축전문가인 시공자이 입장에서는 유용할지 모르나 비전문가인 사용자의 입장에서는 큰 의미가 없다. 그들 대부분은 하자를 현상으로는 쉽게 인식하지만 그 원인을 추정하지 못하고 공종별로 나누지도 못하기 때문이다. 즉 전문가와 비전문가가 하자를 바라보는 앵글의 각도나 초점이 다른 것이다.

그러나 하자감정에서는 이들을 포괄하는 프레임이 필요하다. 감정은 구체적인 사실에 대한 증거방법이기 때문이다. 따라서 감정인은 하자를 인식함에 있어 '하자현상'과 동시에 '발생원인'을 포괄해야 한

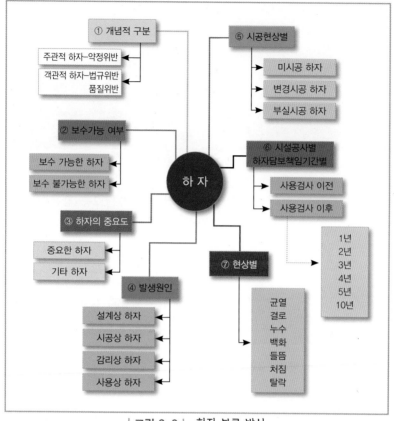

| 그림 2-3 | 하자 분류 방식

다. 여기에 '발생부위'도 포함되어야 한다. 벽에 박혀 있는 못을 확인하면서 동시에 이를 박은 망치와 못을 빼낼 장도리를 떠올려야 하는 것이다.

예를 들면 벽체에 발생한 물방울을 발견했을 경우 맺힌 물이 우천 시 창호부위의 틈으로 샌 것이라면 '창호하자'가 되고, 단열결함에 의한 '결로'일 경우 '단열하자'가 되는 것이다. 같은 논리로 마루바닥의 변색이 자재 자체의 변질인 경우도 있지만 방바닥 내부의 배관이 터져 발생한 누수에 기인한 것일 수도 있다.

| 그림 2-4 | 누수현상 → 설비하자 | 그림 2-5 | 누수현상 → 방수하자

| 그림 2-6 | 하자의 3요소

따라서 하자는 2층 창문이나 안방 천정, 화장실과 같은 물리적인 위치 개념인 '부위'와 누수현상이나 타일의 파손, 들뜸과 같이 육안으로 인식되는 모양과 상태인 '현상', 그리고 하자를 일으킨 근본적인 발생 이유가 되는 '원인'이라는 세 가지 요소로 구성되어 있는 것이다.

(2) 하자의 중요도

초점을 이번에는 하자 자체의 성격으로 옮겨보자. 수급인의 담보책임은 민법 제667조에 근거하는데, 완성된 목적물 또는 완성 전 성취된 부분에 하자가 있는 때에는 도급인은 수급인에 대하여 상당한 기간을 정하여 그 하자의 보수를 청구할 수 있다. 그러나 하자가 중요하지 아니한 경우, 그 보수에 과다한 비용을 요할 때에는 그러하지 아니하다고 되어 있다. 대법원은 각종 판례를 통해 다음과 같이 판시하고 있다.

"도급계약에 있어서 완성된 목적물에 하자가 있을 경우에 도급인은 수급인에게 그 하자의 보수나 하자의 보수에 갈음한 손해배상을 청구할 수 있으나, 다만 하자가 중요하지 아니하면서 동시에 보수에 과다한 비용을 요할 때에는 하자의 보수나 하자의 보수에 갈음하는 손해배상을 청구할 수 없고, 하자로 인하여 입은 손해의 배상만을 청구할 수 있고, 이러한 경우 그 하자로 인하여 입은 통상의 손해는 특별한 사정이 없는 한 도급인이 하자 없이 시공하였을 경우의 목적물의 교환가치와 하자가 있는 현재의 상태대로의 교환가치와의 차액이 되고, 교환가치의 차액을 산출하기가 현실적으로 불가능한 경우의 통상의 손해는 하자 없이 시공하였을 경우의 시공비용과 하자 있는 상태대로의 시공비용의 차액이라고 봄이 상당하다고 한다.[55] 다만 중요한 하자인 경우에는 그 보수에 갈음하는, 즉 실제로 보수에 필요한 비용을 청구할 수 있다고 한다."[56]

서울중앙지방법원의 「건설감정실무」에서도 하자의 중요도에 대해고 다음과 같이 설명하고 있다.[57]

"감정인은 감정신청항목의 하자여부를 판단하고, 그에 따른 적정한 하자보수비를 산출해야 한다. 하자가 중요하지 아니하면서 하자보수비가 과다한 경우에는 하자가 중요하지 않은 구체적인 판단사유를 명시하고, 하자 없이 시공했을 경우의 시공비용과 하자 있는 상태대로의 시공비용의 차액을 산정해야 한다. 하자보수가 근원적으로 불가능한 경우에도 마찬가지이다. 간혹 하자가 중요하지 않은 하자이며 보수비가 과다하지 않은 하자인데도 공사비의 차액 또는 재료비 차액으로 계상하는 경우와 중요한 하자임에도 보수비가 과다하다는 사유로 공사비 차액으로 감정하는 경우가 있는데 유의해야 한다."

정리하면 하자의 중요도 판단은 건물의 주요 구조부에 관련된 것인지, 주택으로서의 기능에 현저한 장애가 있거나 신체에 위해를 끼치는 정도의 안전상의 하자가 있는지 여부를 정확히 파악한 후 가늠해야 한다는 것이다. 보수비용의 과다에 대한 판단도 필요하다. 통상 비용의 과다 정도에 대한 판단은 일반적으로 보수에 필요한 비용과 보수에 의하여 생기는 이익을 비교하여 결정해야 한다.[58]

(3) 하자의 보수가능 여부

도급계약에 있어서 완성된 목적물에 하자가 있을 경우에 도급인은 수급인에게 그 하자의 보수나 하자의 보수에 갈음한 손해배상을 청구할 수 있다. 문제는 하자의 보수가 불가능한 경우다.[59] 하자보수가 불가능한 경우는 하자로 인하여 입은 손해의 배상만을 청구할 수 있는데, 하자로 인하여 발생한 통상의 손해는 특별한 사정이 없는 한 도급인이 하자 없이 시공하였을 경우의 목적물의 교환가치와 하자가 있는 현재의 상태대로의 교환가치와의 차액이 된다.

여기서 교환가치는 복성식평가법에 의하는데, 이때 감가수정을 하는 것이 적당하지 않은 경우는 건물완공시의 재조달원가를 산정·비교하는 방법에 의하여 평가하는 것이 합리적이다. 교환가치의 차액을 산출하기가 현실적으로 불가능하다면 하자 없이 시공하였을 경우의 시공비용과 하자 있는 상태대로의 시공비용의 차액을 하자로 인한 통상손해로 보아야 한다.[60]

(4) 시공현황에 따른 구분

시공현황이란 공사의 진행 상태를 말하는데, 하자발생 당시의 상태를 유추하여 시공 현황에 따라 하자를 나누는 것이다. 하자발생 원인을 파악하거나 적정한 보수비용을 적용하기 위해서 필요한 구분 방식이라고 할 수 있다.

① 미시공 하자

미시공 하자란 설계도서상 시공하도록 되어 있는 공종의 일부 공사가 이루어지지 않은 상태이다. 미시공 하자는 설계도서 불일치를 포함하여 기능상 문제가 없는 경우와 기능상의 하자를 동반하는 경우로 구분된다.

THK4 노출 도막방수
콘크리트제물치장 마감

도막방수 미시공

| 그림 2-7 | 미시공 하자

| 표 2-7 | 미시공 하자 사례

〈사례1〉 단순 설계도서 불일치 사례	〈사례2〉 미시공 공사로 인하여 건축물에 하자가 발생한 사례
PS내부 벽체에 시멘트몰탈마감을 미시공 사례로 들 수 있다. 단순히 설계도서의 공법과 시공 상태의 불일치 사례는 의외로 많다.	설계도면상의 일정 공법의 미시공 상태가 현시점에서 기능상의 부실을 초래하는 경우도 많다. 아래는 근린생활시설 건물 옥상에 노출형 도막방수를 미시공하여 누수하자가 발생한 사례이다. 지붕방수가 아예 누락된 것이다.

② 변경시공 하자

'변경시공' 하자는 흔히 '오시공'으로도 불리는데 미시공과는 달리 설계도서에 명시한 시방사항을 준수하지 않고, 자재의 규격, 물성, 공법을 상이하게 적용하는 경우를 말한다. 미시공 하자와 마찬가지로 기능상으로 큰 차이가 없을 때도 있고 기능상 장애가 발생하는 사례도 있다. 주택법 시행규칙 제11조에 따르면 경미한 변경이 아닌 변경에 대해서는 수분양자인 입주예정자 5분의 4 이상의 동의를 얻어서 변경해야 한다.

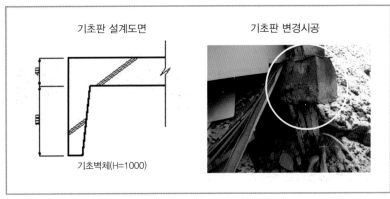

기초판 설계도면

기초판 변경시공

기초벽체(H=1000)

| 그림 2-8 | 기초부위 변경시공

| 표 2-8 | 변경시공 하자 사례

〈사례1〉 계약서와 시공현황 불일치 사례	〈사례2〉 설계도와 시공 현황 불일치 사례
발주자와 시공자가 체결한 도급계약서에는 복도의 마감재가 화강석물갈기(T30㎜)로 명시돼 있는데, 설계도면과 시공은 PVC타일로 표기되어 있고 완료된 상태였다. 발주자는 설계도의 표기보다 계약서가 우선이니 PVC타일을 걷어내고 약정에서 정하고 있는 석재로 복도 바닥을 재시공을 하여한다는 주장하는 사례	〈그림 2-8〉에서 보듯이 설계도면에는 지중 기초하부의 높이가 H:1,000㎜이 되게끔 시공하도록 표시되어 있는데, 시공자가 시공과정에서 기초하부 벽체 높이는 낮게 변경시공하여 결국 기초부가 붕괴된 사례

③ 부실시공 하자

설계도면과 공법대로 정확하게 시공했다 하더라도 하자는 발생할 수 있다. 설계도서에 맞추어 제대로 시공을 완료한 부분에서 발생하는 하자를 부실시공하자라고 한다. 균열이나 누수, 곰팡이가 발생하거나 자재의 내

| 그림 2-9 | 반침내부 곰팡이

| 그림 2-10 |　콘크리트 균열. 누수　　　| 그림 2-11 |　천정재 탈락

구성 부족으로 파손되는 경우와 같이 내재적인 문제가 비로소 하자로
나타나는 경우라고 할 수 있다.

　대부분의 건축하자가 여기에 속하는데, 균열, 결로, 들뜸 등의 하자
와 같이 비전문가도 쉽게 육안으로 인식이 가능하다는 특징이 있다.
타일이 파손되어 탈락하거나, 드물지만 천정재가 자중을 견디지 못하
고 탈락하는 현상 또한 부실시공 하자 유형의 하나라고 할 수 있다.

(5) 하자발생 시점

　소송 당사자인 입주자나 사용자의 관점에서 하자를 살펴보면 하자
를 인식하는 시점은 바로 하자현상을 목격하는 순간이라고 할 수 있
다. 하지만 대부분 건축기술에 대한 비전문가인 사용자는 하자를 건
축기술체계에 맞춰 공종별로 재구성하지 못하고 균열이나 누수, 결로,
곰팡이 등 자신이 발견한 현상을 묘사하며 보수를 주장할 수밖에 없
다. 즉 자신이 확인한 현상에 근거하여 하자보수나 손해배상을 청구
하게 되는 것이다. 여기서 '하자현상'의 발견 시점은 하자발생의 '판단
시점'이라고 할 수 있지만 그동안 사전에 발생한 하자를 발견하지 못
할 수도 있으므로 이를 하자의 발생 시점이라고 단정하기는 어렵다.

　예를 들어 균열을 살펴보면 균열의 발생시기와 균열의 발견시기가
반드시 일치한다고 볼 수 없다. 일부에서는 하자보수 요청시기를 발

생 시점으로 보아야 한다는 주장도 있다. 하자보수의 요청은 통상 공문으로 이루어지므로 보수요청의 시기는 특정이 가능하기는 하다. 그러나 공문의 발송 시점을 하자의 발생시기로 추정하는 것도 문제가 있다. 사용자가 무심코 지내다가 어느 날 갑자기 균열을 발견하는 경우가 대부분이기 때문이다. 따라서 하자발생 시기와 발견시기 그리고 보수요청 시기가 서로 일치하지 않을 수 있다는 결론에 이르게 된다. 게다가 제3자인 감정인이 균열현상의 발생시기를 구체적으로 특정하기는 더욱 어렵다. 결국 균열의 발생시기와 관련된 기록이나 균열폭의 변동자료를 최대한 수집하고 참고하면서 균열의 발생시기를 추정할 수밖에 없다.

그런데 왜 하자발생 시점을 따져야 하는가. 바로 공동주택의 보증범위에 관한 특수성 때문이다. 공동주택의 경우 사용검사시 주택법 제46조(담보책임 및 하자보수 등)에 따라 현금 또는 대한주택보증주식회사가 발행하는 보증서나 '건설산업기본법'에 따른 건설공제조합이 발행하는 보증서를 사용검사권자의 명의로 예치해야 한다. 하자보수 증권이란 건설사의 도산으로 인해 하자보수를 제대로 이행하지 못하는 경우를 대비한 보완적 시스템이므로 공동주택의 하자보수나 하자보수이행보증금을 청구하는 소송은 분양자 외에도 '하자보수증권'의 보증자인 '보증사'가 대상이 되기도 한다.

대한주택보증의 보증약관 제4조 4항에서는 하자보증이행 대상이 아닌 하자를 다음과 같이 명확하게 명시하고 있다.

'설계도면과 달리 시공되거나 미시공된 부분, 설계상의 하자, 주택건설기준 등에 관한 규정을 위반한 시공, 건축법상의 허용오차, 임시사용승인서에 기재된 하자 및 기타 사용검사 이전에 발생한 하자'

그러므로 하자의 발생 시점이 사용검사 이전이냐 이후냐에 따라서 하자보수 보증의 범위가 달라지게 되는 것이다. 즉 보증사의 보증범위를 확정하는 중요한 단서가 바로 하자의 '발생 시점'인 것이다. 당연히 하자발생 시점을 둘러싼 대치가 치열해질 수밖에 없다. 통상 미시공, 변경시공 하자는 '사용검사 이전'으로 구분하고 부실시공 하자는 '사용검사 이후'로 나누고 있는데, 시공 현황을 근거로 무조건 사용검사 전, 후로 가르는 것은 합리적이지 않다. 그 전에 짚어야 할 전제조건이 있기 때문이다.

대법원은 보증대상 하자의 발생시기의 판단에 대해서 2005다77848 판결을 통해 다음과 같이 판시하고 있다.

> "하자는 미시공, 변경시공 그 자체가 아니라 '공사상의 잘못으로 인하여 건축물 또는 시설물 등의 기능상·미관상 또는 안전상 지장을 초래할 수 있는 균열·처짐 등의 현상이 발생한 것'을 의미한다고 보아야 할 것이고, 그 공사상의 잘못이 미시공이나 변경시공이라 할지라도 달리 볼 것은 아니라 할 것이어서, 비록 미시공이나 변경시공으로 인하여 건축물 자체에 위와 같은 균열 등이 발생할 가능성이 내재돼 있었다고 할지라도 자체만으로 보증대상 하자가 사용검사 이전에 발생한 것이라고 볼 것은 아니라 할 것이며, 그와 같은 균열 등이 실제로 나타나서 기능상·미관상 또는 안전상 지장을 초래하게 되었을 때 하자가 발생했다고 보아야 한다."

즉 보증대상의 하자를 구성요소별로 '현상'과 '원인'으로 구분하고, 비록 원인행위가 사용검사 이전에 이루어졌더라도 사용검사 이전의 하자로 판단하지 않고 '하자의 원인(예: 단열재의 변경시공, 방수의 미시공)'으로부터 기인된 구체적인 '하자현상(예: 결로현상, 곰팡이, 누수)'이 나타나는 시점이 바로 하자의 발생 시점이라고 확인한 것이다. 보증사의 책임범위를 보다 넓게 해석하고 있는 것이다. 「건설감정실무」에서도 하자발생 시점에 관하여 동일한 논리로 다루고 있다.[61] 그러므로

[공용 35] 단지 내 측구 바닥균열

1. 원고측 주장

단지 내 L형 측구 균열 및 면 처리 불량 등으로 인한 기능상, 미관상 지장을 초래하는 하자가 발생함.

2. 피고측 주장

3. 감정인 의견

L형 측구는 물매를 주어 아스팔트 포장에 떨어진 빗물을 모아 배수가 원활하게 하는 기능을 갖는다.

현장조사 결과, L형 측구 균열을 확인하였으며, 이는 우기시 물이 침투되어 침하의 원인이 될 수 있으므로, 부실시공으로 인하여 발생한 기능상·미관상 하자로 판단하였다.

본 하자의 보수비는 메꿈식 균열보수 공사비용을 산정하였다.

4. 산출 금액   ₩ 238,077 원

하 자 감 정 내 용			
① 하자 판정	[ ] 기능상 하자 [ ] 안전상 하자 [√] 미관상 하자	[√]	[ ] 하자 제외 [ ] 법규의 위반 [ ] 약정의 위반
② 발생 원인	[ ] 미시공 하자 [ ] 변경시공 하자 [√] 부실시공 하자		[ ] 설계상 하자 [ ] 감리상 하자 [ ] 사용상·관리상 하자
③ 발생 시기	사용검사일		2009년 4월 24일
	[ ] 사용검사 이전 발생 [√] 사용검사 이후 발생		
	[ ] 1년 이내 [ ] 2년 이내 [ ] 3년 이내		[ ] 4년 이내 [ ] 5년 이내 [ ]10년 이내
	[√] 구체적 발생 시기 판…		불가
④ 보수 가능 여부	[√] 보수 가능함		[ ] 보수 불가능
⑤ 하자의 중요성	[ ] 중요한 하자		[√] 중요하지 않은 하자
⑥ 보수비과다여부			과다하지않음 보수 과다 [√] [ ]
⑦ 보수비의 산정	[√] 보수비용 산출		하자가 중요하지 않으면서 보수비가 과다한 경우 시공비 차액 산정 (보수불가능 포함)
⑧ 하자 보수 요청			⑨ 하자 보수 여부
하자 보수	[√] 요청하지 않음		[ ] 보수 완료 확인
요청 및 요청 일자	[ ] 요청함		[ ] 하자 일부 보수 [√] 보수하지 않음
⑩ 하자 담보 책임 기간 (주택법시행령 별표6)			
공 사	공 종	[ ] 1년 [ ] 2년 [√] 3년	[ ] 4년 [ ] 5년 [ ]10년
1.대지조성공사	포장공사		

현 황 사 진 1	현 황 사 진 2
단지내 측구 바닥균열-1	단지내 측구 바닥균열-2

| 그림 2-12 | 구체적 감정사항 예시

하자는 중요도, 시공 현황, 발생시기 등과 같이 아주 다양한 관점에서 분석되어야 하는데 하자의 속성을 구성요소로서 파악하여 객관화시키는 것이 아주 중요하다고 할 수 있다.

여기서 「건설감정실무」에서 돋보이는 부분을 하나 든다면 체크리스트형 서식을 제시하고 있다는 점이다. 이 서식을 이용하면 하자를 분석하고 발생원인과 시기를 특정하면서 동시에 보수가능 여부와 하자의 중요도 등을 체계적으로 검토할 수 있다.[62] 감정인 의견도 하자의 구성요소에 따라 부위와 현상, 그리고 원인과 보수방법 순으로 정리하면 명쾌하게 하자를 정의할 수 있다.

(6) 하자현상에 따른 구분

전게한 바와 같이 기존의 하자 유형 분석방식은 하자를 공종별로 최종정리하고 있다. 이는 실제 사용자 입장이 아닌 건설사나 보증사의 측면에서 하자를 분류하기 때문이다. 하자소송 자체가 시행사나 하자담보책임증권의 보증자인 보증사를 대상으로 하므로 감정도 보증서에서 담보하고 있는 하자보증서의 공종별로 전개할 수밖에 없었다. 그동안 하자의 유형이나 원인에 대한 연구도 기초 데이터는 공종별 분류정보에 한정되어 있고, 범주 역시 건설사의 입장에서 하자예방이나 하자소송에 대한 대책에서 벗어나지 못하고 있는 실정이다. 실제 감정에서 도출된 하자 현황에 대한 분석과 구체적 현상별 유형에 대한 조사는 아주 미흡한 것이 현실이다. 그러므로 이들 연구성과와 실제 하자소송에서 벌어지는 결과에 대한 유사성도 찾기 어렵다.

오히려 하자를 공종별로 나누다 보니 사용자의 입장에서 하자를 명확하게 규정하기가 더 어려운 측면이 있었다. 반복되는 이야기지만 공종별 분류방식은 건축에 대한 비전문가로서 하자를 현상으로 인식할 수밖에 없는 사용자나 관리자 입장에서는 별 의미가 없다. 이 같은 현황의 가장 근본적인 원인은 하자 유형의 분류가 공종별 방식에 치우쳐 있어 하자에 대해서 다각도로 접근하지 못하기 때문이다. 이것이 이 책에서 하자를 기존의 공종별이 아닌 현상별로 분류한 이유이다. 하자현상에서는 못이 더 중요한 법이다.

그래서 본 책에서는 기존의 하자감정결과를 공종별이 아닌 하자현상별로 재구성하여 분석하는 방법을 채택하였다. 건축물의 하자가 이제는 전문가나 이해당사자 간의 문제를 벗어나 건설산업의 한 분야로서 인식되어야 하고 같은 맥락에서 수요자나 사용자가 쉽게 정보를 접하고 이해할 수 있어야 한다는 판단에 의해서다.

하자현상에 대한 구체적인 조사는 최근 2010년과 2012년 사이에 감정이 진행된 공동주택의 전유하자를 하자현상별로 분류하는 방식으로 진행하였다. 구체적 하자현상을 열화, 손상, 탈락, 변형, 부식, 평활불량, 변색, 고장현상, 고사, 환경, 붕괴, 성능미달, 약정위반 등 13개 현상과 부속되는 세부적인 현상으로 패턴화 시키고, 이를 발생부위별로 나누어 하자의 발생빈도를 분석하였다. 주요 하자현상의 의의와 부위별 하자현상은 〈표 2-10〉, 〈표 2-11〉과 같다.

| 표 2-9 | 하자 유형 관련 선행연구

논문제목	저 자	내 용
공동주택 공사종류별 하자 사례 분석	고성석 외(2006)	건축, 전기, 설비, 설치물로 분류, 항목별로 하자발생 실태 및 분석 실시
공동주택의 공정별 하자발생 및 예방대책에 관한 연구	장극관 (2007)	하자를 공정별로 조사, 분석 후 아파트신축시 부실한 하자발생 원인을 사전에 예방하기 위한 방안 제안
공동주택 마감공사의 하자위험도 평가에 관한 연구	김진현 (2011)	하자발생 현황자료 수집, 항목별 하자 유형을 분류하여 하자원인을 규명하고 사전예방과 사후대책 방안 고찰

논문제목	저 자	내 용
건설분쟁에 있어서 공동주택 하자보수비 감정에 관한 연구	신현기 (2009)	47개 감정사건의 하자보수비를 심층 분석하고 하자판단기준과 적정성여부를 연구
공동주택의 하자 유형 분석을 통한 하자저감 방안에 관한 연구	이진응 (2009)	안전진단전문기관에서 보유하는 하자관련 자료를 기초로 공종별, 부위별로 하자를 분류, 분석하여 비용측면에서의 중요도 측정
공동주택 하자 유형 분석 및 사전예방을 위한 연구	SH공사 (2010)	아파트 입주자 점검자료를 대상으로 하자 사례 내용을 종합하여 하자발생 유형을 분류한 후, 각 유형에 대한 하자 사전예방대책

| 표 2-10 | 주요 하자현상의 의의

하자현상	의 의
균열	자재나 부위에서 발생하는 틈새결함
결로	실내외의 온도차가 심할 때 창, 벽체 또는 천정에 물이 맺히는 현상
누수	균열, 구멍, 터진 곳을 통하여 물이 새는 결함
곰팡이	균류 중에서 진균류에 속하는 미생물
파손	자재나 부위에서 시공이 완료된 후에 발생하는 현상의 인위적 이탈결함
탈락	부착성능의 부족으로 특정위치에서 발생하는 자재 이탈결함
이음불량	연결부위의 결함으로 느슨한 접합이나 용접불량 등의 결함
고정불량	기기나 부품의 부착 또는 고정기능의 결함
들뜸	바탕재에서 마감재가 일체되지 못하고 들떠있는 결함
처짐	수평자재의 상부하중이나 단면부족에 의한 수평불량 결함
휘어짐	수직자재, 선형자재가 연직하중이나 성능결함에 의한 성형형상의 결함
노출	내부재료가 외부표면으로 노출되는 하자
녹슴	철 재료의 산화현상으로 나타나는 산화물에 의한 결함
부패	유기물이 미생물의 작용에 의해 악취를 내며 분해되는 현상
백화	콘크리트, 시멘트몰탈, 타일마감시 표면에 백색물질이 발생하는 현상
이색	색상에서 부조화나 불일치 결함
평활불량	기능면의 특정부분이 전체에 대하여 구배나 표면이 일정하지 않는 결함

하자현상	의 의
수직불량	수직면을 요구하는 자재 또는 구법에서 연직방향 결함
수평불량	수평면을 요구하는 자재 또는 구법에서 수평성능 결함
오염	특정물질에 조화되지 않는 물질이 내포되거나 덧붙여져 나타나는 결함
침하	지지물이 존재하는 수평면의 내려앉음
전도	엎어져 넘어짐
붕괴	허물어져 무너짐
작동불량	기기의 기능작동 결함 또는 이동성 자재나 제품의 운동성 결함
성능미달	기계장비의 성질이나 기능이 어떤 한도에 이르거나 미치지 못함
약정위반	계약으로 정한 명령, 약속 따위를 지키지 않고 어김

| 표 2-11 | 주요 부위별 하자현상

공간/부위		열화 (균열 열화 중성화)	손상 (깨짐, 찍힘, 균열, 파단, 단면 결손, 배관 누출(누수))	탈락 (열어짐, 박리, 박락, 들뜸, 고정, 탈락·연결 이음불량)	변형 (처짐, 꺼짐, 내려 앉음, 비틀림, 갈라짐, 별에 짐, 터짐)	부식 (썩음, 백화, 녹슴, 부패 곰팡이)	평활불량 (수직·수평·구배불량, 평활불량(단 차연처리불량))	변색 (이색, 변색, 오염)	고장 (작동불량, 개폐불량, 배수불량, 환기불량, 누전)	고사 (고사목, 발육 부진)	환경 (결로, 누수, 한기(외풍), 성에, 소음, 진동, 악취)	붕괴 (침하, 전도, 붕괴)	성능미달 (기능·제원 미달, 용장부족, 강도부족)	약정위반 (규격, 치수, 두께, 길이, 면적, 재질 상이, 미시공)
구조부	지반,기초											●		●
	철콘조	●				●	●					●	●	●
	철골조					●						●	●	●
	내화피복			●									●	●
실내	조적		●		●	●		●					●	●
	방수	●	●		●	●		●					●	●
	미장	●	●		●			●						●
	타일	●	●	●	●	●		●			●		●	●
	식재	●				●		●			●			●
	도장	●		●	●	●		●			●			●
	도배			●				●			●			●
	문,문틀	●	●	●	●	●		●	●	●				●
	유리,거울	●						●			●		●	●
	코킹			●				●						●
	금속	●		●		●		●						●
	단열			●				●			●			●
	방음,방진			●				●			●			●
	수장	●	●	●	●	●		●	●					●
	가구		●	●	●			●	●	●				●
외벽	창호		●	●	●	●		●	●		●			●
	도장		●	●	●	●		●						●
	외장판넬	●	●	●	●	●		●						●
	석재	●	●	●	●	●		●	●					●
	목재		●	●	●	●		●						●
	홈통			●										●
	외부코킹			●										●

공간/부위		외관의 물리적 변화					평활불량	변색	고장	고사	환경	붕괴	성능미달	약정위반
		열화	손상	탈락	변형	부식								
		균열 열화 중성화	깨짐, 꼭힘, 균열, 파단, 단면 결손, 배관 누출(누수)	떨어짐, 박리, 박락, 들뜸, 고장, 부착; 열결 이음불량	처짐, 깨짐, 내려 앉음, 비틀림, 깔라짐, 벌어 짐, 타짐	썩음, 백화, 녹슴, 부패, 곰팡이	수직, 수평 구배불량, 평활불량단 차/면처리불량	이색, 변색, 오염	자동 불량, 개폐 불량, 배수 불량, 환기 불량, 누전	고사목, 발육 부진	결로, 누수, 환기(외풍), 성애, 소음, 진동, 악취	침하, 전도, 붕괴	기능 제한 미달, 용량부 족, 강도부족	규격, 치수, 두께, 길이, 면적, 재질 상이, 미시공
지붕	지붕재	●	●				●	●					●	●
	방수	●					●							●
기계설비	급수급탕	●			●				●				●	●
	위생기구	●	●						●					●
	공조설비								●		●			●
	가스설비	●							●				●	●
	소방설비								●					●
	보온재		●						●					●
전기설비	전기설비		●						●				●	●
	조명설비		●						●				●	●
	통신설비								●					●
	소방전기		●						●					●
	방재설비								●					●
	승강기설비													●
	빌트인가전								●		●			●
토목조경	보차도포장						●					●		●
	배수시설	●	●				●					●		●
	옹벽,석축	●					●					●		●
	조경시설				●					●				●
	조경수													●
인접지	인접지지반											●		●
	인접건물	●	●	●	●	●	●					●		●

3. 실증적 하자분석

(1) 하자분석 범위

다른 감정인들은 어떻게 현장조사를 하고 어떤 감정결과를 도출하고 있을까? 실제적으로 가장 많이 발생하고 있는 하자는 무엇일까? 실제 하자소송 사건을 모델로 실증적 데이터를 추출한 자료를 기반으로 하자현상을 전개할 수는 없을까? 본 자료는 이런 의문을 풀기 위해 조사한 데이터이다. 우선 하자를 실증적으로 분석하기 위하여 9개 단지 12,200세대 98,191건의 전유부분 하자를 조사범위로 정하였다. 조사방식도 하자의 공종별 분석이 아닌 하자의 '현상'별 분류방식을 적용하였다. 지금까지 감정결과를 토대로 하자현상의 발생을 주제로 다룬

| 표 2-12 | 기술별 비율

기술별 하자 비율		
구 분	하자감정건수	비 율
건축	81,627 건	83.13%
설비	11,697 건	11.91%
전기	4,867 건	4.96%
합계	98,191 건	100%

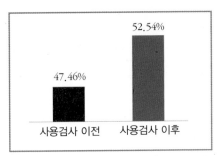

| 그림 2-13 | 사용검사 이전, 이후 하자 비율

적이 전무했기 때문에 어떤 결과가 나올지 전혀 알 수 없었다.

조사결과는 놀라웠다. 전체 하자를 건축, 기계, 전기와 같은 대공종별 비율로 분석한 결과는 건축하자가 전체의 약 83%를 차지하고 설비 분야가 12%, 전기하자가 5%로 건설공정에서 대공종별 비율과 대체로 일치하고 있지만 이를 사용검사 전·후의 시점별로 구분하였을 때 각각 52.54%, 47.46%로 거의 같은 비율로 나타난 것이다. 즉 설계도 서불일치에 의한 미시공, 변경시공으로 판단되는 하자의 비율이 거의 절반에 이르렀다. 비록 기술적으로는 작은 현상이라 하더라도 설계 도서불일치 하자가 국부에 머무르지 않고 건축물 전체에 걸쳐 하자의 수가 동일부위에서 공통적으로 적용되는 만큼 그 건수가 급증해버리는 것이다. 법적 분쟁에서의 '하자'가 일반적인 건축기술상의 결함이나 불편 그 자체가 아닌, 하자소송에서 제기되는 '하자보수청구권'이나 '손해배상청구권'과 같은 '법률효과'를 발생시키기 위한 '법률요건'임을 여실히 보여주고 있는 것이다.

| 표 2-13 | 전유세대 하자발생건수

구 분	A단지	B단지	C단지	D단지	E단지	F단지	G단지	H단지	I단지	소 계
세대수	1,950	1,600	1,150	1,400	2,050	1,750	750	650	900	12,200
사용검사 후	5,187	4,214	10,645	5,241	4,690	11,273	3,456	4,693	2,188	51,587
사용검사 전	2,073	-	15,299	6,357	2,254	7,292	6,016	3,290	4,023	46,604
합계	7,260	4,214	25,944	11,598	6,944	18,565	9,472	7,983	6,211	98,191

| 표 2-14 | 하자현상별 분포 현황

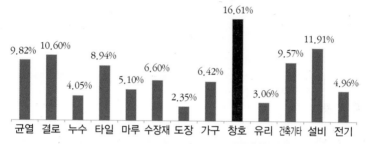

9.82% 10.60% 4.05% 8.94% 5.10% 6.60% 2.35% 6.42% 16.61% 3.06% 9.57% 11.91% 4.96%

균열 결로 누수 타일 마루 수장재 도장 가구 창호 유리 건축기타 설비 전기

하자현상	A단지	B단지	C단지	D단지	E단지	F단지	G단지	H단지	I단지	소계
균열	3,593	530	2,082	1,072	497	1,312	77	452	32	9,647
결로	610	161	2,549	3,752	1,138	811	-	658	732	10,411
누수	76	510	1,674	1,567	-	82	22	-	44	3,975
타일	2,325	651	1,190	292	1,273	1,196	1,228	541	86	8,782
마루	-	30	-	-	184	2,342	806	747	902	5,011
수장재	3	-	2,586	119	297	455	1,413	910	693	6,476
도장	5	-	-	-	43	1,540	702	-	18	2,308
가구	51	1,162	2,297	768	776	894	81	108	167	6,304
창호	115	769	2,222	2,089	2,026	4,624	1,509	2,020	938	16,312
유리	6	101	1,674	14	699	447	192	262	50	3,445
건축기타	26	300	5,171	1,267	-	1,187	689	73	682	9,395
설비	450	-	4,232	377	2	1,829	2,256	1,316	796	11,258
전기	-	-	267	281	9	1,846	497	896	1,071	4,867
합계	7,260	4,214	25,944	11,598	6,944	18,565	9,472	7,983	6,211	98,191

(2) 하자현상별 하자분석

하자정보를 균열, 결로, 누수와 같은 공통적 하자현상과 타일, 마루, 수장재, 도장면, 가구, 창호부위 등의 단위로 세분화한 결과 창호하자가 가장 높은 비율로 확인되었다. 설비하자와 결로현상이 뒤를 이었다. 종합적인 관점에서는 모든 부위에 하자현상이 고루 발생하고 있는 것으로 보인다. 바로 이러한 분석결과가 지금까지의 하자연구와 확연히 다른 차이점이다. 공동주택 전유세대의 주요 부위에서 발생하는 하자현상은 〈표 2-15〉와 같다.

| 표 2-15 | 하자현상별 분포 현황

구분	부위	하자현상	A단지	B단지	C단지	D단지	E단지	F단지	G단지	H단지	I단지	소계
균열	발코니	균열(천정,벽)	3,593	530	2,082	1,072	497	1,312	77	452	32	9,647
결로	거실·방	결로	222	-	789	321	-	59	-	658	682	2,731
	현관	단열재 이음부 틈, 테이핑 누락	-	-	87	1,386	-	752	-	-	-	2,225
		단열재 필름지 누락	-	-	-	1,299	790	-	-	-	-	2,089
		벽체 단열재 누락	-	-	1,673	-	-	-	-	-	-	1,673
	발코니	결로	376	-	-	746	348	-	-	-	-	1,470
	화장실	결로(타일면)	12	161	-	-	-	-	-	-	50	223
누수	거실·방	누수	-	-	-	31	1	-	-	-	32	64
	발코니	누수	-	-	-	-	-	80	-	-	-	80
		서흠통 누수	76	510	-	150	-	-	-	-	-	736
		방수 치켜올림 누락	-	-	-	1,386	-	-	-	-	-	1,386
	화장실	누수(천정 배관)	-	-	-	-	-	1	-	-	5	6
		욕조 하부 방수 누락	-	-	1,674	-	-	-	-	-	-	1,674
	창호·문	누수(창문)	-	-	-	-	-	-	22	-	7	29
타일	발코니	발코니 턱높이 규격 단차	2,073	-	-	-	-	-	349	-	-	2,422
		타일 구배, 배수불량	-	-	-	60	11	-	5	26	-	102
		타일 균열, 파손, 들뜸	-	-	-	82	144	11	31	-	-	268
		타일 단차 규격불량	-	-	-	-	-	-	-	-	-	-
		타일 줄눈 탈락	-	-	-	-	118	4	-	-	-	122

구분	부위	하자현상	A단지	B단지	C단지	D단지	E단지	F단지	G단지	H단지	I단지	소계
타일	현관	타일(전실바닥) 들뜸	-	591	-	-	-	-	-	-	-	591
		타일(전실바닥석재) 파손	-	-	-	-	-	51	4	8	-	63
		문턱 단차 부족	41	-	-	-	-	-	422	-	-	463
		바닥 타일 변색 및 긁힘	-	-	-	-	-	-	-	-	23	23
		전실 바닥 타일 줄눈 불량	-	-	-	-	-	-	-	-	11	11
	화장실	문턱 바닥 단차 부족	-	-	-	-	-	-	-	60	4	64
		타일 구배불량	-	-	1,019	-	848	-	333	271	-	2,471
		타일 균열, 들뜸, 처짐	211	-	-	3	-	-	-	-	-	214
		타일 미끄러짐	-	-	82	199	268	89	34	31	24	727
		타일 줄눈 탈락, 불량	-	60	89	30	64	794	66	114	24	1,241
마루		마루재 누수 및 변색	-	-	-	-	-	-	-	-	60	60
		마루재 들뜸	-	-	-	-	184	803	-	89	160	1,236
		마루재 누락(싱크대 바닥)	-	-	-	-	-	1,539	689	658	682	3,568
		마루재 틈새	-	-	-	-	-	-	91	-	-	91
		마루재 파손	-	-	-	-	-	26	-	-	-	26
		마루재, 바닥재 단차발생	-	30	-	-	-	-	-	-	-	30
수장재	거실·방·주방	도배지 들뜸, 탈락, 불량	-	-	913	93	297	285	15	105	75	1,783
		인테리어필름지 들뜸 및 불량	-	-	-	-	-	-	-	147	94	241
		목재 걸레받이, 몰딩탈락, 불량	-	-	-	-	13	20	-	39	-	72
		바닥 완충재 규격 상이시공	-	-	1,673	-	-	-	-	-	-	1,673
		바닥재(장판) 파손 및 들뜸	-	-	-	26	-	157	-	-	-	183
		벽체 인조대리석 균열	-	-	-	-	-	-	-	-	38	38
		우물천정 상이시공	-	-	-	-	-	-	-	-	445	445
	화장실	천정 몰딩, 점검구 벌어짐	3	-	-	-	-	-	-	-	2	5
		천정 점검구 규격 상이시공	-	-	-	-	-	-	689	-	-	689
		천정틀 규격 상이시공	-	-	-	-	-	-	689	658	-	1,347
도장	발코니	걸레받이 페인트 누락	-	-	-	-	-	1,540	-	-	-	1,540
		도장 박락, 불량	5	-	-	43	-	13	-	18	-	79
		발코니 결로방지 페인트 누락	-	-	-	-	-	-	689	-	-	689
가구		붙박이장 개폐불량	-	-	-	-	73	-	-	-	-	73
		붙박이장 고정불량, 처짐, 뒤틀림	-	-	-	-	-	159	-	-	129	288

구분	부위	하자현상	A단지	B단지	C단지	D단지	E단지	F단지	G단지	H단지	I단지	소계
가구		붙박이장 시트지 들뜸, 불량	-	-	-	-	5	-	18	-	10	33
		붙박이장 유리 붙임불량	-	-	-	-	-	41	-	-	5	46
		스테인리스기구 녹발생	-	-	-	-	-	-	-	-	4	4
		싱크대 개폐불량	51	378	-	-	70	453	-	-	-	952
		싱크대 렌지후드 작동불량	-	-	-	-	-	30	20	-	-	50
		싱크대 문짝 뒤틀림	-	-	-	101	-	-	43	59	1	204
		싱크대 문짝 시트지 탈락	-	784	1,325	665	-	-	-	-	-	2,774
		싱크대 배수불량, 누수	-	-	-	-	-	25	-	-	-	25
		싱크대 상부장 고정불량	-	-	774	2	-	-	-	-	-	776
		싱크대 상판불량, 이음매 불량	-	-	198	-	433	186	-	49	18	884
		싱크대 칸막이 파손(발코니)	-	-	-	195	-	-	-	-	-	195
창호·문	목문	목목(미서기문) 우풍	-	-	-	-	-	-	-	-	9	9
		목문(욕실 문짝) 썩음	-	557	-	-	-	625	-	-	-	1,182
		목문 개폐불량	58	138	-	-	377	228	33	182	29	1,045
		목문 도어록 불량	-	-	-	-	-	1,034	-	238	-	1,272
		목문 뒤틀림, 벗어짐	-	-	-	-	-	-	-	-	106	106
		목문 시트지 변색	-	-	-	-	-	3	-	-	12	15
		목문 시트지 탈락	-	48	-	212	132	141	4	79	-	616
		목문 상, 하 마구리면도장 누락	-	-	1,386	1,464	1,539	689	-	-	-	5,078
		목문 하부 도어씰 누락	-	-	-	-	-	-	-	-	681	681
	방화문	방화문 개폐불량	16	-	29	-	26	90	17	-	7	185
		방화문 도어체크 규격 상이	-	-	-	-	-	-	658	-		658
		방화문 철판 규격 상이	-	-	1,674	-	-	-	658	-		2,332
		방화문틀 고무패킹 시공불량	-	-	-	-	-	-	-	-	36	36
		방화문틀 충진불량	-	-	-	-	-	689	-	-		689
		방화문틀, 문부식	-	-	-	491	-	-	-	-		491
	창문	창문 개폐불량	41	-	-	27	-	6	-	-	38	112
		창문 뒤틀림	-	-	-	-	-	-	4	-	-	4
		창문 방충망, 부속철물 불량	-	-	519	-	-	964	63	205	20	1,771
		창문 복층유리 불량, 오염	-	26	-	-	-	-	4	-	-	30

구분	부위	하자현상	A단지	B단지	C단지	D단지	E단지	F단지	G단지	H단지	I단지	소계
유리	창문	창문 유리 김서림(복층)	-	-	-	-	-	-	116	-	-	116
		창문 유리 파손, 균열	-	-	-	-	-	-	-	-	5	5
	화장실	거울(화장실) 변색	6	101	1,674	14	608	405	38	-	39	2,885
		샤워부스 여닫이 불량, 뒤틀림	-	-	-	-	91	42	38	262	6	439
건축기타	거실·방	바닥 PE필름 누락	-	-	1,674	-	-	-	-	-	-	1,674
	발코니	선홈통 고정불량, 부식	-	-	-	367	-	-	-	-	-	367
		선홈통 규격 미달	-	-	1,673	900	-	-	-	-	-	2,573
	화장실	천정내부 조적벽체, 미장불량	26	300	-	-	-	805	-	73	-	1,204
		천정내부 미장, 견출 누락	-	-	1,824	-	-	382	689	-	682	3,577
설비	거실·방·주방	온도 난방불량	-	-	-	-	-	-	10	-	-	10
		온도조절기 불량	-	-	-	-	-	-	-	-	6	6
		완강기 누락	-	-	-	-	-	-	155	-	-	155
	발코니	P.D 내 섹스티아 부실시공	436	-	-	-	-	-	-	-	-	436
		PD/AD 커버 부식	-	-	185	-	-	-	-	-	-	185
		가스배관 몰딩불량, 코팅 누락	-	-	876	-	-	-	689	-	-	1,565
		누수(보일러 급수관)	-	-	-	-	-	19	-	-	-	19
		배관 배수불량	-	-	-	-	-	6	-	-	-	6
		보일러 배관 커버 누락	-	-	1,673	-	-	-	-	-	-	1,673
		보일러 작동불량	-	-	-	-	-	3	-	-	-	3
		악취 역류	-	-	-	-	-	-	12	-	-	12
		연도 관통부 불량	-	-	-	-	-	-	-	658	-	658
	화장실	드레인 배관 상이시공	-	-	1,674	-	-	-	689	-	-	2,363
		변기, 세면대, 방열기 고정불량	14	-	-	2	-	-	-	-	-	16
		수도관 동결(측벽세대)	-	-	9	-	-	-	3	-	-	12
		수전, 액세서리(샤워기 등) 불량	-	-	-	-	-	-	3	-	6	9
		슬리브 배관 관통부 미충진	-	-	-	-	-	-	689	-	682	1,371
		악취 역류	-	-	-	-	-	744	-	-	-	744
		욕조 긁힘	-	-	-	-	-	92	-	-	-	92
		위생기구 주위 실리콘 불량	-	-	-	192	-	971	-	658	102	1,923

구분	부위	하자현상	A단지	B단지	C단지	D단지	E단지	F단지	G단지	H단지	I단지	소계
전기	거실·방·주방	인터폰 시공위치 변경시공	-	-	-	-	-	-	-	-	169	169
		인터폰 작동불량	-	-	-	-	-	-	26	-	48	74
		스위치 및 콘센트 불량	-	-	-	-	-	19	155	-	9	183
	거실·방·주방	홈오토, 식기세척기 작동불량	-	-	103	-	-	-	195	70	27	395
		전등불량	-	-	164	-	-	39	-	-	67	270
	현관	현관 센서등 및 스위치 불량	-	-	-	-	-	-	23	-	8	31
	화장실	천정내부 플렉시블 전선관 누락	-	-	-	-	-	1,540	-	658	682	2,880
		환기팬 작동불량	-	-	-	281	9	248	98	168	61	865
하자현상별소계	건축	균열	3,593	530	2,082	1,072	497	1,312	77	452	32	9,647
		결로	610	161	2,549	3,752	1,138	811	-	658	732	10,411
		누수	76	510	1,674	1,567	-	82	22	-	44	3,975
		타일	2,325	651	1,190	292	1,273	1,196	1,228	541	86	8,782
		마루	-	30	-	-	184	2,342	806	747	902	5,011
		수장재	3	-	2,586	119	297	455	1,413	910	693	6,476
		도장	5	-	-	-	43	1,540	702	-	18	2,308
		가구	51	1,162	2,297	768	776	894	81	108	167	6,304
		창호	115	769	2,222	2,089	2,026	4,624	1,509	2,020	938	16,312
		유리	6	101	1,674	14	699	447	192	262	50	3,445
		기타	26	300	5,171	1,267	-	1,187	689	73	682	9,395
	실비		450		4,232	377	2	1,829	2,256	1,316	796	11,258
	전기		-	-	267	281	9	1,846	497	896	1,071	4,867
합계			7,260	4,214	25,944	11,598	6,944	18,565	9,472	7,983	6,211	98,191

(3) 공간별 하자현상 분석

공간별로 하자현상을 분석한 결과도 예상밖이었다. 데이터를 현관
이나 거실, 방, 주방, 화장실, 가구, 발코니, 창문 등과 같이 구분 가능
한 건축 공간 단위로 분석한 결과 하자가 가장 많이 발생한 공간은 화

장실로 밝혀졌다. 이처럼 하자가 화장실에 집중되는 이유는 우선 거의 모든 공종이 투입되므로 부실시공의 우려가 많고, 동시에 다양한 미시공·변경시공 하자가 발생하기 때문으로 해석된다. 그 다음은 발코니 부분인데, 이 역시 욕실과 비슷한 환경에다가 외부와의 온도차로 인한 결로현상이 많이 발생하기 때문으로 풀이된다. 공간별 하자 현상의 상세한 분석은 〈표 2-16〉과 같다.

| 표 2-16 | 공간별 하자 분포 현황

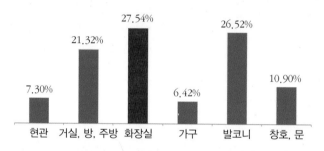

공간별	A단지	B단지	C단지	D단지	E단지	F단지	G단지	H단지	I단지	소 계
현관	41	591	1,760	2,685	790	803	449	8	42	7,169
거실, 방, 주방	222	30	5,316	1,857	1,945	4,454	2,071	1,727	3,314	20,936
화장실	272	622	8,045	719	1,890	6,113	4,058	2,953	2,369	27,041
가구	51	1,162	2,297	768	776	894	81	108	167	6,304
발코니	6,559	1,040	6,304	4,866	981	3,216	1,855	1,167	50	26,038
창호, 문	115	769	2,222	703	562	3,085	958	2,020	269	10,703
합계	7,260	4,214	25,944	11,598	6,944	18,565	9,472	7,983	6,211	98,191

| 표 2-17 | 공간별 하자 분포 집계표

공간	하자현상	A 단지	B 단지	C 단지	D 단지	E 단지	F 단지	G 단지	H 단지	I 단지	소계
현관	타일(전실바닥) 들뜸	-	591	-	-	-	-	-	-	-	591
	타일(전실바닥석재) 파손	-	-	-	-	-	51	4	8	-	63
	단열재 이음부, 틈, 테이핑 누락	-	-	87	1,386	-	752	-	-	-	2,225
	현관 단열재 필름지 누락	-	-	-	1,299	790	-	-	-	-	2,089
	현관 문틱 단차 부족	41	-	-	-	-	-	422	-	-	463
	현관 바닥 타일 변색 및 긁힘	-	-	-	-	-	-	-	-	23	23
	현관 벽체 단열재 누락	-	-	1,673	-	-	-	-	-	-	1,673
	현관 센서등 및 스위치 불량	-	-	-	-	-	-	23	-	8	31
	현관 전실 바닥타일 줄눈 불량	-	-	-	-	-	-	-	-	11	11
거실·방·주방	결로	222	-	789	321	-	59	-	658	682	2,731
	누수	-	-	-	31	-	1	-	-	32	64
	도배지 들뜸, 탈락, 불량	-	-	913	93	297	285	15	105	75	1,783
	인테리어필름지 들뜸, 시공 불량	-	-	-	-	-	-	-	147	94	241
	마루재 누수 및 변색	-	-	-	-	-	-	-	-	60	60
	마루재 들뜸	-	-	-	-	184	803	-	89	160	1,236
	마루재 마감 누락(싱크대 바닥)	-	-	-	-	-	1,539	689	658	682	3,568
	마루재 틈새	-	-	-	-	-	-	91	-	-	91
	마루재 파손	-	-	-	-	-	-	26	-	-	26
	마루재, 바닥재 단차발생	-	30	-	-	-	-	-	-	-	30
	목문 상,하 마구리면 도장 누락	-	-	-	1,386	1,464	1,539	689	-	-	5,078
	목문 하부 도어씰 누락	-	-	-	-	-	-	-	-	681	681
	목재 걸레받이, 몰딩탈락, 불량	-	-	-	-	-	13	20	-	39	72
	바닥 PE필름 누락	-	-	1,674	-	-	-	-	-	-	1,674
	바닥 완충재 규격 상이시공	-	-	1,673	-	-	-	-	-	-	1,673
	바닥재(장판) 파손 및 들뜸	-	-	-	26	-	157	-	-	-	183
	벽체 인조대리석 균열	-	-	-	-	-	-	-	-	38	38
	온도 난방불량	-	-	-	-	-	-	10	-	-	10
	온도조절기 불량	-	-	-	-	-	-	-	-	6	6

공간	하자현상	A단지	B단지	C단지	D단지	E단지	F단지	G단지	H단지	I단지	소계
거실·방·주방	완강기 누락	-	-	-	-	-	-	155	-	-	155
	우물천정 상이시공	-	-	-	-	-	-	-	-	445	445
	인터폰 시공위치 변경시공	-	-	-	-	-	-	-	-	169	169
	인터폰 작동불량	-	-	-	-	-	-	26	-	48	74
	스위치 및 콘센트 불량	-	-	-	-	-	19	155	-	9	183
	홈오토, 식기세척기 작동불량	-	-	103	-	-	-	195	70	27	395
	전등불량	-	-	164	-	-	39	-	-	67	270
화장실	문턱 바다 단차 부족	-	-	-	-	-	-	-	60	4	64
	거울(화장실) 변색	6	101	1,674	14	608	405	38	-	39	2,885
	결로(타일면)	12	161	-	-	-	-	-	-	50	223
	누수(천정 배관)	-	-	-	-	-	1	-	-	5	6
	드레인 배관 상이시공	-	-	1,674	-	-	-	689	-	-	2,363
	변기, 세면대, 방열기 고정불량	14	-	-	-	2	-	-	-	-	16
	샤워부스 여닫이 불량, 뒤틀림	-	-	-	-	91	42	38	262	6	439
	수도관 동결(측벽세대)	-	-	9	-	-	-	3	-	-	12
	수전, 액세서리(샤워기등) 불량	-	-	-	-	-	-	3	-	6	9
	슬리브 배관 관통부 미충진	-	-	-	-	-	-	689	-	682	1,371
	악취 역류	-	-	-	-	-	-	744	-	-	744
	욕조 긁힘	-	-	-	-	-	-	92	-	-	92
	욕조 하부 방수 누락	-	-	1,674	-	-	-	-	-	-	1,674
	위생기구 주위실리콘 마감불량	-	-	-	192	-	971	-	658	102	1,923
	천정 내부 조적벽체, 미장불량	26	300	-	-	-	805	-	73	-	1,204
	천정 몰딩, 점검구 벌어짐	3	-	-	-	-	-	-	-	2	5
	천정 점검구 규격 상이시공	-	-	-	-	-	-	689	-	-	689
	천정내부 미장, 견출 누락	-	-	1,824	-	-	382	689	-	682	3,577
	천정내부 플렉시블 전선관 누락	-	-	-	-	-	1,540	-	658	682	2,880
	천정틀 규격 상이시공	-	-	-	-	-	-	689	658	-	1,347
	타일 구배불량	-	-	1,019	-	848	-	333	271	-	2,471
	타일 균열, 들뜸, 처짐	211	-	-	3	-	-	-	-	-	214
	타일 미끄러짐	-	-	82	199	268	89	34	31	24	727
	타일 줄눈 탈락, 불량	-	60	89	30	64	794	66	114	24	1,241
	환기팬 작동불량	-	-	-	281	9	248	98	168	61	865

공간	하자현상	A단지	B단지	C단지	D단지	E단지	F단지	G단지	H단지	I단지	소계
가구	붙박이장 개폐불량	-	-	-	73	-	-	-	-	-	73
	붙박이장 고정불량, 처짐, 뒤틀림	-	-	-	-	-	159	-	-	129	288
	붙박이장시트지 들뜸,불량	-	-	-	-	5	-	18	-	10	33
	붙박이장유리 붙임, 불량	-	-	-	-	-	41	-	-	5	46
	스테인리스기구 녹발생	-	-	-	-	-	-	-	-	4	4
	싱크대 개폐불량	51	378	-	-	70	453	-	-	-	952
	싱크대 렌지후드 작동불량	-	-	-	-	-	30	20	-	-	50
	싱크대 문짝 뒤틀림	-	-	-	101	-	-	43	59	1	204
	싱크대 문짝 시트지 탈락	-	784	1,325	665	-	-	-	-	-	2,774
	싱크대 배수불량, 누수	-	-	-	-	-	25	-	-	-	25
	싱크대상부장고정불량	-	-	774	2	-	-	-	-	-	776
	싱크대상판 불량, 이음매불량	-	-	198	-	433	186	-	49	18	884
	싱크대칸막이 파손(발코니)	-	-	-	195	-	-	-	-	-	195
발코니	P.D내 섹스티아 부실시공	436	-	-	-	-	-	-	-	-	436
	PD/AD 커버 부식	-	-	-	185	-	-	-	-	-	185
	가스배관 몰딩불량, 코팅누락	-	-	876	-	-	-	689	-	-	1,565
	걸레받이 페인트 누락	-	-	-	-	1,540	-	-	-	-	1,540
	결로	376	-	-	746	348	-	-	-	-	1,470
	균열(천정,벽)	3,593	530	2,082	1,072	497	1,312	77	452	32	9,647
	누수	-	-	-	-	-	80	-	-	-	80
	누수(보일러 급수관)	-	-	-	-	-	19	-	-	-	19
	도장박락, 불량	5	-	-	-	43	-	13	-	18	79
	발코니걸로빙지페인트 누락	-	-	-	-	-	-	689	-	-	689
	발코니턱높이 규격단차상이	2,073	-	-	-	-	-	349	-	-	2,422
	방수 치켜올림 누락	-	-	-	1,386	-	-	-	-	-	1,386
	배관배수불량	-	-	-	-	-	-	6	-	-	6
	보일러 배관커버 누락	-	-	1,673	-	-	-	-	-	-	1,673
	보일러 작동불량	-	-	-	-	-	3	-	-	-	3
	선홈통 고정불량, 부식	-	-	-	367	-	-	-	-	-	367
	선홈통 규격미달	-	-	1,673	900	-	-	-	-	-	2,573
	선홈통 누수	76	510	-	150	-	-	-	-	-	736
	악취 역류	-	-	-	-	-	-	12	-	-	12
	연도 관통부 불량	-	-	-	-	-	-	-	658	-	658

공간	하자현상	A단지	B단지	C단지	D단지	E단지	F단지	G단지	H단지	I단지	소계
발코니	타일 구배, 배수불량	-	-	-	60	11	-	5	26	-	102
	타일 균열, 파손, 들뜸	-	-	-	-	82	144	11	31	-	268
	타일 단차 규격불량	-	-	-	-	-	-	-	-	-	-
	타일 줄눈 탈락	-	-	-	-	-	118	4	-	-	122
창호문	누수(창문)	-	-	-	-	-	-	22	-	7	29
	목목(미서기문) 우풍	-	-	-	-	-	-	-	-	9	9
	목문(욕실 문짝) 썩음	-	557	-	-	-	625	-	-	-	1,182
	목문 개폐불량	58	138	-	-	377	228	33	182	29	1,045
	목문 도어록 불량	-	-	-	-	-	1,034	-	238	-	1,272
	목문 뒤틀림, 벌어짐	-	-	-	-	-	-	-	-	106	106
	목문 시트지 변색	-	-	-	-	-	3	-	-	12	15
	목문 시트지 탈락	-	48	-	212	132	141	4	79	-	616
	방화문 개폐불량	16	-	29	-	26	90	17	-	7	185
	방화문 도어체크 규격상이	-	-	-	-	-	-	-	658	-	658
	방화문 철판 규격 상이	-	-	1,674	-	-	-	-	658	-	2,332
	방화문틀고무패킹 시공불량	-	-	-	-	-	-	-	-	36	36
	방화문틀 충진불량	-	-	-	-	-	-	689	-	-	689
	방화문틀, 문 부식	-	-	-	491	-	-	-	-	-	491
	창문개폐불량	41	-	-	-	27	-	6	-	38	112
	창문뒤틀림	-	-	-	-	-	-	4	-	-	4
	창문방충망, 부속철물불량	-	-	519	-	-	964	63	205	20	1,771
	창문복층유리 불량, 오염	-	26	-	-	-	-	4	-	-	30
	창문유리 김서림(복층)	-	-	-	-	-	-	116	-	-	116
	창문유리 파손, 균열	-	-	-	-	-	-	-	-	5	5
공간 단위 소계	현관	41	591	1,760	2,685	790	803	449	8	42	7,169
	거실, 방, 주방	222	30	5,316	1,857	1,945	4,454	2,071	1,727	3,314	20,936
	화장실	272	622	8,045	719	1,890	6,113	4,058	2,953	2,369	27,041
	가구	51	1,162	2,297	768	776	894	81	108	167	6,304
	발코니	6,559	1,040	6,304	4,866	981	3,216	1,855	1,167	50	26,038
	창호, 문	115	769	2,222	703	562	3,085	958	2,020	269	10,703
합계		7,260	4,214	25,944	11,598	6,944	18,565	9,472	7,983	6,211	98,191

3

균열 龜裂

제3장

균열 龜裂

　'균열'은 가장 대표적인 하자현상이다. 콘크리트의 균열은 구조체의 노후화와 함께 열화나 내구성 약화, 구조적 결함, 외관손상 및 철근부식 및 방수성능 저하 등을 불러오므로 반드시 정확한 원인 규명과 적절한 보수가 필요하다. 그 외 콘크리트 하자로는 단면결함, 철근부식, 열화현상과 같은 결함이 있다. 소송에서 보수방법과 보수비용, 도장마감의 적정성 등을 둘러싸고 가장 치열하게 대치하는 하자이기도 하다.

1. 균열현상 분석

　콘크리트 균열하자에서도 건물의 외벽면의 균열은 쉽게 눈에 뛰기도 하지만 미관상 지장을 초래하고 심리적 불안을 야기하기도 한다. 때문에 외벽균열은 가장 치열하게 다툼이 일어나고 이해당사자의 관심이 고조되는 사안이다. 실제적 감정자료를 분석한 결과는 〈표 3-1〉과 같다.

　우선 공동주택 콘크리트 외벽에 발생한 균열 중 대부분은 허용균열폭 0.3㎜미만으로 그 비율이 84%로 드러났다. 폭 0.3㎜ 이상의 균열은 8.5%, 습식균열이나 단면훼손, 철근노출과 같은 하자는 1.6%로 미미

| 표 3-1 | 외벽균열 비교표

구 분	0.3mm 미만 건식균열	0.3mm 이상 건식균열	누수균열	비구조체 층간균열	소 계
외벽균열 수량	245,835 m	25,105 m	4,754 m	18,174 m	293,869 m
비율	83.65%	8.54%	1.62%	6.18%	100%

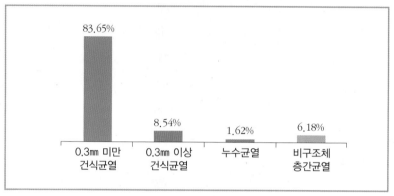

| 그림 3-1 | 균열분포 현황

한 편이다.

결국 대부분의 외벽균열은 0.3㎜ 미만의 건식균열로 나타난다고 할 수 있다. 따라서 조사되는 대부분의 균열은 구조적 안전성과는 무관한 미세한 균열이라고 할 수 있다. 물론 0.3㎜ 이상의 균열이나 누수균열도 10% 정도에 달하므로 무시해서는 안될 것이다. 문제는 고소부위에 대한 균열의 조사방법일 것이다. 사람이 근접하기 어려운 상태에서 어떻게 정확한 균열현상과 폭을 측정하느냐가 관건인 것이다.

이제 균열의 발생원인과 보수방법 그리고 조사방법을 자세히 들여다 보자.

| 그림 3-2 | 균열현황도

2. 균열발생 원인

(1) 설계 오류

균열은 콘크리트 구조체에 발생하는 하중의 예측 오류나 구조해석의 복잡성, 부적절하거나 부적합한 기초설계, 배근 상세설계의 문제 등 설계단계의 원인으로 비롯될 수 있다. 주요 원인은 〈표 3-2〉와 같다.

| 표 3-2 | 설계상 원인

구 분	원 인
구조설계 오류	부적절한 설계에 의한 영향은 미관상의 악화로부터 기능성의 결여, 나아가서는 큰 사고에 이른다. 유해한 균열을 일으키는 설계의 오류는 벽의 우각부분, 프리캐스트 부재 및 슬래브의 상체의 불충분, 부적절한 배근상세, 온도변화에 의한 체적 변화를 받기 쉬운 부재의 구속, 적절한 수축이음의 부족 및 부적절한 기초의 설계에서 비롯된다.
과다한 외부 하중	구조해석의 복잡성으로 인하여 철근 콘크리트 건물의 설계공식은 많은 부분이 실험과 해석의 결과에 근거를 두고 있다. 외부하중이 예상 설계하중의 크기를 상회하는 경우에는 구조부재가 파괴되며 중 파괴 형태는 작용력에 따라 균열이 발생한다.
단면 및 철근량의 부족	철근량이 불충분한 경우는 과대한 균열을 일으킨다. 전형적이 예로는 비구조 부재라는 이유로 철근량을 적게 배근한다. 벽과 같은 부재는 구조물의 다른 부분에 연결돼 있어 한번 구조물이 변형하기 시작하면 구조물의 안전성이 문제가 되지 않는다 하여도 균열이 발생한다.
부동침하	설계 오류 중 부적절한 기초설계는 부등침하를 유발하고, 부동침하가 클 때에는 붕괴와 같은 예기치 못한 사태도 유발 시킬 수 있다. 기초 변위는 기초지정의 변위로 기인되며, 간혹 기초 자체의 내력 부족으로 단면이 파손되면서 일어나기도 한다.
익스팬션 조인트 설계 오류	건물의 최장 길이가 60m 이상으로 비교적 긴 건물은 건물 전체의 건조수축의 영향이나 일조에 의한 온도변화 영향이 크게 작용돼 균열이 심하며 평면 형상이 불규칙 할 때는 더욱 심하다. 적절한 익스팬션 조인트를 설치하여 미리 차단할 필요가 있다.
배관의 피복 두께	건물의 슬래브 및 벽체에 전등, 전기콘센트, 매입전선관 등의 설치시 배근되어 있는 철근의 위치를 무리하게 변경하게 돼 매입전선관이 콘크리트 표면부에 위치한다. 이때 전선관의 피복 두께가 부족하면 설치된 전선관을 따라 균열이 발생한다. 철근과 매입전선과의 간섭을 배제시킨 상세한 설계를 하지 않은 것에 기인한다.
콘크리트 배합 설계불량	콘크리트 설계기준 강도는 구조물의 종류, 규모, 중요도에 따라 구조설계 과정에서 정하고 이 같은 기준을 바탕으로 배합설계된다. 단위수량이 많으면 타설 후 침하량이 많고 블리딩이 크며 침하균열과 건조수축 균열이 쉽게 발생한다.

03

(2) 재료 이상

콘크리트의 재료선택 오류나 품질이상으로도 균열이 생길 수 있는데 콘크리트 구조물의 장기적인 품질 및 내구성에 영향을 미치게 된다. 반드시 엄격한 품질관리를 통해 시공해야 한다.

| 표 3-3 | 재료상 원인

구 분	원 인
시멘트의 이상응결	거푸집에 콘크리트를 타설한 후부터 어느 정도 경화하기까지의 사이에 콘크리트는 유동성이 큰 상태에서 고체로 변화된다. 이 과정에서 블리딩, 침하, 초기수축, 수화열 등에 의해서 초기균열이 발생하거나 장기재령에서 균열이 발생하기도 한다.
시멘트의 수화열	시멘트와 물의 화학반응을 수화작용(hydration)이라고 하며, 수화반응이 진행되는 동안 시멘트는 열을 발산하고 콘크리트의 내부온도는 상승한다. 온도에 의한 인장응력이 콘크리트가 견딜 수 있는 자체의 인장강도보다 커지면 균열이 발생한다. 콘크리트에서 수화열에 의해 발생하는 균열은 구속조건에 따라 내부구속 응력 및 외부구속 응력에 의한 균열로 구분된다.
시멘트의 이상팽창	콘크리트를 타설한 후 1개월 정도 후에 발생하는 균열로서 벽면의 경우에는 불연속한 그물모양의 형태로 나타나고, 깊이는 철근까지 발생하는 경우가 많다. 슬래브 또는 콘크리트 단면에 차이가 있는 구조물에서는 슬래브와 보의 경계에 발생한다. 균열은 관통균열이며, 슬래브에 처짐을 유발한다.
콘크리트 건조수축	수축과 구속의 조합에 의해서 콘크리트 내부에서는 인장응력이 발생하며, 인장응력이 콘크리트의 인장강도에 도달하게 되면 콘크리트에는 균열이 발생한다. 항상 대기에 노출된 표면에서 건조수축이 크다. 콘크리트 내부에서는 콘크리트 표면의 수축을 구속한다. 이와 같은 차이로 인해 인장응력이 발생하며, 인장응력은 표면균열의 원인이다. 표면에 생기는 균열은 초기에 콘크리트 내부에 관입되지 않으나, 추가적인 건조를 받게 되면 콘크리트 부재 내부로 깊숙이 전파한다.
저품질의 골재	최근에는 쇄석과 같은 골재를 사용하게 되면서 품질의 저하가 우려되고 있다. 풍화암이나 품질이 낮은 골재의 사용은 콘크리트에 균열을 발생시킬 수 있다.

구 분	원 인
알칼리 골재반응	알칼리 골재반응(alkari-aggregate reaction)이란 콘크리트의 수산화 알칼리를 주성분으로 하는 세용용액(알칼리 금속이온 Na+, K+, OH-가용출되어 있음)이 골재 중의 알칼리 반응성 광물과 반응하는 화학반응을 말한다. 알칼리 골재반응 과정에서는 반응생성물의 생성과 흡수에 동반되는 부피팽창에 의하여 콘크리트에 균열이 발생한다.
콘크리트중 염화물	해수나 동결방지제에 포함되는 염분에 의하여 염화물이 콘크리트 내에 침투되고 습기와 산소가 철근에 접해서 부식을 일으킨다. 콘크리트에 침투하는 염화물의 양, 콘크리트의 침투성, 습기와 산소의 양에 따라 철근이 부식되면 팽창에 따른 인장력에 의하여 콘크리트에 균열이나 박리가 발생한다.
콘크리트 침하 및 블리딩	콘크리트의 침하가 철근 및 기타 매설물에 의하여 국부적 방해를 받게 되면 인장력 또는 전단력이 생기는 데, 저항 가능한 인장변형 능력이 콘크리트에 없으면 방해물의 상부에 균열이 발생한다. 보의 상단 철근상부나 바닥판 상부철근 등에 콘크리트 타설 후 1~3시간에 발생한다.

(3) 부실시공

콘크리트 구조물 시공시 운반, 타설, 양생, 다짐, 철근 배근, 거푸집, 시공하중 등 각종 시공과정이 부실하면 균열이 발생한다. 시공상의 부실유형은 〈표 3-4〉에서 상세히 다루었다.

| 표 3-4 | 시공상 원인

구 분	원 인
운반지연	현장배합 콘크리트와 달리 배치플랜트에서 믹싱한 콘크리트를 공사현장까지 운반하여 납품하는 레미콘은 운반차의 성능과 수송시간에 따라 콘크리트의 품질이 변화하는 문제점이 있다.
급속한 타설 및 속도, 부적절한 다짐	현장에서 무리하게 타설작업을 실시하면 콘크리트의 낙하가 거푸집의 측압에 변화를 주거나 재료분리가 나타나 균열이 발생한다. 콘크리트의 타설시 재료분리가 일어나 밀실하게 타설되지 못한 경우에는 콘크리트에 균열이 발생하기 쉽다. 콘크리트의 다짐이 충분하지 못하면 콘크리트 침하를 유발하고 균열이 발생한다.

구 분	원 인
콜드 조인트	콜드조인트(cold joint)란 콘크리트 타설시 기계고장이나 운반지연 등 으로 인하여 콘크리트 타설이 중지되어 계획되지 않은 장소에 생기는 타설줄눈으로 시공줄눈보다 접합면이 불완전하므로 구조적, 재료상 취약부가 되기 쉽다. 콜드조인트는 예상하지 못한 곳에서 임의로 발 생하여 건조수축 등의 영향으로 결함을 유발할 가능성이 있다.
급속한 건조	굳지 않은 콘크리트의 건조수축은 노출면적이 넓은 슬래브와 같은 구조부재에서 타설 직후에 발생한다. 초기의 건조수축에 의해 발생 하는 균열을 소성균열이라고 하고 균열은 노출면이 건조한 바람이나 고온저습한 외기에 노출될 경우에 발생하는 급격한 습윤의 손실에 기인하여 발생한다.
양생의 불량	콘크리트를 타설한 후 콘크리트가 상당한 강도를 발휘할 때까지 충격 이나 하중을 가해서 유해한 영향을 받지 않도록 보호하고 시멘트의 경화작용을 충분히 발휘함과 동시에 건조에 따른 인장응력이나 균열 의 발생을 최대한 적게 하기 위한 작업을 양생이라 한다. 양생시 표면 에 수분이 없으면 콘크리트의 경화작용이 멈추고 콘크리트가 수축해 서 균열이 발생할 우려가 있다.
부적절한 철근 배치	철근 콘크리트 구조물에서 적당한 피복두께는 역학적인 측면뿐만 아 니라 건조수축 균열, 철근의 부식 등의 내구성에 큰 영향을 미친다. 피복두께가 부족하게 시공될 경우, 철근이 유발줄눈과 같은 역할을 하여 철근의 위치에 건조수축 등에 의한 균열이 발생한다.
거푸집 및 동바리의 조기제거와 부적절한 설치	거푸집 및 동바리는 콘크리트가 경화하여 거푸집 및 동바리가 압력을 받지 않게 될 때까지 두어야 한다. 거푸집 및 동바리를 조기제거가 구 조물의 붕괴를 초래할 뿐만 아니라 추후에 콘크리트 구조물에 부분적 인 처짐과 구조물의 유지상 곤란할 정도의 미세균열을 유발한다.
양생 중 재하, 진동, 충격	콘크리트 시공 중에 초과하중으로 인해 생기는 균열은 구조체 상부 에 무리한 자재를 적재하거나 시공장비나 설비물의 과하중을 고려하 지 않고 사용하는 경우 등에 발생한다. 콘크리트가 완전히 양생된 후 초과하중이 재하되는 경우보다 균열이 발생하며 영구적인 균열로 남 는 경우가 많다.

(4) 환경적 요인

콘크리트 건축물의 특성상 외기에 노출될 수밖에 없다. 공동주택은
특히 콘크리트면 자체가 완전히 드러나므로 환경적 요인에 의한 영향
을 많이 받게 된다. 계절, 기상, 지역적 특수성이 주요 원인이다.

| 표 3-5 | 환경적 요인

구 분	원 인
동결융해의 반복에 의한 균열	콘크리트 구조물이 기온이 낮은 지역에 건설돼 장기간에 걸쳐 동결과 융해가 반복될 경우, 콘크리트 내부의 공극수가 팽창과 수축의 반복작용을 받게 되고, 응력의 변화가 누적되면 콘크리트 표면의 탈락 및 균열이 발생한다.
산·염류의 화학작용	제설제로 사용하는 염화나트륨은 콘크리트 구조물에 치명적인 균열을 유발한다. 사용된 제설제가 융해돼 콘크리트 내부로 침투할 경우 이는 콘크리트 구조물 내의 철근의 부식을 촉진하게 되며 부식된 철근의 체적이 팽창하여 콘크리트의 균열을 유발한다. 한번 발생한 균열은 차후에 염화나트륨이 침투하는 경로로 사용되어 철근부식을 더욱 가속화된다.
중성화 작용	콘크리트 구조물은 오랜 공용기간 동안 대기 중에 존재하는 이산화탄소와 반응하여 탄산화작용이 일어나게 된다. 내부에 존재하는 철근을 둘러싸는 콘크리트는 강알칼리성으로서 철근의 부식을 아주 적절히 제어하고 있지만, 오랜 기간 동안의 탄산화작용은 철근의 부식을 초래한다.
환경, 온도, 습도	콘크리트의 온도 및 습도가 반복되어 큰 변화를 겪게 된다면, 콘크리트 내부에는 응력의 변화가 일어나며 표면 부근과 내부의 응력의 차이가 커지고 지속되어 나타날 경우 균열이 발생한다. 건습이 반복되는 천이대(splash zone)에 노출된 콘크리트는 내구성의 급격한 저하 및 균열발생의 위험도가 크다.

| 표 3-6 | 균열의 발생시기

발생 시기	재료선택의 오류	시공 오류	설계 오류 및 구조·외력 조건	사용환경 요인
초기 (수시간 ~ 1일)	• 이상응결성 시멘트사용 • 점토분이 많은 골재 • 단위수량 과다 (침하, 블리딩) • 소성수축, 경화수축	• 급속한 타설속도 • 거푸집의 부풀음 • 동바리의 침하 • 초기양생의 불량 • 초기의 재하, 진동, 충격 • 급속한 건조		

발생 시기	재료선택의 오류	시공 오류	설계 오류 및 구조 · 외력 조건	사용환경 요인
중기 (2일 ~ 수십일)	• 건조수축 (단위수량, 시멘트량) • 콘크리트의 수화열로 인한 온도응력 (단위시멘트량, 배합온도)	• 콘크리트의 수화열에 의한 온도응력 (타설크기, 순서, 시기) • 양생불량 • 거푸집의 조기탈형 • 동바리의 조기제거 • 재하, 진동	• 콘크리트의 수화열에 의한 온도응력(콘크리트의 구속조건)	
장기 (수십일 이상)	• 장기건조수축 • 강도 부족 • 철근의 부식 • 반응성 골재의 사용	• 콜드조인트 • 배관의 피복두께 부족 • 강도부족 • 철근의 피복두께 부족 • 슬래브 상부철근 피복두께 부족	• 부동침하 • 단면, 철근량 부족 • 극단적인 철근량의 변화 • 모서리 부분의 응력 집중 • 단면의 큰 곳과 작은 곳의 경계 부분 • 형상이 복잡한 구조물	• 초과하중 재하 • 구조물의 온도응력 • 철근부식, 팽창 • 옥상슬래브의 신축 • 산, 염류 화학작용 • 진동하중 • 동결융해

3. 균열 보수방법

(1) 표면처리공법

표면처리공법은 균열부 바탕을 청소한 후 표면의 기공을 에폭시 계열의 퍼티상의 수지로 덮는데 주로 0.3㎜ 미만의 균열에 적용하는 보수공법이다.

| 표 3-7 | 정지상태 균열

시공순서	시공방법	시공도
1. 균열조사	• 균열의 상황을 조사한다. • 균열폭을 균열게이지 등으로 측정한다.	
2. 콘크리트 표면의 청소	• 균열부를 따라 폭 100㎜를 와이어브러쉬, 에어브러쉬, 그라인더를 이용하여 청소 하고, 부착물은 제거한다. • 경우에 따라서는 고압세척기를 사용하여 물세척을 실시한다. • 물청소를 실시 후 자연 건조시킨다.	보수재료 균열
3. 콘크리트 표면의 기공 등의 충진	• 표면의 기공을 에폭시 계열의 퍼티수지 를 흙손으로 채운다.	
4. 표면피복	• 도막탄성방수재, 폴리머시멘트 페이스 트, 시멘트 필러를 적절히 선정하여 흙손 이나 주걱 등으로 마무리한다.	주: 콘크리트 구조물의 균 열, 누수, 보수 · 보강 전문시방서, 6-10
5. 양생	• 충분한 양생이 가능하도록 시간을 확보한다.	
6. 청소 및 종료	• 주변을 청소하고 종료한다.	

| 표 3-8 | 진행상태 균열

시공순서	시공방법	시공도
1. 균열조사	• 균열의 상황을 조사한다. • 균열폭을 균열게이지 등으로 측정한다.	
2. 콘크리트 표면의 청소	• 균열부를 따라 폭 50~100㎜를 와이어브 러쉬, 에어브러쉬, 그라인더를 이용하여 청소 후, 불순물은 제거한다. • 경우에 따라서는 고압세척기를 사용하 여 물세척을 실시한다. • 물청소 실시 후, 자연 건조시킨다.	보수재료 테이프 균열
3. 콘크리트 표면의 기공 등의 충진	• 표면의 기공을 퍼티 수지를 흙손으로 채 운다.	
4. 표면피복	• 균열선을 중심으로 폭 10~15㎜ 테이프를 부착하고 테이프를 중심으로 폭 30~ 50 ㎜, 두께 2~4㎜의 변형성 및 신장성이 큰 씰링재를 도포한다. • 에폭시계 보수재를 적절히 선정하여 흙 손이나 주걱등으로 마무리한다. • 양생	주: 콘크리트 구조물의 균 열, 누수, 보수 · 보강 전문시방서, 6-10
5. 청소 및 종료	• 주변을 청소하고 종료한다.	

(2) 주입식 공법

주입식 균열보수 공법은 0.3㎜ 이상의 건식균열과 누수부위의 균열
에 적용한다. 폭 0.3㎜ 이상의 건사균열의 보수는 다음과 같다. 우선
균열부 표면을 와이어 브러시 등으로 청소한 후 전동드릴 등으로 주

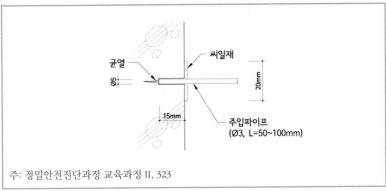

주: 정밀안전진단과정 교육과정 II, 323

| 그림 3-3 | 주입식 공법

| 표 3-9 | 주입식 공법 시공방법

시공순서	시공방법
1. 균열조사	• 균열의 상황을 육안으로 조사한다. • 균열게이지를 이용하여 균열부를 확인한다.
2. 주입작업 위치의 선정	• 조사결과에 따라 주입위치를 선정한다.
3. 균열부의 청소	• 주입구 주변의 청소 및 백태를 제거한다.
4. 주입용 좌대 설치	• 좌대 간격의 확인한다. • 좌대 접착의 밀도를 확인한다.
5. 비 주입부위 균열 씰링	• 실재의 접착을 견고하게 하여 양생한다.
6. 주입재의 제조	• 각각의 혼합비에 따라 공기가 들어가지 않도록 충분히 혼합한다.
7. 주입기구에 의해 주입	• 고무, 용수철, 공기압을 이용하여 주입한다.
8. 주입량의 확인	• 주입되는 상태를 주시하며 주입량을 조절한다.
9. 양생	• 충분한 양생이 되도록 시간을 확보한다.
10. 좌대 및 씰재의 제거	• 좌대와 씰재를 제거하고 주변을 청소한다.

입용 구멍을 뚫는데 사용할 주입핀에 따라 직경(5~13㎜) 및 깊이(15~30
㎜)를 정하고 균열폭에 따라 50~300㎜ 정도 주입핀 간격을 정한다. 천
공방식은 누수여부 및 벽체 두께를 고려하여 직각 천공 또는 대각으
로 시공한다. 이 주입용 구멍에 에폭시 수지 주제와 경화제를 규정량
대로 계량하여 충분히 혼합한 후 그리스 펌프에 넣고 주입핀을 통하
여 주입한다. 경화 후 주입핀을 제거하고 그라인더로 씰링재를 깨끗
이 처리해야 한다. 단계별 시공 방법은 〈표 3-9〉와 같다.

누수부위의 균열은 습식균열 보수공법이 적용되는데 공법의 순서
는 동일하나 주입재료가 에폭시계가 아닌 고발포성 우레탄계가 사용
된다.

(3) 충전식 공법

충전식 공법은 비 구조체에서 비교적 큰 폭의 균열보수시 적용하는
공법이다. 균열을 따라 콘크리트를 U형 또는 V형으로 잘라내고 보수
재를 충전한다. 충전식 공법의 시공은 균열의 손상 상황, 진행성 유무,
철근의 부식여부 또는 재료의 종류에 따라 차이는 있으나 일반적으로
〈표 3-10〉과 같은 순서로 시공한다.

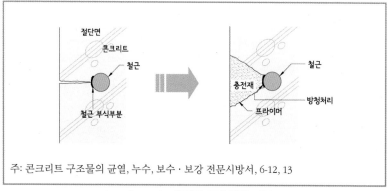

주: 콘크리트 구조물의 균열, 누수, 보수 · 보강 전문시방서, 6-12, 13

| 그림 3-4 | 충전식 보수방법 시공도

| 표 3-10 | 충전식 보수공법

시공순서	시공방법
1. 균열조사	• 균열의 상황을 조사한다. • 균열폭을 균열게이지 등으로 측정한다.
2. 균열면의 콘크리트 제거 및 철근의 노출	• 철근이 부식된 면을 고려하여 작업공간이 충분히 확보 되도록 콘크리트를 제거하여 철근을 노출한다.
3. 철근의 녹제거 및 청소	• 그라인더, 브라스터 등으로 철근의 녹을 제거한다.
4. 철근 표면의 방청재 도포	• 브러쉬로 철근부위를 방청재로 도포한다.
5. 콘크리트 표면에 프라이머 도포	• 브러쉬로 제거된 콘크리트면을 프라이머로 도포한다.
6. 콘크리트 손상부에 충전재를 충전	• 각 재료와 공법에 적합한 배합을 고려하여 충전재를 제조한다. • 흙손이나 고무주걱을 사용하여 충전한다.
7. 양생 및 마감	• 충분한 양생이 되도록 시간을 확보하고 마감한다.

(4) 단면복구공법

콘크리트의 표면에 박리 및 탈락 등의 결함이 생긴 경우, 구조체를 열화시키고 안정성에 영향을 미치므로 적절한 보수공법이 요구된다. 대부분 단면의 내구성 확보를 위하여 결함 주변을 깨어내고 보수몰탈과 폴리머수지와 면처리 재료를 채우는 방식의 단면복구공법이 채택된다.

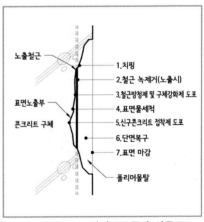

| 그림 3-5 | 단면복구공법 시공도

| 표 3-11 | 단면복구 보수공법

시공순서	시공방법
1. 결함부의 청소	• 브레이커나 에어브러쉬를 이용하여 결함 있는 콘크리트를 제거한 후, 분진을 청소하여 건전한 콘크리트를 노출한다.
2. 철근의 녹제거	• 철근에 녹이 슬거나 발청된 부분은 와이어브러시를 이용하여 녹을 제거한다.
3. 방청제 도포	• 철근의 녹 발생을 억제하는 방청제를 도포한다.
4. 프라이머 도포 또는 수침	• 신구 재료의 접착력 강화를 위해 패칭재의 종류에 적합한 프라이머 도포 또는 수침을 실시한다.
5. 패칭	• 각 재료와 공법에 적합한 배합으로 패칭재를 제조한다. • 손 또는 흙손을 이용하여 소정의 패칭재를 충진한다.
6. 양생	• 충분한 양생이 되도록 시간을 확보한다.

4. 균열 조사방법

균열조사는 육안조사와[63] 정밀조사로[64] 구분하여 균열의 폭 및 길이, 균열의 형상, 기타 하자현상을 확인하여 균열현황도를 작성한다. 발생 형태, 균열폭 및 균열길이, 관통유무, 이물질 충전의 유무, 백화현상, 보수 현황 등의 균열부 상황에 대한 조사내용을 평면도, 입면도에 CAD 또는 수기로 기록한다. 이때 균열의 선단위치는 콘크리트 응력 상태를 추정함에 있어 중요한 요소이다. 따라서 눈으로 확인이 가능한 곳까지 잘 관찰하여 기입해야 한다.[65]

(1) 균열폭

균열폭은 균열이 콘크리트 구조물에 끼치는 영향을 파악하는데 결정적 자료가 된다. 균열의 원인추정, 보수·보강의 필요여부에 대한 판단 근거가 되기 때문에 균열폭은 결함현황도에 정확하게 표시해야 한다.

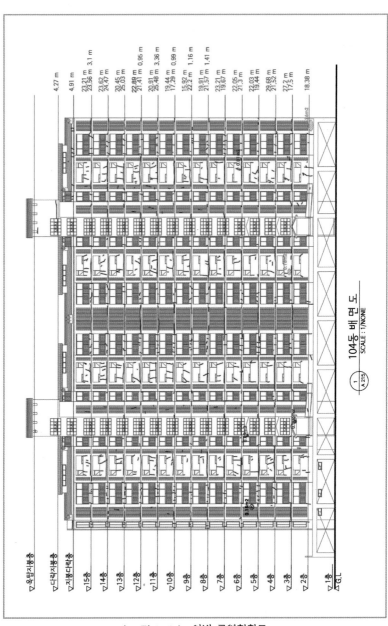

| 그림 3-6 | 외벽 균열현황도

균열폭의 측정은 균열스케일 (crack scale), 균열현미경, 전자식 균열측정기, 티크니스게이지를 사용하는 방법이 있다. 보수·보강 공법의 판정은 최대 균열폭을 적용하여 판단한다. 연속된 하나의 균열이라 해도 위치에 따라서 폭

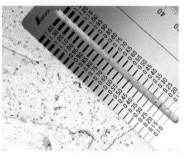

| 그림 3-7 | 균열스케일에 의한 측정

이 틀리고, 최대 폭을 나타내는 부분이 극히 일부분에 지나지 않거나 균열의 가장자리가 일그러져 최대 폭이 될 경우 등에는 보수비 적용이 과다해지는 경우가 생길 수 있으므로 주의해야 한다. 특히 보에서 발생한 휨 균열은 구조내력 혹은 철근 부식의 문제가 있을 수 있으므로 유의해야 한다.

(2) 균열의 길이

균열의 길이는 균열 원인이나 보수·보강의 필요여부 판정에는 그다지 영향을 미치지 않으나 보수비용에는 상당한 영향을 미치므로 정확한 산출이 요구된다. 연속된 균열에서 확인할 수 있는 전체 구간길이를 측정해야 한다.

① 실측 구간의 균열길이 측정

균열의 길이는 보통 줄자나 워킹카운터를 이용하여 측정하며 실제적인 균열양상이나 보수작업을 고려해 조사 구간의 직선거리를 합산하여 기록한다.

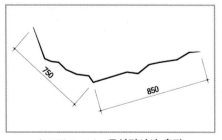

| 그림 3-8 | 균열길이의 측정

② 결함현황도의 균열길이 측정

균열현황도를 작성하기 위해서는 먼저 건축물 현황도를 그려야 하
는데 우선 밑그림은 기존 도면을 복사하여 사용하거나 스케일에 맞
게 CAD로 새로 작성한다. 최근에는 일부 재판부에서도 균열 현황을
CAD로 작성하게끔 지시하고 있다. 균열현황도를 CAD로 작성하면 균
열의 길이를 자동으로 산출할 수 있는 이점이 있다. 이를 위해서는 일
관된 범례와 균열의 종류에 따른 레이어의 구분이 필요하다.

아래는 「건설감정 수행방법」 지침 작성시 통일한 균열 범례이다.
범례가 서로 통일되면 서로 다른 감정서에서도 균열현황도의 형식이
일치되고 작성시간이 단축되며 검토가 용이해진다.[66] 만약 균열현황
도를 수기로 작성할 경우 스케일을 사용하여 수량을 산출해야 하는
데, 망상 형태의 균열이 발생된 경우에는 모양과 표면의 상태를 주의
깊게 관찰하여 기록해야 한다. 디지털 카메라로 균열을 촬영하는 것

| 표 3-12 | **콘크리트 결함 표시 범례**

구분	표기법	상 태	구분	표기법	상 태
①	━━━━ ㉮	균열(0.3mm미만) ㉽: 재균열시	⑦	곰보	콘크리트면 불량(곰보)
②	0.3 ━━━━ ㉮	균열(0.3mm이상) ㉽: 재균열시	⑧	망상	망상균열
③	누수 ━━━━	누수균열	⑨	백화	백화
④	층간 ━━━━	층간균열	⑩	도장 P	도장박락
⑤	철근 ✦━✦━✦	철근노출	⑪	노	못/철선 등 노출
⑥	박락 ◀▦▦▦▶	콘크리트 박락	⑫	콘	콘구멍

도 좋은 조사방법이다. 추후 언제라도 조사 내용의 확인이 가능하기 때문이다.

(3) 고소부위 균열조사 방법

균열은 전수조사가 원칙이다. 균열부 철근의 녹 발생유무, 콘크리트 박락 외에 이물질 유무, 백화현상 유무를 꼼꼼히 관찰하여 기록한다. 문제는 고소부위에 대한 균열의 측정방법이다. 균열의 폭, 길이에 대한 조사의 정확도가 항상 지적되는 문제다. 우선 사람이 직접 고소부위에 올라가 균열확인 작업을 수행하기에는 안전상의 위험이 있다. 또한 워낙 조사량이 광범위해 조사 자체가 어렵고 장시간이 소요된다. 감정인들이 현장조사에서 가장 큰 애로를 겪는 사안이다. 고소부위 하자에 대한 조사방법은 다음과 같은 몇 가지 방법이 있다.

첫째, 현재는 고해상도 망원경을 이용하는 방법과 같이 비접촉식 조사방법이 많이 활용된다. 이는 고소부위의 균열을 망원경을 이용하여 조사하는 방식인데 우선 저층부의 균열을 몇 군데 선정하여 균열폭을 근접 확인한 후, 그 균열폭과 고소부위의 균열을 대비하여 균열폭을 추정하는 방식이다.

둘째, 좀 더 발전된 방식으로 고해상도 디지털 카메라를 사용하는 방법이 있다. 이 방식은 망원경 방식과 유사하지만 디지털화된 이미지 정보를 이용하여 균열현황도를 작성할 수 있어 조사시간을 단축하고 언제라도 조사 데이터를 바로 확인할 수 있는 장점이 있다.

셋째, 고소부위에 근접하여 조사하는 방법이 있는데, 도장공을 고용하여 외벽면에 로프를 내려 사람의 육안으로 하자를 조사하는 방법과 직접 고소작업용 장비를 동원하여 하자면에 접근하여 조사하는 방법이 있다. 이중 고소작업용 장비를 활용하는 방법은 스카이차와 같은 장비를 이용하여 외벽면에 직접 올라가 균열부위를 확인하는 방식

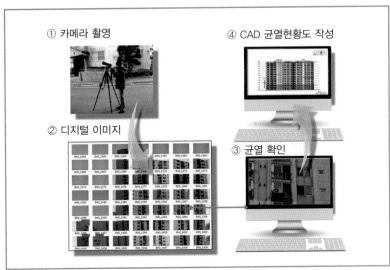

① 카메라 촬영　　　　　④ CAD 균열현황도 작성

② 디지털 이미지

③ 균열 확인

| 그림 3-9 |　디지털 카메라를 활용한 외벽 균열조사 방법

인데, 하자를 직접 확인할 수 있는 장점이 있는 반면에 비용이 과다하게 소요되는 단점이 있다. 두 방법 모두 안전상 위험이 문제점으로 지적되어 최근에는 적극적으로 적용되지 않는 추세이다.

따라서 외벽 균열조사는 사전에 원·피고와 같이 각종 균열조사 방법과 시기 등에 관해서 구체적인 협의를 하고 그 내용을 확정하는 것이 좋다. 감정의 미비를 주장하는 각종 문제제기를 줄일 수 있기 때문이다. 예를 들어 시야의 사각지대에 발생한 균열의 경우 불가피하게 표본조사가 필요하다. 통상 실무에서는 단지 내 1~2개 동의 균열을 정밀 측정 후 나머지 동에 동일하게 일괄 적용하는 방식을 취하고 있다. 이 같은 표본조사는 사각지대 등 미확인 부위에 대한 누락이 해소되고 불필요한 감정보완을 줄이는 장점이 있지만 반면에 균열의 형태가 각 건물마다 일정하지 않아 전체 벽면에 적용하기에는 곤란할 때도 있으므로 유의해야 한다.

(4) 균열하자 감정기준

「건설감정실무」에 의하면 콘크리트의 균열하자는 기능상·안전상 하자, 미관상 지장을 초래하면 중요한 하자로써 분류하고, 형태, 결함 현황 등을 종합적으로 고려하여 적합한 보수방법을 선정해야 한다. 또한 공동주택의 소송에 제기되는 주요 콘크리트 하자와 보수공법을 정리하고 보수비에 대한 단가자료까지 제시하고 있다.

여기서 보수방법은 한국시설안전공단 보수보강전문시방서를 참조하였고 노무비는 표준품셈을, 자재비는 KS제품의 균열보수자재의 단가를 적용하고 있다. 균열보수의 단가는 제14장에서 상세히 다루었다. 이 밖에 모든 균열을 결함 상태에 따라 적정한 보수공법을 적용토록 하고 있으므로 균열감정시에는 이러한 실무지침을 참고하여 반영해야 한다. 구체적인 기준은 다음과 같다.[67]

① 구조부 균열

구조부의 균열은 콘크리트의 허용균열폭인 0.3㎜를 기준으로 나누어 보수방법을 적용하고 있다. 층간균열 또는 균열폭이 현저하게 큰 경우에는 그 결함 상태에 따라 상기 기준 외에 더 적정한 공법을 선정하여 보수해야 한다. 철근 피복 부족의 경우는 각종 결함 상태를 면밀히 조사한 후 별도의 보수방법을 채택할 수 있다.

특히 피복 두께가 부족하여 발생하는 각종 콘크리트 결함은 보다 정밀한 감정이 요구된다. 또한 해안가와 같이 염해의 영향이 우려되거나, 환경적 영향으로 급속한 중성화 진행이 우려되는 지역의 시설물은 지역적, 환경적 특성을 고려하여 적절한 보수 방법을 채택하여야 한다.

2016년 개정된 서울중앙지방법원 건설감정실무기준에 의하면 층간 균열에 대한 보수공법의 적용이 강화되었다. 2005. 12. 2. 발코니 확장공사가 합법화되어 기존의 발코니였던 공간 대부분이 거실공간으로 편입됨에 따라 외벽 층간 균열로 인한 외기유입과 침습으로 인한 누수, 결로, 단열성능 저하와 같은 하자가 빈번하게 발생하게 되었고 녹물 발생으로 인한 내구성 저하, 내진성능의 약화 등과 문제가 지속적으로 제기됨에 따른 것으로 풀이된다. 층간균열에 대해서는 구조적 안전성 보완을 위하여 충전식 균열보수공법을 적용하고 있다.

| 표 3-13 | **콘크리트 구조부 균열 하자 보수 방법 적용 기준**

부 위	균열형태		보수방법	비 고
구조부	건식 균열	균열 폭		일반적으로 콘크리트의 허용 균열 폭은 건식환경에서는 0.4mm, 습윤 환경에서는 0.3mm로 구분하고 있다. LH공사나, 시설안전공단의 경우는 그 보수 기준을 0.2mm 이하 균열로 구분하여 적용하고 있다. 하자감정에서는 이를 통일하여 일반적 허용 균열 폭 수준인 0.3mm 균열 폭을 기준으로 균열보수공법을 구분하여 적용한다. 결함상태가 특수하거나 균열 폭이 현저하게 큰 경우, 하자 현황에 적합한 공법을 채택하여야 한다. 특히 철근 피복 두께 부족으로 인한 하자는 결함상태를 면밀히 조사한 후 별도의 보수방법을 선정할 수 있다. 또한 해안가와 같이 염해의 영향이 우려되거나, 환경적 영향으로 급속한 중성화 진행이 우려되는 지역의 시설물은 지역적, 환경적 특성을 고려하여 적절한 보수 방법을 채택하여야 한다. 공동주택 외벽 층간균열의 경우 충전식 균열보수방법을 적용한다.
		0.3mm 미만	표면처리공법	
		0.3mm 이상	주입식 균열보수방법	
	습식균열	-	주입식 누수균열보수방법	
	망상균열	-	도포식 공법	
	피복 부족, 철근 노출	-	단면복구공법	
	층간균열	-	충전식 균열보수방법	

② 비구조부

비구조부의 균열은 구조적 안정성과 내구연한을 저해하지 않는 하자로 분류된다. 이에 따라 각각의 균열현황에 적합한 보수방법을 선정하여 보수비를 산정하여야 한다. 주차장 차로, 램프, 주차구획의 무근콘크리트 등 내력을 요하는 부위에 대한 균열하자는 일반 철근콘크리트의 하자로 분류하여 하자담보기간을 적용해야 한다.

| 표 3-14 | 서울중앙지방법원 건설감정실무 균열하자기준(비구조부)

부위	균열형태			보수방법	비 고
비구조부	무근콘크리트 균열		0.3mm미만	표면처리공법	
			0.3mm이상	충전식 균열보수방법	
	조적균열	조적벽	0.3mm미만	표면처리공법	
		조적벽	0.3mm이상	충전식 균열보수방법	
		ㄱ형 이질 접합부	-	코킹공법	
		—형 이질 접합부	-	표면처리공법 또는 코킹공법	
	미장균열		0.3mm미만	표면처리공법	
			0.3mm이상	충전식 균열보수방법	

5. 균열감정시 유의사항

지금까지는 건축전문가인 감정인이 균열의 존재여부를 확인하고, 균열폭을 고려하여 보수방법, 보수단가, 바탕만들기 여부, 도장방법과 횟수, 고소할증률 등을 결정하여 균열보수비를 산출하였다. 그리고 감정의 진행은 감정인의 재량에 맡겨져 왔다. 그런데 이러한 감정인의 재량행위에 문제 제기가 있었다. 감정인마다 수량측정방법, 보수공법, 보수단가, 보수의 필요성 여부 등에 대한 판단이 너무 달라 감정결과에 대한 편차가 아주 심하다는 것이다.

예를 들어 조적벽 균열이나 지하주차장 바닥의 무근콘크리트 균열에 대한 보수공법에 적용이 다르고, 누수균열의 경우 적용 단가나 공법도 감정인마다 상이하다. 균열보수 후의 도장공법도 감정인마다 뿜칠, 로울러칠, 붓칠 등 채택하는 공법이 틀리고, 칠 횟수도 1회나 2회로 다른 경우가 많다. 천차만별, 백인백색이라는 말이 나오는 이유이다. 법원에서 「건설감정실무」지침을 만든 배경도 동일한 하자에 대해서도 이처럼 각기 다른 기준이 적용되는 현실을 더 이상 묵과할 수 없었기 때문인지도 모른다. 균열하자의 쟁점사항은 다음과 같다.

(1) 허용균열폭

콘크리트 균열하자에서 가장 큰 쟁점은 허용균열폭에 관한 것이다. 허용균열폭이란 균열이 콘크리트라는 재료가 가지는 고유의 특성으로 인해 발생하기 때문에 구조안정성·내구성 또는 내하성 측면에서 큰 문제가 발생하지 않는 범위에서 이를 허용하고 있는 것을 의미한다. 어쩌면 콘크리트 구조물에서 균열이 발생하는 것은 콘크리트 재료의 특성상 불가피할지도 모른다.

따라서 일부 시공사들은 시종일관 0.3㎜미만의 균열은 구조적인 문제가 전혀 없으므로 하자에서 제외되어야 한다고 주장한다. 반면 사용자는 허용균열폭 이내라 하더라도 미관상 지장을 초래하고, 방치하면 균열이 계속 확대되어 결국 안전성이나 구조적으로 문제를 야기 시킬 수 있으므로 당연히 하자라고 주장한다. 동일한 하자를 두고 바라보는 시각이 완전히 다른 것이다. 이에 학술적 자료와 시방자료, 대법원 판례 등을 통해 허용균열폭을 둘러싼 쟁점을 정리해 보고자 한다. 우선 주요 구조설계기준과 시방기준을 비교해보자.

① 구조설계기준 및 주요 시방기준

한국콘크리트학회 '콘크리트 구조설계기준'

건축분야와 토목분야의 통합된 콘크리트 구조설계기준은 1999년에 발간되었고, 2003년에는 SI단위로 개편되었지만 KCI 2003의 경우 ACI 318-95에 근거를 두고 있기 때문에 향상된 콘크리트 기술에 대응하지 못하는 면이 있었다. 이에 콘크리트 학회에서는 2007년도 개정 콘크리트 구조설계기준을 ACI 318-05 및 유럽코드 등에 맞추어 정확한 설계기준을 제시하고 있다. 여기서 제시하는 철근 콘크리트 구조물의 내구성 확보를 위한 허용균열폭은 〈표 3-15〉와 같다.

| 표 3-15 | KCI 2003 허용균열폭 (mm)

강재의 종류		건조환경	습윤환경	부식성환경	고부식성환경
철근	건 물	0.4mm	0.3mm	0.004tc	0.0035tc
	기타구조물	0.006tc	0.005tc	-	-
PS 긴장재		0.005tc	0.004tc	-	-

주: 한국콘크리트학회, 구조설계기준, 2007
* 강재의 부식에 대한 환경조건의 구분

tc: 최외단 주철근의 표면과 콘크리트 표면 사이의 콘크리트 최소 피복두께(mm)
건조환경: 일반 옥내, 부식의 우려가 없을 정도로 보호한 경우의 보통주거 및 사무실 건물 내부
습윤환경: 일반 옥외의 경우, 흙속의 경우, 옥내의 경우에 있어서 습기가 찬 곳
부식성 환경: 1. 습윤환경과 비교하여 건습의 반복작용이 많은 경우, 특히 유해한 물질을 함유한 지하수위 이하의 흙속에 있어서 강재의 부식에 해로운 영향을 주는 경우, 동결작용이 있는 경우, 동상방지제를 사용하는 경우
2. 해(양 콘크리트 구조물 중 해)수 중에 있거나 극심하지 않은 해양환경에 있는 경우(가스, 액체, 고체)
고부식성 환경: 1. 강재의 부식에 현저하게 해로운 영향을 주는 경우
2. 해양 콘크리트 구조물 중 조수의 영향을 받거나 비말대에 있는 경우, 극심한 해풍의 영향을 받는 경우

외국의 균열제한에 관한 규정

세계 여러 나라의 시방서에서 정하고 있는 균열제한에 관한 규정은 주로 휨응력과 인장응력에 의해 발생되는 균열폭과 간격을 산정하는 방법과 균열폭의 허용(한계)값을 정하고 있다. 그리고 콘크리트 구조물을 설계 및 시공시, 완공 후 예상되는 균열폭을 허용값 이내에 들도록 철근배근상세 등을 규정하고 있다.

| 표 3-16 | 각국의 허용균열폭

국명	설계기준	환경조건	허용균열폭(mm)
한국	콘크리트 구조설계기준 (건설교통부, 2003)	건조환경	건물: 0.4(mm) 기타 구조물: 0.0061tc
		습윤환경	건물: 0.3mm 기타 구조물: 0.005tc
		부식성 환경	0.004tc
		고부식성 환경	0.0035tc
일본	철근 콘크리트 구조의 균열폭 대책지침(설계, 시공) (일본건축학회, 2002) 콘크리트 표준시방서 (구조성능조사편) (일본토목학회, 2002)	일반적 환경	0.3mm
		실내 보통환경	0.35~0.40mm
		해풍영향지역	0.3mm 이하
		일반적 환경	0.005tc
		부식성 환경	0.004tc
		고부식성 환경	0.0035tc
미국	ACI 318-95 (ACI, 1995)	건조환경(실내)	0.41mm(0.016in)
		습윤환경(옥외)	0.33mm(0.013in)
유럽	CEB-FIP MC 1990 (CEB, 1990)	건조환경	규정 없음(0.4mm 정도 추천)
		습윤환경	0.3mm
		동결융해제를 사 용한 습윤환경	0.3mm
		해수환경	0.3mm
		상한 화학적 침식 환경	각 경우에 따라 엄격히 규정
	Eurocode 2 (ENV, 1992-1-1)	CEB-FIP MC 1990과 동일	

주: 김원기, 콘크리트 허용균열의 감정기준에 관한 연구, 광운대학교, 2008, p. 59

콘크리트 구조물의 균열제어는 여러 나라에서 다양하게 기준을 적용하고 있으나, 대부분 실내 환경에서는 0.4mm, 실외 환경에서는 0.3mm를 기준으로 하고 있음을 알 수 있다. 누수에 대한 허용균열폭은 0.1mm~0.23mm로 규정하고 있으나, 대부분의 경우 0.3mm 내외가 기준임을 알 수 있다.

건설교통부 고시 제2005-81호 '건축구조설계기준'

국토해양부는 설계단계에서의 균열제어기준인 '건축구조설계기준'을 마련하고 있으며, 균열이 발생한 이후의 보수보강을 위하여 '안전점검 및 정밀안전진단 세부지침' 그리고 '콘크리트 구조물의 균열, 보수/보강 전문시방서' 등을 제정 또는 고시하고 있다. 건설교통부고시 제2005-81호 '건축구조설계기준' 196면 〈표 0504.2.3〉에 의하면 허용균열폭은 건조환경의 경우 0.4mm, 습윤환경의 경우 0.3mm로 콘크리트의 허용균열폭이 규정되어 있다

건설교통부 제정 콘크리트 구조물의 균열, 보수 · 보강 전문시방서

1999년 건설교통부에서 제정한 콘크리트 구조물의 균열, 보수 · 보강 전문시방서 제4장 4.1. 균열 평가기준에 의하면 '내구성을 고려한 균열의 폭은 철근의 덮개가 충분하며, 콘크리트가 치밀하고 염해가 없는 경우에는 균열폭 0.4mm까지 균열폭과 철근부식 사이의 상관관계는 없는 것으로 알려져 있고, 미관상으로도 균열폭 0.25mm까지 허용할 수 있다'고 규정하고 있다. 또한 4.3 보수기준에서도 '대상부재가 구조부재인 경우의 허용균열폭에는 균열로 인한 강재의 부식은 철근의 콘크리트 덮개, 구조물이 놓이는 환경 등에 따라 크게 영향을 받는다. 대상부재가 구조부재인 경우에는 측정균열폭이 허용균열폭보다 적은 경우에는 보수할 필요가 없고, 허용균열폭 보다 큰 경우에는 보수가 필요하다'라고 규정하고 있다. 허용균열폭은 〈표 3-16〉과 동일하다.

| 표 3-17 | 한국시설안전공단: 안전점검 및 정밀안전진단 세부지침

보수목적	균열현상 · 원인		균열폭(mm)	보수공법				
				표면처리공법	주입공법	충전공법	침투성공법	기타
방수성	철근부식 미발생시	균열폭 변동이 작음	0.2 이하	○	△		○	
			0.2~1.0	△	○	○		
		균열폭 변동이 큼	0.2 이하	△	△		○	
			0.2~1.0	○	○	○	○	
내구성	철근부식 미발생시	균열폭 변동이 작음	0.2 이하	○	△	△		
			0.2~1.0	△	○	○		
			1.0 이상		△	○		
		균열폭 변동이 큼	0.2 이하	△	△	△		
			0.2~1.0	△	○	○		
			1.0 이상		△	○		
	철근부식		-					□
	염해		-					□
	반응성 골재		-					□

주: ○ 적당, △ 조건에 따라 적당, □ 기타

국토해양부 고시 2010-1037호 '시설물의 안전점검 및 정밀안전진단 세부지침'

한국시설안전공단의 '안전점검 및 정밀안전진단 세부지침'에서는 콘크리트 균열의 보수공법의 적정성 비교표에서[68] 균열폭에 따른 적용공법을 다루고 있다. 여기서는 구조물의 특성 및 균열현상 등을 고려하여 균열폭 0.2mm~1.0mm 단위로 보수공법을 지정하고 있다.

LH공사 전문시방서

LH공사의 경우 LH공사, 철근콘크리트공사의 전문시방서 23560-1 콘크리트 균열보수공사에 관한 시방을 통해 균열로 인하여 발생할 수 있는 콘크리트 구조물의 성능저하 현상을 관리하고 있다. 수급인이 균열폭에 따른 보수공법을 선정할 시에는 〈표 3-18〉을 기준으로 균열이 발생한 부위, 누수여부, 균열의 거동성, 균열발생위치(철근위치 발생여부) 등을 종합적으로 고려하여 보수하게끔 하고 있다. 특히 콘크리트면에 발생한 균열이 허용균열폭 미만이더라도 누수부위나 철근이 배근된 위치를 따라 발생한 균열, 도장 외의 별도마감 없이 콘크리트면이 노출되어 미관상 보수를 요하는 부위(발코니 슬래브, 발코니 및 복도난간, 벽체 외부면 등)는 보수하도록 규정하고 있다.

| 표 3-18 | LH공사 전문시방서

균열폭(mm)	보수공법		
	표면처리공법	주입공법	충전공법
0.2 미만	○		○
0.2이상~0.3미만	○	○	○
0.3이상~1.0미만		○	○
1.0 이상		○	○

주: 철근콘크리트공사의 전문시방서 23560-1

국토해양부 하자심사분쟁조정위원회 – 하자판정기준 및 보수비용 산정 기준[69]

2013년 1월 국토해양부는 '공동주택의 하자판정기준'을 만들어 하자심사분쟁조정위원회의 하자판정기준으로 적용한다고 밝혔다. 균열, 누수, 타일 들뜸과 같은 주요 하자 28개 항목의 하자판정기준을 마련한 것이다. 기준에 따르면 콘크리트 균열은 허용균열폭 이상일 경우 하자로 판정하고, 허용균열폭 미만인 경우에는 누수가 있거나 철근이 배근된 위치에서 균열이 발견된 경우에는 한정하여 하자로 판정한다고 명시하고 있다.

| 표 3-19 | 하자심사 분쟁조정위원회 균열하자 판정기준

구 조	부 재		위 치	환경 조건	허용균열폭(mm)		
					안 전	내 구	수밀
아파트 · 관리 사무실	기둥			건조환경	0.4mm와 0.006Cc 중 큰 값		-
	보			건조환경	0.4mm와 0.006Cc 중 큰 값		-
	벽체	외벽	외기에 직접 면하는 부분	습윤환경	0.3mm와 0.005Cc 중 큰 값		-
		내벽	실내, 계단실	건조환경	0.4mm와 0.006Cc 중 큰 값		-
	슬래브	외부	외기에 직접 면하는 부분	습윤환경	0.3mm와 0.005Cc 중 큰 값		-
		내부	천장, 내부발코니	건조환경	0.4mm와 0.006Cc 중 큰 값		-
지하 구조물 (주차장, 기계실, 전기실)	기둥			건조환경	0.4mm와 0.006Cc 중 큰 값		-
	보			건조환경	0.4mm와 0.006Cc 중 큰 값		-
	벽체		지하옹벽	습윤환경	0.3mm와 0.005Cc 중 큰 값		-
			내부 벽체, 계단실벽	건조환경	0.4mm와 0.006Cc 중 큰 값		-
	슬래브		천장, 바닥	건조환경	0.4mm와 0.006Cc 중 큰 값		-
물탱크	벽체, 슬래브			건조환경 (조건별)	0.4mm와 0.006Cc 중 큰 값		0.1
피트(pit)				습윤환경	0.3mm와 0.005Cc 중 큰 값		-

Cc는 최외단 주철근의 표면과 콘크리트 표면사이의 콘크리트 피복두께(mm)

② 콘크리트 균열에 대한 하자인정

살펴본 바와 같이 허용균열폭에 대한 기준과 해석은 기관별로 아주 다양하다. 여기서 재판에서 본격적으로 다루는 쟁점을 살펴보자.

허용균열폭 이내 균열 전부 인정

우선 허용균열폭 이내의 균열도 하자라는 주장이다. 그 논거는 다음과 같다. 균열의 발생은 복합적인 요인(시공, 재료, 환경, 자기수축, 하중 등 내·외적인 영향)에 의해 발생되는바, 자연적 요인인 체적변화 및 사용하중만으로는 균열이 발생되었다고 할 수 없다. 콘크리트 구조물의 재료적 특성상 균열이 발생하였다 하더라도 시공사로서는 콘크리트 품질의 관리(운반, 타설, 다짐, 양생 등)를 철저히 하여 균열을 최소화할 의무가 있는 것이다.

따라서 균열은 시공자가 품질관리에 의하여 대부분 충분히 줄일 수 있는 시공상의 하자이며 미관상으로도 하자에 해당하므로 보수가 필요하다는 입장이다. 또한 균열을 장기간 방치할 경우 계절별 온도변화가 심한 우리나라의 특성상 빗물이 침투하여 철근이 부식되고, 균열이 확산되면 구조체의 내구력이 감소하게 되므로 콘크리트 중성화, 철근부식, 표면박락 등의 촉진과 건조물의 기능상, 안전상 지장을 초래할 우려가 있다는 것이다. 반드시 보강·보수공사를 필요로 한다는 주장이다.[70]

허용균열폭 이내 균열 불인정

반면 허용균열폭 이내의 균열은 하자가 아니라는 입장은 이렇다. 균열은 습도 및 온도변화에 따라 건조 수축하는 콘크리트의 특성상 일정한 폭의 미세균열은 필연적으로 발생할 수밖에 없다. 여러 가지 복합적인 요인으로 인하여 일정한 폭의 미세균열이 시공상의 잘못과 상관없이 불가피하게 발생한다는 것이다. 따라서 철근 콘크리트 구조 설계기준에서는 건물의 구조안정성, 내구성 등의 측면에서 큰 문제가 발생하지 않는 범위 내에서 이를 허용하여 건조환경의 경우 0.4mm, 습윤환경의 경우 0.3mm를 허용균열폭으로 정하고 있는 것이다.

결론적으로 철근 콘크리트 구조에서는 허용균열폭 이내의 균열은 철근에 영향을 주지 않아 내구성이나 구조적 안정성에 위험을 초래하지 않고, 발생한 균열이 특별히 진행되는 균열이라는 입증이 없는 한 현재 0.3㎜ 미만의 균열은 정지된 상태의 균열로서 단기간 내에 다시 진행되거나 그 폭이 증가되지는 않으므로 당연히 하자에서 제외되어야 한다는 것이다.[71]

감정인이 모든 조건을 고려하여 전문적인 판정을 내려야 한다는 주장

이러한 논쟁을 지양하고 아예 균열자체에 대한 하자의 판단을 감정인에게 전적으로 맡겨야 한다는 입장도 있다. 허용한계 내의 균열인지 아닌지는 감정인이 모든 조건을 고려하여 전문적 판정을 내려야 하고, 감정인이 산정한 균열보수금액은 허용한계 균열폭과 현장에 발생된 균열의 폭, 앞으로 균열이 더 진행될 가능성 등을 모두 고려하여 합리적인 판단에 의하여 산출된 것이어야 한다는 설이 그것이다.[72]

대법원 판례

이처럼 허용균열폭을 두고 각종 기준이나 시방서마다 서로 상이한 부분이 많고 서로 자기에게 유리한 부분만을 발췌하여 주장하기 때문에 논쟁이 끝이 나지 않는다. 결국 이 같은 하자에 대한 최종적인 판단은 법원이 내리게 된다. 2009년 대법원은 대전고등법원 2007나628의 상고사건인 2007다83908 사건의 판결에서 다음과 같이 판시하였다.

> "0.3㎜ 이하의 균열은 허용된 균열이므로 하자라고 할 수 없고, 전부 도색이 필요없다는 주장에 대하여 원심은 그 채용증거에 의하여, 그 판시와 같은 사실을 인정한 후, 그 판시와 같은 이유로 이 사건 아파트에 그 판시와 같은 하자가 있고, 그에 대하여 그 판시와 같은 보수가 필요하다고 판단하였다. 원심판결 이유를 기록에 비추어 살펴보면, 원심의 위와 같은 사실인정과 판단은 정당한 것으로 수긍할 수 있고, 거기에 상고이유에서 주장하는 바와 같은 채증법칙 위배로 인한 사실오인의 위법 등이 있다고 할 수 없다."

또한 같은 해 2008다39939판결에서도 콘크리트 균열이 하자에 해당하는지 여부에 대하여 다음과 같이 판시하고 있다.

"원심판결 이유에 의하면 원심은 그 채택증거를 종합하여, 이 사건 아파트 지하주차장 벽·바닥·보·천장, 지하대피소 바닥·벽, L형 측구, 각 동 아파트 외벽 등에 다수의 균열이 발생한 사실을 인정한 다음, 그 균열 중 폭이 0.3㎜ 미만인 것이라 하더라도 계절별 온도변화가 심한 우리나라의 특성상 균열 사이로 이산화탄소나 빗물이 들어가면 균열이 더 진행되어 균열의 폭이 0.3㎜를 초과하게 되고 이에 따라 안전성, 구조상 문제가 발생할 가능성이 농후하여 이를 보수할 필요가 있다는 등의 이유로 폭이 0.3㎜ 미만인 균열은 하자보수대상에서 제외되어야 한다는 피고의 주장을 배척하였는바, 기록에 비추어 살펴보면 원심의 위와 같은 사실인정 및 판단은 정당한 것으로 수긍이 가고 거기에 상고이유에서 주장하는 바와 같은 하자에 관한 법리오해 등의 위법이 없다."

즉 허용균열폭 내에 있는 콘크리트 균열을 하자로 인정할 것인가의 여부는 사실인정의 문제로서 원심이 제반증거에 의하여 하자로 인정한 것에 대하여 수긍할 수 있다는 취지로 판단한 것이다. 결론적으로 현재 법원은 허용균열폭 이내의 균열이라 할지라도 하자로 인정한 것이다. 이 같은 개별하자에 대한 법원의 궁극적인 입장은 원·피고의 주장보다는 감정인의 감정결과를 사실로 인정한 것으로서 다시 한번 감정의 중요성을 인식하게 하는 중요한 판례라고 할 수 있다. 따라서 감정인은 법관의 보조자라는 자부심을 가지고 공정한 감정의 소임을 다해야 한다. 특히 객관적이고 과학적인 조사와 하자에 대한 사실관계 파악은 너무도 중요한 기초자료가 되므로 유념해서 감정업무를 수행해야 할 것이다.

그러나 이 같은 법원의 해석에 대해 이견도 있다. 이번에 발표된 국토해양부의 하자판정기준을 살펴보면 법원의 판단과 상이한 부분도 많다. 물론 기준을 어떻게 설정하느냐에 따라 하자보수의 범위가 크게 달라지므로 이견을 일치시키기는 결코 쉽지 않다. 이처럼 치열하게 대치하는 건설감정은 장기적인 관점에서 법원, 감정인과 당사자들 뿐만이 아니라 관련 기관이나 학회, 각종 연구기관을 아울러 하자의 객관적 평가를 위한 논의가 필요하다고 하겠다.

더불어 건설사들이 시공 당시 공사정보를 정확하게 공개하며 시공의 적정성 여부에 대해서 수분양자의 신뢰를 얻는 노력이 전제된다면 수분양자와의 사이에 신뢰관계가 형성되고 분쟁의 예방이나 갈등의 해소에 상당한 도움이 될 것으로 여겨진다.[73] 하자라는 측면에서 보면 시공사와 수분양자 사이의 심리적 거리가 지구상에서 가장 멀지도 모른다.

(2) 바탕만들기

균열하자에서 또 하나 쟁점이 되고 있는 것이 바탕만들기의 필요성 여부이다. 바탕만들기에 대하여 시공사들은 '표면처리 보수는 균열발생면에 에폭시계의 퍼티를 발라 보수하는 방법으로 균열보수시 바탕면을 청소해야 하므로, 추후 도장마감공사시 다시 바탕만들기를 적용하는 것은 중복되는 공정이다'고 주장하고 있다. 도장공사시 바탕만들기가 불필요하다는 주장이다. 그러나 두 개의 다른 공법을 하나로 묶어 일부 공정이 중복이라고 주장하는 것은 균열보수공사와 도장공사는 완전히 다른 별개의 공사임을 인식하지 못하는 데서 비롯되는 문제라고 할 수 있다. 어쩌면 표면처리 보수개념을 도장공사시 바르는 면처리용 퍼티 정도로 여기고 있지 않는가 하는 의구심이 들 때도 있다.

그렇지만 균열보수공사와 도장공사는 공법이나 시공의 주체, 시방기준을 통틀어 명백히 구분되는 다른 공법이다. 또한 각 공법의 시행시기도 상이하다. 경우에 따라서는 몇 개월의 시차가 발생하는 경우도 허다하다. 나아가 실제적으로 표면처리 보수공법의 바탕면 청소와 도장공법에서 바탕만들기가 필요한지 여부를 따질 때에는 건축물이

| 그림 3-10 | 고소부위 확인

| 그림 3-11 | 외벽면 퍼티 시공

란 실체에 대해 원·피고와 감정인이 함께 상태를 평가하고 채택여부를 결정하는 방법도 가능할 것이다. 고소부위의 특성으로 인한 작업상 애로를 감안해야 하겠지만 실제로 스카이차를 타고 외벽면의 실태를 조사하는 것도 하나의 방법이다. 외벽 표면의 상태가 부실하고 각종의 오염물질이 내려앉아 있어 바로 보수공법이나 도장공사가 들어갈 수 없는 상황이라면 '바탕만들기'가 필요할 것이다. 「건설감정실무」에서는 균열보수 공법에 대해서 〈표 3-20〉에서 명시하고 있는데, 전체 도장공사의 경우는 하자보수 범위가 아닌 부분에 대해서도 미관을 고려하여 보수행위가 이루어지므로 별도의 바탕만들기를 계상하지 않고 적용범위를 하자발생 부위로 국한하게 하고 있다.[74]

| 표 3-20 | 바탕만들기 적용 구분

구 분	균열보수	부분도장	전체도장
바탕면 처리공법 적용여부	균열보수면의 바탕면 청소	도장공법을 위한 바탕만들기	도장공법을 위한 바탕만들기
	○	○	×
비용 산출 여부	× (균열보수공법에 포함, 별도 산출하지 않음)	○ (바탕만들기 비용 산출)	×

(3) 층간균열

대개의 시공사들은 바탕만들기의 중복적용과 더불어 층간균열의 불가피성에 대해서도 '건축구조물은 먼저 기초 위에 지하구조물을 형성하고 차례로 1개 층씩 콘크리트를 분리 타설하여야 하는데, 1개 층을 완성한 후 연속적으로 시공하므로 상부층 또한 같은 과정을 거치게 된다. 그러므로 층간이음 균열은 콘크리트 구조상 필연적으로 발생되거나, 내구연한 경과에 의하여 자연 발생하는 균열이다'라고 역설하고 있다. 즉 층간조인트는 콘크리트를 타설하는 시간차에 의해 불가피하게 생길 수밖에 없어 아예 하자가 아니라는 주장이다.

이 역시 실질적인 조사를 통해 해소할 수 있는 문제이다. 공동주택의 외벽에 발생한 층간균열 하자가 구조시스템에 의한 필연적인 현상이라면 지난 30년 동안 지어진 많은 아파트에서 동일한 하자현상을 찾을 수 있을 것이다. 다행이 우리 옆에 1970년대부터 최근까지 지어진 아파트가 많은데, 이런 아파트의 외벽면을 실태 조사해보는 것도 좋은 방법이 될 것이다.

그러나 몇몇 감정 사례를 파악해봐도 이미 층간균열은 필연적인 균열이 아님을 알 수 있다. 왜냐하면 동일한 건축물 내에서도 층간균열이 부분적으로만 나타나고 있기 때문이다. 따라서 층간균열은 충분히 예방이 가능한 것으로 여겨진다. 오히려 시공자는 입주일정에 맞추어 충분한 양생기간을 거치지 않고 너무 급하게 건축을 하고 있는 것은 아닌지 고려해 보아야 할지도 모른다. 바로 이런 문제는 선분양제도의 주택계약에서 기인되는 것이다. 즉 준공일자를 미리 확정하고 공사에 착공하므로 건설사는 시공을 서두를 수밖에 없기 때문이다. 물론 선분양제도라는 태생적 한계가 하자라는 측면에서는 너무 큰 담론일지도 모르지만 정답이 아닌 것만은 확실하다.

4

결로 結露

제4장
결로 結露

결로는 균열하자와 마찬가지로 건축하자를 대표하는 하자라고 할 수 있다. 가장 골치 아픈 하자 중 하나이기도 하다. 「건설감정실무」에서는 결로하자를 실내외의 단열성능에 이상이 발생할 때 나타나는 기능상, 미관상, 위생상의 지장을 초래하는 중요한 하자로 분류하고 있다. 육안조사로 곰팡이, 얼룩, 결로수 등의 발생 및 발생흔적이 발견되면 각종 결로하자 보수에 적합한 공법과 보수비를 산출하게 하고 있다.[75]

1. 결로현상 분석

공기가 함유할 수 있는 최대 수증기량은 온도가 낮아질수록 줄어든다. 반면에 실내 공기의 온도가 낮아지면 상대습도는 점차 상승하다가 일정온도 이하에 도달하면 100%가 된다. 이를 노점온도라 한다. 노점온도는 공기 중의 수증기 함유량, 절대습도 혹은 수증기압에 의해 결정된다. 공기가 포함할 수 있는 수증기의 절대량인 절대습도는 변화가 없기 때문에 온도가 낮아지면 수증기량이 포화 상태에 도달하게 된다. 이때 수증기를 함유하는 공기가 노점온도와 같거나 노점온도보다 낮은 표면과 접촉하면 응축되어 물방울로 맺히게 된다. 이를 '결로현상'이라 한다.

이 같은 결로현상은 전체 하자 중 거의 10% 비율을 차지하고 있다. 발생부위별로 자세히 살펴보면 거실이나 방에서 26%, 현관부분에서 58%, 발코니 부분이 14%, 화장실이 2% 정도로 나타난다. 특히 발코니를 확장형으로 시공함에 따라 거실창 쪽에서의 결로현상이 지속적으로 발생하고 있다.

일반적 하자현상과 비교하여 결로현상이 갖고 있는 특이한 사항은 단열공법 누락이 무려 58%에 이른다는 점이다. 즉 설계도서와 시방서

| 표 4-1 | 결로현상 발생 현황

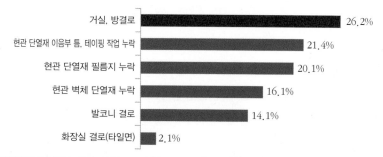

거실, 방결로	26.2%
현관 단열재 이음부 틈, 테이핑 작업 누락	21.4%
현관 단열재 필름지 누락	20.1%
현관 벽체 단열재 누락	16.1%
발코니 결로	14.1%
화장실 결로(타일면)	2.1%

부 위	하자현상	A 단지	B 단지	C 단지	D 단지	E 단지	F 단지	G 단지	H 단지	I 단지	소계
방 거실 주방	결로	222	-	789	321	-	59	-	658	682	2,731
현관	단열재 이음부틈, 테이핑 누락	-	-	87	1,386	-	752	-	-	-	2,225
	단열재 필름지 누락	-	-	-	1,299	790	-	-	-	-	2,089
	벽체 단열재 누락	-	-	1,673	-	-	-	-	-	-	1,673
발코니	외벽면 결로	376	-	-	746	348	-	-	-	-	1,470
화장실	타일면 결로	12	161	-	-	-	-	-	-	50	223
합계		610	161	2,549	3,752	1,138	811	0	658	732	10,411

에 규정한 공법, 공정들을 제대로 수행하지 않고 있는 것이다. 결로의 주요 원인을 단열공법의 미비에 따른 것으로 추정하는 이유가 바로 여기 있다. 결로방지를 위한 시공자의 성실함이 아쉬운 대목이다.

2. 결로현상 종류

(1) 발생 상태에 따른 분류

결로는 재료의 표면에 발생하는 '표면결로'와 구조체 내부온도가 낮은 부위에서 발생하는 '내부결로'로 구분된다. 표면결로는 발코니의 벽면이나 유리면과 같이 낮은 표면온도를 가지는 곳에 물방울이 맺히는 현상인데, 일정 시간이 경과하면 곰팡이가 발생하고 마감재의 변색이나 부식과 같은 피해가 생긴다. 주로 천장, 창유리와 벽체, 타일면 등 실내마감재의 표면에서 발생한다. 내부결로는 주로 동절기 열손실이 증가할 때 공간 벽체 내부나 단열재 안쪽 등 육안 확인이 어려운 벽체의 내부에서 발생한다. 좀 더 상세히 살펴보면 다음과 같다.

① 표면결로(Surface Condensation)

표면결로는 건축물의 표면온도가 접촉하고 있는 공기의 노점온도보다 낮을 때 물체의 표면에서 발생하는 결로현상을 말한다. 표면결로는 시간에 따라 일시적인 결로와 지속적인 결로현상으로 구분할 수 있다. 일시적 결로는 절대습도가 표면온도 조건에 비해서 급속히 증가 하는 경우에 발생하고, 반면에 지속적인 결로는 표면온도가 낮을 때와 실내습도가 심하게 높은 경우 발생하며 건물의 각 부위에 나타나기도 한다.

| 표 4-2 | 결로발생 요인

결로발생 원인		구체적 요소
높은 습도의 공기	기후조건	• 봄철이나 여름의 고온 다습한 외기
	난방방식 및 실내온도	• 비난방공간의 온도하강에 의한 상대습도 증가 • 대류난방시 콜드 드래프트
	환기 부족	• 환기 부족에 의한 실내습기의 증가 • 공간배치의 부적절에 의한 다습공기의 국부정체 • 겨울철 공간 밀폐
	외피재료의 사용특성	• 방습재의 미사용 및 부적절한 배치 • 외피 재료의 투습 저항 부족 • 초기 함습율이 높은 자재의 사용
	건물의 사용관리상	• 목욕, 세탁, 조리, 식물, 수조, 가습기의 사용 • 개방형 난방기의 사용
차가운 표면온도	기후조건	• 혹한 지역의 외기 침투
	건축물 부위별 결함 (열교부위의 발생)	• 모서리, 우각부 등 기본적 결함 • 창호 및 문의 단열저항 부족 • 긴결 철물의 구조체 관통 등
	단열시공의 미흡	• 단열시공 결함 및 단열재 누락
	일사수열의 부족	• 북측 외벽 내표면의 온도하강 • 비(非)난방 무(無)창 건물 등의 바닥면 온도하강
	지중에 면한 부위	• 지중에 면한 바닥부위의 냉각(봄·여름) • 지중에 면한 비(非)단열 벽체의 온도하강

② 내부결로(Interstitial Condensation)

내부결로는 벽체 내의 수증기압 구배의 노점온도가 온도 구배의 건구온도 보다 높게 되면 내부에서 결로가 발생하는 현상이다. 벽체가 습기를 계속적으로 흡수하여 벽체 내부가 젖게 되면 구조체 내에서 수증기로 응결되는 것이다. 내부결로는 철골부재와 같은 구조체에 악영향을 초래하므로 벽체 내부로 습기가 침투되지 않게 하는 것이 중요하며 설계적으로 벽체 내의 온도 구배가 노점온도 이하가 되는 조건을 만들지 않아야 한다.

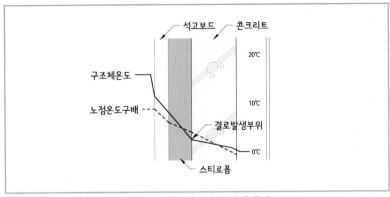

| 그림 4-1 | 내부결로 발생개념도

(2) 발생시기에 의한 분류

① 동절기 결로

겨울철 실내온도는 높지만 외기온도가 급격히 떨어지는 경우, 외벽에 접한 실내 각 부위의 배면온도가 낮아지게 된다. 이때 실내 공기가 이슬점 이하가 되면 각 부위의 표면에 결로가 발생한다(표면결로). 또한 실내의 온도가 고온 다습한 경우에는 수증기가 각 부위의 구성재료의 속을 투과하여 외기로 향하는데, 투과 도중에 이슬점 이하의 공기층에서 결로가 발생한다(내부결로). 간혹 내부결로수가 표면에 스며나올 경우 표면결로나 누수로 혼돈하는 경우도 있다.

② 하절기 결로

여름철 고온일때 외기의 수증기 비중은 동절기에 비해 2~3배에 이른다. 이때 냉방이나 온도차에 의해 실내 공기가 이슬점 이하로 떨어지면 결로가 발생한다. 여름철 결로는 동절기와는 반대로 외부 공기가 습할때 생기는 경우가 많기 때문에 환기창이 없는 철근 콘크리트 구조물의 외벽 단열부위, 경사지의 흙에 접하는 지하실이나 지하주차장의 외벽 부위에서 주로 일어난다.

③ 초기결로

초기결로는 통상 준공 후 1~2년 내에 발생하는 결로를 말한다. 주로 건축자재의 방습이 미비한 경우에 자주 생기는데 대부분 콘크리트, 모르타르, 수성도료, 수성접착제 등 습식공법의 시공시 수분이 제대로 제거되지 않고 잉여수가 방습층에 의해 남아 있다가 함수율 증가에 따른 열저항이 감소할 때 주로 발생한다.

(3) 발생부위에 따른 분류

결로현상은 거실, 방, 현관, 주방, 화장실 등 실내의 모든 부분에서 발생한다. 특히 외기와 접하는 단열 취약부위는 발생빈도가 아주 높은 편이다. AD나 PD 등 설계상 미처 반영하지 못한 단열의 누락부위에서 일어나는 결로현상처럼 원인을 찾기 어려운데다 보수공법의 적용 자체가 힘든 경우도 많다. 따라서 정확한 감정을 위해서는 치밀한 조사가 요구된다.

| 표 4-3 | 주요 결로발생 부위

부위 장소	주요 발생부위						비고
	계단실측 벽면	복도식 현관문	측세대 외벽면	PD · AD 주변	창호 주위	최상층 천정	
거실	●		●	●	●		
침실	●		●	●	●		
현관		●					
주방				●	●		
발코니			●		●	●	
다용도실			●				
화장실				●		●	
보일러실				●			

① 거실, 방 결로

대개 실내에서 발생하는 결로는 곰팡이, 얼룩, 결로수의 흔적으로 확인된다. 공동주택에서는 주로 북측 또는 측벽세대 외벽면의 반침장 내부, 창틀 하부, PD, AD주변, 천정의 단열시공 불량부위나 단열재 누락부위에서 나타난다. 특히 단열재의 이음부위가 부실한 경우에 빈번하게 발생한다. 감정조사시 방습테이프를 제대로 붙였는지, 빈틈새에 적절하게 충진 했는지 등 적정 시공여부를 정밀하게 파악해야 한다.

하지만 시공사는 설계도면대로 시공했을 경우 공사상 잘못으로 인한 하자로 볼 근거가 불분명한 바, 시공상의 결함은 아니라는 입장이다. 결로는 입주민의 '사용상 과실'로 인한 하자나 설계자의 단열재 적용 오류에 따른 '설계상 오류 또는 부적정', 단열재 부실시공에 따른 '시공상 부실' 등의 복합적 원인이 작용하여 발생하므로 발생원인 중 시공사의 하자보수담보책임 범위는 단열재 부실시공에 따른 열교 발생 구간으로 제한되어야 한다는 것이다. 또한 결로에 대한 하자를 판정하기 위해서는 단열재 부실시공 등 시공상의 잘못이 명백히 확인되어야 한다. 실내 공기의 습도도 주요한 원인이 될 수 있으므로, 사용자의 습도관리 등을 종합적으로 고려해야 한다고 주장하고 있다.

② 화장실 벽면, AD · PD 내부벽면 결로

최상, 최하층 세대의 화장실 벽에서 물방울이 계속 맺히거나 화장실 천정 윗면에 물이 흥건히 고이는 사례가 있다. 이런 경우는 대개 외기로 인해 화장실 벽면의 AD 내부의 온도가 낮아지면서 벽체의 타일면에서 결로가 발생하는 것이다. 대부분의 AD, PD 벽면은 단열재가 설치되지 않거나 벽돌 사이의 줄눈이 제대로 채워져 있지 않아 외기가 타일면까지 바로 전달되기 때문이다. 주방 AD에서도 결로가 자주 발생하는데 렌지후드로부터 배출된 공기가 AD를 거쳐 상승하다가 옥상 벤티레이터 내부에서 결로가 된 후 벽면을 타고 흘러내려온다. AD보다 옥상 벤티레이터가 넓어지는 경우가 많은데 이때 고온 다습한 공기가 배출되지 못하면 차가운 콘크리트 벽면에서 결로수로 맺히게 되는 것이다. AD, PD가 전실에 위치하고 주방의 렌지후드와 플렉시블 배관으로 연결되어 있는 형태에서 자주 발생한다.

③ 창호결로

동절기, 복도에 샷시창을 설치하지 않은 복도식 공동주택의 현관문과 복도쪽 창호의 경우 외기에 바로 노출되므로 실내와 외부와의 온도차에 의한 결로가 자주 일어난다. 심한 경우 집단적인 민원으로 전개되기도 한다. 현관 방화문 주변의 결로는 결로수와 곰

| 그림 4-2 | 복도 현관문 결로현상

팡이 외에도 방화문의 부식을 동반하기 때문에 민원이 심한 편이다. 통상 현관문 자체의 성능미비와 문틀 주변의 단열공법의 부실이 원인으로 추정된다.

이외에도 아직 학계에서는 연구되고 있지는 않지만 감정의 결과를 살펴보면 북서풍의 영향도 간과할 수 없다. 〈그림 4-3〉은 서울 강북지역 ○○아파트의 복도식 아파트의 결로분포도이다.

결로의 분포를 살펴보면 복도측에 샷시를 시공한 세대에서는 결로의 발생율이 현저히 낮고 샷시를 설치하지 않은 층에서는 결로의 발생이 현격히 증가한 것이 나타나고 있다. 즉 복도측 방화문이 동일한 설계와 공법대로 시공되었지만 복도의 샷시로 인하여 북서풍의 영향

A동 (134세대)

2001	2002	2003	2004			
1901	1902	1903	1904			
1801	1802	1803	1804	1805	1806	1807
1701	1702	1703	1704	1705	1706	1707
1601	1602	1603	1604	1605	1606	1607
1501	1502	1503	1504	1505	1506	1507
1401	1402	1403	1404	1405	1406	1407
1301	1302	1303	1304	1305	1306	1307
1201	1202	1203	1204	1205	1206	1207
1101	1102	1103	1104	1105	1106	1107
1001	1002	1003	1004	1005	1006	1007
901	902	903	904	905	906	907
801	802	803	804	805	806	807
701	702	703	704	705	706	707
601	602	603	604	605	606	607
501	502	503	504	505	506	507
401	402	403	404	405	406	407
301	302	303	304	305	306	307
201	202	203	204	205	206	207
101	102	103	104	105	106	107

샷시 미설치 (1401), 샷시 미설치 (1101)

B동 (119세대)

2001	2002	2003	2004	2005		
1901	1902	1903	1904	1905	1906	
1801	1802	1803	1804	1805	1806	
1701	1702	1703	1704	1705	1706	
1601	1602	1603	1604	1605	1606	
1501	1502	1503	1504	1505	1506	
1401	1402	1403	1404	1405	1406	
1301	1302	1303	1304	1305	1306	
1201	1202	1203	1204	1205	1206	
1101	1102	1103	1104	1105	1106	
1001	1002	1003	1004	1005	1006	
901	902	903	904	905	906	
801	802	803	804	805	806	
701	702	703	704	705	706	
601	602	603	604	605	606	
501	502	503	504	505	506	
401	402	403	404	405	406	
301	302	303	304	305	306	
201	202	203	204	205	206	
101	102	103	104	105	106	

샷시 미설치 (1801, 1701, 1601, 1501, 1201, 1101, 1001, 901, 801, 701, 601, 501, 401, 301, 201)

▨ 복도 샷시 설치 (A동) ▨ 복도 샷시 설치 (B동)

| 그림 4-3 | 서울 강북 OO아파트 복도형 결로분포도

을 직접적으로 받느냐, 간접적으로 받느냐에 따라 결로의 발생이 크게 영향을 받고 있음을 추정할 수 있다. 다른 단지의 복도식 아파트에서도 이러한 현상은 유사하게 나타난다.

이외에 창호에서 발생하는 결로는 창호 가스켓의 기밀성 및 단열성 저하나, 창호하단부의 물구멍을 통하여 찬 공기가 침투하면서 자주 발생한다. 이러한 창호결로는 최근 발코니 확장이 빈번해 짐에 따라 더욱 부각되고 있다. 플라스틱 창호보다는 열전도율이 좋은 알루미늄 창호에서 자주 생긴다. 알루미늄 재질의 단열바가 설치되지 않아 냉교로 인해 부재 표면에 결로가 자주 발생한다. 창호의 결함은 단열성능 유리의 사용, 단열간봉의 설치

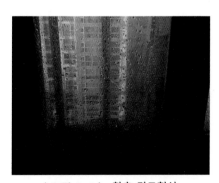

| 그림 4-4 | 창호 결로현상

가 적정한지와 같은 각종 창의 품질이 단열기준을[76] 만족시키는지 여부에 대한 확인이 중요하다. 창호 단열성능의 부족으로 인한 결로가 주기적이고 지속적으로 발생할 때에는 단순히 결로부위의 보수방법만으로는 치유가 불가능한 경우가 많다. 이를 방지하기 위해서는 건축설계 단계에서부터 창문의 제조까지 전체 공정을 대상으로 한 근원적인 하자 해소 대처방안이 필요하다.

다행히 최근 창호의 결로에 대해서는 더욱 적극적으로 해결하고자 하는 정부의 움직임이 있다. 국토해양부는 22년만에 개선되는 주택법에서 500세대 이상의 공동주택에 창호결로 방지성능을 강화한 법규로 개정을 추진하고 있다. 발코니 확장이 허용되면서 창호 결로현상이 점점 증가하고 있는 데 반해 이를 방지할 수 있는 창호성능 기준은 없다는 판단에 따라 발코니 확장 공간에 설치되는 창호의 결로방지 성능을 확보하도록 하는 규정을 신설한 것이다.

개선안은 창호성능 기준으로 온도 25℃, 습도 55% 내부 생활조건에서 바깥온도가 영하 15℃ 될 때까지 결로가 발생하지 않도록 하고 있다. 이 같은 주택건설기준 등에 관한 규정을 개정하여 2013년 하반기부터 시행할 계획을 밝히고 있으다. 또한 창호의 에너지 등급표시제도 2012년 7월부터 시행되고 있다. 이처럼 정부차원에서 결로방지를 위한 공법 개선을 통한 해결을 모색하고 있는 것은 생활상의 습관이 원인일 수도 있다는 시공사의 입장과는 180도 다른 방향이라고 할 수 있어 주목된다.

④ 발코니 결로

발코니의 결로는 샷시가 실내의 따뜻한 공기의 흐름을 막아서 쉽게 발생하는 데 거의 예외가 없다고 할 정도로 모든 세대에서 광범위하게 나타나고 있다. 벽면의 곰팡이나 변색 외에도 보조주방의 뒷면의

| 그림 4-5 | 발코니 결로

결로현상으로 인해 전기콘센트에 누전이 발생하는 사례도 있다. 심한 경우 발코니 외벽 쪽에 설치된 김치냉장고나 세탁기와 같은 빌트인 제품을 사용하지 못하는 경우도 많다.

「건설감정실무」에서는 발코니 샷시에 의한 결로현상의 하자보수의 책임을 당해 부위 시공자의 책임으로 정하고 있다. 샷시의 창호 결함으로 인해 결로현상이 발생했다면 하자보수책임은 샷시를 시공한 시공업자에게 있다는 것이다.[77] 따라서 공동주택을 분양한 자가 샷시를 시공하고 결로가 발생했다면 보수책임이 분양자에게 있다고 할 수 있다. 반면 입주자가 샷시를 따로 시공했다면 결로현상의 보수책임을 분양자에게 묻기 어려울 것이다. 이처럼 결로는 해당 부위의 시공 주체에 따라 보수의 책임소재가 갈리므로 주의해야 한다.

⑤ 지하층 결로

여름철에 발생하는 결로는 주로 지하실에서 발견된다. 한여름 저온의 지하실 벽면에 외부의 고온 다습한 공기가 접촉하면서 결로가 발생하는 경우가 대부분이다. 제습기를 설치하는 방법 외에도 환기시스템 등 결로현상을 적극적으로 개선할 수 있는 방안을 고민해야 한다.

3. 결로발생 원인

(1) 단열재 시공불량

이제 결로가 발생하는 원인을 구체적으로 확인해 보자.

구조체에 발생하는 결로의 원인은 구조체의 열용량과 열교현상으로 나뉜다. 열용량이란 물질이 보유할 수 있는 열의 양을 의미한다. 열교현상이란 설계 오류에 의한 단열시공 장애, 시공상의 오류 등으로 단열재가 불연속 되거나 연결 철물 등에 의한 단열재 관통으로 생긴 건축물 내외부의 열적 연결경로(Thermal bridge)를 의미한다. 특히 단열재를 구조체에 최대한 밀착하지 않아 단열성능이 저하되는 경우와 방습층 이음부나 단열부위가 만나는 모서리 부위를 내습성 테이프 등으로 기밀하게 마감하지 않는 경우에 자주 발생한다.

따라서 각 부위의 단열설계는 단열 관련 법규에서 정하는 기준에 의해 이루어지고, 성실한 시공이 뒷받침되어야 동절기에 단열로 인한 하자를 예방할 수 있다. 그렇지만 콘크리트벽을 내력벽으로 하는 벽식구조 위주인 대부분의 주택에서는 외피 또는 접합부에 나타나는 열교현상이 줄어들지 않고 있다.

현재 대다수 감정인들은 천장, 측벽 등에서 발생한 결로현상에 대하여 단열재의 미흡한 마감처리에 의한 열손실, 투습 등을 주원인으로 보고 있다. 대표적인 사례로는 열반사단열재를 들 수 있다. 열반사단열재는 폴리에틸렌폼와 같은 유연한 발포단열재 표면에 알루미늄박지를 접착해 놓은 제품으로 두께는 6~13㎜ 정도로 물성이 부드러운 탓에 시공이 쉬워 주택건설현장에서 많이 사용되고 있다. 하지만 열반사단열재 자체가 열관류율이 떨어지고 단열성능이 검증되지 않아 건축물 에너지절약설계기준을 만족하지 못하고 있다. 게다가 내화성능도 확보되지 않아 외벽에 사용이 금지되고 있는 실정이다.

| 그림 4-6 | 열반사단열재 시공

| 그림 4-7 | 결로현상으로 인한 곰팡이

그럼에도 불구하고 소규모 주택공사에서 외벽 석재를 쉽게 시공할 수 있다는 이유로 많이 사용되고 있다. 단열성능의 부실을 초래하는 사실을 무시한 채 말이다. 〈그림 4-6〉과 〈그림 4-7〉은 외벽에 설치된 열반사단열재 외에는 내벽에 별도의 단열재가 설치되지 않아 동절기에 발생한 내부의 결로현상과 그로 인해 곰팡이가 피어난 사례를 보여주고 있다. 벽체의 곰팡이 발생 외에도 반침장 내부에 옷이 젖을 정도의 결로수가 발생하며 습기가 차는 경우도 있다.

문제는 이와 같이 결로하자가 외벽면의 단열재 성능 부족에 기인한다는 사실을 밝혀내었다 해도, 보수방법이 외벽면을 전면적으로 철거하여 단열재를 보완하는 방법 말고는 마땅한 대안이 없다는 사실이다. 즉 하자의 보수가 아주 어렵다는 것이다. 따라서 이런 경우는 상당한 비용과 시간이 소모될 수밖에 없다. 물론 아파트와 같은 대형 건축물에서는 이 같은 단열재의 부실은 거의 없는 편이다. 하지만 여전히 결로현상의 절반이 단열공법의 누락이라는 분석결과를 미루어 보면 아직까지 많은 공동주택건설 현장에서 설계도서와 시방서에 규정한 공법, 공정들이 제대로 지켜지지 않고 있다는 점은 간과할 수 없다고 할 것이다.

(2) 실내 습기의 과다 발생과 건물의 사용패턴 변화

건설사들은 끊임없이 실내 습기의 과다로 인한 결로의 발생을 주장한다. 최근 공동주택 시설의 개선과 거주자의 생활습관이 변함에 따라 샤워, 세탁, 조리 등 수증기가 많이 발생하는 활동이 증가하고 있는 것은 사실이다. 또한 소형평형 아파트에도 화장실 수가 늘어나 전유면적에 비하여 수증기의 발생량이 증가하고 있는 추세다. 게다가 세탁물도 실내에서 건조하다보니 실내의 수증기 발생량이 급격히 늘어난다고 추정할 수 있다. 과다한 수증기는 건물의 실내외의 온도 차에 의해 결로현상으로 발전하므로 결로현상 발생의 충분조건이 될 수도 있다.

또한 건물의 사용패턴 변화도 결로현상의 요인이 될 수 있다. 최근 실내 주거공간은 주거생활의 고급화로 인해 열환경에 쾌적한 공기가 요구되면서 단열이 강화되고 있다. 반면에 창문이 밀폐식으로 변하면서 자연 환기량이 부족해지고 공기의 순환량도 낮아지고 있다. 더구나 맞벌이 부부가 증가하면서 주로 저녁과 밤에만 머무르는 경우 더욱 실내의 환기가 잘 이루어지지 않는다. 이 같은 사용패턴의 변화는 결로발생의 한 요인이 될 수도 있다.[78]

그러나 길어야 2~3주 내에 완료되는 감정의 현장조사 기간 안에 생활상의 요인을 파악하는 것은 거의 불가능에 가깝다고 할 수 있다. 오히려 이런 문제에 대한 입증은 주택을 전문적으로 짓고 연구하는 기관을 보유한 건설사의 장기적인 연구과제로서는 적당할지 모른다. 그렇지만 최고의 기술을 보유한 주택건설전문업체도 아직 그에 대한 구체적인 내용을 제시하지 못하고 있다.

(3) 단열 관련 기준의 미비

통상 결로의 발생원인 중 단열재의 시공불량을 가장 큰 이유로 여

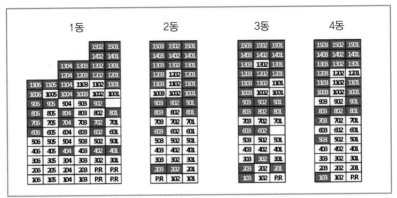

| 그림 4-8 | 경기남부 OO아파트 결로하자 세대별 분포도

기고 생활습관이나 건물의 사용패턴이 부수적으로 추정되는 이유로 들고 있다. 그런데 결로현상의 분포를 다이어그램 방식으로 분석해보면 좀 더 다른 각도에서 결로의 원인이 있을 수 있다는 추정이 가능하다. 〈그림 4-8〉은 경기도 남부지역 ○○아파트 단지의 결로하자 세대별 분포도이다. 살펴보면 직관적으로 저층부와 중간세대의 결로현상의 발생은 현저히 낮고, 건물의 고층부에 결로현상이 동시다발적으로 일어나고 있음을 알 수 있다.

만약 단열에 관한 저층부와 고층부의 설계가 동일하고, 공법이 정상적으로 적용되었다면 무엇이 문제일까? 다른 요인으로 건축물 높이에 따른 외부의 온도차이를 고려해 볼 수 있다. 25층 아파트의 경우 지상에서 40~60m 정도의 높이에 있는 고층부와 10~20m 내외의 저층부는 상당한 온도차이가 날 수밖에 없다. 겨울철 북풍이 몰아칠 때는 차이가 더욱 심해질 것이다. 감정인들의 조사결과에 의하면 대부분의 결로현상은 고층부에서 심해진다. 이런 현상은 대다수 고층아파트 하자감정에서도 유사한 패턴으로 나타나고 있다.

즉 아파트 고층부의 외벽면과 내벽 사이의 온도차이가 '건축물의 설비기준 등에 관한 규칙의 열관류율 기준'에서 산정한 기준 범위의 한계를 벗어날 수 있음을 충분히 추정할 수 있는 것이다. 물론 추정일 뿐이다. 그러나 최근 지어지는 아파트는 대부분 거의 25~30층의 고층 건축물이다. 심지어 50~60층에 이르는 초고층 아파트도 흔하게 지어지고 있다.

그럼에도 불구하고 '건축물의 설비기준 등에 관한 규칙의 열관류율 기준'은 아파트 외벽면의 단열기준에서 저층과 고층을 구분하지 않고 있다. 현재의 기준은 최하층 바닥, 외벽, 최상층 지붕면의 단열재 성능을 규정하고 있을 뿐이다. 어떤 면에서는 건축물의 높이에 비하여 설계기준이 외기의 영향에 따른 기온변화를 감안한 단열의 적정성을 제대로 반영하지 못하고 있다고 볼 수 있다.

공동주택에서 결로가 북서풍에 영향을 받고 건축물의 높이에 따라 고층부에 집중된다는 사실은 아직 학계에 보고되고 있지 않다. 하지만 감정의 결과에서는 그 사실을 확인할 수 있다. 따라서 이에 대한 연구나 개선이 절실하다고 하겠다. 어쩌면 결로현상의 본질은 단열재의 성능, 각종 접합부 처리미숙이나 시공상의 누락이나 불량일 수도 있지만 단열기준의 오류일 수도 있다. 간혹 단열의 문제를 시공상의 문제가 아닌 설계상의 하자로 주장하는 경우가 있는데 이는 옳지 않다. 설계자는 단열재의 두께나 물성에 관해서는 '에너지절약설계기준'과 '건축물의 설비기준 등에 관한 규칙의 열관류율 기준'을 반영할 수밖에 없기 때문이다.

엄밀히 따진다면 근원적으로 건축물의 높이에 대한 '단열기준'의 미비점을 따져야 할 것이다. 그러므로 향후는 '건축물의 에너지절약 설계기준 단열재 등급별, 두께기준'에서 건축물의 높이, 방향, 북풍의 영향 등 다각적인 측면에서 심도 있는 연구가 필요하다고 하겠다. 다행히 정부차원에서 적극적으로 에너지와 관련된 각종 설계·평가기준을 점차 강화시키고 있으므로 향후에는 어느정도 개선이 기대된다.

4. 결로현상의 조사방법과 유의사항

(1) 결로조사 방법

내장재의 표면이나 유리창에 발생하는 '표면결로'는 결로수, 곰팡이 등 하자현상을 근거로 육안조사를 통해 확인한다. 반면 벽체 내부나 천정 단열재 내부에 발생하는 '내부결로'는 외부 마감재에 하자현상이 나타나더라도 결로하자 부위를 절개, 또는 부분 철거하여 단열재의 부실한 시공여부와 방습층의 밀실 시공여부를 파악해야 한다. 결로의 범위와 발생시기, 단열방식에 대해서도 분석이 필요하다. 현장조사시에는 단열재 규격, 이음부위 밀착시공 및 테이핑 처리여부, 열교 취약부위의 확인도 필요하다.

- 결로범위 확인: 결로현상이 발생한 부위의 특정
- 결로시기 확인: 결로발생 시기를 청취조사를 통해 파악
- 단열방식 확인: 설계도면, 시방서, 규격, 사양, 재질 등

보다 어려운 문제는 엄폐되어 있는 부분에 관한 조사라고 할 수 있다. 단열재에 대한 시공상 부실 확인을 위해서는 반침장 배면이나 석고보드 배면의 단열재도 조사해야 하지만 모든 반침장이나 벽체를 철거하여 조사한다는 것은 사실상 불가능하다. 원고들은 하자를 호소하

| 그림 4-9 | 단열재 부분철거

| 그림 4-10 | 단열재 규격 확인

기도 하지만 그곳에서 생활도 해야 하기 때문에 좀 더 합리적인 조사방법이 요구된다. 이런 경우는 원·피고와 협의하여 가장 결로가 심한 세대를 포함하여 일정 개소 이상의 '표본조사' 방식의 도입이 유용하다고 할 수 있다.

(2) 설계도서 검토

결로현상의 정확한 조사를 위해서는 단열, 방수부분 등은 각종 기준이 정확하게 표기되어 있는 상세설계도면이 필요하다. 결로는 단열재의 부실시공 외에도 단열기준의 미비, 오류, 생활습관 등 다양한 원인으로 발생하는 만큼 신중하고 주의 깊게 접근해야 한다. 정확한 결로현상에 대한 감정을 위해서는 현장조사와 더불어 단열부위에 대한 내용의 확인이 반드시 필요하다. 특히 발코니 창고벽면, 화장실들의 AD, PD 부위의 단열공법 적용여부, 창호의 단열성능 확인 등은 설계도서로 판단이 가능하다. 건축물이 복잡해지고 형태가 다양화됨에 따라 더욱 더 정밀한 설계가 실시되므로 주의깊게 설계도면을 파악해야 한다.

- 단열범위 확인: 외기에 접하는 부위와 주변부
- 단열관련 시방서 확인: 단열공법, 단열구성, 법적 기준 확인[79]
- 단열성능 확인: 열관류율 산출
- 공조방식 확인: 공조방식, 온습도, 환기방식, 난방방식 확인

(3) 결로현상 감정기준

결로로 인한 하자는 곰팡이, 얼룩, 결로수 등의 발생 및 발생흔적을 육안으로 관측할 수 있다. 발견되는 흔적이 실내외의 단열성능에 이상이 발생한 기능상의 하자로써 기능상, 미관상, 위생상의 지장을 초

| 표 4-4 | 결로현상 감정기준

구 분			보수방법 및 비용산출
세대 내벽 로비 벽체			**[보수비 산정방법]** 곰팡이, 얼룩, 결로수 등의 징후가 특정 부분에 집중이 된 경우 당해 부분을 보수범위로 하며 벽면 전체에 산발적으로 발생한 경우 벽체 전체 면적을 대상으로 보수공법을 적용한다. **[벽체 보수방법]** 당해 부위 철거 후 단열성능이 제대로 발휘될 수 있는 보수방법을 적용한다 **[각종 창 및 현관문 부위 결로보수 공법]** 창의 품질불량, 파손의 경우는 단열기준을 만족할 수 있는 공법을 적용한다.
발코니	샷시	구분소유자가 외부 샷시를 시공했을 시	구분소유자가 사용검사 이후 임의로 샷시공사를 한 경우, 결로로 인한 하자의 원인이 외부 샷시로 판단될 시에는 하자의 보수책임은 분양자가 아닌 샷시업자에게 있으므로 시공사의 하자에서 제외하는 것이 타당할 것이다.
		분양자가 외부 샷시를 시공했을 시	분양자가 발코니 샷시를 시공하고 결로로 인한 하자의 원인이 외부 샷시로 판단될 시에는 결로하자의 보수의 책임이 분양자에게 있으므로, 당해 부위의 결로현상을 해소할 수 있는 적절한 보수방법을 고려하여 적용하여야 할 것이다.
	보조주방 외벽 단열 미비		보조주방 김치냉장고 등의 배면 벽체에 단열미비로 인한 결로하자 발생시, 정상적인 단열성능을 충족할 수 있는 보수방법을 선정하여야 한다.
지하실			지하층의 단열, 환기시스템 등을 고려한 적합한 보수방법을 선정하여야 한다.

래하는 중요한 결함으로 판단되면 각종 결로하자의 보수에 적합한 공법과 보수비를 산출하여야 한다.

(4) 보수면적, 보수방법 선정시 유의사항

보수면적과 방법의 선정은 특히 다툼이 많으므로 상당한 주의를 기울여야 한다. 우선 곰팡이, 얼룩, 결로수 등의 징후가 특정 부분에 집중이 된 경우는 당해 부분을 보수범위로 산정해야 하고, 벽면 전체에 산발적으로 발생한 경우 벽체 전체 면적을 대상으로 보수공법을 적용한다. 벽면 전체에 결로현상이 발생한 경우는 단열성능이 제대로 발휘될 수 있는 보수방법이 채택되어야 한다. 각종 창 및 현관문 부위 결로보수 공법의 선정은 창의 품질불량, 파손을 해소할 수 있는 공법의 도출이 필요하다.

또 하나 유의할 사항은 결로현상이 누수현상과 혼동되는 경우다. 누수와 결로의 가장 큰 차이점은 동절기나 우천 등 기상환경이 다르다는 점이다. 〈표 4-5〉는 누수와 결로의 차이점을 비교한 것이다.

결로의 원인을 명쾌하게 파악하는 것은 어렵다. 결로현상의 원인이 단순한 단열의 부실시공인지, 미처 반영하지 못한 설계상의 오류인지 다각도로 검토해야 한다. 동시에 각 부위별 결로현상의 보수에 적합한 공법과 비용을 산출해야 한다. 보수공법과 범위도 합리적으로 선정하여야 한다. 감정인은 결로가 발생한 부위에 대한 총괄적인 조사에 근거한 공학적 판단과 더불어 전문적인 식견과 경험을 바탕으로 감정의견을 도출해야 한다.

| 표 4-5 | 결로와 누수의 차이

구 분	결 로	누 수
계절	• 외부에 면한 부분은 주로 겨울에 발생(12, 1월에 집중발생) • 지하층(최저층)은 많이 여름에 발생(7, 8월에 발생)	• 우천시 발생하며 부위에 따라서 비온 후 1~2일 후 발생하여 2~3일간 계속됨
발생부분	• 지상층은 외부면에 접한 부분이 발생 • 지하층은 바닥, 흙에 접한 옹벽면에 발생	• 외부의 골조 크랙이나 방수막이 깨진 부분에 발생하나 경우에 따라서 슬라브를 타고 건물 중앙 부분으로 발생 • 화장실이나 상층부에서 물을 집중하여 사용하는 부분에서 발생
누수상태	• 대부분 마감재 표면에 발생	• 마감재 내부 골조면에서 자주 발생

(5) 외부 시험기관

외부 전문기관에 판단을 요청하는 경우도 있다. 단열재의 성능이 기준에 미치지 못한다고 판단될 때는 성능 검증을 위해 자재 시편을 떠서 전문기관에 시험을 의뢰해야 한다. 이런 경우는 해당 시험연구소와 협의하여 구체적인 시편크기를 확정하고 채취해야 한다.

예를 들면 단열자재의 품질시험을 의뢰하기 위한 단열재 시편은 비드법의 경우 300*300*4매, 압출법의 경우 300*300*6매가 필요하다. 이처럼 결로에 대한 정량적인 확인과 판정을 요구하는 경우 정밀한 장비나 외부 검사를 이용한 추가적인 감정이 이루어져야 한다. 이 밖에도 열화상 카메라와 같이 온도측정 장비를 이용한 표면온도 측정방법과 컴퓨터 시뮬레이션 등 다양한 방식이 있다.

5

누수 漏水

제5장

누수 漏水

'누수'하자 역시 가장 큰 쟁점이 되는 하자 중의 하나이다. 오죽하면 비만 안 새면 된다는 말이 있을까. 각종 공법이나 기술이 지속적으로 개선되고 있음에도 불구하고 줄어들지 않는 하자이기도 하다. 게다가 심리적 불안감을 조성하는 특징이 있다. 기능상, 안전상, 미관상, 위생상 지장을 초래하는 누수는 균열현상과 마찬가지로 각종 마감부위에 나타나기 때문에 육안이나 촉지에 의해 바로 판단이 가능하다.

누수의 형태는 다양하다. 주택의 경우 벽지에 습기로 인한 곰팡이가 피어나고 목재류는 썩고 가구류는 훼손된다. 지하공간은 침투수에 의한 곰팡이, 악취가 발생하고 심한 경우 차량운행에도 지장을 미친다. 상가의 경우에는 고객의 불신감이나 이미지 훼손을 불러온다. 누수보수공사시에는 영업 손실도 우려된다. 건축주에게도 임대에 악영향을 미치거나 건축물의 가치를 하락시킨다. 더 큰 문제는 누수로 인해 철근이 부식되는 경우에는 내구성을 크게 약화시켜 건물의 구조체에 악영향을 끼친다는 점이다.

1. 누수현상 분석

누수현상은 발생하는 원인도 복합적이지만 발생하는 부위도 다양하다. 주로 구조체의 균열, 각종 접합부, 파손된 배관, 창호부위에서 빈번하다. 누수는 발생원인을 파악하면 즉시 보수가 가능하지만 은폐된 부분이나 방수층의 파손에 의한 하자는 원인이나 부위를 특정하기가 어렵다. 실제적인 누수현상은 대개 긴급한 조치가 취해지므로 전체 하자에서 차지하는 비율은 미미해지는 반면, 방수공법의 누락이나 일부 미시공 하자는 개선되지 않고 있다. 오히려 지속적으로 늘어나는 추세가 감정의 분석결과이다. 미시공 하자가 이처럼 증가하는 이

| 표 5-1 | 누수현상 발생 현황

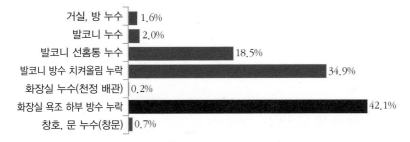

거실, 방 누수 1.6%
발코니 누수 2.0%
발코니 선홈통 누수 18.5%
발코니 방수 치켜올림 누락 34.9%
화장실 누수(천정 배관) 0.2%
화장실 욕조 하부 방수 누락 42.1%
창호, 문 누수(창문) 0.7%

부위	하자현상	A 단지	B 단지	C 단지	D 단지	E 단지	F 단지	G 단지	H 단지	I 단지	소계
거실 방	누수	-	-	-	31	-	1	-	-	32	64
발코니	누수	-	-	-	-	-	80	-	-	-	80
	선홈통 누수	76	510	-	150	-	-	-	-	-	736
	방수 치켜올림 누락	-	-	-	1,386	-	-	-	-	-	1,386
화장실	누수(천정 배관)	-	-	-	-	-	1	-	-	5	6
	욕조 하부 방수 누락	-	-	1,674	-	-	-	-	-	-	1,674
창호 문	누수	-	-	-	-	-	-	22	-	7	29
합계		76	510	1,674	1,567	0	82	22	0	44	3,975

유는 하자현상이 늘어났다기보다는 하자소송이 치열해 짐에 따라 원고들도 전문가를 고용하여 주요 설계도서를 면밀히 검토하면서 실제 시공여부를 체크하여 미시공이나 변경시공 부위를 발췌하는 등 대응방법이 변화하고 있기 때문으로 풀이된다. 즉 기존의 하자조사 방식이 전문가시스템으로 패러다임이 바뀐 것이라고 할 수 있다.

따라서 건설감정에서 도출되는 누수현상의 결과도 일반적인 누수하자 유형과 전혀 다른 패턴을 보여 주고 있다. 누수현상의 분석결과 시공자의 부실한 시공을 넘어 기본적인 공법이나 시방의 누락이 심하다는 결론에 이르게 되는데, 욕조하부의 방수공사의 누락이나 치켜올림부의 방수공사 미시공과 같은 하자가 대표적인 사례이다. 방수와 같은 주요 부위에 대한 건축시공은 설계도면을 철저히 준수하는 장인정신이 동반되어야 하자를 예방할 수 있을 것이다.

2. 누수발생 원인

(1) 콘크리트

콘크리트에서 발생하는 누수는 구조체의 균열이나 방수하자가 원인일 때가 있다. 균열에서 발생하는 대부분의 누수는 관통균열이나 습식균열에서 기인한다. 균열이 일정부분 확장되면 빗물이 침투하게 된다. 옥상배수로 부위 방수층 하부 무근 콘크리트의 수축 및 팽창, 콘크리트 다짐 불량이나 재료분리 또는 청소불량 등에 의해 생긴 공극이나 균열이 누수의 원인이 될 수 있다. 공기나 습기, 빗

| 그림 5-1 | 방수하자

물 등이 유입시 수밀성이 없어 누수로 이어지고 철근을 부식시킨다. 따라서 누수하자는 콘크리트 구조물의 성능과 내구성을 저하시키는 중요한 하자라고 할 수 있다.

물과 상시 접하는 콘크리트면의 방수층 파단도 누수현상의 대표적인 원인이라고 할 수 있다. 옥상바닥 우레탄도막 방수파단 및 구배불량에 의한 열화, 구조체나 바탕몰탈의 열팽창에 의한 도막파손 등이 대표적인 방수층 파단의 원인이다. 그 외 건조불량 및 바탕처리 불량에 기인한 밀착불량, 파라펫 부위 치켜올림 불량도 빼놓을 수 없다. 아예 방수공법의 미시공이나 변경시공으로 인해 누수가 발생하는 사례도 있으므로 설계도서와 시방의 확인이 반드시 필요하다.

(2) 이어치기 부위

지하구조물의 장스판 익스팬션 조인트 부위의 처리가 불량하거나 주차램프와 구조체 연결부위의 부적절한 시공, 지수판 불량시공의 경우처럼 R.C구조에서 이어치기 부위가 부실하면 누수가 발생한다. 수분은 아주 작은 간극을 통해 자유롭게 이동하므로, 건축재료의 조직을 통해 침입하여 온도변화시 동결, 융해작용을 일으킨다. 심한 경우 변형과 파괴가 발생한다.

(3) 지하층 천정, 외벽

지하주차장 벽체 및 주차장 상부에서 발생하는 누수는 방수층의 파손이나 구조체의 균열이 복합적인 경우도 있다. 전기 인입부의 마감이나 방수처리가 불량하여 생기는 사례도 많다. 대개 이러한 경우는 고질적인 경우가 많다. 근원적인 보수가 어렵기 때문이다.

시공과정에서 지하주차장의 균열발생 원인을 살펴보면 다음과 같다. 시공 도중 공간이 부족한 현장의 작업 여건상 우선 지하주차장의

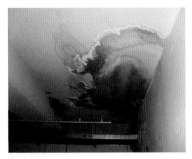

상부를 덮어 작업공간으로 활용하고 자재를 적치하는 경우가 많은데, 이때 구조체가 아직 충분한 강도를 구현하지 못하는 상태라면 균열이 발생하게 된다. 심한 경우 내구성에 문제가 생길 수도 있다. 여기에 천정 및 벽체의 방수층이 파단되거나 각종 접합부의 처리

| 그림 5-2 | 지하주차장 천정누수

가 불량하면 언제든 물이 침투하는 것이다. 특히 구조물 배면에 지하수위가 높은 경우는 미세한 균열이라도 누수가 발생할 우려가 있다. 지중에 매몰되어 있는 부분의 누수하자는 빈도가 높은 편인데도 불구하고 하자의 원인과 누수범위를 특정하기 힘들어 적절한 조치가 없을 시 만성적인 하자로 남는 경우가 많다.

(4) 지하층 바닥누수

지하주차장의 벽체에서 발생하는 누수는 대처하기가 어렵지만 최하층 바닥이나 기초부위에서 발생하는 경우는 더욱 힘들다. 특정부위나 일부 국한된 곳에서 발생하는 누수라면 일반적인 누수균열 보수공법이나 방수공사로 보수가 가능하지만, 문제는 지하수압을 동반하는 '부력'으로 인해 발생하는 누수현상이다.

일반적으로 바닥 기초판 콘크리트는 수밀성이 강해 기초판 상부(보호누름 하부)의 방수공사로 누수를 막을 수 있다고 여긴다. 그러나 구조체 바닥면에는 연직방향으로 지하수위에 의한 수압이 작용하는 경우가 있다. 이때 발생하는 압력을 '양압력' 또는 '부력'이라 하는데 지하수위가 높을 때는 부력도 강해져 기초판을 관통하는 균열이 있다면 그 사이로 누수가 발생하게 된다.

부력에 의한 누수는 기초판 상
부 방수층이 제대로 기능을 발휘
할 수 없어 동시 다발적이며 지속
적으로 발생하는 특징이 있다. 누
수로 유입된 물은 차량운행에 지
장을 주기도 하고 심한 경우 구조
체에 치명적인 손상을 일으킨다.

| 그림 5-3 | 지하주차장 바닥누수

따라서 지하구조물의 설계시 지
하수위에 대한 고려는 아주 중요하다고 할 수 있다. 수압에 대응하는
설계적 공법으로는 건물 자중과 기초 매스 콘크리트를 이용한 건물
무게와 영구배수공법을 혼합하거나 수리이론에 근거한 기술이 있다.
영구앵커를 이용한 강제적 공법도 있다. 하지만 이미 시공 완료 후는
이런 설계적 공법이 의미가 없다. 하자가 발생한 이후에는 적용이 불
가능하기 때문이다.

그러므로 부력에 의한 하자가 발생하였을 때에는 유도배수공법, 디
워터링공법, 배면그라우팅공법과 같은 부력을 해소할 수 있는 공법을
고민해야 한다. 주로 '유도배수공법'과 '지수공법'이 많이 채택된다.
유도배수공법은 바닥 슬래브 부위 및 주변에 유도배수시설을 설치하
여 물을 외부로 배수처리 하는 방법이다. 지수공법은 적극적으로 누
수부위 또는 바닥 슬래브 배면부에 방수재를 주입하여 직접적으로 지
수효과를 얻는 공법이다. 그 외 배면그라우팅이나 건물 외부에 기존
기초 바닥판 하부보다 깊은 곳에 관정을 설치하여 지하수압을 완화시
키는 방법이 있다.

하자감정은 보수비를 산정할 때 원상태와 하자현상을 면밀히 파악
하여 적합한 공법을 선정하고 보수비용을 산정해야 한다. 특히 지하
층의 바닥이나 외벽과 같이 확인이 어려운 부분은 보수공법의 적정성

| 표 5-2 | 지하주차장 바닥 배수공법

구분	공법개념도	공 법
직접유도배수공법	유도 배수로 설치 코어(Ø100정도) 천공	방수층 형성: 없음 • 기존 보호 누름층을 걷어 낼 필요 없이 기초 바닥판을 코어로 관통시켜 기존 집수정 쪽으로 유도·배수하는 공법으로 작업이 간편하고 공사비가 저렴함 • 적정 간격을 유지하여 코어 천공(@ 100정도)한 다음, PVC관을 연결시켜 기존 집수정 쪽으로 유도 • 지속적인 기존 집수정 배수펌프의 용량 및 유지관리가 필요하고, 코어 천공부위가 막힐 우려가 있으므로 주의가 필요함
배수판유도공법	Ø50 PVC PIPE 무근콘크리트 트렌치 THK70 배수판 배수파이프 설치 수동장치수재	방수층 형성: 배수층 형성 • 기존 보호콘크리트를 철거하고 바닥 슬래브 위에 배수관을 깔고 집수정 방향으로 물을 유도 처리하여 유도배수효과가 확실하며 적용 사례가 많음 • 구조물에 손상을 주지 않으나 유도수 처리를 위한 바탕정리, 트렌치 및 드레인 설치에 있어서는 사전에 검토가 필요함 • 배수판을 이용한 유도방수공법은 국내에서 적용된 실적이 많아 기존 사례를 충분히 벤치마킹 할 필요가 있음 • 지하주차장의 규모가 크므로 유도방수공법의 계획시 조닝을 적절히 하여 정체되지 않고 배수가 잘 되도록 할 것 • 지하수위가 높고, 누수량이 많은 편이므로 지하층 허용층높이를 확보할 수 있는 범위 내에서 배수능력이 큰 배수판을 선정할 것 • 배수판의 규격이 커질수록 층고의 저감요인이 되므로 이에 대한 사전 검토가 필요함

구분	공법개념도	공 법
지 수 공 법	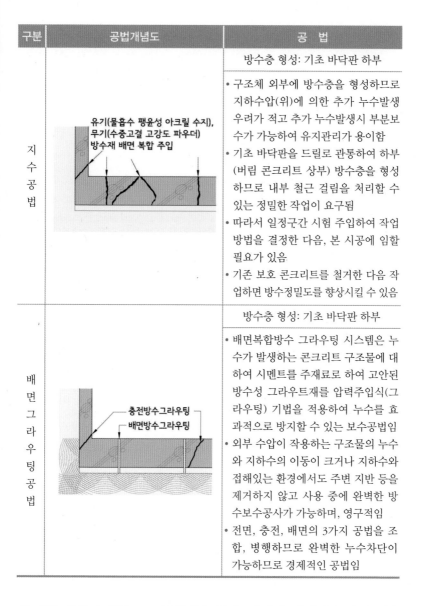유기(물흡수 팽윤성 아크릴 수지), 무기(수중고결 고강도 파우더) 방수재 배면 복합 주입	방수층 형성: 기초 바닥판 하부 • 구조체 외부에 방수층을 형성하므로 지하수압(위)에 의한 추가 누수발생 우려가 적고 추가 누수발생시 부분보수가 가능하여 유지관리가 용이함 • 기초 바닥판을 드릴로 관통하여 하부 (버림 콘크리트 상부) 방수층을 형성하므로 내부 철근 걸림을 처리할 수 있는 정밀한 작업이 요구됨 • 따라서 일정구간 시험 주입하여 작업방법을 결정한 다음, 본 시공에 임할 필요가 있음 • 기존 보호 콘크리트를 철거한 다음 작업하면 방수정밀도를 향상시킬 수 있음
배 면 그 라 우 팅 공 법	충전방수그라우팅 배면방수그라우팅	방수층 형성: 기초 바닥판 하부 • 배면복합방수 그라우팅 시스템은 누수가 발생하는 콘크리트 구조물에 대하여 시멘트를 주재료로 하여 고안된 방수성 그라우트재를 압력주입식(그라우팅) 기법을 적용하여 누수를 효과적으로 방지할 수 있는 보수공법임 • 외부 수압이 작용하는 구조물의 누수와 지하수의 이동이 크거나 지하수와 접해있는 환경에서도 주변 지반 등을 제거하지 않고 사용 중에 완벽한 방수보수공사가 가능하며, 영구적임 • 전면, 충전, 배면의 3가지 공법을 조합, 병행하므로 완벽한 누수차단이 가능하므로 경제적인 공법임

에 대한 대립이 심하므로 주의해야 한다. 따라서 감정인은 당해 건축물 공사의 설계도서와 현황을 충분히 검토하여 누수의 원인을 근본적으로 제거할 수 있는 보수방법을 제시해야 한다.

| 표 5-3 | 방수공법의 종류

구분	몰탈방수	아스팔트방수	시트방수		도막방수
주재료	• 방수재 • 염화칼슘 • 규산소다 (물유리) • 규산질분말 • 지방산염 • 합성수지에멀션 및 고무라텍스	• BROWN-ASPHALT • ASPHALT-COMPOUND • ASPHALT FELT • ASPHALT ROOFING • 특수 ASPHALT-ROOFIN G	• BUTY-EPT 고무	• POLY 염화비닐	• POLY-URETHAN
공법	• CEMENT 몰탈에 방수재를 혼합하여 몰탈 자체에 방수성능이 있는 것 • 현장 바름	• 가열 용융한 APHALRT를 FELT, ROOFING 등과 교대로 적층 하여 방수층 형성	• 방수SHEET를 접착제로 바탕에 붙여서 방수층 형성	• 방수SHEET를 접착제로 바탕에 붙여서 방수층 형성	• 주제와 경화제를 교반혼합한 것을 도포해서 방수층 형성 • 뿜칠공법 가능
장점	• 가격 저렴 • 바탕면에 다소의 요철이 있어도 시공 가능 • 습윤 바탕 시공 • 시공이 간단	• 시공 실적 많음 • 여러 층의 적층 시공으로 실수가 적음 • 바탕면이 비교적 거칠어도 시공 가능	• 바탕의 균열에 강함 • 내후내약품성이 비교적 좋음	• 마무리가 깨끗 • SHEET에 비해 표면층이 강하고 경보행이 가능함 • 내약품성이 강함	• 복잡한 형상에서 시공 용이 • 내약품성이 좋음 • 뿜칠 시공시 능률이 좋으며 수직 부분의 시공이 용이
단점	• 방수층 자체 균열 • 바탕균열, 박리로 인해 방수효과 상실 • 작업기능도에 따라 방수효과의 차이 발생 • 지붕면적이 큰 경우는 적용불가	• 악취와 민원 발생 • 급한구배 시공 곤란 • 시공 후 처짐 발생 • 화재 위험 • 특수 ROOFING을 사용하지 않으면 바탕균열에 약함 • 복잡한 형상은 시공 곤란 • 공정수가 과다 • 고온시 처짐 • 저온에 약함	• 바탕돌기물 때문에 SHEET 파손이 쉬움 • 경년수축이 큼 • 휘발성 용제로 인한 중독, 화재 위험 • SHEET 간의 접착이 불완전 • 마감층에 의한 손상이 쉬움 • 복잡한 형상은 시공 곤란	• 경년수축이 크므로 접착제 선택이 중요 • 저온에서 딱딱해짐 • SHEET 간의 접착이 불완전 • 복잡한 형상은 시공 곤란	• 균일한 두께의 도포가 어려움 • 주제와 경화제의 정확한 혼합비를 얻기가 힘듦 • 고른 바탕면 필요 • TAR URET HAN의 경우에는 TAR가 스며나옴

(5) 옥상방수

부실한 방수공사는 누수를 불러온다. 방수층 하자에 의한 누수는 비가 내리거나 눈이 내린 후 많이 확인된다. 방수부위 누수는 우레탄 도막방수 두께부족이나 열화, 구조체 및 바탕몰탈 열팽창에 의한 도막파손, 도막 밀착불량, 파라펫 및 환기구 치켜올림 불량 등과 같은 원인에 의해 발생한다. 누름 콘크리트 파손에 의한 균열의 확장으로 방수층이 파단되기도 한다.

(6) 발코니, 화장실 바닥방수 이상

발코니, 화장실 바닥 부위의 방수층 치켜올림이 방수턱보다 낮거나 중간에 끊어질때 수분이 침입하여 마루나 목문틀이 썩는 하자가 많다. 상황에 따라 부분철거하여 시공 상태를 확인한 후 보수비를 산정해야 한다. 이때 설계도서에서 규정한 방수공법에 대한 점검이 필요하므로 유의해야 한다.

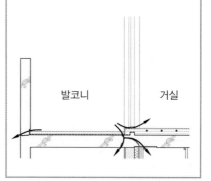

| 그림 5-4 | 발코니 방수하자 양상

(7) 드레인 주변 누수하자

발코니, 주방, 세탁실 및 화장실 바닥 등에 드레인 설치시 주변의 방수불량과 구조체 균열이 누수의 주원인이 되기도 한다. 방수바탕

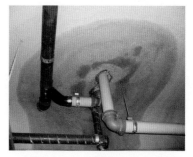

| 그림 5-5 | 드레인 배관 하부누수

면의 쇠흙손 처리와 방수시공시 콘크리트와 접하는 면에 대하여 조사가 필요하다.

(8) 창호

일반적으로 창호부위에서는 창틀 주변의 사춤불량, 물끊기 홈 미설치, 창호 하부 경사처리 누락, 창호설치용 목심 미제거로 누수가 발생한다. 다른 한편으로는 창호주변 골조의 균열이나 창호와 석재, 콘크리트면과의 틈새, 실란트의 부실시공을 누수의 원인으로 들 수 있다.

최근 커튼월로 시공된 건축물이 보편화되면서 커튼월 창호부위의 누수하자도 증가하고 있다. 커튼월에 발생한 누수현상의 원인은 접합부위 처리의 부실이나 용도에 적합하지 않은 실란트 사용과 가스켓의 기밀성 부족을 들 수 있다. 창호하자 감정시 수밀성과 배수성을 보완하는 공법을 적용해야 하며 필요시 성능의 개선방안도 고려해야 한다.

① 설계적 측면

창호는 세부적 기능을 만족하는 상세설계가 중요하다. 우수 침투를

| 표 5-4 | **창호누수의 설계상 원인**

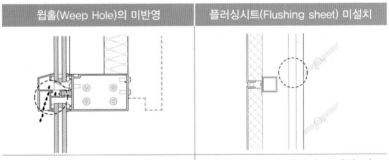

윕홀(Weep Hole)의 미반영	플러싱시트(Flushing sheet) 미설치
창 프레임에 윕홀(Weep Hole)을 반영하지 않아 누수발생, 내부 결로수가 외부로 배출되지 않아 접합이 부실한 틈새를 통해 실내로 유입됨	외벽부 금속외장 패널에 플러싱 시트(Flushing sheet) 미설치에 의한 외부 유입수 및 내부 결로수가 하부층의 알루미늄 바 및 골조 틈새로 유입됨

방지하는 디테일이 미흡하면, 창호제작시 당연히 해당 기능이 누락된다. 특히 윕홀(Weep Hole)이나 플러싱 시트(Flushing sheet)가 반영되어 있지 않아 누수가 발생하는 경우도 많다.

② 시공적 측면

창호의 누수를 방지하기 위해서는 창호의 품질도 중요하지만 정밀한 시공이 중요하다. 특히 커튼월은 설계단계에서 부터 생산 및 시공의 전 과정에 걸쳐 누수를 예방하기 위한 노력과 관심을 기울여야 한다. 시공상 부실로 인한 누수의 원인은 가스켓 시공불량과 멀리온과 트랜섬 접합부위의 실런트 처리불량, 알루미늄 바와 백 패널 사이의 틈새 등 아주 다양하다.

간접적으로는 가스켓, 실런트, 노턴테이프의 수직, 수평부위의 두께 차이, 시공불량, 개폐창의 지지대(Arm)의 위치 불량, 기밀성 부족도 영향을 미친다. 또한 개폐창 상부 프레임의 물끊기 처리가 불량할 때에도 누수가 발생한다.

문제는 창호누수의 원인은 다양한데 근본적인 처방없이 대개 실런트로만 마무리하고 있어 하자가 재발하는 경우가 잦다는 점이다. 따

| 표 5-5 | 창호누수의 시공상 원인

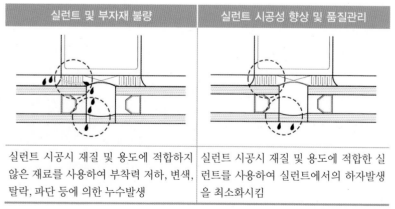

실런트 및 부자재 불량	실런트 시공성 향상 및 품질관리
실런트 시공시 재질 및 용도에 적합하지 않은 재료를 사용하여 부착력 저하, 변색, 탈락, 파단 등에 의한 누수발생	실런트 시공시 재질 및 용도에 적합한 실런트를 사용하여 실런트에서의 하자발생을 최소화시킴

라서 감정인은 감정에 앞서 각
종 설계도와 시방을 검토하고
적합하게 시공되었는지 여부
와 누수의 원인을 다각도로 분
석하여 가장 적합한 보수방법
을 도출해야 한다.

| 그림 5-6 | 창호부위 누수현상

2006년부터 발코니 구조 변
경이 합법화됨에 따라 거의 모
든 발코니가 확장되어 실내로 편입되고 있다. 전유부분의 공간이 확
장되는 장점이 있어 호응은 좋지만 누수와 결로현상이 더욱 잦아졌다
는 점에서는 부담스러운 측면도 있다. 따라서 외부 창호의 정밀한 시
공이 요구되는데 개구부의 크기와 창호의 크기가 맞지 않거나 과도한
틈새가 생기면 이 역시 시종일관 실란트로만 덧칠하거나 틈새를 때우
는 보수방법만 적용하고 있어 만성적인 하자로 발전하는 경우가 많
다. 외벽 면에서 창호의 시공 상태나 우수처리가 상세설계에 맞게 제
대로 시공되었는지 따져볼 필요가 있다.

(9) 배관

① 각종 배관 파손

건축물의 내부는 설비배관
과 전기배관이 마치 혈관처럼
얽혀있다. 배관부위가 파손되
면 물이나 액체가 누출된다.
수도관이나 난방관에서 많이
발생하는데 빠른 시간 내에 복
구하지 못하면 생활에 불편을

| 그림 5-7 | 측벽 배관 동파

초래한다. 도배나 장판지가 훼손되기도 하고 위생상 문제가 생기기도 한다.

배관 파손의 원인은 아주 많다. 시공 당시 아주 경미한 흠집 수준의 균열이 점차 확대되어 추후에 발생하는 경우도 있고, 유지관리상의 문제가 원인이 될 수도 있다. 재질과 규격이 용량에 맞지 않아 과도한 사용을 견디지 못해 내구성이 약화되어 깨지는 경우도 있다.

설비배관의 누수는 눈에 보이는 누수와 눈에 보이지 않는 형태가 있는데, 육안으로 확인이 가능한 누수는 간단한 수리로 처리가 되나 은폐, 매몰되어 있는 방수층 하자나 배관의 파손이 원인일 확률이 높다.

② 방바닥 난방관 파손

방바닥에 습기가 차고 곰팡이가 피는 현상을 종종 보게 되는데 흘러내린 결로수도 원인일수도 있지만 방바닥에 매립된 난방관이 파손되어 누수가 발생하기도 한다. 이 같은 배관하자는 조인트 불량, 재질상의 결함, 시공 중의 파손이나 겨울철 동파 등 다양한 요인에 의해 일어난다.

| 그림 5-8 | 방바닥 배관 파손 확인

③ 세면기, 좌변기, 방열기, 보일러 누수

세면기 배관의 누수는 주로 하부 조절관 이음부의 부실로 인해 일어난다. 화장실 방열기에서 하부라인의 시공불량이나 제작 결함으로 물이 흘러나오기도 하고 드물게 방열기에 부식현상이 발생하는 사례도 있다. 좌변기의 경우 물을 공급하는 장치인 볼탑의 고장이나 싸이폰 고무가 불량인 경우도 있다. 최근에는 겨울철 심한 동해에 의한 배관 파손도 자주 일어나고 있으므로 설계도면과 시방서를 충분히 숙지하여 규격과 재질을 확인하고 감정에 반영하여야 한다.

④ 옥외 배관누수

지중에서 발생하는 누수는 지반의 침하, 건축물 부실화, 과다한 수도요금 등 많은 문제점을 야기한다. 우선 옥외에서 발생하는 누수는 시상수도관, 외부 사용 수도, 오수관 등에서 지중으로 흘러나와 확인이 어렵다. 옥외 상수도 배관의 누수는 '노후화'에 의한 배관의

| 그림 5-9 | 옥외배관 파손 확인

파손으로 발생하는 경우가 많다. 도시가스 배관 작업과 같은 타 공종의 공사에 의해 찍히거나 깨지기도 한다. 오수관 슬리브를 묻고 난 후 콘크리트 타설 작업시 무리한 외력이 가해지면 슬리브가 파손된다. 관의 각 연결부 조립시 고무패킹이 불완전하게 끼워져 누수가 발생하는 사례도 있다. 되메우기 불량에 의한 지반 처짐으로 연결 배관이 동시에 침하돼 오수의 누출이 발생하기도 한다.

문제는 시공한 지 1~2년 내의 신축 아파트 단지에서 지반침하나, 배관의 파손으로 인해 발생하는 누수도 흔하다는 점이다. 따라서 배관 및 부속물의 품질과 수도관이 매설되어 있는 토양의 환경이나 관로완성도(부식, 동결, 외부 하중 상태), 관내압력과 수축작용도 등의 요인을 종합적으로 판단하여 누수원인을 파악하고 그에 맞는 보수방법을 강구해야 한다.

3. 누수현상의 조사방법과 유의사항

누수부위 감정에서는 재료의 특성 확인과 같은 전문적이고 체계적인 과정과 세밀한 분석을 바탕으로 건축물의 재료별·부위별 누수하자의 원인과 대책을 도출해야 한다. 예를 들어 평소보다 수도요금이 많이 나올 때, 바닥이 젖거나 외부로 물이 흘러나올 때, 아랫집 천정으로 물이 떨어질 때, 지하실 벽이나 천장에 물기가 보일 경우 사용자는 누수를 의심하게 된다. 이때는 수도꼭지를 잠근 후 수도미터의 작동여부를 살펴보고, 보일러 하부의 배관에 물기가 있는지 확인해야 한다. 여의치 않으면 누수탐사기를 동원하여 누수지점을 조사하기도 한다.

| 표 5-6 | 누수현상 주요 발생부위

구 분		공용부분					전유부분			비고
		옥상지붕	외벽	계단실 주현관	지하실	공동구 PIT·DA	실내	화장실	발코니	
구조체	콘크리트 균열, 박락	●	●				●			
	이어치기 부위				●	●				
	지수판				●	●				
	최하층 바닥				●	●				
방수	방수층 파단, 박리, 열화	●					●	●	●	
	각종 치켜올림 부위				●	●	●	●	●	
	루프드레인	●								
	배수드레인								●	
	각종 패드	●			●					
	타일탈락, 구배불량 물고임	●						●	●	
	슬리브/ 수도,전기 인입부	●			●	●				
	백화		●	●	●	●			●	
창호	외부창호, 창틀		●				●	●		
배관	설비, 전기 배관				●			●	●	

(1) 콘크리트 균열조사

콘크리트의 균열, 구멍, 들뜸 등 발생여부의 확인은 어렵지만 가능한 부분은 크랙게이지 등으로 측정하고 부위와 형상을 기록하여야 한다. 콘크리트 보호층의 신축줄눈 주변 균열, 틈새 발생여부도 빠뜨리지 말아야 한다. 지하층은 익스팬션 조인트 부위나 콘크리트 이어치기 부위, 콘구멍, 방수층의 파괴 등에 의해 누수가 발생하는데 보호판넬 같은 벽체 내부는 조사가 어렵다. 이때는 점검구를 통한 '내시경'과 같은 장비를 활용하면 확인이 가능하다.

(2) 방수부위의 결함조사

하자부위의 기록은 노출된 방수층의 균열이나 훼손여부를 조사 후 발견된 균열의 폭이나 길이를 측정하여 현황도면에 작성해야 한다. 촉지로 방수층 하부에 들뜬 곳이 있는지 확인하기도 하며, 방수몰탈의 구배를 측정하고 지붕 표면의 물고임 경사도를 계측하기도 한다. 우레탄 노출방수의 도막두께의 적정성이나 재료의 성질이 문제가 되는 경우도 있다. 이때는 시편을 채취하여 별도의 방수재료 성능을 시험해야 할 때도 있다. 시멘트 액체방수층의 경우 방수 몰탈 두께의 적정성 여부를 감정으로 신청하는 경우도 있다.

옥상부 조사시에는 통상 파라펫이나 기타 배관의 슬리브와 같은 노출 방수부위에 대한 균열, 부패, 파손여부를 확인해야 한다. 특히 안테나와 같은 기기 설치부분의 방수층 균열, 훼손도 누수로 발전할 확률이 높으므로 반드시 체크해야 한다. 다른 한편으로는 설비 배관 관통부나 AD,PD 등의 방수 치켜올림부에 대한 조사도 필요하다. 물을 채운 후 색조물감을 풀어 방수여부를 확인하는 방식의 담수시험이나 방수재 테스트를 실시해야 하는 경우도 있다. 통상 담수시험은 최소

72시간 정도 관찰이 요구된다.

(3) 창호부위의 누수조사

창호의 누수는 주로 외부에 면한 창호의 수밀성 또는 배수성 부족으로 발생하므로 창틀 주변 충진 상태, 창호주위 씰링 및 유리 씰링재 등의 시공 현황에 대한 조사가 필요하다. 고가용 사다리를 이용해 고소부위에 대한 근접 확인이 필요한 경우도 있다. 창호의 누수는 대개 우천시 확인이 가능하므로 가급적 비가 오기를 기다려 조사하여야 한다.

(4) 배관부위의 누수조사

노출된 설비 배관의 누수는 육안이나 촉지로 조사가 가능하지만 매립된 배관에 대해 누수탐지기를 사용하는 경우도 생긴다. 누수탐지의 원리는 수압이 발생하는 지점의 배관부위에 압력이 유지되다가 배관이 균열이나 깨짐에 의해 물이 새어나갈 때 수압의 차이가 발생하거나 소리의 이상 징후를 탐지하는 개념이다. 누수탐지 방식은 지중에 매설돼 있는 관로상의 누수 위치를 굴착에 의하지 않고 지표면에서 증폭기에 의한 누수음 감지를 통해 탐지하는 전자식 방법도 있지만 크게 '가스식'과 '청음식'으로 구분된다.

청음식은 누수지점에서 발생하는 소리를 포착하는 기계로, 주변이 소란스럽거나 낮 시간에는 잘 찾지 못하는 단점이 있다. 가스식은 혼합된 가스를 사용하여 이상 지점을 찾는 방식으로 청음식에 비해 정교하고 작업시간이나 환경에 구애가 적은 반면 장비사용에 전문성이 요구된다. 누수탐지기는 수압이 발생하는 배관부위의 누수에만 적용이 가능하므로 옥상으로부터 내려오는 우수관, 하수관, 오수관 등 수압이 발생하지 않는 곳에는 적용이 어렵지만 장비를 사용한 정밀한 누수탐지를 요구하는 사례가 늘고 있다.

(5) 누수현상 감정기준

누수하자는 누수발생 및 발생흔적이 육안이나 측정도구로써 확인된다. 이러한 누수하자는 기능상, 안전상, 미관상의 지장을 초래하는 중요한 하자로써 누수 현황에 적합한 보수방법을 선정하여 보수공사비를 채택해야 한다. 「건설감정실무」에서는 누수현상 중 방수하자에 대해서 〈표 5-7〉과 같이 보수방법과 비용산정 방법을 제시하고 있다.[80]

| 표 5-7 | **누수현상 감정기준**

하자 보수방법 및 비용산출 기준
누수하자의 보수는 당해 건축물 공사의 설계도서를 기준으로 누수결함을 치유할 수 있는 품질 및 성능 등급이 동등 이상인 방수재료 및 공법을 적용하여야 한다.
① 구조부 균열부위 누수하자 보수공법 　습식균열 보수방법 (보수방법상 필요시 추가방수 보완 조치)
② 방수층 결함부위 누수하자 보수공법 　누수부위 보수면적은 하나로 연결된 방수부위의 전체 면적을 보수범위로 하고 (방수층의 파단에 의한 보수면적은 하나로 연결된 방수부위의 전체 면적을 보수범위로 한다) 해당 면이 다른 벽, 천청 또는 바닥과 전체 또는 일부가 만나서 코너(모서리)를 형성하거나 방수부위의 별도 분절이 가능한 경우에는 분리 구획 가능하며 분리 구획된 부분을 보수범위로 하여 보수면적을 산정한다.
③ 외부 창호 결함부위 누수하자 　창호의 수밀성과 배수성을 보완하는 공법을 선정해야 하며 필요시 창호성능의 개선도 고려하여야 한다.

(6) 유의사항

방수하자에 대하여 구조부 균열부위의 보수공법의 선정과 방수층 결함부위 누수하자의 보수범위의 산정은 실무기준에 근거하면 큰 무리가 없다. 다만 누수현상은 곰팡이와 같은 오염을 동반하기도 하므로 보수공사를 완료한 후 마감재를 복원하는 비용에 대해서도 고려되어야 한다. 그러나 일부 방수 공종이 누락된 경우를 주장하는 하자와

| 표 5-8 | 원인별 누수현상 조사방법

구 분	조사방법	원인분석	비고
콘크리트 균열	• 육안조사	• 균열, 단면불량, 재료분리, 콘구멍, 관통, 익스팬션조인트불량	
방수하자	• 방수마감 또는 구조체 균열여부(육안, 촉지) • 필요시 부분철거 조사	• 담수시험(색조물감, 잉크사용) • 재료시험	
창호누수	• 코킹 상태, 창틀 주변 충진 상태 조사 • 우천시 육안조사	• 설계·시공 오류 • 창호 수밀성 저하 • 주위 충진불량, 코킹불량	
배관 누수	• 육안조사 • 누수탐지기	• 배관파손, 배관불량, 재질 이상, 지반침하, 시공불량	

같은 '설계도서불일치' 하자는 판단에 유의해야 한다. 미시공 하자의 경우 해당 면적이 대체적으로 넓다보니 하자보수비용으로 산출된 금액이 상당히 높은 경우가 많기 때문이다. 예를 들어 주차장 외벽의 액체방수층을 둘러싼 보호몰탈의 두께가 시방에 규정된 치수에 미치지 못하거나, 아예 시공되지 않아 방수기능에 지장을 초래할 것이라고 주장하는 하자를 예로 들 수 있다.

　이러한 하자는 '설계도서불일치' 하자로 볼 수 있다. 이때는 공종의 누락여부가 미치는 하자현상을 확인해야 한다. 방수기능에 특별한 문제가 없다면 중요하지 않은 하자로서 보수비용이 과다한 경우로 하자 없이 시공했을 경우의 시공비용과 하자 있는 상태의 시공비 차액을 산정하면 된다. 반면 방수기능에 상당한 문제를 불러온다면 이는 중요한 하자에 해당될 것이다. 이런 경우는 방수기능을 전면적으로 회복할 수 있는 보수방법을 채택해야 할 것이다. 이처럼 '설계도서불일치' 하자는 설계도면의 당해 부위 상세도와 시방서, 그리고 현장 시공 상태를 살펴서 충분히 고려하여 감정에 반영해야 한다.

6

주요 부위별 하자현상

제6장
주요 부위별 하자현상

1. 타일

타일은 내수, 내화, 내오염성, 내구성이 뛰어난 대표적인 건축자재이다. 소성온도에 따라 자기질, 석기질, 도기질, 토기질 타일로 분류한다. 가소성 원료(점토, 고령토)와 비가소성 원료(납석, 도석, 석회석) 원료를 일정비율로 조합하여 소성시켜 제작한다. 타일공법은 타일의 종류와 부착방법이 다양해지고 개량되고 있음에도 불구하고 아직도 시공이 기능공의 숙련도에 좌우되는 특징이 있다. 따라서 때때로 품질이 불안정한 단점이 있다.

(1) 타일붙임공법

타일붙임공법은 부족한 숙련공 문제를 해소하고 시공 후 발생하는 각종 하자를 예방하고 동시에 시공성을 향상시키기 위하여 끊임없이 개량되어 왔다. 주요 공법으로는 떠붙임, 개량떠붙임, 압착, 밀착방식의 공법이 있다.[81] 시공한 타일이 들뜨거나 탈락을 일으키지 않는 것이 중요하므로 반드시 설계도서에서 규정하고 있는 공법과 시방의 준수가 중요하다. 현장여건에 맞는 적절한 붙임공법의 선정이 요구된다.

| 표 6-1 | 타일붙임공법별 특성

구 분	장 점	단 점	특 성
떠붙임	• 접착강도의 편차가 적음 • 마감정밀도가 좋음 • 타일면을 평탄하게 조절 가능	• 시공숙련도 필요 • 시공능률 저하 • 뒤채움 불량시 탈락	뒤채움 불량하자
개량 떠붙임	• 시공편차 적고 접착강도 양호 • 공극이 없어 백화가 발생하지 않음 • 마감 양호	• 압착공법대비 능률성 저하 • 바탕몰탈 바름정밀도 필요	뒤채움 불량하자
압착공법	• 타일과 바탕면 사이 공극이 없어 백화발생이 없음 • 시공능률 저하	• 붙임몰탈이 얇으므로 시공정밀도 필요 • 접착강도 편차발생	OPEN TIME 불량에 의한 접착력 저하
개량압착	• 접착성이 좋음 • 타일과 바탕면 사이 공극이 없어 백화발생이 없음 • 균열발생 없음	• 압착공법 대비 능률저하 • 시공정밀도 필요 • 재료비가 고가	접착강도 우수
밀착공법	• 압착공법 대비 가사시간의 영향이 적음 • 작업이 쉽고 능률적임 • 접착력 양호, 균열 · 백화발생 적음	• 정밀한 바탕면 필요 • 표면정밀도 낮음 • 진동에 의한 어긋남 발생 가능	추가 줄눈 필요 없음
접착공법	• 바탕면 움직임의 영향이 적음 • 시공능률 높음 • 건식하자에 대한 시공이 유효	• 건조시간 영향이 큼 • 경화시간 주의 필요 • 시공비가 높음	몰탈 대신 유기질 접착제 사용

06

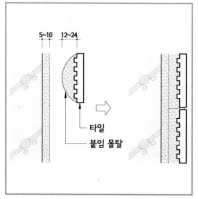

| 그림 6-1 | 떠붙임 공법

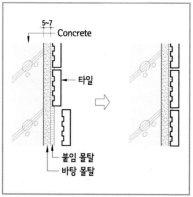

| 그림 6-2 | 압착공법

(2) 타일하자 현상

타일에는 주로 자재 자체의 불량, 바탕면 불량, 동해에 의한 균열과 들뜸, 탈락과 같은 하자가 많이 발생한다. 이외 처짐, 배부름, 배수불량, 이색, 변색, 백화현상이 있다. 균열이나 들뜸, 탈락현상은 콘크리트와 벽돌과 같이 이질재의 바탕이 만나거나 기둥과 보 사이 응력이 교차하는 부위, 동결융해가 반복되는 곳에서 주로 발생한다. 공간적인 관점에서 보면 타일하자는 화장실에 집중되고 있다. 화장실을 구성하는 대부분의 자재가 타일이기 때문이다.

실제 하자의 분석결과에서 주요 하자를 살펴보면 구배불량 하자와 단차 변경시공 하자가 각각 28%로 절반이 넘는 비율을 보이고 있다. 균열이나 들뜸과 같은 하자는 대부분 일정 기간 안에 보수가 이루어지는 반면 구배불량과 같은 하자는 심한 경우가 아니면 보수가 잘 이루어지지 않기 때문으로 분석된다.

| 표 6-2 | 타일하자 발생 현황

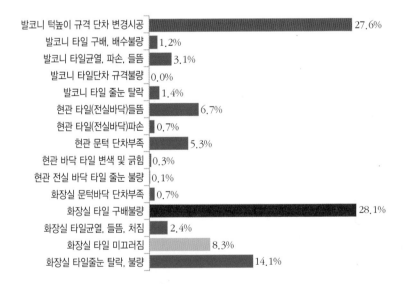

부위	하자현상	A단지	B단지	C단지	D단지	E단지	F단지	G단지	H단지	I단지	소계
발코니	발코니 턱높이 규격 단차 변경시공	2,073	-	-	-	-	-	349	-	-	2,422
	타일 구배, 배수불량	-	-	-	60	11	-	5	26	-	102
	타일균열, 파손,들뜸	-	-	-	-	82	144	11	31	-	268
	타일단차규격 불량	-	-	-	-	-	-	-	-	-	-
	타일 줄눈 탈락	-	-	-	-	-	118	4	-	-	122
현관	타일(전실바닥)들뜸	-	591	-	-	-	-	-	-	-	591
	타일(전실바닥)파손	-	-	-	-	-	51	4	8	-	63
	현관 문턱 단차 부족	41	-	-	-	-	-	422	-	-	463
	현관 바닥 타일 변색 및 긁힘	-	-	-	-	-	-	-	-	23	23
	현관 전실 바다 타일 줄눈 불량	-	-	-	-	-	-	-	-	11	11
화장실	문턱 바닥 단차부족	-	-	-	-	-	-	-	60	4	64
	타일 구배불량	-	-	1,019	-	848	-	333	271	-	2,471
	타일 균열 · 들뜸 · 처짐	211	-	-	3	-	-	-	-	-	214
	타일 미끄러짐	-	-	82	199	268	89	34	31	24	727
	타일줄눈 탈락, 불량	-	60	89	30	64	794	66	114	24	1,241
합계		2,325	651	1,190	292	1,273	1,196	1,228	541	86	8,782

| 표 6-3 | 타일하자 주요 발생부위

구 분		깨짐 · 찍힘 긁힘 · 파손	들뜸 · 탈락 박락	처짐 배부름	줄눈 불량	구배 불량	단차 발생	비 고
전유	현관	●						
	주방	●						폴리싱타일
	발코니	●	●	●	●	●	●	
	화장실	●	●	●	●		●	
	보일러실	●		●				
공용	계단실	●						
	주현관	●		●			●	
	복도	●		●		●	●	테라죠타일
	외부바닥	●		●			●	석재타일

① 구배불량

구배불량은 바탕면의 특정부분이 전체에 대하여 구배나 표면이 일정치 않은 상태를 말한다. 세부적으로는 수직, 수평의 배수면 경사불량 현상이 있다. 주로 바탕몰탈 시공시 구배를 제대로 시공하지 못해 발생한다. 구배불량 하자는 배수불량과 곰팡이 발생과 같은 문제와 더불어 고인 물에 의한 미끄러짐과 같은 안전상의 문제도 우려되므로 시공시 유의해야 한다.

최근 발코니나 욕실에 사용되는 타일의 경우 예전과 달리 타일 규격이 커지고, 표면에 미끄럼 방지를 위한 돌기로 인해 배수가 늦게 진행되는 특징이 있으므로, 조사시에는 이러한 경향도 감안해야 한다. 하자의 확인은 대부분 담수나 물 뿌림으로 확인이 가능하다. 드레인 등 배수부분의 하자는 가급적 경사계를 사용하여 구배 정도를 확인하는 것이 좋다. 물이 고이는 부분의 타일과 몰탈을 일부만 걷어내고 보수가 가능한지 전면적인 철거와 재시공이 필요한지 숙고할 필요가 있다.

신발걸림 하자도 원피고의 의견이 첨예하게 대립되는 하자의 하나다. 신발걸림 하자의 경우 실제 설계도서에 규정하는 치수와 시공된 단차 상태를 종합적으로 고려하여 판단해야 한다.

타일하자의 감정시 주안점은 적정한 보수범위의 설정이라고 할 수

| 그림 6-3 | 타일 구배 조사

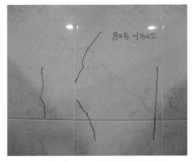

| 그림 6-4 | 벽체타일 균열

있다. 바닥의 구배 조정이 가능한 범위를 선정하여 적정한 보수비용을 산정해야 한다. 조사시 확인되지 않은 입주민의 주장을 그대로 반영하거나, 몇몇 세대에 국한된 결과를 전제 세대에 적용하는 경우 보수비가 과다하게 산출될 우려가 있으므로 주의해야 한다.

② 균열, 파손

타일 표면의 균열은 외부 충격 또는 바탕골조와 바탕몰탈의 신축 팽창에 의해 발생한다. 위생도구 취부시 타일표면에 균열이나 파손이 생기기도 한다. 지정된 규격에 미치지 못하는 저급 타일을 사용하거나 접착불량, 온도변화, 동결 · 융해 등의 원인에 의해 타일이 갈라진다. 겨울철 동해로 인한 타일의 파손 사례도 빈번하다.

동해란 타일 자체가 흡수한 수분이 동결함에 따라 균열이 발생하거나, 타일배면으로 스며든 물이 얼어서 깨지거나 탈락되는 현상을 말하는데 급격한 온도차에 의한 동결 · 융해가 반복되면 팽창압이 작용하여 타일을 파손시킨다. 타일의 흡수율과 기공율이 클수록 자주 나타난다. 주로 발코니나 외벽에 면한 화장실 벽과 온도차가 심한 곳에서 많이 발생하며, 생활의 주요 공간인 만큼 기능상, 안전상, 미관상 지장을 초래하는 하자로 분류한다.

타일이 깨지면 굉장히 날카로워 다칠 우려가 있으므로 즉시 보수해야 한다. 타일면의 균열, 파손은 육안조사로 확인이 가능하다. 균열과 파손에 대한 하자의 보수비 감정은 깨진 타일을 철거하고 보수하는 비용을 반영한다.

③ 탈락

타일 탈락은 타일이 바탕몰탈을 포함한 타일 마감층에서 박리되면서 떨어져 나오는 현상이다. 몰탈은 습윤률에 따라 크기가 변화하는데 물에 침적한 경우에는 건조시보다 팽창된다. 이 때문에 건습에 따른 몰탈이 수축팽창하다가 접착력이 약화되면 결국 타일이 탈락하게 된다.

최근 들어서는 동절기 급격한 온도변화에 의한 타일의 탈락이 증가하고 있다. 건물의 변위나, 온도변화에 따라 바탕몰탈 사이에 박리가 생기거나, 몰탈층에서 붙임몰탈의 열팽창계수가 바탕몰탈보다 커지면 타일이 들뜨고 탈락하

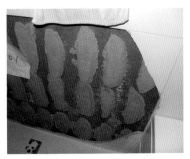

| 그림 6-5 | 벽체타일 탈락

게 된다. 동절기의 타일 탈락은 주로 새벽에 발생하며 강한 파열음을 동반하는 특성이 있다. 발코니의 바닥타일이 탈락하는 경우도 있는데 역시 강한 파열음이 난다. 이외에도 콘크리트의 균열, 지반의 부동침하 등과 같은 변형도 타일 탈락을 야기하는 원인이 될 수 있다.

④ 들뜸, 처짐, 배부름

들뜸은 타일과 바탕몰탈과의 접착력이 약해지며 틈이 벌어지는 상태를 말하는데 주로 몰탈 빈배합 부위나 뒤채움 불량에 의한 부착력 저하, 구조체의 균열, 양생불량에 의해 발생한다. 타일면의 처짐이나 배부름은 타일 배면의 접착력 약화나 뒤채

| 그림 6-6 | 벽체타일 들뜸. 처짐

움 불량, 양생불량에 의해 일어나는데 심한 경우 탈락으로 이어진다. 주로 화장실, 다용도실 등 벽체부위에 많이 발생한다. 동절기 타일 배면의 접착력이 약화된 상태에서 급격한 온도변화시 부착력이 약화되

어 처지기도 한다. 이런 하자는 대개 육안이나 촉지로 확인이 가능하다. 통상 기능상, 안전상, 미관상 지장을 초래하는 하자로써 당해 부위의 타일면을 철거하고 재시공하는 등의 보수공법을 적용한다.

⑤ 타일재료 불량

일반적으로 건축주와 시공자의 계약이나 설계도에서는 자재의 규격은 확정하지만 정확한 제조사나 품명을 지정하지는 않으므로 감정에서 약정으로 확정한 타일을 특정하기가 난감할 때가 있다. 타일은 공산품으로 유사한 제품이 많고 제조사도 너무 다양하기 때문이다. 품질이 낮고 내구성이 약한 저급타일로 시공을 한 경우 쉽게 금이 가거나 파손되기도 하고 변색도 잘 된다. 따라서 타일 규격의 변경 시공이나 저급자재 사용에 대한 감정을 신청하는 경우가 많다. 이때는 계약의 전반적인 수준과 설계도면과 시방서를 종합하여 판단해야 한다.

⑥ 뒤채움 부족

몰탈의 접착력 약화에서 파생되는 들뜸, 처짐, 탈락의 현상은 하자의 확인이 명확하다. 문제는 아직 탈락이 일어나지 않았음에도 불구하고 배면의 뒤채움 부족을 하자로 주장하는 경우다. 몰탈의 뒤채움이 부족해서 부착력 저하를 유발할 수 있는 내재적 원인이 결국은 타일을 탈락시키므로 철거하여 재시공해야 한다는 주장이다. 솔직히 아직 발생하지 않은 하자를 추정만으로 규정하기는 어렵다고 할 수 있다. 내재적 원인은 있지만 아직 구체적 하자현상은 나타나지 않았다고 할 수 있다. 즉 하자의 구성요소를 다 갖추지 못한 경우라고 할 수 있다. 몰탈뒤채움 부족이 하자의 현상이고 바탕몰탈 두께를 규정한 설계도서가 '원인'이라고 확대적으로 해석할 수도 있지만 아직 연구가 부족한 실정이다.

| 표 6-4 | 타일하자 감정기준

하자판정기준		보수방법 및 비용 산출
① 균열, 파손, 탈락	하자 판정기준	타일면의 균열·파손·탈락은 육안 관측으로 판단되며, 생활의 주요 공간인 화장실, 발코니의 특성상 기능상, 안전상, 미관상 지장을 초래하는 하자로써 보수공사를 시행하여야 한다.
	비용 산정방법	당해 부위의 타일면을 보수하는 공법을 적용한다.
② 들뜸, 배부름, 처짐	하자 판정기준	타일면의 들뜸, 배부름, 처짐은 육안 또는 촉지로 파악되며, 생활의 주요 공간인 화장실, 발코니의 특성상 기능상, 안전상, 미관상 지장을 초래하는 하자로 판단한다.
	비용 산정방법	들뜸, 배부름, 처짐하자는 타일 배면 몰탈의 접착력 약화로 인한 하자로서 당해 부위의 타일면을 보수하는 공법을 적용하여야 산정한다.
③ 구배 불량	하자 판정기준	타일 바닥면의 구배불량으로 인한 하자는 위생상, 안전상(미끄럼) 지장을 초래하는 하자로써 담수(물뿌림)를 통해 확인이 가능하다.
	비용 산정방법	타일면 바닥의 구배 조정이 가능한 범위의 보수비를 산출하며, 보수공사에 따른 방수층의 훼손이 발생하는 경우도 고려하여야 한다.
④ 화장실 신발 걸림 하자	하자 판정기준	화장실 문턱과 타일 바닥면의 단차 부족으로 인한 신발걸림 하자는 설계도서의 표기 치수를 기준으로 파악되어야 하는데 도면과 상이하게 시공되고 화장실 출입시 불편을 초래하는 정도는 기능상의 하자로 판단한다.
	비용 산정방법	설계도서의 규격과 일치하게 타일면 바닥의 단차 조정이 가능한 범위를 설정하여 타일 단차 회복을 위한 보수비용을 반영한다. 설계도서에 치수가 불명확한 경우 구배몰탈을 고려하여 판단한다.
⑤ 뒤채움 부족	하자 판정기준	타일면 뒤채움 부족은 탈락면의 육안 관측 또는 타공시의 타격음으로 미시공 여부를 판단하고, 몰탈의 접착력 약화로 인한 들뜸, 처짐, 탈락의 내재적 원인이 될 수 있지만 현재 외관상 구체적 하자로 발현되지 않은 상태이므로 중요한 하자로 판단하기 어려우며 사용검사 전의 미시공 공사로 분류한다.
	비용 산정방법	뒤채움을 해소하기 위해서는 타일을 철거하고 재시공해야만 한다. 이러한 경우는 하자가 중요하지 아니한 경우에 그 보수에 과다한 비용을 요하는 경우로서, 하자로 인한 손해, 즉 하자 없이 시공하였을 경우의 시공비용과 하자 있는 상태대로의 시공비용의 차액을 산정한다.

따라서 이런 경우는 설계도서상에 규정한 시방과 불일치하는 '설계도서불일치 하자'로 판단하는 것이 합리적이라는 견해가 대부분이다. 「건설감정실무」도 동일한 입장을 취하고 있다.[82] 때문에 타일 뒤채움 부족과 같은 하자는 중요한 하자로 판단하기 어려우므로 하자가 중요하지 아니한 경우에 보수에 과다한 비용을 요하는 경우로서, 하자 없이 시공했을 경우의 시공비용과 하자 있는 상태대로의 시공비용의 차액을 산정하는 것이 바람직하다고 할 수 있다.

(3) 타일하자 조사방법

타일하자는 대부분 육안조사가 가능하다. 구배불량, 배수불량, 평활도 불량 등의 하자는 물뿌림으로 확인이 가능하지만, 정확한 계측을 위해서는 경사계나 수준계를 활용하여 경사도를 측정하는 것이 좋다. 들뜸은 육안조사와 더불어 타음진단봉과 같은 도구를 이용한 두들김으로 판단하기도 한다. 타일 뒤채움 불량과 같은 하자는 표본조사가 불가피한 경우인데, 이때는 원·피고와 협의하여 범위와 개소를 확정하고 당해 부분을 철거하여 붙임몰탈 부족 현황을 확인해야 한다. 조사부위를 사진으로 촬영하는 경우가 있는데, 대개 별다른 조치를 하지 않고 부위를 찍는데 그치고 있다. 이런 경우는 균열이나 들뜸 부위를 보드마카로 표시한 후 사진을 찍으면 추후 확인이 용이하다.

2. 수장재

수장재는 부위에 따라 천장재, 벽체 마감재, 바닥재 등으로 나뉜다. 바닥은 하자의 중요도가 높아 별도의 장으로 다루고 본 장에서는 천정과 벽을 다루었다.

(1) 천장재

건축물의 상층 슬래브, 상층 바닥틀 및 지붕틀에 철물재료나 각재를 달아매어 천장을 조성하는 작업을 '천장공사'라고 한다. 천장부는 마무리 치장으로 미려한 외관이 강조되지만 여러 가지 기능을 수용할 수 있는 구조여야 한다. 천장 내부의 공종은 조명시설을 비롯하여 방재설비, 공조설비, 덕트·후드 등 아주 다양하다.

① 목재 반자틀

목재 반자틀은 주로 아파트 천장에 적용된다. 시공성이 우수하고 경제적인 장점이 있는 반면 화재에 취약하고 반자의 뒤틀림이 발생하는 단점이 있다. 자재비나 인건비가 지속적으로 상승하고 목심선 설

| 표 6-5 | 천장의 분류

천장틀 구조	마감재료	천장틀 노출방법	평활도
① M-(Runner) 형	① 석면판(Asbestos Board)	① 전체 은폐식	① 평천장(Flat
② H-바	② 금속판(Metal Panel)	(Concealed	Type)
③ G-바	③ 암면흡음판(Rock Wool	Type)	② 굴곡천장
④ I-바	Acoustic Tile)	② 격자노출식	(Vaulted
⑤ U-바	④ 집섬보오드(Gypsum	(Exposed Grid	Type)
⑥ Z-바(Runner)	Board)	Type 또는 Lay	③ 4각구조
형	⑤ 규산판(Silicated Board)	in Type)	천장
⑦ Lay in 형	⑥ 콜크판(Cork Board)	③ 일부노출식	(Quadrate
(St. T-바)	⑦ 그라스울판(Glass Wool	(Semiconcealed	Type)
⑧ Ω T-Module	Board)	Type)	④ 계단식 천장
형	⑧ 질석, 퍼라이트(Pearlite)		
⑨ Trim Lock 형	뿜칠		
	⑨ 스팬드렐(Spandrel)		
	⑩ 루버(Louver)		
	⑪ 천 또는 필림(Cloth or		
	Film)		
	⑫ 발광판(Luminous)		
	⑬ 플라스터(Plaster)		

치와 같은 부가 작업이 많고, 변형 및 뒤틀림 하자도 많아 최근에는 적용이 줄고 있다.

② 경량철골 천장틀

과거에는 주로 목재 반자틀을 시공하였으나 각종 공법들이 현대화되면서 최근에는 다양한 천장 시스템이 개발됐다. 아연 도금된 금속재를 사용하는 경량철골 반자틀이 그 대표적인 사례이다. 이 방식은 고정철물을 콘크리트 슬래브에 미리 매설한 후 천장에 매다는 공법으로 제품이 다양하고 시공성이 뛰어나 가장 많이 채택되고 있다. 부재 단면의 모양에 따라서 M형, H형, I형 등으로 나누어진다.

③ 천장 마감재

천장 마감재도 아주 다양한데, 재질에 따라 SMC 천장재, 불연 천장재, AL 천장재, P.V.C 재질, 석고보드, 목재판류가 있고, 형태에 따라 타일형, 외장형, 격자형, 선형, 광폭 천장재로 나뉜다.

(2) 벽체 마감재

벽의 가장 기본적인 기능은 공간 내·외부를 구성하고 분할하는 역할이다. 때로는 수납의 공간도 갖는다. 목재 반자틀이 경량철골 천장틀로 발전한 것과 유사하게 벽돌을 이용한 조적벽 또한 건식공법인 경량 칸막이로 대체되고 있다. 주로 구조재로서는 강재 스터드와 목재가 쓰이고, 표면재로서는 보드 및 합판 등의 판재가 두루 쓰인다. 최근 내부 인테리어의 중요성이 커지면서 다양한 재료와 형태, 구조를 가진 경량 칸막이 벽체가 개발되고 있다. 업무용 건축물에서 공간분할을 목적으로 하는 벽체의 경우라면 기능상으로 크게 문제될 소지가 없지만, 공동주택과 같은 주거용 건축물의 경우는 거주성 및 환경성, 프라이버시 등의 성능이 요구된다.

① 경량벽체의 종류

경량 칸막이벽 구성재 종류는 강재 스터드 벽체와 목재벽체가 있다. 마감재료로는 석고보드 외에도 MGO보드, CRC보드[83] 등이 사용된다. 대표적인 마감재료인 석고보드에도 방화기능이나 방수기능 등이 가미된 다양한 종류가 있다. 강재 스터드 벽체는 스터드, CH스터드, 러너, J러너 등 일정한 규격의 메탈 스터드가 사용되고, 양면 혹은 단면에 석고보드를 겹쳐 벽을 구성하는 방식으로 시공한다. 상부의 하중이 크게 작용하지 않은 공간 분할용 벽체로 내부공사에 널리 적용되고 있다. 목재벽체는 각재에 코어합판이나 벽체용 루버를 시공하는 방식이 많다. 그 외 경량벽체 공법으로는 경량복합 콘크리트 패널과 경량복합 콘크리트 VISION 패널, 압출성형 콘크리트 패널, 압출성형 콘크리트 아코텍 패널 등이 있다.

② 벽지

합지벽지

합지벽지는 두 장의 종이를 배접해 엠보싱과 프린트 공정을 거친 종이벽지를 말한다. 도배하기가 편하고 경제적이어서 소형 아파트에 널리 쓰인다. 색상이 다양하고 변색이나 탈색에도 강한 장점이 있으나 때가 잘 타는 단점도 있다.

비닐벽지

종이 위에 비닐을 코팅 처리한 벽지로 비닐벽지 또는 PVC벽지라고도 한다. 종이벽지와 함께 가장 흔하게 사용된다. 비닐로 코팅 처리를 하여 마찰과 긁힘에 강하고 방수, 방음, 단열효과가 뛰어나 오염되었을 경우 쉽게 지워지는 장점이 있지만 통기성과 흡습성이 약한 단점도 있다.

발포벽지

발포벽지는 올록볼록한 무늬로 입체감을 살린 벽지인데 특수 코팅 처리를 하면 비닐벽지와 같은 효과를 갖는다. 벽지를 심하게 누르거나 문지를 경우, 볼록 튀어나온 부분이 뭉개져 발포벽지 특유의 입체감을 잃기 쉽다. 패인 부분에 때가 쉽게 끼어 청소가 어려운 점이 있다.

섬유벽지

섬유벽지는 실크, 레이온, 면, 마 등 다양한 종류의 섬유를 가공해 만든 제품이다. 종이 위에 실을 붙이거나 천을 직접 가공해서 만든다. 고급스러운 질감과 함께 따뜻한 느낌을 주므로 클래식한 분위기로 장식하는 방에 잘 어울린다. 입체감이 있는 실크벽지를 이용하면 한층 더 미려한 분위기를 살릴 수 있다. 통기성과 흡습성이 뛰어난 반면 쉽게 더러워지고 거친 마찰에 찢어지기 쉬우므로 관리에 신경을 써야 한다.

벽지 도배방법

- **밀착공법**: 벽지를 바르는 것을 도배라고 한다. 가장 일반적인 시공 방법은 벽면에 벽지를 그대로 붙이는 공법을 밀착공법이다. 벽면에 이물질이 있거나 면이 고르지 못하면 도배지가 마른 후 그대로 드러나는 하자가 발생하는 경우가 많으므로 반드시 면처리가 선행되어야 한다.

- **공간시공**: 공간시공 공법은 벽지의 중간부분을 벽면에 붙지 않도록 띄워 벽지의 상하좌우 끝부분만 붙이는 방법을 말한다. 부직포를 사용해 벽면모서리 좌우만 붙게 하고 중간부분을 띄워주는데 부직포를 재단하고 부착하거나 본드처리, 봉투작업 등 기초 작업들이 많아 타 공법에 시간과 비용이 더 소요된다. 주로 섬유벽지의 시공시 적용하는 공법이다.

③ 기타 마감재

벽체를 마감하는 방법은 벽지외에도 아주 다양하다. 대표적으로는 기성시트지를 붙이는 방법이 있고, 천연무늬목, 패브릭, 원목루바와 같은 목재류를 붙이기도 한다. 벽돌, 타일, 석재류도 있다. 무늬코트, 수성페인트와 같은 도장공법으로 마감할 수도 있다. 최근에는 리모델링이 늘어 갖가지 마감재를 적용함에 따라 하자 사례도 늘고 있는 추세다.

(3) 수장재 하자현상

공조, 배관 등의 공사 등 여러 공종이 얽혀서 현장이 복잡해지는 마무리공사시에는 타 공종에 영향을 미치지 않게 주의해서 시공해야 하지만 불가피하게 긁힘, 찍힘, 변색과 같은 하자가 발생하기도 한다. 간혹 공정이 누락되기도 한다. 수장재는 마루를 제외한 천장과 벽체 대부분이 도배지로 채워지기 때문에 하자도 벽지에 집중되는데, 수장재에 발생하는 하자 중에서는 도배지의 들뜸, 탈락, 접착불량 등이 가장 높은 비율로 나타나고 있다. 이어 바닥 완충재 규격 상이시공과 같이 일부 규격의 상이함을 주장하는 하자도 높게 나타난다.

① 도배지 들뜸, 탈락, 불량

실내에서 가장 넓은 면적을 차지하는 도배면의 하자현상은 곰팡이, 찢김, 들뜸, 풀자국, 얼룩, 녹물, 이색, 주름, 기포, 전사, 단차, 초배 터짐, 콘센트 부위 불량, 무늬 맞춤 불량, 수직 수평 불량, 코킹 노출, 보양불량 등 아주 다양하다. 바닥 장판지에는 시멘트 얼룩이나 유성분 자국, 장판 굽지 들뜸, 배접, 겹침불량 등의 하자현상이 발생한다.

② 목재 걸레받이, 몰딩 탈락, 변경시공

목재 걸레받이의 시공불량 하자도 적지 않다. 걸레받이 규격, 재질

| 표 6-6 | 수장재 하자발생 현황

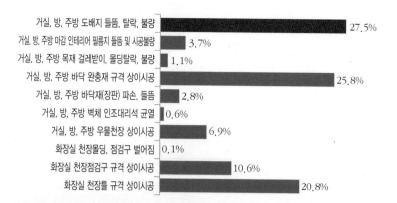

부위	하자현상	A 단지	B 단지	C 단지	D 단지	E 단지	F 단지	G 단지	H 단지	I 단지	소계
거실·방·주방	도배지 들뜸, 탈락, 불량	-	-	913	93	297	285	15	105	75	1,783
	마감 인테리어 필름지 들뜸 및 시공불량	-	-	-	-	-	-	-	147	94	241
	목재 걸레받이, 몰딩 탈락, 불량	-	-	-	-	-	13	20	-	39	72
	바닥 완충재 규격 상이시공	-	-	1,673	-	-	-	-	-	-	1,673
	바닥재(장판) 파손, 들뜸	-	-	-	26	-	157	-	-	-	183
	벽체 인조대리석 균열	-	-	-	-	-	-	-	-	38	38
	우물천장 상이시공	-	-	-	-	-	-	-	-	445	445
화장실	천장몰딩, 점검구 벌어짐	3	-	-	-	-	-	-	-	2	5
	천장점검구 규격 상이시공	-	-	-	-	-	-	689	-	-	689
	천장틀 규격 상이시공	-	-	-	-	-	-	689	658	-	1,347
합계		3	0	2,586	119	297	455	1,413	910	693	6,476

의 변경시공 하자가 그것이다. 통상 이런 종류의 하자는 설계도면을 기준으로 변경여부를 판단하는데, 중요하지 않은 하자이면서 보수비용이 과다한 경우는 하자 없이 시공했을 경우의 시공비용과 하자 있는 상태의 시공비 차액을 산정해야 한다.

③ 반자틀 각재 간격 변경시공

반자틀 각재 간격의 변경시공 하자는 사용승인도면에서 규정한 규격과 간격보다 너무 넓게 시공하다보니 갖추어야 할 품질에 미치지 못한다고 주장하는 하자다. 이처럼 설계도서와의 규격이 불일치하는 하자는 다시 한 번 설계도

| 그림 6-7 | 반자틀 각재 변경

서에서 지정한 공법과 시방서의 준수가 중요함을 일깨워 주는 사례라고 할 수 있다.

④ 마감 인테리어 필름지 들뜸 및 시공불량

최근 인테리어 벽체가 늘어나면서 마감용 인테리어 필름지의 시공불량으로 인한 하자도 같이 증가하고 있다. 주로 거실의 마감판넬에서 접할 수 있는 하자다. 마무리가 미흡할 시 미관상 하자로 자주 지적된다.

(4) 수장재 감정시 유의사항

① 하자의 원인

도배면에서 발생한 곰팡이 하자는 단순히 도배 풀에 의한 것일 수도 있지만 발생원인이 누수나 결로현상이 원인인 경우도 있다. 결로에 의

한 곰팡이는 단열공법의 근원적인 조치 없이는 개선이 불가능하므로 표면의 도배지만을 교체해서는 하자가 재발할 수밖에 없다.

이런 경우 도배지의 곰팡이는 하자의 현상일 뿐이고, 내재된 원인은 단열의 불량시공이 원인이므로 보수공법은 근원적으로 결로현상을 해소할 수 있는 방안을 도출해야 한다. 원인이 누수일 경우에는 외벽면, 또는 지붕 어딘가의 누수의 결함부위에 대한 보수공법이 전개되어야 한다. 이렇듯 수장재 하자는 마감재의 표면에서 발생하지만 이면에 하자를 일으키는 원인을 찾아야 함을 유의하고 감정에 임해야 한다.

② 보수범위 결정

들뜸, 긁힘, 변색이나 이색, 필름지의 탈락 등 수장재의 하자에서는 하자보수의 범위 설정이 중요하다. 조금씩 차이가 있겠지만 대부분 마감재는 재질이 고급스럽고 면이 넓어 단순히 찍히거나 변색된 부분을 오리듯이 일부분만 보수하면 다시 미관상 지장이 생기는 특성이 있다. 따라서 사용자는 미관적인 부분까지 고려하여 가능한 넓은 범위를 보수하고자 하는 반면 시공자의 측면에서는 부분적인 보수로 해결하고자 한다. 하자부위의 공간적 중요도 등을 감안하여 적절한 보수범위를 강구해야 한다. 공학적 판단과 전문적 식견과 더불어, 심미적 감성까지 요구되는 것이다.

③ 하자조사 방법

수장재의 조사는 대부분 육안으로 확인이 가능하다. 각재 규격의 상이시공과 같은 하자는 설계도서에 따라 시공여부를 실측해야 할 필요가 있다. 경우에 따라 목재나 합판, 석고보드의 습기를 측정해야 할 때가 있다. 이때는 수분측정계와 같은 계측장비를 활용해야 한다.

3. 바닥재

집안에 들어서면 가장 먼저 눈에 들어오는 마감재가 바로 바닥재다. 따라서 주부들이 주방싱크대와 더불어 가장 신경을 쓰는 곳도 마루다. 하자감정에서 시종일관 빠지지 않고 등장하는 부분이기도 하다.

(1) 바닥재의 종류

① 원목마루

원목마루는 천연원목을 가공하여 원목부위의 두께를 2㎜ 이상으로 제작한 마루재를 지칭하는데 천연재료라는 점에서 최고급 바닥재로 취급된다. 자연질감과 목질 표면에 다양한 착색과 도장을 하여 여러 가지 특성을 표현할 수 있고 오래 사용할 수 있는 장점이 있다. 반면 두께가 두꺼워 바닥난방 방식에 적용하기 어려운 단점이 있다. 대표적으로 단풍나무가 내마모성이 강하고 충격흡수성이 좋아 초등학교용 마루나 강당 등에 최적의 자재로 활용되고 있다.

② 합판마루

합판마루는 원목마루보다 얇은 0.5~2㎜미만의 표면단판을 플라이합판층에 부착하여 제작하고, 기층이 1급 내수합판으로 구성되고 접착식으로 시공한다. 하지의 수분변동에 덜 민감하고 열전도율이 좋다.

하지만 무늬단판이 변색되는 원목의 단점을 그대로 지니고 있을 뿐만 아니라 표면의 두께가 얇아 내마모성이 약한 것이 문제점으로 꼽힌다. 사용상 수명도 짧은 편인데 표면의 연마 및 재도장을 통한 내구연한 연장도 어렵다. 또한 접착시공 방식으로 철거가 어려운 단점도 있다. 그럼에도 불구하고 가격이 저렴하고 질감이 뛰어나 소비자들이 많이 선호하는 자재다. 국내에서 가장 많이 보급된 마루재로 꼽히고 있다.

③ 강화마루

강화마루는 일명 복합재 마루라고 한다. 삭편판이나 섬유판 코어에 L.P.M이나 H.P.M 같은 멜라민 수지로 표면을 라미네이트한 후 접착하여 제작한다. 열에 의한 변형에 강하고 표면 강화로 기능성이 우수하다. 또한 접착식 합판마루에 비해 차음성과 보행감이 우수하다. 박판상임에도 불구하고 현가식으로 시공하므로 하자발생시 낱장의 마루판만 교체가 가능해 유지보수가 용이하다. 반면에 원목과 무늬단판에 비해 목재질감과 열전도성이 떨어지고 천연나무의 질감이 별로 없다는 단점이 있다. 습기에도 약하다.

④ PVC 바닥재

염화비닐타일(polyvinyl chloride tile), 비닐시트, 비닐타일

염화비닐타일은 염화비닐에 가소제를 섞어서 만든 연질의 바닥재다. 탄력성이 좋고 내마모성, 내약품성이 좋아 바닥판이나 계단의 논슬립용으로 많이 쓰인다. 제품의 종류로는 플라스틱타일, 비닐아스타일 등이 있고, 용도에 따라 경보행용과 중보행용으로 나누기도 한다. 경보행용은 발포층 구조에 의한 쿠션을 부여한 바닥재로 주로 신발을 벗고 다니는 공간에 시공된다. 중보행용은 주로 신발을 신고 다니는 상가나 점포, 사무실 등에 적용된다.

디럭스타일(Deluxe Tile)

디럭스 타일은 다양한 색상의 칩을 적용하고 타일 모양의 정형으로 생산되는 제품이다. 장식성과 내구성이 우수하며 표면 마모에도 색상이나 모양이 변하지 않는 장점이 있다. 주거시설, 상업시설, 업무시설, 교육시설, 의료시설, 공공시설 및 기타시설에 두루 쓰인다.

러버타일

러버타일은 100% 합성고무 소재에 보강제를 첨가하고 표면에서 바

| 표 6-7 | 마루재의 종류

구분	원목마루	합판마루	강화마루
제조 방법	천연원목을 이용하여 가공한 마루로서 원목부위의 두께가 2mm이상인 것	합판용 목재를 얇게 켜서 합판부를 만들고 그 위에 얇게 켠 천연무늬목을 입혀 제작	목재를 분쇄하여 접착제와 혼합, 압축하고, 원목무늬를 인쇄한 종이를 붙이고, 화학멜라민수지를 입혀 제작
시공 방법	〈접착식〉 시공 바닥면에 접착제를 도포하고 마루를 결합하여 부착시공	〈접착식〉 시공 바닥면에 접착제를 도포하고 마루를 결합하여 부착시공	〈비접착식 / 현가식〉 시공 바닥면 위에 방수포를 깔고 마루를 현가식 시공
이 미 지	① 표면처리층 ② 천연무늬목 ③ 합판	① 표면처리층 ② 천연무늬목 ③ 합판	① 오버레이지 ② 표면장식지 ③ 고밀도섬유판 ④ 후면지
장 점	• 뛰어난 내구성과 우수한 보행감 • 자연무늬와 질감을 느낄 수 있음 • 바닥면 접착시공, 열전도율 우수 • 표면 손상시 샌딩 후 표면 코팅하여 재사용 가능	• 표면층이 원목으로 원목의 질감을 느낄 수 있음 • 수분이나 열에 의한 변형이 적고 열전도가 좋음 • 원목마루에 비해 가격이 저렴	• 외부 충격에 비교적 강함 • 표면의 내마모성, 내구성이 우수 • 가격이 비교적 저렴함 • 시공이 간편함 • 디자인의 다양성
단 점	• 습기나 온도에 의한 변형이 많음 • 가격이 비교적 비쌈 • 표면의 강도가 약하고 충격에 약함 • 유지관리에 세심한 주의가 요구됨 • 수분에 장기노출시 피해가 우려됨	• 외부 충격에 쉽게 합판층이 드러남 • 표면 손상시 보수가 어려움 • 내구성이 약함 • 유지관리에 세심한 주의가 요구됨 • 수분에 장기 노출시 피해가 우려됨	• 열전도율이 떨어지고 소음발생 • 수축팽창율이 높아 시공 후 뒤틀림 현상이 생길 수 있음 • 표면층이 인공필름으로 질감성이 천연목에 비해 다소 떨어짐

닥까지 균일한 배합으로 생산한다. 고무 고유의 특성을 강화시켜 내구성과 내마모성이 강하다. 유지관리를 통하여 초기와 같은 제품 상태로 오랫동안 사용가능하여 쿠션, 미끄럼 방지, 흡음성이 요구되는 바닥용, 계단용, 스포츠용 등으로 주로 활용된다.

(2) 바닥재 하자현상

마루하자는 전체 하자에서 5%의 비율로 타일하자 다음으로 발생빈도가 높다. 마루하자는 표면이 파이거나 눌리는 현상, 습기에 의한 색상변화, 곰팡이, 갈라짐 현상 등 여러 가지 현상이 있지만 실제 감정결과에서는 싱크대 하부의 마루재 누락이 가장 높은 비중을 차지하고 있다.

① 싱크대 하부 마루재 미시공

사용자는 싱크대 하부의 마감재 누락시 먼지나 바퀴벌레 등의 각종 오염이 생기며, 설계도서에 표기되어 있으므로 명백한 하자라고 주장한다. 반면 시공자는 설계도면에 주방가구 하부까지 시공하라는 특별한 지시가 없어 하자로 볼 수 없다는 입장이다. 하자라 하더라도 마루를 연장하여 시공하는 것이 온수분배기나 설비배관에 걸려 밀실하게 처리하기 어렵고 마감하더라도 썩기 쉬우므로 에폭시 코팅이나 비닐시트 정도로 마무리하는 게 합리적이라고 주장한다. 이처럼 싱크대 하부나 배면의 마감재 누락하자는 원·피고의 의견이 극명하게 갈리는 하자 중의 하나인데 하자보수비용이 워낙 높게 산출되고 있기 때문이다. 이런 종류의 하자는 기능상의 부실시공이라기 보다는 '설계도서 불일치'에 해당하는 하자라고 할 수 있다. 따라서 실내재료 마감표나 당해 부위상세도, 시방서에 대한 분석이 요구된다.

| 표 6-8 | 마루하자 발생 현황

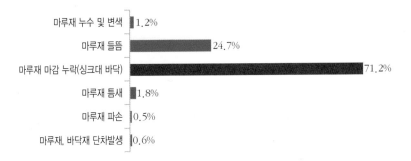

하자현상	A 단지	B 단지	C 단지	D 단지	E 단지	F 단지	G 단지	H 단지	I 단지	소계
마루재 누수 및 변색	-	-	-	-	-	-	-	-	60	60
마루재 들뜸	-	-	-	-	184	803	-	89	160	1,236
싱크대하부 마감 누락	-	-	-	-	-	1,539	689	658	682	3,568
마루재 틈새	-	-	-	-	-	-	91	-	-	91
마루재 파손	-	-	-	-	-	-	26	-	-	26
마루재, 바닥재 단차	-	30	-	-	-	-	-	-	-	30
합계	0	30	0	0	184	2,342	806	747	902	5,011

② 들뜸, 비틀림, 틈새

마루재의 들뜸과 비틀림 등은 바탕면에 남아있는 습기에 의한 접착력의 약화나 수축, 팽창으로 인해 발생한다. 물에 젖거나 습기에 장시간 노출되었을 때도 발생한다. 시공시 접착제를 약하게 바른 경우에도 자주 들뜨거나 비틀리는데, 수축팽창에 약한 강화마루가 더 심한 편이다. 틈새도 전형적인 마루하자 유형으로 주로 함수율이 낮은 마루재에서 발생한다. 주로 마루판이 완전히 건조되지 않은 상태에서 시공되거나 본드 도포량이 부족할 때 발생한다. 연결부위 이음불량도 하나의 요인이라고 할 수 있다.

| 그림 6-8 | 마루재 들뜸 | 그림 6-9 | 마루재 침습(변색, 썩음)

③ 침습현상

마루재는 물과 상극이다. 특히 전면창 쪽의 누수나 결로현상으로 인한 결로수는 마루를 변색시키거나 썩게 하는 주원인이다. 심한 물걸레질, 싱크대나 욕실문 앞 물흘림, 방통바닥의 미건조, 난방배관의 미세한 파손도 습기의 원인이 될 수 있다. 습기가 장기간 지속되면 마루재 표면이 변색되고 썩으므로 사전에 근본 원인의 제거가 중요하다.

④ 얼룩, 이색, 이광

마루재에 얼룩이 발생하는 원인은 다양하다. 마루재 시공과정에서 본드가 과다하게 도포되거나, 작업자의 손에 묻은 본드가 표면에 배어나와 생기기도 한다. 빛을 반사하면 고무망치의 자국도 얼룩으로 보이는 경우도 있다. 또한 사용과정에서 흘리는 물질에 의한 얼룩도 많으므로 시공상의 주의가 필요하다. 이색이 지는 마루재는 마루 제품을 생산할 때 제작상의 편차로 인한 미세한 색상이 차이가 날때 발생한다. 이광은 L.P.M 작업시 발생하는 광택도 차이를 말한다.

⑤ 단차, 찍힘, 긁힘, 눌림 자국

마루재의 단차는 바닥 평탄면 자체가 불량한 경우를 말한다. 이물

| 그림 6-10 | 마루 틈새　　　　| 그림 6-11 | 마루 이색

질을 청소하지 않은 상태에서 시공하거나, 제품자체의 가공공차가 과다할 때 주로 발생한다. 단차하자는 보행시 발에 걸리거나 심한 경우 상처를 입히기도 하므로 주의해야 한다. 마루재의 찍힘이나 긁힘현상은 파손된 마루재를 사용하거나, 시공시 무리한 힘을 가했을 때 주로 생긴다. 따라서 부주의에 의한 찍힘 및 스크래치가 생기지 않도록 주의해야 한다. 의자나 물건을 끌 때도 눌림이나 긁힘이 쉽게 생기므로 유의해야 한다.

(3) 유의사항

① 하자조사 방법

마루재의 조사는 거의 육안조사로 이루어진다. 들뜸부위나 배부른 부위는 촉지조사가 필요하다. 또한 바닥 미장의 균열에 의한 마루재의 변형도 고려해야 한다. 이색과 같은 하자는 빛의 반사각도에 따라 구분되므로 조사시 유의해야 한다.

② 마루재의 단가 확정

마루재는 수많은 제조사에 의해 다양한 품목으로 공급될 뿐만 아니라 동일한 재질의 재료도 제조 시점에 따라 단가 차이가 나는 경우가 많다. 게다가 원목마루나 합판마루, 강화마루와 같이 재질에 따라 단가가 2~3배 차이가 나기도 한다. 그러므로 설계도서나 각종 분양 카달로그에 기재된 제품의 적정 단가에 대한 고려가 아주 중요하다. 한편 설계도서에 표기된 재질과 실제 시공한 재료가 다른 경우 단순한 설계도서의 표기 오류인지, 원가절감을 위한 의도적인 변경인지 자체를 감안해야 하는 경우도 있으므로 감정시 주의해야 한다.

③ 보수범위 결정

품목 특정이 첫 번째 포인트라면 두 번째 관점은 들뜸, 배부름, 긁힘, 변색, 이색과 같은 하자의 보수범위에 대한 설정이라고 할 수 있다. 마루재는 단순히 찍히거나 변색된 부위만을 도려내듯이 보수할 수가 없다. 타일과 같이 '매'나 '쪽'으로 되어 있는 기성제품이기 때문이다. 따라서 사용자는 미관적인 부분까지 고려하여 가능하면 범위를 넓히려 한다. 반면 시공자 입장에서는 가급적 경미한 하자는 부분적 보수로 해결하고 싶어 한다. 그 사이에서 감정인은 전문적 식견과 소양으로 가장 적정한 보수범위를 산정해야 한다.

(4) PVC 바닥재 하자

마루재 외에도 각종 PVC바닥재도 널리 쓰이고 있다. 최근에는 층간소음에 효과적인 기능성 바닥재도 많이 출시되고 있다. 반면에 각종 하자도 많아 철저한 시공관리와 품질관리가 요구된다.

| 표 6-9 | PVC바닥재 하자현상

하자현상		발생원인 및 조치방법
오염 물질에 의한 변색	바닥 이물질	시공부위의 니스, 페인트, 착색도료, 토분 등이 PVC 바닥재와 장시간 접촉하면 색소(염료, 안료)가 바닥재로 전이되어 제품 표면을 변색시킨다. 전이현상은 열이나 습기가 있으면 더욱 빠르게 진행한다.
	조치방법	시공 전 오염물질은 모두 갈아내거나 제거해야 한다. 그라인딩 기계로 갈아내거나 토오치 램프로 탄화시킨다. 또는 특수오염방지 테이프로 차폐시킨다. PVC 바닥재에 착색된 물질이나 가구 등이 제품 표면에 직접 접촉하지 않도록 주의하는 것이 좋다.
제품 들뜸 (Wave)	습기	바닥의 습기로 인하여 바닥재의 접착력이 떨어지면 들뜸현상이 발생한다.
	조치방법	누수나 결로현상 등이 없는지 점검하고 보수가 필요시 조치한다.
	바닥 균열	바닥재 시공 후 난방에 의해 바닥의 균열부위에서 각종 가스나 높은 온도의 열이 발생하면 치수안정성이 파괴되어 수축, 팽창 작용과 양생에 따른 크랙이나 들뜸이 발생하는데 주로 신축건물에서 발생된다.
	조치방법	바닥재 시공 전 충분한 난방을 통하여 충분히 양생시켜 크랙이 발생하지 않도록 한다. 이미 발생한 크랙은 메꿈제와 같은 보수작업을 진행한다. 가급적 크랙 발생부위에는 접착제 도포를 피한다.
	바닥 요철	바닥의 요철이나 심한 굴곡은 제품시공 후 외부 압력에 의해 제품의 꺾임이나 충격으로 물성이 파손돼 제품이 늘어나 일어난다.
	조치방법	돌출부위는 그라인더로 갈아내고, 표면의 굴곡이 심하거나 거친 바닥은 평탄 작업해야 한다. 패인부분은 메꿈제 등으로 충전작업 실시하고 바닥강도가 약할 경우 바닥 보강재(프라이머) 작업을 실시한다.
	안착불량 (시공 미숙)	동절기 저온 상태에서 충분한 숨죽임을 하지 않고 시공할 경우 난방에 따른 팽창으로 제품이 들뜬다. 벽면이나 이음부를 꼭 끼게 재단할 경우에도 발생한다.
	조치방법	동절기 시공시 시공현장의 적정온도(18℃)를 확보하고 충분한 안착을 실시한다. 시공현장은 상온을 18℃ 이상 유지하고 벽면이나 이음부 절단은 여유 있게 재단한다.
	조립식 온돌판넬	조립식 전기 온돌판넬 위에 시공시 국부적인 고열과 판넬 이음부의 수축 팽창의 영향으로 제품을 변형시킨다.
	조치방법	조립식 전기 온돌판넬에는 제품시공을 금한다. (하자발생 빈도가 높으므로 사용자와 책임소재를 명확하게 해야 함)

하자현상		발생원인 및 조치방법
제품 들뜸 (Wave)	팽윤 (Swelling Pocket)	부분접착 시공한 제품 위에 바퀴가 달린 의자를 사용하면 바퀴에 닿은 부분에 집중적인 외력이 발생하여 제품이 늘어나 국부적으로 부풀어 올라오거나 냉장고, 가구를 이동할 때 무리하게 밀거나 움직일 때 제품이 늘어나는 현상이다.
	조치방법	사용시 무리한 외력이나 짐의 이동은 삼가야 한다. 냉장고나 가구를 무리하게 끌거나 당기지 말아야 한다.
컬링현상	밀착시공 접착불량	타일 제품의 밀착시, 저온환경에서 접착제 오픈타임이 과다하면 접착불량이 발생한다.
	조치방법	지정접착제를 사용하고 접착제의 오픈타임을 준수하여 시공을 해야 한다. 적정 시공온도를 확보하며, 충분한 압착과 숨죽임 작업을 실시한다.
이음부 불량	이음부 수축	습기침투나 과도한 열로 인하여 이음부가 수축하면서 떨어지는 현상이다.
	조치방법	내수성이 강한 지정접착제를 사용하고 용착을 빠짐없이 처리하여 외부로부터 습기침투를 방지한다. 웰딩이 가능한 제품은 반드시 이음부 웰딩작업을 실시한다.
	외관불량	패턴매치 불량·이음부 재단미숙·용착제의 오염 등으로 인해 이음부의 표시가 심하게 노출되거나, 지정 주걱 미사용으로 주걱자국이 표면에 전사되거나, 혹은 이음부분의 바닥이 거칠거나 요철현상이 표면에 전사될 경우 외관불량이 발생한다.
	조치방법	이음부분 바닥의 요철을 제거하여 평활도를 충분히 확보해야 한다. 이음부 재단은 직선으로 패턴의 경계선을 절단하고 용착작업 후 완전히 건조시킨 후 사용해야 한다. 패턴매치는 중앙에서 가장자리로 맞추고, 접착제용 표준 주걱을 사용한다.
곰팡이 변색	바닥의 부패	사용 중 습기가 발생할 경우 바닥에 있는 접착제나 이물질에 의한 곰팡이가 발생하여 제품표면을 변색시킨다.
	조치방법	바닥에 부패 유발물질과 바닥의 습기를 완전히 제거한 후 시공해야 한다. 특히 화장실 입구에서 습기가 침투하지 않도록 해야 한다.
이색	폭간· 좌우 이색	단일 현장에 생산날짜가 다른 각각의 제품으로 시공할 때나, 역방향 시공이 가능한 제품을 정방향 시공할 경우에 폭간에 색상이 다르게 나타난다.
	조치방법	동일 현장에는 동일 로트로 시공하고 롤의 일련번호가 가까운 것 끼리 시공해야 한다. 시공 전 좌·우 이색을 반드시 확인해야 한다.

06

4. 도장

도장은 도료가 갖는 다양한 물리적, 화학적 기능을 피도물에 칠함으로서 견고한 도막을 형성시키는 공법이다. 마감재를 보호하고 아름다운 외관을 구성하고 각종 기능을 발휘하는 중요한 공정이다.

(1) 도장공사 공법

도장공법은 도료(락카, 멜라민 등), 도장방법(칠솔, 분무, 정전도장 등), 바르는 바탕(목재도장, 금속 등), 공정순서(프라이머 도장, 초벌도장, 표면도장) 등에 따라 다양하게 분류한다.

| 표 6-10 | 도장공법

붓도장 공법	로울러 도장	뿜도장
붓도장은 평행·균등하게 하고 도료량에 따라 색깔의 경계, 구석 등에 주의해야 한다. 도료 얼룩, 도료 흘러내림, 흐름, 거품, 붓자국 등이 생기지 않도록 평활하게 한다. 붓은 사용하는 도료의 성질과 도장하는 부위가 적절하게 사용한다.	로울러 도장은 붓도장보다 도장속도가 빠르다. 붓도장 같이 일정한 도막 두께를 유지하기가 어려우므로 표면이 거칠거나 불규칙한 부분에는 주의를 요한다.	뿜도장은 도장용 스프레이 건(spray gun)을 사용한다. 뿜도장 거리는 뿜도장면에서 30㎝를 표준으로 하고 압력에 따라 가감한다. 뿜도장할 때에는 매끈한 평면을 얻게 하고, 항상 평행이동하면서 운해의 한 줄마다 뿜도장 나비의 1/3 정도를 겹쳐 뿜는다. 에어레스 스프레이 도장은 1회 도장에 두꺼운 도막을 얻고 짧은 시간에 면적을 도장할 수 있다.

| 표 6-11 | 도장부위에 따른 분류

콘크리트, 시멘트·몰탈계 바탕	금속바탕면의 도료와 도장	목부바탕면의 도료와 도장
시멘트를 주성분으로 하는 콘크리트, 몰탈 등의 외벽, 내벽, 천장, 바닥 등에 사용되는 도료는 타 바탕과 달리 바탕면 자체의 성질이 도료에 영향을 준다. 내알칼리성, 내수성이 요구된다.	건축에 사용되는 금속은 철골구조로 대표되는 철을 비롯해서 비철금속인 알루미늄 등이 가장 많은 바탕의 하나다.	목부도장은 목재바탕 자체의 나무결을 살리는 투명도장과 나무결을 은폐하는 불투명 도장으로 구분한다. 이외에 후도막의 무늬를 형성하는 마감 도료와 도장과 뿜칠형 도료, 외단열 마감 도료와 도장 등이 있다.

| 표 6-12 | 도장재료[84]

번호	도장명칭		도료의 품질에 관한 규정 및 합격해야 할 규격			희석제 (신너)	용도
			규격번호	품질내용	규격종별		
1	조합 페인트		KS M 5312	조합 페인트	1급, 2급	페인트 신너	목재, 철재, 아연, 도금면
2	조합 페인트 목재용 프라이머		KS M 5318	조합 페인트 외부용 목재 프라이머(백색 및 담색)	1급	페인트 신너	목부 초벌용
3	녹막이 도장 재료	A류	KS M 5325	아연말 프라이머	1,2,3종	페인트 신너	철부 아연도강판 방청용
		B류	KS M 5311	광면단 조합 페인트	1,2,3, 4,5종	페인트 신너	철부 녹방지용
		C류	KS M 5323	크롬산 아연 방청 페인트	1,2종	페인트 신너	철부 녹방지용
		D류	KS M 5424	공면단 크롬산 아연 방청 페인트		페인트 신너	철부 방청용
		E류		징크로메이트 및 프탈산 수지를 주체로 하는 녹막이 페인트		페인트 신너	철부 경금속부 방청
4	와셔 프라이머		KS M 5337	폴리베닐프부고랄 수지와 인산을 주원료로 하여 만든 금속면의 처리제를 겸한 프라이머로서 공사시방 지정 제품	1,2종	지정 신너	금속면의 표면 처리제
5	페인트 신너		KS M 5319	2종을 주체로 제조회사 지정된 것	2종		도료희석용
6	셀락니스		KS M 5602	셀락 바니시 혹은 락크니스		공업용 변성알콜	옹이땜, 송진막이, 스밈막이
7	오일퍼티			합성수지를 이용한 규격에 합격하는 것으로서 필요에 따라 적당량의 체일안료를 섞어 쓴다.		페인트 신터	구멍땜용
8	블포화 폴리에 스테르 퍼티			불포화 폴리에스테르 퍼티로서 고형분이 100% 인 도막형 도료		지정신너	구멍땜용
9	리무버			공사시방에서 지정하는 제조자의 제품			도막제거용
10	바니시		KS M 5603	스파 바니시	1종, 2종	페인트 신너	목재용
			KS M 5601	알키드 바니시	1급, 2급		
11	착색겸용 눈먹임제			유성 스테인 또는 수성 스테인과 체질안료를 섞어서 만든 제조자의 제품(stain filler)			착색 및 눈메꿈제
12	착색제			유성 스테인 또는 수성 스테인으로 하고, 변색이 안 되고 도료에 유해한 작용을 하지 아니하며 또 밀착을 방해하지 않는 제품으로 담당원의 지정으로 선정한다(stain).			약품처리 착색은 특기시방
13	스밈방지제 (바니시 도장용)			투명 락크 니스를 농도가 10% 내외가 되게 변성알코올로 묽게 해서 담당원의 승인을 받아 사용한다.			흡수방지용
14	에나멜 페인트		KS M 5701	자연건조형 알키드 합성수지 에나멜 각색 (프탈산 수지 에나멜)	1종:광택 2종:반광 3종:무광	페인트 신너	목재, 철재, 아연 도금면 상도용

번호	도장명칭	규격번호	품질내용	규격종별	희석제 (신너)	용 도
16	락카신터	KS M 5316	니트로 세롤로오스 락카용 신너	3종		희석용제
17	투명락카	KS M 5326	투명 락카(clear lacquer)		락카신터	목재
18	우드실러	KS M 5327	락카 우드실러 (lacquer wood sealer)		락카신너	스밈방지용
19	샌딩실러	KS M 5300	락카 샌딩실러(sanding sealer)		락카신터	눈메꿈용, 면조정용
20	리타아더 신너		리타아더 신너 (retarder thinner)			건조지연제
21	알루미늄 페인트 (은색)	KS M 5335	페놀계 또는 석유계 합성수지와 알루미늄을 주성분으로 한 도료	1,2,3종	페인트 신너	철재류
22	염화비닐 바니시	염화비닐 바니시			염화 비닐 신너	바탕면 누름용 스밈막이
23	염화비닐 프라이머	염화비닐 프라이머				초벌용, 방청용
	염화비닐 퍼티	염화비닐 퍼티				바탕퍼티 먹임용
	염화비닐 에나멜	염화비닐 에나멜	1,2종			목재, 철재, 모르터면
	염화비닐 신너	염화비닐 신너				희석용제
24	아크릴 바니시	사용하는 아크릴 에나멜의 제조회사가 지정하는 제품			아크릴 신너	초벌용 스밈방지
25	아크릴 프라이머	사용하는 아크릴 에나멜의 제조회사가 지정하는 제품				초벌용 (철부면 녹막이 도장용)
	아크릴 퍼티	사용하는 아크릴 에나멜의 제조회사가 지정하는 재료				초벌, 퍼티먹임용
	아크릴 에나멜	공사시방이 지정하는 제조회사의 제품 또는 담당원의 승인 필요				시멘트 모르터, 철재, 목재용
	아크릴 신너	사용하는 아크릴 에나멜의 제조회사가 지정하는 제품				희석용제
26	합성수지 에멀션 퍼티	사용하는 합성수지 에멀션 페인트의 제조자가 지정하는 제품				바탕면 누름용 (스밈막이용)
27	합성수지 에멀션 페인트	KS M 5310	합성수지 에멀션 페인트 (외부) 1, 2급		물	시멘트 몰탈면
		KS M 5320	합성수지 에멀션 페인트 (내부) 1, 2급			
28	1액형 우레탄 바니시	공사시방에 지정된 제조회사의 제품 또는 담당원의 승인품			페인트 신너	초벌, 재벌용, 정벌목재용
29	2액형 우레탄 실러	공사시방에 지정된 제조회사의 제품 또는 담당원의 승인품			2액형 우레탄 실러용 신너	눈먹임 살오름용

번호	도장명칭	도료의 품질에 관한 규정 및 합격해야 할 규격			희석제 (신너)	용 도
		규격번호	품질내용	규격종별		
29	2액형 우레탄 바니시		공사시방에 지정된 제품 또는 담당원의 승인품		2액형 우레탄 신너	초·재·정벌 목재용
	2액형 우레탄 신너		사용하는 2액형 우레탄 바니시의 제조회사가 지정 제품			희석제
30	무늬도장 금속용 프라이머		사용하는 무늬도장의 제조자가 지정하는 제품		지정 신너	초벌용(금속면 녹막이용)
31	무늬코트		두 색 이상의 안료색상을 가진 입체감이 있는 다색채 무늬도장			정벌용 무늬
32	에폭시에스테르 퍼티		사용하는 에폭시 에나멜의 제조자가 지정한 제품		에폭시 에스테르 신너	구멍메꿈제
	에폭시에스테르 프라이머		지정 제품 또는 담당원 승인			초벌용(철부면 녹막이도장)
	에폭시에스테르 에나멜		공사시방에서 지정된 제품 또는 담당원의 승인품			정벌용, 철재 욕재용
33	2액형 에폭시 프라이머		사용하는 2액형 에폭시 에나멜의 제조자가 지정하는 제품		에폭시 신너	콘크리트·모르터 면용, 금속면 녹막이
	2액형 에폭시 에나멜		공사시방에 지정한 제품 또는 담당원의 승인품			철재, 콘크리트면
34	2액형 후도막 에폭시 프라이머		사용하는 2액형 후도막 에나멜의 제조회사가 기정하는 제품, 또는 담당원의 승인을 받은 제품		에폭시 신너	콘크리트·모르터면용, 금속녹막이 도장
	2액형 후도막 에폭시 에나멜		공사시방에 지정한 제품 또는 담당원의 승인을 받는다.		후도막 에폭시 신너	재벌·정벌용 콘크리트 금속
35	2액형 타르 에폭시 도장	KS M 5307	에폭시 수지와 폴리아미드를 사용하여 여기에 타르, 안료 등 혼합한 도료	1,2,3 종	2액형 타르 에폭시 신너	내유성을 필요로 하지 않는 초·재벌, 정벌용
36	광택합성수지 에멀젼 페인트		특수 아크릴계 수지를 사용한 수분산성으로 공해, 인화성이 없는 광택페인트		물	재벌·정벌용, 철재·몰탈용
37	염화고무도료		내알칼리성, 내수성이 우수한 수지로서 수영장에 적합		지정 신너	내수성 수영장용
38	폴이우레탄 수지 에나멜		폴이에스테르 수지, 이소시아네이트를 주체로 한 내화학성, 고광택, 내마모성이 우수한 도료		폴리 우레탄 신너	재·정벌용 콘크리트면
39	불소수지 에나멜		초내후성, 산·알칼리성이 강하고 시멘트, 콘크리트 건축물의 외장용으로 사용되는 도료		지정 신너	콘크리트, 몰탈 철재류
40	뿜도장용 도재		합성수지와 채질안료를 혼합한 입체무늬모양 도료		지정 신너	재벌, 정벌치장용
41	방균 페인트		건축물 내외 콘크리트, 시멘트 모르터, 목재 등 곰팡이균이 발생하지 못하도록 만든 페인트		지정 신너	초·재벌, 정벌용
42	바닥재 도료		특수에폭시, 우레탄 재질을 이용한 내마모성과 내오염성이 요구되는 바닥재 도료		지정 신너	콘크리트, 몰탈면

(2) 도장부위 하자현상

도장하자는 전체 전유 부분의 하자 중 2.35%를 차지하고 있다. 만약 공용부분까지 감안하면 그 비율은 훨씬 더 높아질 것이다. 도장 결함의 원인은 주로 모재의 바탕면 불량이나 도료 자체의 결함, 도장작업의 불량으로 구분된다. 시공시 바탕면 처리가 제대로 완료되었는지, 규격에 맞는 정품이 사용되었는지 여부가 하자의 판단에 있어 중요하다. 그러나 대부분의 감정은 이미 시공이 완료된 이후에 드러난 하자만을 대상으로 하기 때문에 걸레받이 페인트나 결로방지 페인트의 누락이나 미시공 하자가 훨씬 높은 비율로 나타나고 있는 것이 도장하자의 특징이기도 하다.

일반적 도장하자의 현상은 박락과 균열이라고 할 수 있다. 고온 다습으로 잔류 수분이 도막에 농축되었을 때도 도막과 도막 사이에서 쉽게 박락이 일어나고, 하도건조가 불충분하거나 하도와 상도의 재질이

| 표 6-13 | 도장하자 발생건수 분석

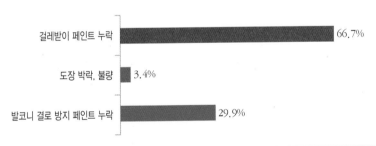

부위	하자현상	A 단지	B 단지	C 단지	D 단지	E 단지	F 단지	G 단지	H 단지	I 단지	소계
발코니	걸레받이 페인트 누락	-	-	-	-	-	1,540	-	-	-	1,540
	도장 박락, 불량	5	-	-	-	43	-	13	-	18	79
	결로 방지 페인트누락	-	-	-	-	-	-	689	-	-	689
	합계	5	0	0	0	43	1,540	702	0	18	2,308

| 그림 6-12 | 안전페인트 누락

다를 때, 또는 수축팽창이나 온도차이가 심할 경우 도장면에 균열이 발생한다.

들뜸하자는 도장면의 바탕이 완전히 건조되지 않은 경우, 습기로 인해서 도막이 부풀어 오르는 현상인데, 주로 우천시 창틀 하부턱과 도장면의 틈새로 스며든 습기로 인해 자주 들뜬다. 설계도서에 명시되어 있는 발코니 벽면의 걸레받이 페인트를 누락한 사례나 안전페인트 미시공과 같은 도장의 시공 상태가 '설계도서불일치 하자'도 많다.

「건설감정실무」에서는 "안전페인트의 미시공, 변경시공 여부는 설계도면 및 당해 부위 상세도로 판단하는데 안전페인트는 차량의 유도, 주의를 위해 시공하므로 설계도면과 시방서에 명시한 안전페인트의 미시공, 변경시공은 기능상의 하자로 판단한다"고 명시하고 있다.[85] 근래에는 아파트 브랜드의 특화된 이미지를 고양하기 위하여 지하주차장 안전페인트를 단순히 황색과 흑색의 대각선으로 칠하는 것을 지양하고 상당히 세련된 디자인으로 칠하는 추세이다. 그런데 주차장의 미적 효과를 높이고자 다양한 무늬와 색상으로 변경하고서도 설계도서에 명확하게 변경내용을 표시하지 않아 미시공 하자로 제기되는 경우도 많으므로 단순한 표기 오류인지 공정의 누락인지 주의해서 판단해야 한다.

| 표 6-14 | 도장하자 현상

현 상		원 인
균열 (Cracking)	도막 표면에 금이 가는 현상	• 하도건조가 불충분한 상태에서 상도 도장시 • 약한 하도에 용해력이 강한 상도를 도장시 • 온도가 급격히 저하될 때 • 과잉 건조제를 사용했을 때 • 도료전색제와 작용해서 금속비누화를 만들 가능 성이 있는 안료 • 팽창계수가 큰 금속면 • 강한 일광하에서 급히 건조시킬 때 • 기온차가 심할 때
주름 (Wrinking)	단독 도막 또는 중복 도장시, 건 조과정에서 도막 에 주름이 생기는 현상	• 도막이 두꺼워서 윗부분만 건조될 때 • 하도의 건조가 불충분할 때 • 직사광선이나 급격한 가열 • 건조가 빠른 용제 사용할 때 • 상도도료의 신나 용해성이 강할 때
얼룩현상	얼룩이 지는 현상	• 도료 흡입이 일정치 않을 때 • 도막이 불균일할 때 • 안료가 불량할 때
황변 (Yellowing)	백색이나 담색의 도막이 황변하는 현상	• 암모니아 가스가 있을 때 • 에폭시 도료가 햇빛에 노출될 때 • 건조제의 과잉사용시 • 고온가열, 구부적인 가열할 때
핀홀 (Pinhole)	도료를 도장하여 건조 후에 도막에 바늘로 찌른 듯한 구멍이 생긴 현상	• 하도도막이 이미 핀홀이 있고 도장할 때 • 1회 두껍게 도장할 때 • 용제 증발이 너무 빠를 때 • 두꺼운 도막의 급격한 가열 • 대기온도가 높을 때 • 점도가 높을 때
부풀음 (Blistering)	도막의 일부가 하 지로부터 부풀어 나는 경우	• 도막 아래의 부식에 의하여 부풀음 발생 • 도막이 미건조 되었을 때 • 표면처리 불량 • 표면에 수분 미건조시 도장했을 때 • 도막에 수분이 침투했을 때 • 도장사양이 잘못되었을 때
백화 (Chalking)	도막의 표면이 가 루가 되어 광택을 잃고, 문지르면 가루가 묻어나는 현상	• 동절기 보다 하절기에 많이 생김 • 자외선 흡수성이 큰 안료 사용 • 일부 에폭시 도료가 옥외 도장된 도막이 직사광선 을 받을 때 • 바탕면의 백화가 스며 올라올 때

5. 가구

거실에는 대부분 장식장이 놓여져 있어 물품을 수납할 수 있다. 그리고 안방에는 큰 반침장이나 붙박이장이 설치되며 주방에는 주방가구, 흔히 말하는 싱크대가 시공된다. 이처럼 가구는 주거환경을 구성하는데 있어 중요한 요소로서 공간의 사용자에게 가사능률이나 휴식이라는 기능과 공간을 연출하는 미적 요소를 동시에 가진다. 갈수록 고급화되는 주거문화의 추세에 따라 가구의 비중은 더욱 높아지는데 요즘에는 친환경 등급이 E0, E1등급 이상인 가구가 주를 이루고 있다. 따라서 주부들은 가구의 형태나 소재에 상당히 민감하다.

(1) 가구의 소재

① 코어자재

가구의 원자재는 몸체를 구성하는 코어(Core)자재와 표면자재로 나뉜다. 코어자재는 성형자재의 내부자재로서 P.W, P.B, M.D.F, H.D.F, 원목 등이 있다. 표면자재는 코어자재의 표면에 접착되는 표면재로서 무늬목, L.P.M, H.P.M, 비닐시트가 있다.

합판(Ply Wood)

합판(ply wood)은 목재를 얇게 절삭한 단판에 접착제를 도포하고 홀수매가 되도록 적층하되 단판간의 목리(섬유방향)가 서로 직교하도록 구성하여 제조한 1매의 판상제품이다. 두께는 1mm이상부터 30mm까지, 규격은 3×6판(90

| 그림 6-13 |　합판

×180cm), 4×8판(120×240cm) 등 표준크기로 출하되고 있다. 수축, 팽창, 뒤틀림이 없고 물성이 우수한 반면 원목 상태에 따라 품질이 다르고 PB에 비해 비싼 단점이 있다. 배면판이나 시공목, 상판, 기둥에 두루 쓰인다.

파티클 보드(Particle Board)

P.B는 목재의 작은 조각인 파티클을 압축시킴과 동시에 접착제로 결합시켜 제조한 판상재료다.[86] 제조공정은 공장 원료입하 → 원료혼합/파쇄 → 파티클 건조 → 미세 파티클 전성 → 파티클, 접착수지, 왁스 혼합 → 열압기로 성형 → 건조의 순서로 제작한다. P.B판은 제조가 용이하고 뒤틀림이 없으며, 목재나 합판 보다

| 그림 6-14 | 파티클 보드

단열성, 차음성, 난연성이 뛰어나다. 또한, 가공이 쉽고 목재의 특성을 유지하는 장점이 있다. 원료재의 형상에 크게 구애받지 않으므로 가격이 저렴한 목재라면 모두 활용할 수 가 있다. 6t, 9t, 12t, 15t, 18t 등 다양한 두께로 생산되며 주로 주방가구 몸이나 상판, 코니스, 도어 등에 사용된다.

M.D.F(Medium Density Fiberboard)

M.D.F는 중밀도의 판상제품으로 섬유질 형태로 분해하는 다이제스팅 과정을 거친 목재와 소수지 접착제를 혼합하여 제작한다. 목재 삭편보다 더욱 분해된 형태인 섬유, 펄프를 이용하는 것이 P.B판과의 차이점이다. 섬유를 사용하는 것은 목재의 결점을 극복하면서도 목재의 장점을 지니는 판상재료를 만들기 위해서다. M.D.F 판재의 특징은

곡면가공이 용이하며 도장효과
가 좋고 보온성 및 흡음성이 우
수하다는 점이다. 삭편판보다 원
료선택의 폭이 넓어 나왕을 이용
할 수가 있으며 수율도 95% 이상
으로 높아 효율적인 재료라고 할
수 있다. 평활한 표면을 지녀 적
층이 가능하고 인쇄도 용이하다.

| 그림 6-15 |　M.D.F

P.B판에 비해 가격이 비싸고 내수성이 약하면서 곡면 가공된 절삭부
위에 박리현상이 생기는 단점이 있다.

원목

원목판재는 하나의 나무를 잘
라 물성이 변형되지 않은 상태로
사용하는 판재다. 물성이 우수
하여 무늬 결이 그대로 살아있는
반면에 내습성, 내수성, 내열성,
뒤틀림, 갈라짐 등에 약하다. 현
재 사용되는 가구 도어용 원목은
주로 통목보다는 집성목을 사용

| 그림 6-16 |　원목판재

한다. 집성목이란 원목을 잘라 결을 섞어 붙여 다시 판재의 형태로 만
든 것으로 뒤틀림이나 갈라짐을 방지하는데 효과적이다.

② 표면자재

무늬목

무늬목은 원목의 중심축과 평행된 칼날로 깎아 만들어낸 단판으로
치장판, 치장목재, 치장합판의 겉판으로 쓰인다. 체리(Cherry), 메이플

(Maple), 월넛(Walnut), 오크(Oak), 비치(Beech), 애쉬(Ash), 앨더(Alder), 버치(Birch), 라왕(Lauan), 티크(Teak), 미송 등이 종류가 아주 다양하다.

L.P.M(Low Press Melamin)

L.P.M은 단색원지에 멜라민수지를 함침시켜 만든 열압성형용 수지 시트 재료인데, 시트 단독으로는 깨지기 쉬워 2차가공이 필요하다. 가구재에 많이 쓰이고 벽판넬, 칸막이, 기차나 버스 내

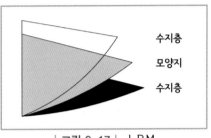

| 그림 6-17 | L.P.M

장재로도 널리 쓰인다. 하지만 보관이 까다롭고 포밍(Forming)성형이 불가능한 단점이 있다.

H.P.M(High Press Melamin)

H.P.M은 High Pressure Melamin의 약자로 여러 층으로 구성되어 있어 각각의 기능을 발휘하는데, 포밍성(Forming)이 뛰어나다. 가공이 불가능한 곡면가공이나 주방가구 상판, 마루판, 사무

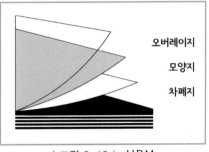

| 그림 6-18 | H.P.M

용 가구의 상판 등 내구성을 요하는 부위에 주로 적용된다.

비닐시트

비닐시트는 PVC소재의 Deco Sheet로서 인테리어 필름이라고도 한다. M.D.F 및 P.B 등의 소재에 본딩 접착하여 사용하므로 내열성과 차단성이 좋고 가격이 저렴하다. 가구재에 맞는 무늬나 컬러를 인쇄하

거나 표면에 코팅할 수 있어 건축용 내·외장용으로 널리 쓰인다. 반면에 내구성과 마감의 질이 떨어지는 단점도 있다.

피니싱 포일(Finishing Foil)

모양지(Deco Paper)에 열경화성 수지를 함침시킨 후 표면을 도장 처리한 코팅지이다. 종이의 표면에 도장이 되어 있으며, 접착만으로 가공이 가능해 피니시(Finish)라고 불리며, 종이 포일(Foil)이라고도 한다. 곡면가공이 가능한 장점이 있다.

③ 표면작업 방법

포스트 포밍(Post Forming)

포스트 포밍공법은 H.P.M, C.P.L 등의 곡면 부위에 접착이 어려운 소재를 이용하여 성형할 경우 고온과 고압으로 프레스하여 원하는 형상 및 성형부위에 접착 가공하는 방법이다. U포밍과 L포밍으로 구분된다.

오버레이(Over Lay)

코어 패널의 전·후면에 비닐시트 등을 수용성 접착제를 사용하여 열압접착하여 마감하는 방법으로 평면만 작업이 가능해 별도의 엣지 접착이 요구된다.

랩핑(Wrapping)

랩핑은 나무의 질감을 살린 Sheet지를 재질의 표면에 씌워 천연나무의 질감을 주는 데 자재표면을 80~100℃로 가열하여 면과 엣지부분을 동시에 감싸는 방식이다. 단순한 무늬 결의 목재 및 거칠기 쉬운 바탕노출 표면에 주로 적용한다.

멤브레인(Membrane)

원자재의 표면에 얇은 피막을 형성시키는 비닐 시트를 말하는데, 진공압착 성형가공으로 양면과 엣지면이 동시에 시트에 접착되는 마감공법이다. 원목 느낌을 자연스럽게 나타낼 수 있는 뛰어난 가공기술로 컬러의 제약이 적고 가공성이 용이한 반면 엣지부분의 본드시공이 어렵고 급격한 온도저하와 같은 외부 여건의 변화시 엣지부분에 들뜸하자가 발생한다.

도장 (Paint)

도장은 가구재의 표면에 도료를 뿌리거나 칠해서 표면을 마감하는 방법이다. 내수성 및 내열성은 강하나 표면강도가 약한 단점이 있다. 도장방법에 따라 하이그로시 도장(High glossy), 매트(Matt), 클리어(Clear), Pickle, UV도장으로 나뉜다.

| 표 6-15 | 도장공법

도장공법	공법개요
하이그로시 (High glossy)	도장마감 광택도가 90G 이상으로 표면평활도가 높음
매트(Matt)	도막에 난반사를 유도하도록 거칠게 도장하는 방법, 광택도 30G
클리어(Clear)	나뭇결을 그대로 살리기 위한 무광무색 도장방식
Pickle(Wash)	헝겊 등에 착색제나 메지로 나무의 눈매를 메꾼 다음 도장을 하는 방식
UV도장	UV계열의 도료를 사용한 도장방식, 빛의 파장 중 UV파를 이용하여 도료의 건조를 촉진시킨다. UV건조로를 이용함으로써 대량 생산이 가능한 도장방식

④ 부자재

코어자재와 표면자재를 조합하여 가구를 완성하기 위해서는 경첩, 레일 각종 서포트, 다보 등 각종 하드웨어가 필요하다. 조립을 위한 철물로는 피스, 볼트, 스크루, 나무못 등이 있다. 도어를 달때 쓰이는 경첩은 인도어형, 아웃도어형 씽크경첩과, 유리경첩, 플랩경첩, 피봇경첩, 나비경첩 등이 있다. 가구류의 하자는 하드웨어에서 주로 발

| 표 6-16 | 가구 부자재

손잡이 (Knob, Pull)	경첩 (Hinge)	서랍러너 (Drawer Runner)
손잡이는 가구의 문짝이나 서랍에 부착되는 개폐용 도구인데, 부착방식에 따라 돌출식, 매입식, 끼임식으로 나뉜다.	경첩은 문짝을 개폐하는 데 사용되는 철물로써 숨은경첩, 플랩경첩, 피봇경첩, 유리문경첩, 나비경첩 등이 있다.	서랍 개폐용으로 측판과 서랍몸통에 부착되는데 목재, PVC, 스틸(Steel)의 세 가지 재료로 구분된다. PVC와 스틸(Steel)이 주로 생산된다.
수대 (Flap Stay)	선반 다보	브라켓
주방 상부장 플랩장에 많이 쓰이는 철물로 문짝을 위아래로 열어 90도로 유지하려는 용도로 사용된다.	가구 내부의 선반 높이 간격을 사용자 편의에 따라 조절하기 위한 철물이다.	가구를 벽체에 고정하기 위하여 설치하는 지지용 철물이다.

생하므로 창호를 구성하는 하드웨어의 용어와 기능을 숙지할 필요가 있다.

(2) 가구의 하자현상

가구하자는 전체 하자에서 6% 정도를 차지하고 있다. 이중 가장 높은 비율을 차지하는 하자가 싱크대 문짝의 비닐시트지 탈락현상이다. 사용자가 가장 많이 사용되는 부분에 하자가 집중되고 있는 것이다. 각종 서랍장 등의 개폐불량, 싱크대 상판의 이음매 불량, 고정불량 하자도 자주 발생하는 하자의 유형이다. 각종 하드웨어 불량 하자도 많다.

① 싱크대 문짝 시트지 탈락

각종 가구 표면재의 벗겨짐, 탈락은 눈에 쉽게 뛰어 미관상 지저분하게 보인다. 인테리어 필름을 랩핑한 가구의 문짝에서 자주 발생한다. 이런 시트지의 들뜸이나 탈락은 단순한 사용상의 하자인지, 여러 세대에 걸쳐 공통적으로 일어나는 결함인지를 주의해서 파악해야 한다.

| 그림 6-19 | 시트지 탈락

② 문짝 개폐불량

문짝의 개폐불량 하자는 건물의 사용초기에는 쉽게 발견되지 않는다. 사용기간이 어느 정도 경과하면 각종 부자재가 조금씩 느슨해져 처지거나, 개폐가 어려운 경우가 발생한다. 심한 경우 서랍장을 열 수 없는 경우도 있다.

③ 상부장 고정불량

상부장 배면의 시공목의 위치가 틀리거나 부실하면 가구장의 고정이 불량한 경우가 있다. 심한 경우 가구장이 추락할 수 있으므로 사용자의 입장에서는 매우 민감하게 대응하므로 조사시 유의해야 한다.

④ 붙박이장 시트지 들뜸

사용빈도가 높은 각종 붙박이 장이나 방문 래핑면의 시트지 들뜸도 흔히 나타난다. 눈에 쉽게 뛰고 미관상도 지저분해 보여서 하자에서 빠지지 않는 하자의 하나다. H.P.M 표면 부위나, 비닐시트 공법을 적용한 부분에서 발생빈도가 높다.

| 표 6-17 | 가구하자 발생건수

붙박이장 개폐불량 1.2%
붙박이장 고정불량, 처짐, 뒤틀림 4.6%
붙박이장 시트지 들뜸, 불량 0.5%
붙박이장 유리 붙임 불량 0.7%
싱크대 개폐불량 15.1%
싱크대 렌지후드 작동불량 0.8%
싱크대 문짝 뒤틀림 3.2%
싱크대 문짝 시트지 탈락 44.0%
싱크대 배수불량, 누수 0.4%
싱크대 상부장 고정불량 12.3%
싱크대 상판불량, 이음매 불량 14.0%
싱크대 칸막이 파손(발코니) 3.1%
스테인리스 가구 녹발생 0.1%

하자현상	A 단지	B 단지	C 단지	D 단지	E 단지	F 단지	G 단지	H 단지	I 단지	소계
붙박이장 개폐불량	-	-	-	-	73	-	-	-	-	73
붙박이장 고정불량, 처짐, 뒤틀림	-	-	-	-	-	159	-	-	129	288
붙박이장 시트지 들뜸, 불량	-	-	-	-	5	-	18	-	10	33
붙박이장 유리 붙임 불량	-	-	-	-	-	41	-	-	5	46
스테인리스 가구 녹발생	-	-	-	-	-	-	-	-	4	4
싱크대 개폐불량	51	378	-	-	70	453	-	-	-	952
싱크대 렌지후드 작동불량	-	-	-	-	-	30	20	-	-	50
싱크대 문짝 뒤틀림	-	-	-	101	-	-	43	59	1	204
싱크대 문짝 시트지 탈락	-	784	1,325	665	-	-	-	-	-	2,774
싱크대 배수불량, 누수	-	-	-	-	-	25	-	-	-	25
싱크대 상부장 고정불량	-	-	774	2	-	-	-	-	-	776
싱크대 상판불량, 이음매 불량	-	-	198	-	433	186	-	49	18	884
싱크대 칸막이 파손(발코니)	-	-	-	-	195	-	-	-	-	195
합계	51	1,162	2,297	768	776	894	81	108	167	6,304

6. 창호

창호는 건물 내부와 외관을 연결하는 요소로서 건축물의 미관을 형성하는 중요한 포인트가 된다. 또한 채광, 환기, 조망을 제공하는 기능을 제공한다. 따라서 창호는 개폐가 원활하고 기밀성이 높아야 한다. 구성재료에 따라 목재, 알루미늄, 철재, PVC창호로 분류하고 개폐방식에 따라 미닫이창, 틸트앤턴창, 고정창, 프로젝트창, 오르내리기창으로 나뉜다.

(1) 창호의 종류

① 목재창호

목재창호는 알루미늄, 플라스틱창호에 밀려 현재 창에서는 많이 쓰이지 않는 편이다. 주로 후래쉬 도어, 원목집성도어와 각종 문틀로 제작된다. 홍송, 낙엽송, 삼송, 적송 등의 목재가 많이 쓰인다.

② 알루미늄창호

알루미늄창호는 비중이 철의 3분의 1로 가볍고, 녹슬지 않아 관리가 용이하다. 또한 사용기간이 길고 내구성이 좋으며 부식에도 강하고 자유로운 착색도 가능하다. 반면에 강도가 낮고 흠이 나기 쉬워 손상시 보수가 어려운 점이 있다.

③ 플라스틱창호

플라스틱창호는 다양한 색상이 가능하고 단열효과와 흡음성이 뛰어나 목재와 알루미늄의 대체재로 많이 채택된다. 창문을 열고 닫을 때 유연성도 좋고 무게가 가벼워 이동이 용이하여 현장설치도 쉬워 최근 많이 활용되고 있다.

④ 철재창호, 문

철재창호는 재질상 공동주택의 현관문으로 많이 채택된다. 철재는 습기에 오랫동안 노출되면 녹이 슬므로 녹막이도장이 필요하다. 목재나 알루미늄보다 훨씬 높은 강도를 가지고 있고 파손이 잘 되지 않고 내화성이 뛰어나다. 반면에 제품이 무거워 운반에 애로가 있고 시공도 늦어진다. 스테인레스 창호는 알루미늄강제 창호에 비해 강도가 크며 녹슬지 않으나 가격이 고가다.

⑤ 시스템창호

시스템창호란 일반창호의 단점인 창틀과 창사이의 틈을 없애 기밀성, 단열성, 수밀성, 내풍압성을 높인 창호를 말한다. 창짝이 들려서 젖혀짐(Tilt&Turn), 창짝이 젖혀서 겹침(Parallel), 창짝이 들려져서 미

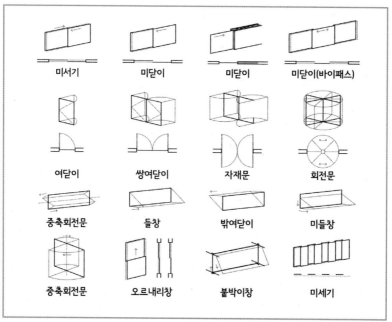

미서기　미닫이　미닫이　미닫이(바이패스)

여닫이　쌍여닫이　자재문　회전문

중축회전문　들창　밖여닫이　미들창

중축회전문　오르내리창　붙박이창　미세기

| 그림 6-20 |　형태에 따른 창호의 종류

닫이 됨(Sliding&Tilt) 등 다양한 방식의 개폐가 가능하다. 특수 하드웨어를 사용하므로 일반창호에 비해 성능과 보안성이 뛰어나지만 가격이 비싸고 창호가 무거운 것이 단점이다. 고급주택, 초고층 아파트나 확장발코니 등에 주로 적용된다.

⑥ 하드웨어

| 그림 6-21 | 창호 하드웨어

⑦ 커튼월

커튼월은 건물의 구조부 외부를 수직방향으로 막아주는 비내력벽을 말한다. 원래의 의미는 건물에 하중을 주지 않는 가벼운 비내력벽을 총칭하였으나 현재는 건물의 외벽에 한정되어 사용된다. 커튼월의 주목적은 비나 바람을 막고 소음이나 열을 차단하여 건물 내부를 외부환경으로부터의 보호하는 구실을 한다. 기둥과 보가 외부에 노출되지 않아야 하므로 내풍압과 접합수밀성이 요구된다. 유리, 금속재 또는 무기질 재료를 사용한 벽면은 비·바람·소음·열을 차단하는 기능 이외에 외장성도 뛰어나 주요 코어 부위에 널리 적용된다.

| 그림 6-22 | 커튼월공법

(2) 창호하자 현상

전체 하자에서 창호하자가 차지하는 비중은 16.6%로 전체 하자에서 비율이 가장 높다. AL창호, PL창호, 목문 등의 설계 및 제품 제작, 반입에서부터 시공에 이르는 모든 과정에서 다양한 하자가 나타난다. 또한 시공 후 유지관리 단계에서도 지속적으로 발생한다. 따라서 사용자는 창호하자에 대해서 아주 민감하게 반응한다. 창호종류별로는 목문에서 가장 많이 발생하였으며, 시공 현황이 설계도서와 상이하여 품질이 미달되는 하자도 많은 편이다.

① 목재창호, 목문

목문은 주로 방 출입문으로 시공된다. 목문에서는 사용빈도가 높은 부위의 시트지 탈락이나 벗겨짐 등의 하자가 많이 발생한다. 시트지 불량의 경우 자재 자체의 결함도 있지만 사용상의 부주의에 의해 빚어지는 하자도 있음을 감안해야 한다. 이와 같은 사용상의 하자를 가려내기 위해서는 입주초기 하자신청 내용을 분석하기도 하지만 감정인의 전문적 소견으로 추정해야할 때도 있다. 찍힘의 경우는 사용상의 부주의를 제외하면 시공과정의 보양조치의 미흡이나 후속공정의 미숙으로 자주 발생한다.

| 표 6-18 | 창호하자 발생 현황

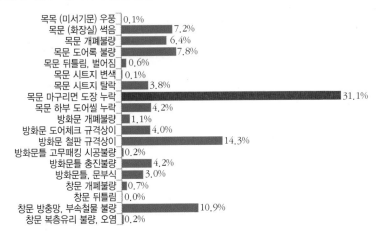

목목 (미서기문) 우풍	0.1%
목문 (화장실) 썩음	7.2%
목문 개폐불량	6.4%
목문 도어록 불량	7.8%
목문 뒤틀림, 벌어짐	0.6%
목문 시트지 변색	0.1%
목문 시트지 탈락	3.8%
목문 마구리면 도장 누락	31.1%
목문 하부 도어씰 누락	4.2%
방화문 개폐불량	1.1%
방화문 도어체크 규격상이	4.0%
방화문 철판 규격상이	14.3%
방화문틀 고무패킹 시공불량	0.2%
방화문틀 충진불량	4.2%
방화문틀, 문부식	3.0%
창문 개폐불량	0.7%
창문 뒤틀림	0.0%
창문 방충망, 부속철물 불량	10.9%
창문 복층유리 불량, 오염	0.2%

부위	하자현상	A단지	B단지	C단지	D단지	E단지	F단지	G단지	H단지	I단지	소계
목문	목목 (미서기문) 우풍	-	-	-	-	-	-	-	-	9	9
	목문 (화장실) 썩음	-	557	-	-	-	625	-	-	-	1,182
	목문 개폐불량	58	138	-	-	377	228	33	182	29	1,045
	목문 도어록 불량	-	-	-	-	-	1,034	-	238	-	1,272
	목문 뒤틀림, 벌어짐	-	-	-	-	-	-	-	-	106	106
	목문 시트지 변색	-	-	-	-	-	3	-	-	12	15
	목문 시트지 탈락	-	48	-	212	132	141	4	79	-	616
	목문 마구리면 도장 누락	-	-	-	1,386	1,464	1,539	689	-	-	5,078
	목문 하부 도어씰 누락	-	-	-	-	-	-	-	-	681	681
방화문	방화문 개폐불량	16	-	29	-	26	90	17	-	7	185
	방화문 도어체크 규격상이	-	-	-	-	-	-	-	658	-	658
	방화문 철판 규격상이	-	-	1,674	-	-	-	-	658	-	2,332
	방화문틀 고무패킹 시공불량	-	-	-	-	-	-	-	-	36	36
	방화문틀 충진불량	-	-	-	-	-	-	689	-	-	689
	방화문틀, 문부식	-	-	-	491	-	-	-	-	-	491
창문	창문 개폐불량	41	-	-	-	27	-	6	-	38	112
	창문 뒤틀림	-	-	-	-	-	-	4	-	-	4
	창문 방충망, 부속철물 불량	-	-	519	-	-	964	63	205	20	1,771
	창문 복층유리 불량, 오염	-	26	-	-	-	-	4	-	-	30
	합계	115	769	2,222	2,089	2,026	4,624	1,509	2,020	938	16,312

| 그림 6-23 | 목문 마구리 미시공 | 그림 6-24 | 도어 래핑지 탈락

틈새하자로는 연귀틈새가 잦은데 창틀의 이음부위나 문틀의 수직·수평불량, 자재 재단의 불량이 주요인이다. 이외 목재의 건조가 미비하거나 긴결철물에 의한 문틀 고정불량시 틈새가 발생한다. 문짝의 처짐과 수평불량 하자도 자주 일어나는 유형이다. 화장실문과 문틀에서 주로 발생하는 하자현상은 습기로 인한 변색이나 썩음을 들 수 있다. 방수 및 방습처리의 보수와 동시에 목문과 문틀에 습기를 차단 할 수 있는 보수방법을 모색해야 한다. 이 밖에도 사춤불량, 도장불량 및 창호철물 불량과 같은 기능상 하자가 많이 발생한다. 아울러 철물의 규격, 개수가 설계도서와 일치하는지 여부도 조사해야 할 때도 있다.

창호하자에서 원·피고 사이 쟁점이 되는 하자로는 세대도어의 마구리면이 제대로 마감되지 않은 미시공 하자를 들 수 있다. 이런 하자는 모든 방문에 공통적으로 적용되기 때문에 시공자 입장에서는 하자의 과도한 확대해석이라고 주장한다. 실무적으로 이 같은 하자는 중요하지 않은 미시공 하자로 분류하고 마감용 페인트로 재도장하는 비용을 적용하고 있다.

② 플라스틱창호(PL창호)

플라스틱창호는 골조의 수직·수평이 불량하거나 문틀 주위 몰탈 충진불량, 창틀 하부 브라켓 누락으로 창틀이 처지거나 휨 등이 주요

| 표 6-19 | 창호하자 현상

하자현상		원 인	비고
PL창호	연귀틈새	창틀의 이음부위 불량, 문틀의 수직·수평불량, 재단 불량	
	PL틀 코킹불량	골조의 바탕면 불량, 설치 후 사춤불량	
	크리센트 불량	자재불량, 크리센트 설치불량	
	피스커버 불량	타공크기와 커버크기의 상이, 기능공의 부주의	
	개폐불량	문틀의 수직·수평불량, 레일불량, 앞·뒤 창의 간섭	
	처짐	사춤불량, 시공목 불량	
목창호	시트불량	공장 제작관리 미흡, 사전 품질시험 부족, 자재검토 부족	
	연귀틈새	창틀의 이음부위 불량, 문틀의 수직·수평불량, 재단 불량	
	찍힘	후속공정 작업자의 부주의, 사용상 발생	
	틈새	목재의 건조미비, 긴결철물에 의한 문틀고정 미흡	
	마구리 미시공	마무리 미흡	

하자 유형이다. 이외에도 연귀틈새, PL틀 코킹불량, 크리센트 불량, 피스커버 불량, 개폐불량 등의 하자가 있다. 창틀의 수직·수평불량이나 레일불량, 앞·뒤창의 간섭, 창의 크기불량 등으로 발생하는 개폐불량과 같은 하자는 대개 손보기 비용을 반영한다.

③ 알루미늄(AL창호)

알루미늄창호의 하자는 조립불량에 의한 연귀틈새, 하부 처짐, 찍힘, 코킹불량, 크리센트 불량, 개폐불량을 들 수 있다. 연귀틈새는 이음부위 보강철물 불량, 자재재단 불량, 문틀의 수직·수평불량 등의 부실로 발생한다. 재질의 특성상 보양조치가 미흡할 시에는 각종 찍힘이나 스크래치가 쉽게 발생한다. 설치 전 골조의 바탕불량 및 AL틀 설치 후 사춤불량 하자도 있다. 발코니 창에서 프레임과 개구부의 크기가 불일치할 때 생긴 틈새는 거의 코킹으로 메꾸는 식이다. 이때 백업재의 시공이 부실하거나 틈새가 과도할 경우 코킹불량이 발생하며 바로 누수와 같은 추가하자가 발생한다. 이때는 부실한 코킹과 백업재를 제거하고 다시 밀실하게 충진하는 보수조치가 필요하다. 창틀과 개구부의 틈새가 과다해서 이러한 조치로 문제가 해소되지 않을 시에는 좀 더 근원적인 해결방안을 모색해야 할 때도 있다.

7. 유리

유리는 주성분이 천연규사($SiO2$)와 가성소다($Na2O$), 석화(CaO)등이며, 산화마그네슘, 산화알루미늄이 소량 함유되어 있다.[87] 투명한 물성 때문에 채광이나 조망을 제공해주는 중요한 건축자재라고 할 수 있다. 건물의 채광이나 통풍, 일조 등의 역할을 하는 창이나 출입구의 개구부에 끼우거나, 커튼월 시공시 전면적으로 채택되기도 한다. 이처럼 유리의 활용도가 증가할수록 하자도 늘고 있다.

(1) 유리의 종류

① 판유리(Flat glass)

창에 주로 사용되는 유리는 표면이 제조된 그대로의 평활한 면을 가진 판유리를 많이 쓴다. 흐린 판유리는 투명 판유리의 일면을 규사 등으로 갈거나 표면의 광택을 지워 투시성을 차단한 유리를 말한다. 주로 2~3mm 두께의 판유리는 목재창에 사용된다. 판유리 두께가 6mm 이상이면 후판유리라고도 한다.

② 복층유리(Pair glass)

복층유리는 2장 또는 3장의 유리를 일정한 간격을 두고 세운 후 그 사이에 건조공기를 넣어 만든 판유리로 이중유리 또는 겹유리라고도

한다. 일반 유리에 비해 단열성
능이 뛰어나 유리창 표면의 결
로현상이나 성에를 방지하는
효과가 우수하다. 2, 3, 4중으로
도 만들 수 있다. 방음효과도 좋
아 빌딩이나 일반주택의 창뿐
만 아니라 전화실, 녹음실, 쇼
윈도우, 스카이라운지 등에 적
합하다. 이외에도 기차, 선박,
항공기의 창에도 많이 쓰인다.

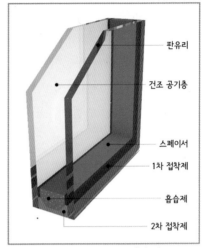

| 그림 6-25 | 복층유리

③ 강화유리(Tempered glass)

강화유리는 판유리를 약 600℃ 까지 가열한 후 급냉시켜 강도를 높
인 특수유리다. 투시성은 같으나 내충격 강도 및 하중강도가 일반적
인 판유리보다 3~5배 정도, 휨강도는 6배 정도 높다. 파손율이 낮고
충격으로 깨져도 모서리가 날카롭지 않은 파편으로 부서지므로 다
칠 위험이 적다. 건축 외장용이나 판매시설의 통창, 강화도어, 에스컬
레이터의 옆판, 계단난간의 옆판, 자동차, 선박 등에 많이 채택된다.
200℃의 온도변화에도 견디는 강한 내열성 유리도 있다.

④ 시스템유리

최근 대형건축물에서 유리에 구멍을 뚫어 점 지지 형태로 벽면을 구
성하는 최첨단 시스템유리의 적용이 늘고 있다. 특수 힌지 볼트를 사
용하고 내진, 내풍압성이 우수하다. 부재의 슬림화 및 부품의 간소화
가 가능하여 건물 외벽의 투명성을 최대화 하기 위해 많이 적용한다.
조립방법에 따라 높이와 폭을 조절할 수 있고, 어떤 경사각도로도 자
유롭게 시공이 가능하여 창의성을 살릴 수 있는 디자인이 가능하다.

⑤ 거울

거울은 빛의 반사로 상(像)을 맺어 물체의 모습을 비추는 도구다. 유리의 뒷면에 은과 같은 금속을 도금하여 제작한다. 은경, 동경, 흑경 등이 있고 주로 장식용으로 사용한다. 공동주택에서는 화장실, 거실장, 신발장 등에 설치된다. 이외에도 기능과 특성에 따라 여러 가지 종류가 있다.

(2) 유리하자 현상

유리하자가 전체 하자에서 차지하는 비율은 3% 정도이다. 그 중 화장실 거울의 변색 비율이 압도적으로 높게 나타나고 이어 복층유리의 김서림과 파손, 균열 등의 현상이 있다.

① 화장실 거울변색

화장실에서 시종일관 빠지지 않는 내용이 거울변색 현상이다. 사용자는 거울의 변색이 미관상 좋지 않고, 적정 품질에 미치지 못하는 저가의 제품을 사용한 하자라고 주장한다. 반면 시공자는 은성분은 자극에 매우 약한데다 거울에 부식방지 코팅처리가 됐다 할지라도 욕실에서 사용하는 청소용 세제 및 샴푸 등으로 인하여 부식되기 쉬워, 산성과 알칼리성 제품을 구분 없이 사용하는 환경이 바뀌지 않는 이상 변색 현상은 피할 수 없다고 주장한다. 감정인은 과학적이고 합리적인 감정방법을 고려하여 전문적 소견을 내려야 하지만 모든 세제의 성분을 분석하여 거울과의 화학적 반응을 조사한다는 것은 쉽지 않다.

| 그림 6-26 | 화장실 거울변색

| 표 6-20 | 유리하자 발생현황

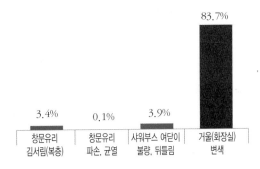

부위	하자현상	A 단지	B 단지	C 단지	D 단지	E 단지	F 단지	G 지	H 단지	I 단지	소계
창문	창문 유리김서림(복층)	-	-	-	-	-	-	116	-	-	116
	창문유리 파손, 균열	-	-	-	-	-	-	-	-	5	5
화장실	샤워부스 불량, 뒤틀림	-	-	-	-	91	42	38	262	6	439
	거울(화장실) 변색	6	101	1,674	14	608	405	38	-	39	2,885
합계		6	101	1,674	14	699	447	192	262	50	3,445

이처럼 사용환경을 원인으로 주장하는 하자현상은 하자의 분포도를 파악해 보는 것도 좋은 방법이다. 일부 극소수 세대에서만 현상이 발견된 경우와 다수의 세대에서 공통적으로 조사되는 경우는 다른 해석이 가능하기 때문이다.

앞장의 〈표 6-20〉을 분석해보자. H단지는 650세대에서 거울변색의 하자가 아예 없다. D단지는 1,400세대의 대형 단지이지만 14건으로 1% 낮은 비율이다. 반면에 C단지는 1,150세대에서 1,674건으로 세대수를 초과하는 하자가 발생하고 있다. 가능하다. 화장실이 2개씩이니까 거의 모든 욕실거울에서 변색이 나타나고 있는 것이다. D단지의 경우는 발생빈도가 극히 낮으므로 사용관리의 문제가 있을 수 있음을 추정할 수 있다. 그러나 C단지의 경우는 전 세대에서 공통적으로 발생하고 있어 거울 자체의 품질에 문제가 있는 것으로 판단할 수 있다. 이처럼 하자현상의 분포도를 분석하고, 그 결과를 토대로 감정의견을 도출하면 과학적이고 객관적인 범주의 감정이 가능할 것이다.

② 김서림, 습기 침투, 스테인[88]

창호와의 접합시 파손이나 유리 자체의 결함으로 복층유리의 간극 사이에 공기나 습기가 유입되어 안개처럼 뿌옇게 흐려지는 김서림 현상이 발생한다. 유리를 고온 다습한 조건에서 장기간 방치하면 수분에 의해 표면이 먼지 혹은 오염물질에 의해 뿌옇게 흐려지는 현상도 생긴다. 이러한 오염자국을 스테인(stain)이라고 하는데 육안으로 관찰될 정도면 제거가 어려워 교체가 불가피할 때도 있다.

③ 균열, 파손

유리는 열에 의한 열충격, 유리에 가해지는 압력, 예리한 물체의 충격으로 파괴된다. 최근 욕실 샤워부스의 설치가 늘어남에 따라 파손하자가 증가하고 있다. 한국소비자원에 따르면 2010년부터 2012년 9월까지 샤워부스 파손사고 59건을 분

| 그림 6-27 | 유리 파손

석한 결과, 욕실이 비어있을 때 자연 파손된 경우가 50.8%(30건)로 가장 많고, 그 외 샤워나 욕실 이용하던 중 파손된 경우가 29.2%(29건)에 이르고 이 중 24건에서 사람이 다쳤다고 한다. 샤워부스용 유리에 대한 안전기준 마련이 시급하다고 하겠다.

④ 열파손

유리가 태양광을 받게 되면 열선을 흡수하여 온도가 상승하고 팽창한다. 반면에 프레임에 삽입되어 있는 부분이나 그림자가 진 유리부분은 온도상승이 되지 않고 저온인 상태를 유지하는데 이때 저온부분이 고온부분의 열팽창을 구속하면 유리의 가장자리 부분에 인장응력이 발생한다. 응력은 창의 방위, 유리의 품종이나 구성, 그림자의 상태, 커튼의 영향, 시공 조건 등 복잡한 영향을 받는다. 유리 엣지부분의 강도를 초과하는 인장응력이 생기면 결국 열파손이 발생한다. 이외에도 새시의 종류, 코킹(caulking)의 품질도 열파손에 영향을 준다.

8. 석재

석재는 만들어진 원인에 의해 화성암, 수성암, 변성암 세 가지로 분류한다. 지구 내부의 암장이 냉각되어 만들어진 석재인 화성암은 다시 화강암, 안산암, 황화석 등으로 나누어진다. 수성암은 광물질, 유기물 등이 쌓이고 겹쳐져 고화되면 침상으로 형성되는데, 사암, 전판암, 석회암, 응회암 등으로 세분화된다. 화성암, 수성암이 큰 압력과 열을 받아 심하게 변질되면 변성암이 되는데 대리석, 사문암, 석면이 그것이다. 건축용으로 화성암의 화강암, 수성암 중 사암, 변성암은 대리석이 주로 쓰인다.

(1) 건축용으로 사용되는 석재

① 화강석

포천석으로 대표되는 화강석은 화성암으로 강도는 경질이며 주성분은 석영(30%), 장석(65%)이고 장석의 색에 의해 구분한다. 요즈음에는 중국에서 많이 수입되어 대체되고 있으나 국산에 비해 품질이 떨

| 표 6-21 | 화강석의 종류와 특징

석재명	특징	비고
거창석	장석이 백색으로 전체에 창백한 피부 같은 뽀얀 회백색을 띠고 있다. 건물의 외벽에 많이 사용된다.	
포천석	장석이 백색과 분홍색 같이 있어 거창석과 문경석 중간 정도의 색을 띠며, 맑은 빛깔을 띤다. 건물의 외부와 내부에 사용된다.	
문경석	장석이 담홍색이 많아 전체에 분홍빛을 띤다. 따뜻한 느낌을 주므로 내부에 많이 사용된다.	
가평석	거창석과 유사하다. 건물의 외벽에 많이 사용된다.	
운천석	포천석과 유사하나 운모와 장석의 색이 진하다. 운모가 일부분 몰려있는 경우가 있다. 건물의 외부와 내부에 사용된다.	
황등석	석영과 운모가 많은 편으로 회색빛의 어두운 느낌이다. 비석, 조각석재 등으로 쓰인다.	
마천석	운모가 주를 이루는 석재로 검은색이다. 걸레받이, 바닥의 포인트석으로 쓰인다. 운모는 약하여 버너구이가 어려워 주로 물갈기마감으로 사용된다.	

어지는 경우가 많으므로 신중한 석재 선택이 요구된다.

② 대리석

대리석은 우리나라에서 생산되지 않아 수입에 의존하는 고급석재다. 유백색 바탕에 짙은 줄무늬와 하얀 점이 특징인 보티치노가 가장 많이 쓰이고 크리마 마쿠나, 트레보티노도 두루 쓰인다. 포인트 장식용으로 많이 쓰이는 연한 갈색의 마론 엠페라도, 붉은 색의 로소 베로나, 녹색의 그린 마블도 있다. 최근에는 유사한 종류의 중국산 제품들이 많이 수입되고 있다. 역시 품질이 미흡한 제품이 많으므로 자재 선택시 설계도서에 규정한 규격의 충족여부를 확인하는 것이 중요하다.

(2) 석재의 가공

석재는 광산에서 채집되어 가공 공장에서 갱쇼, 다이아몬드 쇼 등의 절단기, 연마기 등에 의하여 정해진 규격대로 생산되어 현장에 도

| 표 6-22 | 석재의 가공방법

석재명	특 징	비 고
혹두기	표면을 천연의 돌처럼 보이기 위하여 메다듬으로 불룩하게 가공한다. 건물의 저면 또는 포인트를 주기 위해 사용된다.	
도두락 다듬	절단된 면을 도두락 망치로 거칠게 가공한다. 요즘은 많이 사용하지 않는다.	
잔다듬	잔다듬은 망치와 정으로 석재표면을 잔잔하게 쪼아서 거칠게 만드는 것을 말한다.	
버너구이	절단된 면을 화염을 방사하여 석재의 표면이 터져 나감으로서 표면을 거칠게 하는 방법으로 건물의 외벽 마감에 가장 많이 사용되는 공법이다	
물갈기	절단된 면을 연마하여 평활하고 광택이 나게 하는 방법으로 건물의 내부에 많이 사용된다.	

달한다. 현장에서 다시 재가공하는 경우도 많다.

(3) 석재의 시공법

① 건식공법

앵커공법은 콘크리트 벽면에 앵커볼트를 심고 앵글을 부착하여 시공하는 방법으로 중·소형 건축물의 외부, 내부 벽면 시공에 주로 적용한다. 트러스 공법은 석재를 시공할 면이나, 빈 공간 등에 철재 구조물을 설치한 후, 앵글을 이용하여 석재를 붙이는 공법으로 중, 대형 건축물과 실내 공간, 건물 개·보수공사 등에 많이 채택된다.

석재 시공시 주의사항은 각종 하중과 풍압 등의 응력으로 발생하는 각 층별 변위를 긴결철물과 줄눈에서 적절히 흡수하도록 하여야 한다는 점이다. 이런 조치가 미흡할 시 석재가 처지거나 탈락되는 하자가 발생할 우려가 있다. 외장재의 탈락은 치명적인 안전사고를 발생시킬 수 있으므로 시공시 상당한 주의를 요한다. 또한 트러스공법은 외벽 창호주위의 누수, 결로에 취약하므로 대책이 요구된다.

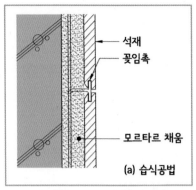
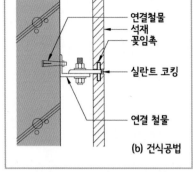

| 그림 6-28 | 석재습식공법

| 그림 6-29 | 석재건식공법

② 반건식공법

반건식공법은 석재를 3㎜ 정도의 동선이나 스테인리스를 이용하여
건물의 내부 벽, 로비, 엘리베이터 홀, 계단실벽 등에 부착하는 방식이
다. 보통 12T~20㎜ 정도 두께의 석재에 적용한다. 상부돌과 하부돌에
핀구멍을 만들어 꽂임촉을 삽입하여 돌과 돌을 연결하는 '핀연결 반
건식' 방법과 하부돌의 상부에 핀구멍을 타공 후 동선을 이용하는 '고
리걸기', T자 형태의 홈을 만들고 벽에는 동선을 심어 못을 박아 고정
하는 '고리걸기 반건식'법이 있다.

③ 습식공법

습식공법은 석재를 마감벽에 맞추어 수평·수직이 되게 하고, 쐐기
를 석재의 밑면과 구체 사이에 끼우고 하부에 된비빔몰탈을 채운 후,
석재의 상부에 꽂임촉이나 꺾쇠를 걸어 구체와 연결하는 공법이다.
이때 상단의 석재 설치는 하단의 석재에 충격을 주지 않도록 하고, 하
단 석재와의 사이에 판상의 쐐기를 끼우고 연결철물이나 꺾쇠를 사용
하여 턱지지 않게 고정한 후 사춤몰탈로 채운다.

④ 바닥시공

바닥시공은 평평하게 몰탈을 고르고 시멘트물을 뿌린 후 돌을 놓고, 고무망치로 두드리며 시공한다. 모래와 시멘트 혼합비는 시멘트, 모래 1 : 3 비율이 적당하다. 30㎜ 이상의 석재를 시공시에는 1 : 3~5 정도가 좋다.

⑤ 본드시공

본드시공은 인테리어 작업이나 세면대상판, 모델하우스, 철판계단, 합판 위 시공, 가구시공, 석고보드에 주로 시공한다. 상황에 따라 유리나 스텐법랑 표면에도 적용한다. 본드시공시 합판을 설치하여 시공할 경우에는 합판 면에 사용하는 목재는 충분하게 건조된 자재를 사용해야 한다. 나무의 뒤틀림 현상으로 석재가 파손되거나 떨어지는 경우가 있기 때문이다.

(4) 석재의 하자현상

압축강도와 내화성, 내마모성이 좋고 종류가 다양한 천연 자재인 석재는 건축물이 고급화됨에 따라 내·외장 마감재로 점점 그 사용량이 증가하고 있다. 그렇지만 처짐이 발생하거나 탈락하기도 하고 얼룩이나 변색이 지는 하자도 많이 생긴다. 자주 발생하는 하자현상은 다음과 같다.

① 석재의 파손, 균열

석재판의 부적절한 시공이나 건축구조체의 균열, 지반침하, 진동의 영향으로 발생하는 석재의 균열은 추후 파손의 요인이 되므로 즉시 보수해야 한다. 물이나 습기에 장시간 노출될 때도 심하면 파손으로 이어진다. 무기염들이 석재의 표면 하부에 압력을 가해 석재가 쪼개

지거나 얇은 판상으로 분리되거나 구멍이 발생하는 사례도 있다. 석재 표면에 작은 구멍이 생기거나 얇은 조각이 떨어져 나가는 현상도 일어난다.

석재의 균열은 전문가의 진단을 받아 안전을 고려한 적절한 조치를 취해야 한다. 보수재료로는 석재와 색상이 비슷한 폴리에스테르나 에폭시 등의 충진재를 사용하기도 하는데 하자가 심하여 보수가 어려운 경우 석재 자체를 교체해야 한다. 몰탈사춤의 미흡으로 인하여 창대석이나 외부 두겁석이 파손되기도 한다.

② 외벽 석재의 처짐

외벽 건식용 앵커공법은 건물벽체에 앵글(angle)을 긴결하고 판재별로 직접 지지해 하부로 하중이 전달되지 않게 석재를 부착하는 공법이다. 석재의 중량에 부적합한 앵글이나 연결철물을 사용하든지 구조계산에 의하지 않고 트러스를 임의로 시공한 경우 처짐하자가 발생할 우려가 크다.

최근에는 석재를 고정용 꽂임촉 철물을 사용하여 고정하지 않고 수평형 앵글과 에폭시만으로 고정시키는 사례가 늘고 있다. 이때 앵글이 약하거나 접착력이 약화되면 석재가 처지는 경우가 빈번하므로 특

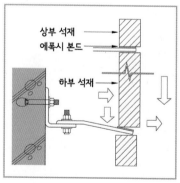

| 그림 6-30 | 석재 처짐

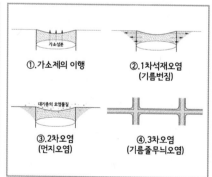

| 그림 6-31 | 씰링재 오염

| 표 6-23 | 씰링재의 오염

오염현상		오염원인	대상 씰링제
씰링재 자체의 오염	씰링재 표면의 오염	먼지의 부착	silicone계, 변성 silicone계, 우레탄계
	씰링재의 오염	미생물의 번식	silicone계
줄눈 주변 오염	줄눈 주변의 적갈색 오염	정색반응(페놀수지)	polysulfide계
	줄눈 주변의 검은색 오염	씰링재 내 가소성분의 이행	silicone계, 유성코팅제 등
씰링재의 변질	씰링재의 변질, 퇴색, 접착파괴	부자재의 변질	silicone계

히 유의해야 한다. 외벽면 석재의 처짐은 방치하면 안전사고를 야기하므로 적극적인 보수가 필요하다.

③ 석재의 오염, 얼룩

석재는 외부의 먼지가 결로수와 결합하거나 석재의 삼투압에 의해 배면에 여러 가지 이물질들이 스며들면 얼룩이 지게 된다. 석재시공에 사용된 에폭시 접착제가 석재에 배어들어 발생하기도 한다. 또한 씰링재 내의 가소성분이 줄눈 주변이나 씰링재, 부자재에 의해 변질되거나 대기 중의 미세먼지가 달라붙어 오염되기도 한다.

설치된 석재지지용 트러스는 페인트를 이용한 방식처리를 해야 한다. 트러스의 페인트가 벗겨지거나 외벽 마감재에 부착된 철물을 스테인레스 재질을 사용하지 않은 경우에는 녹이 발생한다. 석재건축물을 사용하는 사람의 부주의나 커피, 음료수, 침, 손때 등과 더불어 세척제의 과도한 남용으로도 얼룩이 발생할 수 있다. 이런 경우는 사용관리상의 하자에 해당할 것이다.

| 그림 6-32 | 바닥석재 오염

④ 백화현상

석재면의 백화는 석재표면에 발생하는 백색의 입자성 염들이 물에 녹아 석재표면에서 증발하고 염들만 표면에 남으면 하얗게 보이는 현상이다. 백화는 석재가 표면의 젖음현상에 의해 흡수 및 투수가 많아져 몰탈의 습윤 상태가 지속되면 생기는

| 그림 6-33 |　석재바닥 백화

데, 석재 배면이나 마구리에서 물을 차단하기 위한 석재 투수성 처리가 부실한 경우나 판석의 두께가 얇아 투수가 생길 때 주로 발생한다.

⑤ 에칭

에칭은 대리석에 산성의 액체가 접촉되어 표면이 얼룩모양으로 흐릿하게 변하는 현상이다. 대리석이나 라임스톤 석재에서 흔하다. 화강석은 산에 대해서 저항력이 강해 비교적 에칭이 약하게 나타나지만 불산에는 바로 반응한다. 에칭을 방지하기 위해서는 산성의 세척제나 화학약품을 사용해서는 안 된다. 욕실세척제나 변기세척제, 레몬이 함유된 세척제는 산을 함유하고 있으므로 주의해야 한다. 탄산음료, 과일주스, 음식물, 알카리성 세척제도 마찬가지다. 가벼운 에칭은 대리석 광택 파우더로 제거할 수 있지만 상태가 심한 경우는 표면을 재생하는 보수 관리를 해야 한다.

⑥ 황변

때때로 석재가 노랗게 변하는 경우를 황변이라고 한다. 황변이 발생하는 이유는 여러 가지가 있다. 먼지나 검댕이가 스며들어 노래지거나 거무스름하게 변색되기도 하고, 표면에 도포된 왁스나 기타 코팅제의 변색이 원인이 되기도 한다. 먼지나 왁스 등의 코팅제에 의해

발생된 황변은 전유의 세척제나 박리제를 사용하여 제거한다. 백색 대리석의 황변은 세월이 흐름에 따라 석재 내에 함유된 철성분이 물이나 공기 중에 산화되어 발생하므로 자연적인 현상으로 제거가 힘들다. 따라서 감정시에는 제반 현황을 잘 살펴 반영해야 한다.

⑦ 물반점과 컵자국

물반점과 컵자국은 주로 대리석 표면에서 발생하는데 물에 녹아있는 칼슘이나 마그네슘 등의 무기물들이 물이 증발된 후 표면에 남아 반점이나 자국을 만드는 것이다. 주로 대리석 광택 파우더를 사용하여 반점이나 자국을 제거하는데 깊은 반점은 연마나 광택작업으로 제거해야 한다. 사전에 반점이나 자국을 방지하기 위해서는 적당한 코팅제로 대리석 상부표면에 보호조치를 해야 한다.

⑧ 광택의 손실

대리석이나 화강석의 거울면과 같은 광택은 사람의 보행에 의한 마모로 가장 많이 바래진다. 대리석의 경우 화강석에 비해 경도가 약하므로 이러한 현상은 더 두드러진다. 보행시 구두바닥은 이물질과 함께 사포와 같은 역할을 하며, 시간이 지날수록 석재표면이 마모되어 광택을 잃게 되는 것이다. 이 같은 현상을 방지하기 위해서는 출입구에 긴 매트를 깔아 작은 모래나 이물질, 먼지의 유입을 최대한으로 억제해야 한다. 석재바닥을 수시로 마른 걸레로 잘 닦는 것도 중요하다. 통행량이 많은 곳은 석재표면에 왁스나 도막이 있는 코팅제를 도포하는 것이 좋다. 손상된 석재는 전문적인 연마작업과 광택작업으로 재생시키기도 한다.

⑨ 바닥의 단차 및 구배불량

바닥에 깔린 석재판의 높이가 균일하지 못하거나 한쪽면의 모서리가 인접한 다른 쪽 면의 모서리보다 높거나 낮은 경우를 단차라고 한다. 단차는 석재의 연결부를 취약하게 하고, 미관상 영향을 미치고 유지관리 장비의 운용을 어렵게 하는 하자이다. 가끔 신발이 걸려 넘어지는 안전상의 문제도 야기한다.

⑩ 충격자국

석재표면에 충격이 가해지면 흔적이나 흠이 생기게 된다. 강도가 비교적 약한 대리석에 자주 발생하는데 작은 면적에 순간적인 하중이 집중될 때 생기고 큰 충격은 석재를 관통하기도 한다. 이러한 충격자국은 연마작업이나 광택작업을 통해 보수해야 한다. 심한 경우 교체가 바람직하다.

9. 벽돌

(1) 벽돌의 종류

벽돌은 석재와 더불어 외벽에 널리 사용된다. 가장 자주 접할 수 있는 건축자재이다. 몰탈을 결합재로 하여 한 장씩 붙여나가는 방식의 조적벽은 자연친화적인 외관으로 목재와 더불어 외벽에 널리 사용된다. 구조재와 치장재의 두 가지 기능을 동시에 가지고 있는데 주택의 내·외벽에 사용시 다른 재료가 쉽게 따를 수 없는 색감과 질감이 우수하고 의장적 표현이 다양한 장점이 있어 바탕벽체는 콘크리트나 블록 및 시멘트벽돌을 사용해도 마감면에는 붉은 적벽돌과 같은 치장벽돌을 쌓는 경우가 많다. 또한 시공 후에도 유지, 보수가 편리해 반영구적이라는 장점도 있다.

통상 벽돌제품은 크게 보통벽돌과 특수벽돌로 구분한다. 진흙을 빚어 굽는 방식으로 만드는 보통벽돌은 붉은 벽돌과 검정벽돌이 있다.

붉은 벽돌은 적벽돌이라고도
한다. 점토와 고령토를 배합해
서 고온에서 구워내며 여러 가
지 다채로운 색상이 가능하다.
하지만 똑같은 배합에 비율이
라 해도 소성시 받는 열의 양에
따라 벽돌의 색이 달라지므로
유의해야 한다. 특수벽돌은 용

| 그림 6-34 | 적벽돌로 마감한 공동주택

도에 따라 특화된 재료나 모양으로 제작한다. 아치 등에 사용하는 특
별한 모양의 이형벽돌, 가볍고 방열, 방음효과가 높은 경량벽돌, 내흡
수성과 내마모성, 강도가 좋은 포도용 벽돌, 유약을 칠하여 소성한 치
장용 오지벽돌, 고온에 견디는 내화벽돌 등이 있다.

(2) 벽돌하자 현상

벽돌 바탕을 이루는 구조체에 결함이 생기면 벽돌의 접합부, 줄눈,
벽돌 자체의 균열, 누수 등의 하자가 연쇄적으로 일어난다. 개구부 주
변의 이질재 접합부 코킹, 인방, 창대, 방수턱 설치의 설계 반영이 불
분명하거나, 설계도서에 근거하지 않고 부실하게 시공한 경우에도 균
열, 벽체 내 습기 및 누수, 결로 등의 하자가 발생한다.

① 균열

벽돌구조는 풍압력, 지진력 등 횡력에 대해서 약한 편이어서 주로
구조체 내의 장식벽이나 간막이벽에 많이 적용한다. 이질재와의 접합
부나 구조체의 처짐, 뒤틀림, 긴결철물의 부실시공으로 인한 균열발
생이 잦다. 길고 넓은 벽면에서는 수평·수직형 균열이 주로 발생한
다. 수평형 균열은 벽체의 길이에 비해 두께가 얇을 때나 건축물 내부

| 그림 6-35 | 경사형 균열 | 그림 6-36 | 수직형 균열

의 단위 벽의 높이가 길이보다 클 때도 자주 발생한다. 경사형 균열도 흔한데 주로 창문의 인방구조가 부실하거나 창틀에 하중이 집중될 때 창틀, 문틀의 모서리에서 발생한다.

② 줄눈불량

줄눈불량은 줄눈의 배합이나 양 생불량으로 줄눈몰탈이 떨어지는 현상인데, 창문 주변의 줄눈 자체 가 들뜨고 줄눈 표면에 모래가 두드 러지게 나타난다. 기구로 긁으면 떨 어지는 경우도 있다. 빗물이 들이쳐 누수가 생기거나 처짐의 원인이 된 다. 또한 다공길의 벽돌은 흡수성이 뛰어나므로 균열이나 줄눈불량 부분으로도 누수가 자주 발생한다.

| 그림 6-37 | 벽돌 줄눈불량

③ 습기

조적조 및 철근 콘크리트구조에서 외부 치장벽돌을 시공할 때는 열 교를 방지하기 위한 단열시공이 필요하다. 방습층 시공이 미흡하거 나 발수제를 제대로 도포하지 않으면 결로나 누수로 인해 발생한 습기가 내부로 쉽게 스며들고, 발수제의 불량이나 미도포시에도 습기가 젖어들기 쉽다. 따라서 적정 제품에 의한 충분한 발수제 시공이 요구된다.

④ 파손, 치수불량

제조상의 문제로 잔 균열이 있거나 내구성이 요구 성능 이하일 때, 불량벽돌을 사용한 경우에 모서리가 쉽게 부서져 떨어져 나간다. 치수가 허용오차를 벗어난 부적격 규격인 경우도 더러 있다.

⑤ 백화현상

벽돌면이나 콘크리트, 석재 또는 타일 표면에 백화현상이 발생하는 것을 흔히 볼 수 있다. 백화의 제거는 바탕의 종류와 상태를 고려하여 결정해야 한다. 일반적으로 백화는 브러시, 샌드페이퍼

| 그림 6-38 | **벽돌 백화**

| 표 6-24 | **백화의 인자별 발생원인**

대분류	소분류	특 징	비 고
재료	시멘트	많을 경우 증가	
	골재 및 물	가용성 염류가 포함된 경우 증가	황산 염류
	벽돌 및 점토	용해물질이 포함된 경우 증가	
	몰탈	입도 분포가 희박할 경우 증가	
환경	기온	낮을수록 증가	동계
	습도	클 경우 증가	우기
	풍속	클 경우 감소	
	장소	북측 면에서 증가	
구체	균열	많을 경우 증가	
	방수	누수시 증가	
	미장 들뜸	많을 경우 증가	

등으로 표면을 문질러 제거하는 방법이 있다. 백화성분 중 수용성 알카리염은 물로 씻어서 즉시 제거가 가능한데, 제거되지 않을 경우 염산용액으로 용해시킨 액을 사용하기도 한다. 최근에는 전문적으로 백화 제거를 수행하는 업체도 많이 있어 보수가 용이해졌다.

10. 미장

미장(美裝)은 벽·천장·바닥 등에 시멘트몰탈이나 석고프라스터를 발라 마감면을 조성하는 공사이다. 주로 사용하는 재료는 분말재로서 물, 풀, 접착제를 반죽해 흙손 등으로 발라 표면을 매끈하게 바르는 방식이다. 미장공법은 역사가 길어 다양한 시공경험이 축적되어 있어 웬만한 부위의 시공이 가능하다. 현재는 얇은 바름재와 무수축 방바닥 몰탈 등의 개발도 잇따라 철근 콘크리트 구조물의 표면 마감공사에도 널리 적용되고 있다.

(1) 미장부위

① 시멘트몰탈

시멘트 몰탈바름은 콘크리트 벽체나 벽돌, 블록, 라스 등의 바탕위에 초벌바름, 고름질, 재벌바름, 정벌바름의 순으로 시공하는데, 항상 초벌바름이 충분히 건조된 다음에 후속 공정을 진행해야 한다. 또한 시공시에는 바탕면을 거칠게 하여 부착력을 높여야 하고, 양질의 재료를 정확하게 배합해야 좋은 품질을 얻을 수 있다. 그러나 인력의존도가 높은 공종의 특성상 기능공의 숙련도에 따라 품질의 우열이 갈라지기도 하므로 철저한 공사관리가 필요하다.

② 방바닥

공동주택의 난방바닥은 구조체인 슬래브, 층간 열의 이동을 차단하는 단열층과 열을 축적하여 상부층으로 전달하는 축열층, 방열판 및 마감 기능의 몰탈층으로 구성되어 있다. 시공시 상부층의 평활도가 중요하므로 주의해야 한다.

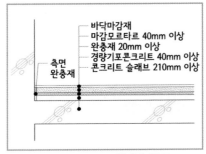

바닥마감재
마감모르타르 40mm 이상
완충재 20mm 이상
경량기포콘크리트 40mm 이상
콘크리트 슬래브 210mm 이상
측면 완충재

| 그림 6-39 | 방바닥 구조

③ 기타 바닥면

건축물의 바닥을 마감하는 작업을 총칭해 바닥바름공사라고 한다. 시공재료 및 방법에 따라 시멘트몰탈 바름공사, 현장테라조 및 인조석 갈기공사, 석고 플라스터 바름공사, 돌로마이트 플라스터 바름공사, 회반죽 바름공사, 외바탕 흙벽 바름공사, 합성수지 플라스터 바름공사, 합성고분자 바닥 바름공사, 단열몰탈 바름공사, 내화학 마감재 바름공사, 셀프레벨링재 바름공사 등과 같은 다양한 시공방법이 있다. 주차장 바닥에 무근 콘크리트를 레벨링하면서 바르기도 하고 동시에 각종 바닥강화재를 시공하기도 한다.

(2) 하자현상

대표적인 미장하자 현상은 균열, 들뜸, 수평불량, 구배불량, 처짐, 오염, 백화, 동해, 미장면 마감불량을 들 수 있다. 미장재료 및 공사에서 발생하는 하자현상의 원인은 구조체의 부동침하나 외력, 바탕정리 불량, 부적합한 미장재료의 사용과 시공불량이 대표적인 사례이다.

① 균열, 들뜸

다른 균열처럼 시멘트몰탈면의 균열의 원인도 아주 다양하다. 주로 나타나는 미장 균열은 콘크리트면과 조적면과 같이 이질재가 접합하는 부분의 균열이다. 벽돌과 콘크리트는 물을 흡수하는 성질이 서로 달라 골조 구조체의 균열이나 미세한 변형에도 영향을 받으므로 콘크리트와 벽돌의 접촉면에서 균열이 자주 발생한다. 그리고 사용재료의 구성과 시공정도, 양생, 보양방법에 따라 균열이 발생한다. 온도변화에 따른 신축 팽창, 실의 형상에 따른 응력의 불균형도 하나의 요인으로 추정된다.

고질적인 균열은 개구부 모서리나 창문틀 주위에 흔하지만 주택의 방바닥미장 균열도 빼놓을 수 없다. 바닥 균열은 내구성에 대한 우려와 동시에 바닥재에도 영향을 미쳐 들뜸, 주름과 같은 하자현상이 초래된다. 들뜸은 기포에 의해 바탕면 접착력이 약화되어 미장면이 박락되거나 뜨는 현상을 말하는데 콘크리트 바탕에 포함돼 있던 공기와 몰탈에 포함된 물이 몰탈 내부에 공기포를 형성하고 치밀한 미장면 밖으로 배출되지 못할 때 미장면이 들뜨게 되는 것이다. 물빠짐 후 쇠흙손 마감이 미흡하거나 기준대를 사용하지 않았을 때도 자주 발생한다.

② 구배불량

방바닥이나 사물실 바닥처럼 물을 사용하지 않는 공간은 수평불량 현상이 생기고, 외부 복도, 주차장과 같이 비나 눈에 의해 유입된 물을 흘려보내야 하는 바닥면에서는 구배불량 하자가 발생한다. 이 같은 평활도나 구배불량은 기능공의 숙련도에 좌우되는 경우가 많으므로 정밀한 시공관리가 따르지 못하면 예방하기 어렵다.

(3) 미장하자 감정시 유의사항

① 보수범위 설정

실내외 공간의 바닥은 각종 문을 통해 인접 공간과 접하게 되므로 정확한 레벨이나 구배가 요구된다. 만약 내부 쪽으로의 역 구배가 발생하거나 경사가 불량할 때에는 비가 흘러들어 오거나 문이 제대로 열리지 않는 하자가 발생한다. 이때 부분철거 등으로 하자현상을 해소할 수 있는 보수방법과 보수의 범위를 결정해야 한다. 문제는 범위의 적정성에 대해 원피고의 의견이 엇갈린다는 것이다. 사용자는 완전한 해결을 요구하다 보니 확대된 범위를 원하고 반면에 시공자는 최소화하기를 원한다. 따라서 정확한 측정과 조사를 통한 객관적인 보수범위의 산정이 중요하다. 보수 후 기존 부위와의 이색처리 등 마무리 후의 미관적인 측면도 신중히 고려해야 한다.

② PD 내벽 미장 미시공

PD 및 AD 내 조적벽체 부위의 미장마감 미시공 여부가 하자소송에서 쟁점이 되고 있다. 사용자는 조적벽체의 내구성 향상를 위하여 미장공사를 시행해야 한다고 주장하는 반면, 시공자는 통상적으로 은폐, 매몰되어 있는 PD 및 AD 내부를

| 그림 6-40 | PD내벽 미장 미시공

열고 들어가지 않는 한 볼 수 없으므로 미관상 지장을 초래하지 않으므로 마감할 필요가 없다고 강조한다.

「건설감정실무」에서는 이러한 하자현상의 경우 "설계도면의 실내 재료 마감표 및 당해 부위 상세도를 기준으로 판단하는데, 설계도서

와 대비하여 미시공 하자로 판단시 중요하지 않은 하자로 보수비용이
과다한 경우 하자에 의한 손해, 하자 없이 시공했을 경우의 시공비용
과 하자 있는 상태대로의 시공비용의 차액을 산정한다"고 판정기준을
제시하고 있다.[89]

③ 미장몰탈 두께부족

계단실 벽체의 미장몰탈 두께부족에 대한 하자를 주장하는 사례도
많다. 설계도서에서 지정하고 있는 규격에 불일치하는 변경시공 하자
라는 것이다. 그러나 하자조사를 위해서 모든 미장면을 철거하여 몰
탈 두께를 측정한다는 것은 현실적으로 어렵다. 이때는 원피고와 협
의해서 조사개소와 범위를 설정하여 표본조사 방식으로 진행하는 것
이 합리적인 방법이다. 조사 결과를 토대로 하자의 중요도를 감안하
여 감정의견을 제시해야 한다.

④ 지하주차장 트렌치 구배불량

시공자와 사용자가 대치하는 또 다른 쟁점의 부위가 있는데 바로
지하주차장 배수 트렌치이다. 사용자는 구배불량에 의한 물고임으로
각종 세균과 날파리가 번식하는 등 위생상 문제가 발생하고 심한 경
우 물이 넘쳐 보행에도 지장을 미치는 하자라고 주장한다. 반면에 시
공자는 트렌치에 고인 물은 바
닥면을 아무리 정밀하게 시공
한다하더라도 바닥의 구조상
구배경사를 주었을 때 구조물
에 영향을 미치고, 물의 표면장
력에 의해서도 일정량의 물이
고일 수밖에 없으며, 배수구 내
의 이물질을 제대로 청소하지

| 그림 6-41 | 구배불량 경사 측정

않아 배수불량이 생기는 경우도 많다고 주장한다. 이런 현실을 감안하지 않고 트렌치에 대하여 물이 고여 있으면 무조건 공사상 잘못이라고 하면 문제가 있다는 요지다.

「건설감정실무」에서는 주차장 바닥면의 트렌치 누락 및 구배불량에 의한 배수불량 하자는 설계도면 및 시방서 등과 현장시공 상태와 비교로 판단해 문제가 있을시 기능상, 미관상 하자로 분류하고 있다. 트렌치 배수불량의 경우는 당해 구간을 치핑하거나 보완하여 방수몰탈 시공 등 적정한 보수공법을 적용해야 한다.[90] 트렌치가 설계도서와 불일치하게 누락된 경우는 당연히 트렌치를 시공하는 보수방법을 고려해야 하지만, 배수에 지장이 없는 경우는 중요하지 않은 하자로 보고 있는 점도 감안하여야 한다.

7

기계설비

제7장
기계설비

1. 기계설비 분류

건축설비는 신체의 혈관에 비유할 수 있다. 혈관 속을 혈액이 흘러 다니며 영양분을 공급하듯이 건축설비도 건축물의 각실에 온수를 공급하거나 냉·난방이나 공기조화를 수행한다. 주로 덕트나 배관과 같은 형태로 설치된다. 각종 기기 및 기구로 설치되기도 한다. 기술의 진보에 따라 건축물과 건축설비가 일체화되면서 기계설비시설의 중요성은 더욱 커지고 있다

(1) 급배수 위생설비

급배수설비는 급수·급탕·배수·위생기구·오수정화설비로 나누어진다. 위생기구설비는 건물의 내외에서 급수·급탕배수 등의 배관 말단에 설치하는 기구의 총칭인데 세면대, 욕조, 소변기, 대변기, 세척기 등의 종류가 있다. 주로 쓰이는 재료는 목재, 철기, 금속판, 천연석, 인조석, 법랑, 도기, 합성수지, 유리 등이 있지만 대부분 도기류를 많이 사용한다.

(2) 냉난방 및 환기설비

냉난방설비는 주택이나 사무소, 기타 건물에 있어서 필수적인 설비 중의 하나이다. 인체의 쾌적성을 목표로 하는 냉방 외에 공업용 환기설비도 있다. 난방설비는 실내 개별식 난방과 보일러 등에 의해 만들어진 열매를 각 실로 분배하는 중앙식 난방이 있다.

(3) 기타 설비

그 외 소화나 방화, 피뢰설비 같은 방재설비, 주방설비, 가스설비, 오물처리설비 등이 있다. 방폭, 방설설비 등 특수설비도 있다. 수송설비도 건축설비의 하나인데 엘리베이터, 에스컬레이터, 메일슈트, 더스트 슈트 등이 있다. 주행(走行)크레인이나 컨베이어 같은 설비도 포함된다.

07

2. 기계설비 하자

기계설비 하자는 전체 하자의 12%에 달하는 것으로 나타나는 데 보통 4~5년 정도 거주자가 사용하면서 설비적 문제들은 거의 해소된 이후에 소송이 제기되기 때문에 통상적인 설비하자는 미미하고, 드레인 배관의 규격 불일치와 같은 변경시공 하자의 비율이 높아지는 것으로 분석된다.

건축설비는 난방, 공조, 방재 등 건물에서 중요한 운전기능을 수행하므로 하자가 일어나면 민원으로 직결된다. 일반적인 하자현상으로는 배관부위의 누수나 누출, 배수관 막힘, 냉 · 난방불량, 실내 악취 등이 있다. 비단 시공상 하자만이 아니라 자재결함에 의한 하자, 설계상의 오류나 재질, 규격의 변경, 보온재의 미시공과 같은 하자도 많다.

| 표 7-1 | 기계설비 하자 현황

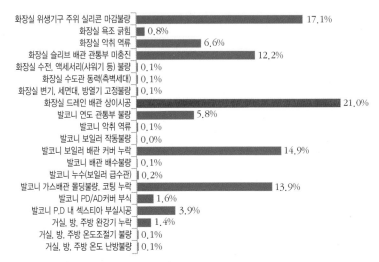

부위	하자현상	A단지	B단지	C단지	D단지	E단지	F단지	G단지	H단지	I단지	소계
거실(방)	온도 난방불량	-	-	-	-	-	-	10	-	-	10
	온도조절기 불량	-	-	-	-	-	-	-	-	6	6
	완강기 누락	-	-	-	-	-	155	-	-	-	155
발코니	P.D 섹스티아 부실시공	436	-	-	-	-	-	-	-	-	436
	PD/AD 커버 부식	-	-	-	185	-	-	-	-	-	185
	가스배관 몰딩불량, 코팅누락	-	-	876	-	-	-	689	-	-	1,565
	누수(보일러 급수관)	-	-	-	-	-	19	-	-	-	19
	배관 배수불량	-	-	-	-	-	-	6	-	-	6
	보일러 배관 커버 누락	-	1,673	-	-	-	-	-	-	-	1,673
	보일러 작동불량	-	-	-	-	-	3	-	-	-	3
	악취 역류	-	-	-	-	-	12	-	-	-	12
	연도 관통부 불량	-	-	-	-	-	-	-	658	-	658
화장실	드레인 배관 상이시공	-	-	1,674	-	-	-	689	-	-	2,363
	변기, 세면대, 방열기 고정불량	14	-	-	-	2	-	-	-	-	16
	수도관 동결(측벽세대)	-	-	9	-	-	-	3	-	-	12
	수전, 액세서(샤워기등)불량	-	-	-	-	-	-	3	-	6	9
	슬리브 배관 관통부 미충진	-	-	-	-	-	-	689	-	682	1,371
	악취 역류	-	-	-	-	744	-	-	-	-	744
	욕조 긁힘	-	-	-	-	-	92	-	-	-	92
	위생기구 실리콘 마감불량	-	-	-	192	-	971	-	658	102	1,923
합계		26	300	5,171	1,267		1,187	689	73	682	9,395

기계설비 하자는 유지관리상의 문제로도 자주 발생하므로 감정시 하자의 원인을 판단시 제반 여건을 충분히 감안하여야 한다.

누수나 배관 연결부, 밸브류 불량과 같은 단순한 하자는 대개 즉시 보수가 가능하다. 문제는 건축이 고급화 되면서 마감재 부위를 철거 후 보수한 뒤 그 부위를 다시 건축마감재를 보수하는 경우가 있는데 이때 실질적인 하자보수비용보다 훨씬 과다한 비용이 발생한다는 것이다. 따라서 철저한 품질시공으로 하자를 미연에 방지하는 것이 바람직하다 할 수 있다.

(1) 배관규격, 재질변경

규격이나 재질의 변경하자는 기계설비 하자의 대표적인 사례이다. 흔히 배관을 설계도서와 상이한 규격으로 변경하여 시공하는 사례가 많은데 급수관에 적용하기에는 부적당한 재질의 배관을 사용하는 경우도 있다. 향후 부식이나, 내구성 약화 등으로 인하여 배관기능에 영향을 미칠 정도의 변경시공은 중요한 하자에 해당된다. 이처럼 설계도서불일치 하자는 하나의 공통된 테마라고 할 수 있을 정도로 건축, 설비, 토목, 전기 등 모든 공종에서 적출되고 있다.

규격과 상이하거나 재질을 변경한 부분을 찾기 위해서는 계약도면이나 사용승인도면 및 당해 부위상세도, 시방자료와 같은 설계도서의 규격을 기준으로 육안검사나 버니어캘리퍼스와 같은 계측장비를 사용하여 조사해야 한다. 재질변경과 같은 경우는 전문적 검사가 요구되기도 한다. 검사결과 기능상 문제점이 확인되면 적절한 보수방법을 적용해야 한다. 하지만 기능상 별다른 지장이 없고 중요도가 높지 않을 경우, 하자 없이 시공했을 경우의 시공비용과 하자 있는 상태대로의 시공비 차액을 산정하여야 할 것이다.

(2) 보온재 미시공, 변경시공

급변하는 기후를 감안하면
각종 배관의 보온재를 미시공
한 경우는 결국 하자로 나타나
게 된다. 극심한 한파가 닥쳤
을 때 그동안 별다른 지장이 없
었던 배관이 동파되거나 배수
관이 얼어 하수가 역류하는 하
자현상이 발생한다. 동파 우려

| 그림 7-1 | 세대계량기함 보온재 미시공

가 있는 부위의 배관이나 세대양수기함의 보온재는 동절기 배관의 동
파방지를 위해 필히 시공하여야 한다. 따라서 보온재 미시공은 통상
기능상의 하자로 분류된다. 물론 보온재의 미시공 여부는 설계도면과
시방, 관련 규정을 기준으로 지정한 보온재의 시공여부나 규격의 충
족여부를 조사해야 한다.

(3) 방화구획 미시공, 배관 사춤불량

대개의 건축물은 화재시 다
른 공간으로 불이 번지는 것을
막기 위해 내화구조로 된 바닥,
벽이나 방화문, 방화셔터로 구
획된다. 일정 규모 이상의 건물
은 층간도 방화구획으로 시공
되어야 한다. 각종 설비배관은
바닥 슬래브를 관통하는 경우

| 그림 7-2 | 방화구획 미시공

가 많은데, 이때 설비배관 관통부는 방화기준에 적합하게 메꾸어져야

하는데 마무리 처리가 부실한 경우가 많다. 방화구획은 화재에 대비한 것이기 때문에 배관 주위 사춤불량은 중요한 하자로 인식된다. 설계도서와 시방서 관련 규정에 맞추어 현황에 맞는 조치가 필요하다.

(4) 스프링클러 살수반경 부족

스프링클러 설비는 화재 발생시 물을 방사시켜 화재를 진압하는 설비를 말한다. 스프링클러헤드 살수반경과 지장물에 관해 법적 기준이 명시되어 있는데 스프링클러 헤드와 천정, 보와의 이격거리가 좁아 살수반경이 부족하면 소방능력

| 그림 7-3 | 스프링클러

이 떨어지게 되고, 지장물이 있으면 물을 분무하더라도 제대로 닿지 못해 화재시 제 기능을 발휘하지 못하게 된다. 이 같은 살수반경 부족과 지장물 장애에 관한 하자조사는 설계도서 및 시공 상태를 면밀히 비교해야 한다. 관련 규정에 대한 충분한 이해도 요구된다. 조사결과 하자가 예상되는 구간은 스프링클러 헤드의 이전이나 혹은 추가 설치가 필요하다.

(5) 위생기구 불량

화장실에서 건축설비의 대표적인 하자는 좌변기를 비롯한 각종 위생기구의 고정불량이나 마감불량을 들 수 있다. 세면기 배관의 누수나 배수불량, 악취, 각종 수전류의 흔들림, 녹의 발생 등 하자가 주로 발생한다. 대부분 육안이나 촉지로 확인된다. 변기가 고정불량인 경

우도 많다. 통상 보수비용을 산정하는데, 심한 경우 교체를 고려해야 할 때도 있다. 문제는 사용관리상의 이유나 원인으로 발생하는 하자를 구별해 내어야 한다는 것이다. 사용연한이 어느 정도 지났는데 위생기구나 욕조의 파손을 주장하는

| 그림 7-4 | 위생기구 고정불량

경우는 하자보수 요청사실과 같은 이력을 가능한 확인하여 시공상의 문제인지 유지관리상의 문제인지 면밀히 파악해야 한다.

8

전기설비

제8장

전기설비

1. 전기설비 분류

전기설비는 에너지와 정보를 공급하는 주요한 시설이다. 기계설비와 마찬가지로 인체의 동맥과 같이 건물의 전체 기능에 직접 영향을 미치는 중요한 동선이라고 할 수 있다. 전기설비의 하자발생시에는 자칫 심각한 상황을 초래할 수도 있으므로 반드시 정기적인 안전진단이 필요하다.[91]

(1) 수·변전설비

변전소에서 송전된 후 수용가에서 받는 수전전압은 23KV, 154KV, 345KV, 765KV 등으로 다양한데 전력 소비자의 전기설비가 일정 규모 이상일 때 특고압을 받아서 필요한 전압으로 변환해야 한다. 전기의 전압을 각종 전기설비에 맞는 전압으로 변환해 주는 설비를 수·변전설비라고 한다.

(2) 조명설비

조명설비는 빛을 만들어 내기 위한 광원, 조명기구 광원에 전기를 공급하기 위한 분전반의 배선, 조명을 제어하기 위한 점멸기, 조광기 등으로 구성되어 있다. 또한 형광등, LED등 같은 조명기구와 분전반, 점멸기, 전선 등의 하드웨어 부분과 조명방식, 조명제어, 배선설계 등의 소프트웨어 분야로 나뉘거나 위치에 따라 옥내 조명설비와 옥외 조명설비로도 분류한다.

(3) 전열설비

전열설비는 TV, 전기밥솥, 다리미와 같은 전열기기부를 사용하기 위해 말단 분전반에서 전기기기가 바로 접속되는 콘센트까지의 배관 배선 및 기구설치를 말한다.

(4) 예비용 전원설비

전기를 주 동력원으로 하는 시설은 순간의 정전이나 장애 또는 과대한 전압 강하시에 기능이 정지된다. 예비용 전원설비는 갑작스런 정전에 대비하여 예비 전력을 보유하여 안정된 전력을 공급하기 위한 UPS, 축전지충전설비, 예비용 자가발전설비를 말한다.

(5) 방재설비

방범방재설비는 인명, 재산 및 정보의 안전을 확보하고 불법침입을 규제하거나 감시하기 위한 설비인데, 자동화재 탐지설비, 누전경보기, 비상경보설비, 유도등, 비상조명등, 비상콘센트설비, 무선통신보조설비가 있다.

(6) 정보통신설비

통신설비에는 초고속 정보통신설비, 지능형 홈 네트워크, 전화, 인터폰, 비상, 유도 및 표시장치, 방송장치, 경보장치 등이 있다. 초고속

정보통신설비는 전화국의 외선에 접속하여 사용하는 배선설비와 구
내 통신시설을 말한다.

2. 전기설비 하자

전기하자가 전체 하자에서 차지하는 비중은 5% 정도이다. 주로 불
량자재에 의한 콘센트, 스위치, 조명기구류, 누전차단기, 전화수구 등
단순한 제품 결함이 많다. 기계기구 취부불량, 감지기 결선불량과 같
은 하자는 시공불량에 의한 하자인데 분전함 누수와 같이 타 공종의
시공불량에 영향을 받는 경우도 있다. 대개 시공 당시 현장관리자의
감독소홀과 미숙련공에 의한 시공 등이 주요 원인이지만 노후화 및
유지관리부실에 의한 사용관리상의 하자도 있을 수 있다. 따라서 전
기설비 감정시는 정확한 현황의 파악과 함께 동시에 설계도서, 시방
기준의 분석이 필요하다.

(1) 화장실 천정 플렉시블 전선관 미시공

욕실 천정내 조명기구 배선이 전기공사 기준이라고 할 수 있는 '내
선규정'[92]을 위반한 부실공사라는 주장이 많다. 이른바 화장실 천정
의 조명기구의 전원 배선시 금
속제 가요 전선관 배선이 누락
된 미시공 하자가 전유부분 전
기하자의 60%에 이르는 것으
로 분석되었다. 일부 감정 결과
가 아예 욕실 천정을 철거하고
플렉시블 전선관을 재시공하는
비용을 산정하는 사례가 있다

| 그림 8-1 | 욕실 천정 배선

| 표 8-1 | 전기하자 발생 현황

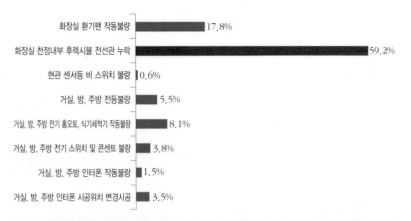

부위	하자현상	A단지	B단지	C단지	D단지	E단지	F단지	G단지	H단지	I단지	소계
거실·방·주방	인터폰 시공위치 변경시공	-	-	-	-	-	-	-	-	169	169
	인터폰 작동불량	-	-	-	-	-	-	26	-	48	74
	전기 스위치, 콘센트 불량	-	-	-	-	-	19	155	-	9	183
	홈오토, 식기세척기 작동불량	-	-	103	-	-	-	195	70	27	395
	전등불량	-	-	164	-	-	39	-	-	67	270
현관	현관 센서등 및 스위치 불량	-	-	-	-	-	-	23	-	8	31
화장실	천정내 플렉시블 전선관 누락	-	-	-	-	-	1,540	-	658	682	2,880
	환기팬 작동불량	-	-	-	281	9	248	98	168	61	865
합계				267	281	9	1,846	497	896	1,071	4,867

보니 원·피고가 첨예하게 대치하는 쟁점하자로 부각되었다. 적정 공법에 의한 보수비 산정이 요구된다. 「건설감정실무」에 따르면 설계도면, 시방서 및 관계규정과 전기적인 특성을 충분히 파악한 후 기능상, 안전상, 하자로 분류하여 보수비 산정을 제시하도록 정하고 있다.[93]

(2) 지하 주차장 CCTV 사각지대 발생

전기설비 하자에서 또 하나
의 쟁점은 공동주택의 CCTV
의 사각지대 발생에 관한 것이
다. CCTV 설치 관련 내용은 주
택건설기준 등에 관한 규칙에
서 정한 성능과 제원에 근거해
야 한다. 규칙에 따르면 승강
기, 어린이 놀이터 및 각 동의

| 그림 8-2 | 주차장 CCTV

출입구마다 폐쇄회로 텔레비전 카메라를 설치해야 하고, 카메라는 전
체 또는 주요 부분이 조망되며 잘 식별되어야 하는데, 카메라의 해상
도는 41만 화소 이상의 성능이 나와야 한다. 또한 카메라와 녹화장치
의 모니터 수를 동일하게 설치해야 한다.

여기서 하자의 쟁점은 사각지대 발생으로 인한 시야 미확보이다.
이는 주차장 내에서의 도난과 강도사고 등과 같은 강력사건이 발생하
였을 때를 대비한 보안과 예방효과와 더불어 사고시에도 정밀한 자
료를 확보하기 위해서는 상당히 중요한 기능이라고 할 수 있다. 사용
자는 주차장법 취지에 따라 사고발생시 사고조사 자료를 적극 확보하
기 위해 주차구획과 차량통행로 뿐만 아니라 지하주차장과 외부로 통
하는 출입구, 계단 등에도 빈틈없이 CCTV를 설치해야 한다고 주장한
다. 반면 시공자는 실제 주차장 내부 전체의 사각지대가 없어야 한다
면 CCTV를 너무나 많이 설치해야 하는데 이는 과도한 것이라고 주장
하며 사용자와 첨예하게 대치한다.

지하주차장의 구조 및 설비는 주택건설기준 등에 관한 규칙(제6조의
2항)에 의해 주차장법 시행규칙(제6조 11항)을 따라야 하는데 개정 전
규칙(2007.12.13.)에서는 CCTV의 성능을 '방범설비는 사각지대가 발생

하지 아니하도록 설치해야 한다'로 명시하고 있다. 그런데 개정된 규칙에는 '방범설비는 주차장의 바닥면으로부터 170센티미터의 높이에 있는 사물을 알아볼 수 있도록 설치해야 한다'로 개정되었다.

이처럼 CCTV의 시야확보에 관한 내용이 바뀐 취지는 단순히 자동차의 움직임을 모두 살피는 정도에서, 감시범위 내 사람의 얼굴을 식별할 수 있을 정도로까지 성능을 강화시킨 규정으로 풀이된다. 「건설감정실무」에서는 CCTV는 지하주차공간의 안전을 확보하며, 각종 사고, 범죄를 미연에 방지하는 예방적 기능을 발휘하는 안전상 중요한 장치로 보고 '시야 미확보'는 기능상의 하자로 보고 있다. 이에 따라 설계도서 및 관계법규(부칙)에 근거하여 기능품질 및 사각지대 해소용 CCTV를 추가 설치하는 비용을 산정하고 있다.[94]

(3) 빌트인 가전제품 등의 작동불량

빌트인 제품의 하자 비중도 점점 높아지고 있다. 전기하자 중 그 비율 8% 정도인데, 향후 주거건축이 점점 고급화되는 추세에 따라 더욱 늘어날 것으로 예상된다. 빌트인 전자제품의 하자는 시공상 하자 판단과 더불어 사용상 과실여부 확인이 매우 중요하다. 빌트인 냉장고에서 성에가 심하게 끼는 하자나, 배면의 결로수로 인해 마루바닥이 변색되거나 썩는 경우가 있다. 이때 이런 하자가 다수 세대에 공통적으로 발견된다면 제품 자체의 품질에 문제가 있다고 추정할 수 있다.

외벽단열이 안 된 발코니 보조주방에서 발생한 결로수로 인해 콘센트에 누전이 발생하거나 급격한 온도저하로 인해 김치냉장고가 작동이 중지되는 등 타 공종의 하자로 인한 2차 하자가 발생하는 사례도 있다. 「건설감정실무」에 따르면 세대주방 TV, 라디오, 냉장고 등에 빌트인 전자제품에 내구성능상, 제작설치상, 또는 다수 세대에 공통적으로 기능 및 작동불량 하자가 발생했을 경우는 기능상의 하자로 판단하고 점검 및 보수비용을 산정하여 반영하여야 한다.[95] 물론 2차 하자라면 직접 원인이 되는 하자에 대한 조치방법도 동시에 강구되어야 할 것이다.

(4) 조명 등기구 불량

조명기구의 불량이나 탈락, 고정불량 하자는 수선에 필요한 비용을 반영하면 큰 무리가 없다. 문제는 설치된 조명기구가 설계도서나 카다로그, M/H에서 제시한 제품과 규격이나 성능, 품질이 차이가 나는 경우가 많다는 것이다. 이와 같은 변경시공 하자는 최종적으로는 당초 설계도서에서 지정한 사양의 조명기구 설치비용과 현재 시공된 제품과의 시공비용의 차액을 산정하여야 한다. 특히 공동주택의 조명제품은 기성 공산품이 아닌 주문제작의 특성으로 단가 산정이 어렵거나 전혀 파악할 수 없는 경우가 많으므로 유사상품군과 같은 제반사항을 종합적으로 검토해야 한다.

9

조경 · 부대토목

제9장
조경 · 부대토목

1. 조경수·조경시설

조경수와 조경시설은 생활의 활력소이자 쉼터로서 중요한 공간이 되고 있다. 특히 공동주택 단지의 경우 쾌적성 측면과 친환경적 시설을 중시하는 최근의 경향에 맞추어 일종의 편의시설이나 문화시설로 인식되며 상당히 고급화된 시설이 설치되는 추세이다.

(1) 식재 지반

식재를 심기 위한 지반은 식재하부용 토층과 식재용 토층으로 구성되는데 최소한의 생육심도를 확보해야 한다. 나무가 잘 자라기 위해서는 토층에 충분히 덮여야 하기 때문이다. 토층의 마운딩은 20~30cm 두께로 다짐하여 지정된 흙 쌓기 높이와 양이 되도록 해야 하는데, 상부와 언저리는 둥글게 처리하고, 평균 30% 이하의 완만한 경사로 구릉을 이루는 것이 좋다.

또한 우수가 건물지하로 역류하지 않도록 하기 위해서는 표면수의 흐름을 고려해야 하는데 플랜트 박스 내 인공지반 조성시 바닥이나 내부의 이물질을 완전히 제거해야 한다. 이런 조치가 미흡하면 요철이나 굴곡에 의한 배수불량이 발생할 수 있다. 식재층 바닥은 배수판이나 천연 또는 인공골재깔기, 지반용 섬유를 깔아 토양유실이나 배수기능의 저하를 억제해야 한다.

① 표토

표토층은 PH 5~7 정도이고 유기물함량이 2% 이상인 사질양토로 40cm의 깊이가 표준이다. 대개 표토는 양질의 현장발생 표토가 부족 시 반입하는데, 토양이 부적합하다고 판정된 경우에는 적정수준으로 개량하여야 한다. 인공토양은 식물생육에 필요한 필수영양분과 미량 요소들을 고르게 함유한 것을 사용해야 한다. 식재하부는 흙 또는 기타 불순물이 혼합되지 않고 양질의 현장발생토 또는 반입토사를 사용하며 점토덩어리나 쓰레기와 같은 식생에 유해한 물질은 걸러내야 배수가 양호해진다.

② 배수

우수는 식재지역으로 흘러서는 안 되고 표면배수 집수시설에 잘 흘러가고 타 지역의 우수가 유입되지 않게 처리해야 한다. 녹지 표면은 원활한 배수를 위해 일정한 기울기를 유지해야 한다. 심토층 중 지하수위가 높은 곳이나 불량 및 인공지반에는 배수시설을 설치하고, 평탄한 지역에서도 지하수위가 높은 곳에는 배수시설을 설치해야 한다.

(2) 수목 식재

수목은 살아있는 식물이므로 유의해서 다루어야 하며, 식재 예정지역과 유사한 기후조건에서 재배하고 성장한 것이 좋다. 식재시는 뿌리의 활착이 용이하도록 농장에서 미리 이식하거나 단근작업과 뿌리돌림을 실시하여 세근을 발달시킨 재배품이 좋다. 병충해의 피해나 손상이 없이 생육이 잘 되기 위해서는 흉고나 근원 직경이 지정규격 이상인 수목을 고르는 것이 바람직하다. 설계도서의 규격보다 왜소한 수목의 식재시 변경시공에 의한 하자로 여겨질 수 있으므로 지정규격 이상의 수목을 확보하는 것이 중요하다.

① 식재 위치

식재 위치는 설계도면상의 지정한 위치로서 가급적 실측에 의해 확인해야 한다. 식재구덩이는 식재 당일에 파되 수목반입 즉시 식재될 수 있게 미리 작업을 시행하여야 하는데 나비를 최소한 분 크기의 1.5배 이상으로 하고 깊이는 분의 높이와 구덩이 바닥에 깔게 되는 흙, 퇴비 등을 고려해 적절한 깊이를 확보하여야 한다. 채움 흙의 토질은 배수성과 통기성이 좋은 사질양토를 사용하며, 혼합토 사용시 혼합재료 선정비율은 공사시방서에 따라야 한다.

② 식재

식재는 주간을 정돈하여 뿌리를 다듬고 식재구덩이 중심에 심어야 한다. 물조임시 침하를 고려하여 마운딩의 약간 위로 심는 것이 좋다. 유기질비료를 식재구덩이 바닥에 넣은 후 수목을 앉혀야 하며, 흙을 채울 때에도 유기질 비료를 혼합하여 넣는다. 수목의 생리적 특성에 따라 물다짐 또는 마른다짐을 하는 데, 뿌리분 주위에 공극이 발생되지 않도록 다져야 한다.

③ 식재 후 처리

식재 완료 후 지주 및 수목보호대를 설치하여 수목이 흔들리거나 전도되지 않도록 해야 한다. 지주 및 수목보호대는 반입수목의 실제 규격에 따라 깊이 매설하여 흔들림이 없어야 하고, 경사각은 70°정도, 매설깊이는 30cm 이상이어야 한다. 지주목이 부실하면 수목이 심한 바람에 전도되는 경우도 있으므로 유의해야 한다. 형태에 따라 이각, 삼각, 버팀형 지주가 있다.

(3) 조경시설물

① 조경시설물 종류

조경용 목재시설물은 파고라, 정자, 쉘터, 벤치, 목재데크, 목재펜스, 놀이터 등 아주 다양하다. 조경공간의 중요도가 강조되면서 수목외에도 조경시설물의 배치나 디자인에 대한 관심이 높아 활용성 좋고 고품질의 조경시설이 각광받고 있다.

| 그림 9-1 | 정자

| 그림 9-2 | 벤치

② 목재의 종류

조경시설의 제작시 사용되는 목재는 다양하게 나뉜다. 〈표 9-1〉은 용도와 경도에 따라 목재를 분류한 표이다. 최근에는 목재의 내구성이 강조되면서 활엽수재의 사용이 증가하고 있다.

| 표 9-1 | 용도에 의한 분류

	주요 용도	재 질	수 종
구조용 재료	건물의 골조용 (바닥, 기둥, 벽, 보)	강도 및 내구성 이 큰 목재	침엽수(전나무, 소나무, 낙엽송, 삼나무, 미송, 나왕 등)
장식용 재료	실내외 치장용 (수장재, 가구재, 창호재)	무늬 및 나뭇결 이 좋은 목재	침엽수(적송, 홍송, 낙엽송 등), 활엽수(오동나무, 느티나무, 단풍나무, 박달나무, 참나무 등)

| 표 9-2 | 경도에 의한 분류

분 류	재 질	수 종
경목(hard wood)	활엽수	밤나무, 느티나무, 단풍나무, 박달나무, 오동나무, 참나무 등
연목(soft wood)	침엽수	적송, 흑송, 삼송, 전나무, 잣나무, 낙엽송 등

2. 조경하자

수목이나 시설물이 외부공간에 노출되어 있어 기후 및 주변 환경에 의해 영향을 받을 수밖에 없다. 특히 조경은 살아있는 나무나 화초이 므로 병충해에 의해 죽기도 하고 각종 환경에 의해 생육이 부진해 지 기도 한다. 대표적인 조경하자로는 고사, 미식재, 식재불량을 들 수 있 으며 그렇지만 외부환경의 영향 외에도 사후관리가 미흡하여 생육이 부진하거나 고사하는 경우도 있으므로 하자책임의 귀속주체를 구분 하기가 어려울 때가 많다. 따라서 조경하자에 대한 판단은 설계도서 와 관련 시방기준 및 관리실태까지도 포함한 종합적이고 객관적인 조 사가 중요하다. 조경시설물에서도 목재나 철재부위, 포장면, 기반구 조, 수경시설과 같은 곳에서 많은 하자가 발생하고 있다.

(1) 고사목

수목의 경우 수관부 가지의 약 2/3 이상이 고사하는 경우에 고사목 으로 분류한다는 조경공사표준시방서를[96] 근거로 고사여부를 판단한 다. 지피 · 초화류는 식물의 특성상 해당 공사의 목적에 부합되는가를 기준으로 고사여부를 판정한다. 상황에 따라 하자보수 청구이력을 검 토하여 고사 시기 등을 추정하기도 한다. 문제는 이 같은 하자가 각종 병충해, 토양산성화, 혹한, 가뭄 등의 자연적 요인 외에도 교통피해나 동물의 침입, 식생방법의 불량, 유지관리 미비로 인한 인위적 요인으로도 발생한다는 점이다.

흔히 사용자는 당초 부실한 수목을 심었거나 토질의 상태가 좋지 않고 토심이 너무 얕아 고사했다고 주장한다. 반면 시공자는 사용자가 조경수에 대하여 꾸

| 그림 9-3 | 고사목

준히 방충, 방제나 관수작업을 해야 하는데 제대로 이행하지 않아 고사한다고 주장한다. 물론 이를 입증하기 위해서는 관리상의 부실여부를 밝혀야 하지만 쉽지 않다. 조형수목은 고가로 하자보수비가 상당히 높게 산출되어 고사목은 시공자와 사용자가 치열하게 다투는 쟁점의 하나라고 할 수 있다. 따라서 고사목에 대한 조사시는 육안으로 나무 하나하나의 현황과 활착불량 유지관리실태 등을 종합하여 고사여부를 판단해야 한다. 고사목의 보수는 고사목을 처리하고 동일 사양의 식재를 시공하는 비용을 산정한다.

(2) 수목규격 미달

설계도서와 실제 심어진 수목의 규격 차이가 하자인지 여부가 쟁점인 경우도 많다. 대개의 조경수는 준공 후 3~5년 정도 지난 시점이 되면 어느 정도 자리가 잡히고 자란 상태라서 지정규격에 미달하는 경우가 드물다. 더구나 살아있는 수목은 공산품처럼 획일적으로 규격을 맞추는 것이 어려운 경우가 있다.

조경공사 표준시방서에 의하면 '수목규격의 허용차는 수종별로 $-5 \sim -10\%$ 사이에서 여건에 따라 발주자가 정하는 바에 따른다. 단, 허용치를 벗어나는 규격의 것이라도 수형과 지엽 등이 지극히 우량하

거나 식재지 및 주변 여건에 조화가 된다고 판단되어 감독자가 승인한 경우에 사용할 수 있다'고 명시하고 있는 것도 바로 이러한 점을 고려했기 때문이다.

이처럼 약간의 규격 미달 수목의 경우는 감독관의 승인여부를 입증자료로 제출하게 하고 확인하면 될 것이나, 문제는 그럼에도 불구하고 허용치를 벗어난 수목이 적출된다는 점이다. 이때는 계약서나 설계도서에 명시한 규격을 정확하게 파악하여 나무의 현황과 비교해서 판단해야 할 것이다.

(3) 식재 부족(미식재)

조경수는 아름다운 경관을 만들고 건강하고 쾌적하게 생활주거환경을 조성하는 기능적 요소를 가지고 있다. 또한 '건축법(제42조 조경기준)에 따라 조경면적 및 식재의 수량, 규격이 설계에 반영되어야 하므로 수목의 수량은 법적인 기준이라고도 할 수 있다. 그럼에도 불구하고 설계도면이나 당해 상세도와 비교하여 현재 수목의 수량이 부족할 때가 있다. 고사목이 발생했을 수도 있고, 시공 당시 일부 정해진 수량에 미치지 못할 때도 있다.

「건설감정실무」에서는 이런 경우는 설계도서를 기준으로 그 부족여부를 고려해 기능상, 미관상의 주요한 하자를 판단하며, 비용산정방법으로는 조경수목이 설계도면과 달리 부족하다면 설계도면과 같이 동일 수종 및 동일 위치에 해당하는 수목을 식재하는 비용을 산정해 반영할 것을 명시하고 있다. 당연히 고사가 확인된 조경수는 고사목으로 분류하여 이중 계상되지 않도록 유의해야 한다.

(4) 수목결속재 미제거

고무밴드 같은 수목결속재 미제거를 하자로 주장하는 사례도 많다.

사용자는 '식재시에는 뿌리분을 감은 거적과 고무바, 비닐끈 등 분해되지 않는 결속재료는 완전히 제거하는 것을 원칙으로 한다'고 명시한 조경공사 표준시방서를 들어 하자를 주장한다. 반면 시공자는 수목이 고사하는 이

| 그림 9-4 | 고무밴드 미제거

유가 고무밴드를 제거하지 않아서인지, 유지 · 관리상의 잘못으로 인한 것인지 확인할 수 없고, 고무밴드는 수목이 활착할 때까지 잔뿌리를 굵은 뿌리와 일치시키는 역할 등을 하므로, 식재된 이후 반드시 제거해야 하는 것이라고 단정할 수도 없으므로 하자가 아니라고 주장한다.

「건설감정수행방법」에서는 '조경공사 표준시방서'를 조경하자에 대한 판단의 근거로 하고 있다.[97] 다만 현재 나무의 상태가 고사되었으면 고사목으로 분류하고, 양호한 상태라면 중요하지 않은 하자로 판단한다고 명시하고 있다. 따라서 고무밴드를 제거하기 위해 조경수를 굴취까지 하는 것은 하자가 중요하지 아니한 경우인데도 보수에 과다한 비용을 소요하는 경우에 해당하므로 하자로 인한 손해, 즉 하자 없이 시공하였을 경우의 시공비용과 하자 있는 상태대로의 시공비용의 차액인 고무밴드 제거비용을 산정해야 한다.

지상에 돌출되어 있는 고무밴드 제거비용도 같이 산출하여 반영한다. 고무밴드 미 제거는 1~2곳의 확인으로 전체 수종에 일괄 적용하기에는 무리가 있을 수 있고, 전수조사를 하기에는 조사량이 과다한 경우가 많으므로 해당 수목과 수량을 확정함에 있어 표본조사가 필요한 경우도 생긴다. 표본조사시에는 원 · 피고와의 협의를 통해 적정 범위와 개소를 선정하여야 한다.

(5) 조경시설물 하자

파고라나 정자같은 목재시설물은 외부 자연환경에 노출되는 장소에 설치되어 있어 비나 눈에 썩거나 건조에 의한 갈라짐, 틀어짐, 휨과 같은 기능상, 사용상, 미관상 하자가 많이 발생한다. 최근에는 유절형의 목재패널에서 썩은 옹이가 발생하는 하자도 많다. 옥외 조경시설물에는 무절형의 목재가 사용되어야 한다.

조경시설물의 현장조사는 각종 조경시설물의 위치, 수량, 규격, 재질 등이 조경시설물 상세시공도면과 시방서에 명기한 내용이 일치하고 있는지 여부를 육안조사 및 줄자 등으로 확인한다.

| 표 9-3 | 조경시설물의 하자현상

구 분	현 상	원 인
목재 품질	균열	• 목재 건조불량, 노목사용, 제작설치 과정 부실, 현장보관 불량, 마감불량, 기상요인
	뒤틀림	• 건조불량, 제재불량, 현장보관 불량, 마감불량, 기상요인
	파손	• 불량목재 사용, 시공 중 부주의, 현장여건 불량
	옹이	• 불량목재 사용, 검사기준 미비
	목재질의 불균일	• 불량목재 사용, 검사기준 미비
연결- 부속재	긴결재 녹발생	• 재료성분 불량, 부적절한 소재선택, 도금불량
	스테인리스 녹발생	• 성분불량, 설계부실, 시공과정 중 변형, 검사기준 미비
목재방부	목재 방부불량	• 방부법 부적합, 건조불량, 방부불량, 시공기준 미준수, 검사기준 미비
목재도장	목재 도장불량	• 불량도료 사용, 바탕면 불량, 도장기술 불량, 보양불량, 기상부적합 (강수, 습도, 바람)

| 표 9-4 | 조경하자 조사방법

구 분	조사방법	원인분석	비 고
고사목	• 현재 수목의 위치가 설계 도면에 표기된 지점과 동일한 경우 수목은 수관부 가지의 약 2/3 이상이 고사하는 경우에 하자로 판단 • 지피 · 초화류는 현재 생육 상태와 면적이 해당 공사목적에 부합되지 못하는 경우 하자로 판단	• 피해원인을 구분 • 병충해 피해 • 토양산성화 피해 • 기상요인피해 (혹한, 혹서, 가뭄, 염해 등) • 인위적 피해(교통사고, 동물침입 등) • 조경관리대장, 물주기와 소독일지	
부족식재 (미식재)	• 설계도서와 현재의 식재 수량을 비교	• 설계도서대로 식재 되지 않음	
고무밴드 미제거	• 해당 수목의 고사여부를 판단하여 고사목에 해당되는 경우 고사목으로 분류	• 비분해성 고무밴드로 인하여 식물의 뿌리생장에 지장초래	표본조사 필요
	• 고사되지 않은 경우 수목 뿌리분 주위 토양을 걷어내고 밴드 유무 확인 • 교목을 대상으로 하며, 표본조사(원, 피고 협의)	• 식재공사시에 뿌리분을 감은 재료를 제거하지 않고 존치함	
조경 시설물	• 시설물의 시공공법과 주요 부재의 규격을 기준설계도서와 비교 · 확인	• 현재 시공된 공법이나 주요 부재의 규격이 설계도서와 상이하게 시공	재료의 내구성, 강도 등의 품질이 설계도면에서 지정한 수준에 부합되는지 여부를 확인

3. 부대토목 하자

단지 공용부는 조경시설 외에도 아스콘포장, 도로블록, 맨홀, 그레이팅, 오 · 우수배관, 측구, 경계석과 같은 부대적인 시설물이 많다. 이런 부위에는 구배불량, 변경시공, 지반침하 같은 하자가 주를 이루는데 보강토 옹벽과 같은 토목구조물에서도 균열, 배부름 등의 하자현상이 자주 발생한다.

(1) 단지 내 포장 파손, 구배불량

포장면의 대표적인 하자는 주차장이나 도로의 측구주변에서 발생하는 구배불량 및 측구 파손에 의한 물고임 현상을 들 수 있다. 우천시 침수 및 각종 누수현상 등이 나타나기도 한다. 포장면에서 구배불량이 확인되면 적정범위의 면적을 산출하여 보수공법을 적용한다.

(2) 바닥포장 침하

단지 내 주차장 및 보도 외 조경부위 바닥포장의 침하현상도 자주 발생한다. 포장하부 되메우기가 불량하거나 매립배관 파손에 의한 토사교란시 침하가 일어나기도 하는데, 지하구조의 방수불량과 배수불량에 의한 토사결빙도 원인이 될 수 있다. 침하의 원인을 구체적으로 파악하고 구배불량 하자와 동일하게 적정한 보수범위를 정하여 보수비를 산출해야 한다.

| 그림 9-5 | 보도블럭 포장 침하 | 그림 9-6 | 아스콘 포장 균열

(3) 보강토 옹벽하자

보강토 옹벽은 옹벽 뒤쪽에 흙을 쌓을 때 그냥 쌓는 것이 아니라 흙 사이사이에 그물망으로 된 보강재를 사용하여 흙의 자중에 의해 그물망을 눌러야 한다. 이때 보강재는 옹벽을 붙잡아주는 역할을 하며 튼

| 그림 9-7 | 지반침하로 인한 균열 | 그림 9-8 | 우각부 균열

튼히 지탱하게 된다. 그리고 흙 속에 연성의 판형과 띠형 또는 줄기형의 요소를 수평방향으로 삽입하면 흙 입자와 수평연속 요소의 경계면에서 마찰력을 발생하여 흙 입자의 수평이동을 구속하는데, 마찰력이 더 클 경우 경계면이 안정화되어 미끄러지지 않게 되는 원리이다.

일반 콘크리트 옹벽은 7~10m 이상이면 특수설계가 요구되지만 보강토 옹벽은 20m 이상의 높이도 시공이 가능하고 구조적 안전성과 공기단축의 장점이 뛰어나 최근 들어 많이 적용되고 있다. 자연스런 외관과 현장의 유용토를 활용할 수 있는 등 경제성도 뛰어나다.

그렇지만 하자도 많은 편이다. 기초부의 시공이 부실하거나 성토재의 침하가 발생하면 블록면 변위와 균열이 발생한다. 우각부에서도 옹벽 자체 그리드가 포함한 보강토체의 주동토압 뿐만 아니라 측면토압이 작용하면 일부 블록에 균열이나 처짐이 발생하기도 한다. 또한 보강토 옹벽 블록시공시 하단의 블록과 상단의 블록이 불일치할 경우에도 균열과 틈이 벌어지기도 한다. 옹벽의 벽면에서 배면수가 유출되는 하자도 간혹 있으며 배부름 현상이 생기기도 한다. 지반의 상태와 제반여건을 충분히 파악하여 감정에 반영해야 한다.

10

설계도서불일치

제10장
설계도서불일치

1. 설계도서불일치 하자

설계도서불일치 하자는 하자소송에서 매우 중요한 쟁점이다. 도서 내용이 시공상 설치되지 않았거나 누락된 '미시공 하자'와 자재나 규격이 설계에 미치지 못하여 재질, 용량, 크기, 성능이 뒤떨어지는 '변경시공' 하자로 나뉘고 있다. 지난 2010년 10월 한국시설안전공단과 한국건설관리학회가 공동 주관한 '공동주택 하자판정 매뉴얼 마련을 위한 공청회' 자료를 보면 이 같은 '도서불일치' 하자를 다루고 있다. 학회가 하자관련 판례를 분석해 보니 '도서불일치' 하자 비율이 무려

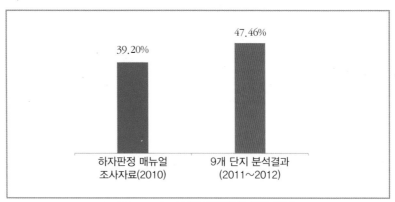

| 그림 10-1 | 설계도서불일치 하자 비교

39%에 달한다는 것이다.

그런데 본 연구의 결과에 따르면 설계도서불일치 하자의 비율이 이보다 높은 47%에 이르고 있다. 공청회가 2010년에 개최되었고 본 자료는 2012년에 조사된 점을 감안하면 설계도서불일치 하자는 전혀 개선되지 않고 오히려 증가하고 있는 추세라고 할 수 있다.

또한 본 연구의 데이터를 비용적 측면에서 비교한 결과는 미시공 하자가 15.4%, 변경시공 하자가 10.6%로 전체 하자 보수비에서 차지하는 비율이 무려 26%에 달하는 것으로 나타났다. 이는 10년차 하자 비율 31%와 거의 동일한 수준이다. 이처럼 미시공, 변경시공 하자가 급격히 증가하고 있는 데에는 비전문가인 원고들이 건축전문가들을 통해 하자를 파악해내는 수준이 월등이 높아진 탓도 있지만 무릇 설계도란 결국 건축시공을 위한 청사진이라는 본질 때문에 시공하면서 불가피하게 변경될 수밖에 없다는 점도 간과할 수는 없다. 시공과정에서 설계도면을 준수하지 않고 임의로 변경하여 시공하는 관행이 개선되지 않고 있다는 것이 더 큰 원인이라고 할 수 있다. 따라서 설계도서 불일치와 같은 하자를 감정할 때에는 건축 단계별 설계도면의 변화를 충분히 파악해야 할 필요가 있다.

10

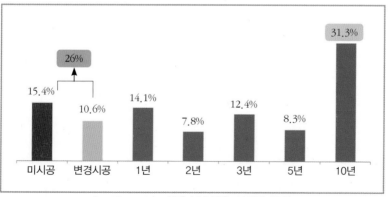

| 그림 10-2 | 하자 보수비용 연차별 분석

| 표 10-1 | 공동주택 하자판정 매뉴얼 공청회 하자판례분석 자료

하자유형공종	균열	처짐	비틀림	돌뜸	침하	파손	붕괴	누수	누출	작동기능불량	부착접지·결선불량	고사입상불량	결로	도서불일치	소계
대지조성공사	22	0	0	2	19	7	0	0	0	0	0	0	0	21	71
옥외 급수·위생 관련 공사	12	0	0	1	1	0	0	8	0	2	0	0	0	13	37
지정 및 기초	0	0	0	0	0	0	0	0	0	0	0	0	0	0	0
철근 콘크리트공사	45	0	0	10	1	4	0	37	0	0	0	0	1	38	136
철골공사	0	0	0	0	0	0	0	0	0	0	0	0	0	0	0
조적공사	21	0	0	3	9	4	0	2	0	0	0	0	1	18	58
목공사	0	0	0	0	0	0	0	0	0	0	0	0	0	1	1
창호공사	1	2	0	1	0	6	0	7	0	11	1	0	0	21	50
지붕 및 방수공사	0	0	0	2	0	3	0	5	0	0	0	0	0	25	35
마감공사	13	0	0	21	0	14	0	0	0	2	2	0	17	35	104
조경공사	0	1	1	1	5	2	0	0	0	0	0	20	0	21	51
잡공사	0	0	0	5	0	3	0	0	0	4	2	0	0	15	29
난방·환기, 공기조화설비	0	0	0	0	0	0	0	4	0	6	1	0	0	15	26
급·배수 위생설비 공사	0	0	0	0	0	1	0	2	0	7	4	0	0	12	26
가스 및 소화설비 공사	0	0	0	0	0	0	0	1	0	6	0	0	0	17	24
전기 및 전력설비 공사	0	1	0	0	0	2	0	4	0	12	3	0	1	18	41
통신·신호 및 방재 설비	0	0	0	0	0	1	0	0	0	8	2	0	1	9	21
지능형 홈네트워크 설비	0	0	0	0	0	0	0	0	0	1	0	0	0	0	1
합계	114	4	1	46	35	47	0	70	0	59	15	20	21	279	711

2. 설계도서의 단계별 변화

(1) 건축법

현행 건축법에서는 건축허가 신청시 기본설계도면과 실시설계도면 전부를 제출해야 하며, 착공신고시는 건축관계자 상호 간의 계약서 사본과 부속적 도서만 제출하도록 되어 있다. 그리고 공사 중 불가피한 설계변경이 발생할 경우 변경사항을 반영한 '설계도서'를 제출해야 하는데, 경미한 사항의 변경은 사용승인시 일괄처리가 가능하다. 사용승인 신청시는 공사감리자의 완료보고서와 함께 설계 변경사항이 반영된 '최종공사완료도서'를 제출한다.

(2) 주택법

① 단계별 설계도서

사업계획승인 단계

건축법과 주택법상 설계도서의 흐름은 확연히 차이가 난다. 건축법에서는 건축허가시 '실시설계도서'를 제출하는 반면 주택법에서는 사업계획승인 단계에서 '기본설계도면'을 제출해야 한다.

착공신고 단계

착공신고시 '실시설계도면'과 '시방서'를 제출하는데 흔히 이를 '착공도면'이라고 한다. 주택법에 따르면 분양자는 착공 이후 입주자를 모집할 수 있으므로 '착공도면'은 분양자의 계약 시점 바로 직전에 제출된다고 할 수 있다. 또한 견본주택에 사용되는 마감자재의 규격·성능 및 재질을 적은 마감자재 목록표와 견본주택의 각 실의 내부를 촬영한 영상물을 승인권자에게 제출하도록 명시하고 있다. 이는 선분양 후 시공개념인 주택법상 약정 상태의 불명확으로 인해 발생하는 분쟁을 사전에 예방하기 위함이다. 그리고 사업계획승인을 변경할 때는 분양자의 4/5 이상의 동의를 얻게끔 변경 조건을 까다롭게 규정하고 있다. 따라서 착공도면과 견본주택의 시공, 분양계약은 착공신고라는 인허가 시점에서 밀접한 연관관계가 있다고 볼 수 있다.

사용검사 단계

건축법에서는 준공단계에 '최종공사완료도서'를 제출해야 한다. 반면 주택법에서는 '사업승인계획승인'과 '착공신고'시의 제출해야 하는 설계도서는 명확하게 규정하고 있지만 '사용검사' 단계에서는 '감리자의 감리의견' 외 별다른 설계도서의 제출을 정하고 있지 않다. 실무상 사용검사시 설계 변경과 경미한 사항을 모두 반영한 설계도서를 작성하여 관청에 제출하는 데 이를 통상 '사용검사도면'이라 부르고 있다. '사용검사도면'은 주택법(시행규칙 제54조)에서 정하고 있는 분양자가 관리주체에게 인수인계하게 하는 설계도서와 시설물 안전관리에 관한 특별법(시행규칙 제20조)에서 규정한 '준공도면'과 맥을 같이 하게 되는데 현재 재판 실무에서 하자보수의 판단기준으로 삼고 있는 도면이 바로 이 '준공도면'이다.

| 표 10-2 | 주택법 제15조

주택법 제15조 (사용검사 등)
① 법 제29조의 규정에 의하여 사용검사를 받거나 임시사용승인을 얻고자 하는 자는 별지 제20호 서식의 사용검사(임시사용승인)신청서에 다음 각호의 서류를 첨부하여 사용검사권자(법 제29조 및 영 제117조의 규정에 의하여 사용검사 또는 임시사용승인을 하는 시·도지사 또는 시장·군수·구청장을 말한다. 이하 같다)에게 제출(전자문서에 의한 제출을 포함한다)해야 한다. 〈개정 2007.12.13〉 1. 감리자의 감리의견서(주택건설사업의 경우에 한한다) 2. 시공자의 공사확인서(영 제35조 제1항 단서의 규정에 의하여 입주예정자대표회의가 사용검사 또는 임시사용승인을 신청하는 경우에 한한다)

| 표 10-3 | 건축법 관련 설계도서

구 분	건축허가	공 사		사용승인	유지 관리
		착공신고	설계 변경		
건축법	시행규칙 제6조 (건축 허가 신청 등) 2. 별표 2 설계도서 (기본+ 실시)	시행규칙 제14조 (착공신고 등) 1. 건축관계자 상호간 계약서 사본 2. 별표 2의 설계도서 중 다음 각목의 도서 가. 구조계산서 나. 시방서, 실내마 감도, 건축설비도 다. 흙막이구조도면	제16조 (허가와 신고사항의 변경) 변경 허가 경미한 사항 은 일괄하여 신고	제22조(건축물의 사용승인) ② 허가권자는검사를 실시 1. 허가 또는 신고한 설계도서 대로 시공되었는지의 여부 2. 감리완료보고서, 공사완료 도서 등의 서류 및 도서가 적 합하게 작성되었는지 여부 시행규칙 제16조 (사용승인신청) 첨부서류 1. 공사감리완료보고서 2. 설계 변경사항이 반영된 최 종공사완료도서(변경이 있 는 경우)	
건축물의 설계도서 작성기준 〈국토해양 부 고시 제2009- 906호〉	5. 설계도서 〈별표 2〉 에서 정하 는 '허가 신청에 필 요한 설계 도서'	5. 설계도서의 제출 5. 2.〈별표2〉에서 정 하는 『설계도서』 건축관계자 상호 간의 계약서 사본			
건축물 분양에 관한 법률		제4조 (분양시기 등) 1. --- 분양보증을 받 는 경우: 건축법 제 21조에 따른 착공 신고 후	제7조 (설계의 변 경) 분양받 은 자 전원 의 동의		
건축물의 설계표준 계약서 〈국토해양 부 고시제 2009- 1092호〉	〈기본업무〉 중간설계 도서	〈기본업무〉 실시설계도서		〈그밖의 업무 (건축주의 요 청)〉 건축물의 사용승인도서작성 업무	

10

| 표 10-4 | 주택법 관련 설계도서

구 분	사업계획 승인	공 사		사용 검사	유지관리
		착공신고	설계 변경		
주택법	제16조 (사업계획의 승인) 제22조(주택설계시공) 설계도서작성기준에 맞게 설계, 시공	제38조(주택의 공급) ③ 견본주택의 마감자재표와 촬영영상물을 제출(2004년 고시일로부터) 시행규칙 제12조(착공신고) 3. 설계도서 중 국토 해양부 장관이 정하여 고시하는 도서	제16조(사업계획의승인) ③변경승인 경미한사항을 변경하는 경우에는 그러하지 아니하다. 시행규칙 제11조(경미한 사항) 5. 내장재료 및 외장재료의 변경(재료의 품질이 사업계획의 승인을 얻을 당시의 재료와 같거나 그 이상인 경우에 한한다.	시행규칙 제15조 사용검사 1. 감리자의 감리의견서	시행령 제54조(관리업무의인수·인계) ① 사업주체는 다음 서류를 인계해야 한다. 1. 설계도서 장비내역·장기수선계획
주택의 설계도서작성기준 〈국토해양부고시2009-654호)	제4조 (설계도서 제출) ① 별표1 기본설계도면	제4조(설계도서의 제출) ① 별표2의 실시설계도면 시방서·구조계산서·수량산출서, 품질관리계획서			
주택 공급에 관한 규칙		제7조(입주자모집시기 조건) ① 착공과 동시에 입주자를 모집할수 있다.			
아파트 표준공급 계약서 공정거래위원회 표준약관제10001호		제18조(기타사항) ① 견본주택 내에 시공된 제품은 변경될 수 없다.	제18조(기타사항) ① 견본주택 동질, 동가 이상 제품으로 변경시공 ② (경미한 사항 6개월 이내 변경통보)		
시설물안전관리에 관한 특별법 (안전점검, 유지관리)	• 16층, 공동주택 • 21층, 5만제곱미터				〈별표6) 1. 준공도면 2. 준공내역서 및 시방서/ 준공 후 3개월 내 시공자 제출

(3) 설계도서 해석

'설계도서'라 함은 건축물의 건축 등에 관한 공사용 도면과 구조계
산서 및 시방서, 기타 서류를 말한다. 건축과정의 설계도서는 적용법
규나 인허가 단계별로 상당히 복잡하게 생성된다. 게다가 시공과정에
서 각종 사정으로 인해 수시로 변경되기도 한다. 따라서 설계도서 상
호간 불일치가 자주 발생한다.

건축법상 설계도서의 상호 불일치에 관해서는 '건축물의 설계도서
작성기준(제2009-906호 2009. 9.21)'에 근거하여 우선순위를 정하고 있
는 반면에 공동주택은 '주택의 설계도서 작성기준'(제2009-654)에 의해
설계도서의 해석순위를 따로 정하고 있다. 건축법과 주택법은 인허가
단계의 설계도서의 흐름도 차이가 나지만 설계도서의 해석순위도 상
이한 특징을 보이는 것이다.

그 차이점을 살펴보면 우선 시방서에 대한 명칭이 틀려 시방서의
해석에 의견이 갈린다. 또한 '건축물의 설계도서 작성기준'에서는 산
출내역서와 유권해석과 감리자의 지시사항까지를 포함해 해석순위를
정하고 있는 반면에 '주택의 설계도서 작성기준'에서는 내역서가 아
닌 수량산출서가 포함되어 있다. 감리자의 의견이나 유권해석은 아예

| 표 10-5 | 설계도서 해석 순위 비교

건축법 '건축물의 설계도서 작성기준'	주택법 '주택의 설계도서 작성기준'
1. 공사시방서	1. 특별시방서
2. 설계도면	2. 설계도면
3. 전문시방서	3. 일반시방서 · 표준시방서
4. 표준시방서	4. 수량산출서
5. 산출내역서	5. 승인된 시공도면
6. 승인된 상세시공도면	
7. 관계법령의 유권해석	
8. 감리자의 지시사항	

항목에 없다. 유사한 부분도 있다. 두 기준 모두 설계단계와 시공단계에서의 해석순위이지 준공 이후의 평가에서 작용하는 기준이 아니기 때문에 '설계도면'과 타 문서와의 해석순위를 정하고 있을 뿐 기본설계도서와 실시설계도서의 위계나 동일 그룹상의 설계도면 내의 불일치는 순위를 정하지 않고 있다. 문제는 바로 여기서 분쟁이 발생한다는 사실이다.

3. 감정시 유의사항

(1) 기본설계도면과 실시설계도면의 불일치

기본설계도면과 실시설계도면의 우선순위는 명시적 순위를 정하고 있지 않지만 다행이 각 기준의 세부적인 사항을 파악하면 어느 정도 가늠할 수 있다. 건축물의 설계도서 작성기준(2.5항)을 살펴보면 중간설계는 '기본설계'도서를 포함하는데, 실시설계 단계에서의 변경 가능성을 최소화하기 위한 다각적인 검토단계로서, 각종 자재, 장비의 규모, 용량이 구체화된 설계도서로 규정하고 있다. '실시설계'라 함은 중간설계를 바탕으로 하여 입찰, 계약 및 공사에 필요한 설계도서를 작성하는 단계로서, 공사의 범위, 양, 질, 치수, 위치, 재질, 질감, 색상을 결정하여 작성한다고 밝히고 있다. 이처럼 실시설계는 중간설계를 바탕으로 하고 중간설계는 기본설계를 포함하므로 실시설계의 전제조건은 기본설계가 된다고 할 수 있다.

주택법도 마찬가지다. 기본설계도면과 실시설계도면이 사업승인과 착공신고라는 물리적 시간의 갭을 가지고 있어 기본설계도면이 실시설계도면의 전제조건이 될 수밖에 없다. 주택의 설계도서 작성기준 (별표 1,2)도 기본설계도면과 실시설계도면을 명확하게 구분하고 구체적인 목록을 제시하고 있는데 상호 교차되지 않는다. 따라서 실시설계도면은 기본설계의 개념을 상세화하는 종속적인 개념의 도면으로 이해하는 것이 타당하다. 동일한 설계도면이라 하더라도 도면의 성격이 기본설계도면이냐 실시설계도면이냐에 따라 위계를 결정할 수 있는 것이다. 예를 들어 하나의 설계도에 제본되어 있는 도면이라 하더라도 '실내외재료마감표'는 기본설계도면이 되고 '마감상세도'는 실시설계도면이 되는 것이다.

(2) 동일 위계도면 내의 불일치

기본설계도면이나 실시설계도면의 위계 안에서도 설계도면의 구체적 내용이 서로 불일치하는 경우도 많지만, 별다른 우선순위를 정하지 않고 있다. 만약 시공단계에서 시공자와 감리자가 충실히 업무를 수행했다면, 이 같은 문제는 충분히 해소될 수 있겠으나 현실에서는 그렇지 않는 경우가 많다. 결국 설계상 불일치는 감정인의 전문적인 식견과 경험, 공학적 판단으로 설계도서의 전체 맥락을 검토하여 감정의견이 도출되어야 할 것이다.

(3) 기준도면

'설계도서불일치'는 곧 미시공, 변경시공 하자라고 볼 수 있다. 이 같은 개념이 '계약에서 정한 내용과 다른 구조적, 기능적 결함'이라면 감정기준은 계약으로 약정한 설계도서라야 한다. 물론 발주자의 확인과 적법한 설계 변경 절차를 거친 도면이라면 사용검사 시점의 도면도 무방할 것이다. 하지만 핵심 쟁점이 경미한 사항의 적정성 여부나 적법한 절차를 거치지 않은 '설계 변경 여부'일 경우 약정시의 용도, 성상의 결함에 의한 차이를 파악할 수 있는 '계약' 당시의 도면이 필요하게 된다.

10

| 표 10-6 | 주택의 설계도서 작성기준 분석

별표1 기본설계도서 작성내용

구 분	작성도서	축 척	작성내용
입면도	정면도	1/100~1/200	외벽 마감재료, 층수 및 층바닥위치, 창호 개구부 형상 및 위치, 외벽 시설물(사다리·난간·경사로·홈통 등), 굴뚝 및 옥상돌출부 등
	배면도	〃	〃
	좌측면도	〃	
	우측면도	〃	〃
단면도	주단면도	1/30~1/100	지표면 위치, 기준격자, 중심선치수, 안목치수, 창호 및 개구부 위치, 실명, 바닥마감, 층고 및 천정고 최고 높이
	횡단면도	1/100~1/200	
	종단면도	〃	〃
	코아 단면도	1/10~1/50	〃
	계단 단면도	〃	디딤판·챌판·벽 및 기둥·출입구 등과 관계, 층고·계단참 크기 등
구조도	기둥·보 일람표 (필요시 옹벽일람표)	1/30~1/50	단부 및 중앙부에서의 보의 크기, 배근 형식 (상단 및 하단), 전단보강근의 종류 및 간격, 기둥의 크기, 주근의 배치 형태 및 개수, 대근의 종류 및 간격
	주심도(이중스케일 사용)	1/30~1/200	기둥 및 벽체의 정확한 위치표기, 기둥 또는 수평·수직 단면의 변화관계 상세 표시
마감상세도	실내·외 재료 마감표	-	천정, 벽, 걸레받이 바닥부위의 바탕 및 마감
창호도	창호 일람표	1/30~1/60	모듈지수, 개구부의 수, 제작지수, 명칭, 적용위치, 부속틀재의 재질 및 규격, 개폐방향, 유리종류 및 두께

별표2 실시설계도서 작성내용

구 분	작성도서	축 척	작성내용
마감상세도	천정마감 상세도	1/2~1/20	바탕면, 마감재 등
	벽체마감 상세도	〃	〃
	측벽 및 코아벽틀 상세도	〃	틀재의 규격, 마감재두께, 적용부위
	바닥상세도(세대내)	〃	바탕면, 마감재두께, 적용부위 등
	바닥상세도(세대외)	〃	〃
	지붕층 파라펫 신축줄눈 상세도	〃	줄눈재의 재질, 상세 등
	수장상세도	〃	수장부분 상세, 마감부위에 포함되지 않는 상세
	석고판 붙이기 상세도	〃	틀재의 규격·간격·부착방법 등
	단열재 이음상세도	〃	바탕재처리, 단열재 이음부위 및 이음방법 등
창호도	외부 이중창호 입면도	1/30~1/60	바탕재처리·단열 이음부위 및 이음방법
	외부 단창 입면도	〃	〃
	내부창호 입면도	〃	〃
	철재창호 입면도	〃	〃
	알미늄창호 입면도	〃	〃
	합성수지창호 입면도	〃	〃
	외부창호 상세도	1/10~1/30	상틀·선틀·밑틀과 개구부와의 접합 상태 등
	알미늄문 상세도	〃	〃
	합성수지창호 상세도	〃	〃
	내부창호 상세도	〃	〃
	환기구 상세도	-	환기구의 재질·규격·부착 상태·틀재의 형상 및 치수
	압축성형시멘트 문창틀 상세도	1/10~1/30	틀재의 형상 및 치수

주: 기본설계도서의 마감상세도와 실시설계도서의 마감상세도를 대비하면 기본설계도서의 마감상세도는 '실내외 재료 마감표'이고 실시설계도서에서 각 부위의 상세도를 작성해야 함을 알 수 있다. 실시설계도서는 기본설계도서를 근거로 작성된다. 실시설계도서는 기본설계도서에 종속되는 개념으로 이해된다.

'계약 당시의 도서'와 '준공 당시의 도서'의 세부내용에서 차이, 즉 설계도서의 내용과 시공 완료 후의 현황이 그대로 일치하지 않는다는 사실 자체가 하자를 의미한다고는 할 수 없다. 그러나 건축물이 계약된 성질과 상태에 합치하는지 여부나 설계도서에서 제시하고 있는 품질에 시공 상태가 부합하느냐는 결국 '있어야 할 상태'에 대해 당사자가 어떤 점에 중점을 두고 있는가는 계약내용을 근거로 하자여부를 판단해야 한다. 공동주택에서 아주 첨예하게 다투는 '사업승인도면'과 비교한 '설계도서불일치 하자'가 바로 여기에 속한다고 할 수 있다.

 현재 공동주택의 하자소송에서는 사용검사도면(준공도면)을 경미한 설계 변경까지 적법한 절차를 거쳐 완료한 것으로 보고 감정의 기준으로 삼고 있다. 그렇지만 대부분의 수분양자들은 사업승인도면과[98] 사용검사도면을 대비하여 저급의 자재로 변경시공됐거나 미시공 되었음을 주장한다. 이는 경미한 변경이 아니라 품질의 저하 및 미관상 지장을 초래하는 하자라는 것이다. 즉 구체적으로 약정된 재료와 상이한 저가의 재료를 사용했다든지, 설계와 상이한 공법, 재료, 치수로 시공되어 구조, 기능, 상태가 계약내용과 부적합해서 건물의 사용가치 또는 교환가치 감소가 발생했다는 것이다. 반면 시행사나 시공사는 사업승인도면과 달리 시공되었더라도 현재의 시공 상태가 사용검사도면과 일치하는 한 하자가 아니라고 주장한다. 설계도서는 허가, 착공, 시공, 준공과 같은 건설단계별로 공법상의 변경이나 건축여건에 따른 불가피한 경우, 실시설계도서가 보강되고 이에 따른 설계 변경이 필연적으로 발생할 수밖에 없음을 항변한다.

 대개 아파트 건설은 착공에서 준공까지 3년 정도의 시간이 필요하다. 그리고 준공 시점에 시공자가 '준공도면'을 작성하게 되는데 웬만한 변경사항은 이미 반영된 상태다. 그러나 사용검사도면을 '약정도면'으로 삼기에는 우선 물리적 시차가 너무나 크다. 그렇다고 '기본설

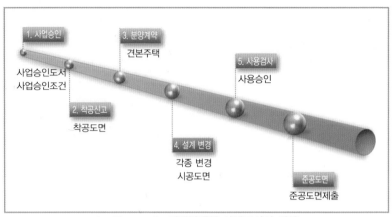

| 그림 10-3 | 건설단계별 설계도서의 변화

계 수준의 '사업계획승인도면'을 약정도면으로 하기에는 역시 미흡한 부분이 많다. '사업계획승인도면'에는 견본주택의 상세한 마감, 착공신고시의 설계사항이 포함되지 않아 정확한 마감 상세를 확인할 수 없다.

접점을 찾기 힘들지만 계약이라는 시점에 앵글을 맞추어 고찰해 볼 필요가 있다. 설계도서의 흐름상 공동주택 분양은 착공신고 이후 가능하다. 이때 견본주택도 짓고 분양을 하게 된다. 따라서 주택법상 착공 시점과 분양, 견본주택은 아주 강력한 인과관계로 결합하고 있다고 할 수 있다. 따라서 이와 같은 변경시공 미시공 하자의 판단기준은 계약 시점의 설계도라고 할 수 있는 '착공도면'으로 하는 것도 큰 무리가 없을 것으로 사료된다.

「건설감정실무」에서도 공동주택의 경우 사업주체가 사용검사 및 유지관리를 위하여 사업승인계획 및 변경승인도면, 각종 경미한 사항을 적법하게 반영하여 작성한 사용검사 시점의 설계도서를 하자판단의 기준으로 정하고 있다. 그러나 준공도면이 적법한 절차를 거치지 않은 경우가 쟁점이라면 재판부의 지침을 받아 사업승인도면이나 착

공도면 등 별도의 도면을 기준으로 할 수 있다고 명시하고 있다.[99]

참고할 만한 판결이 하나 있다. 서울고등법원의 2009나66558사건 판결이다.

"선분양, 후시공의 방식으로 이루어지는 공동주택의 경우에는 분양자에게는 특별한 사정이 없는 한 사업승인도면 및 착공도면의 내용대로 아파트를 건축할 의무가 부과되어 있다고 할 것이고, 그와 달리 시공된 부분은 그 변경시공된 부분이 사업승인도면 및 착공도면에서 정한 것에 비해 성질이나 품질이 향상된 것이 아닌 한 당해 분양계약에서 보유하기로 한 품질이나 성상을 갖추지 못한 경우라고 볼 것이다. 그러므로 분양자는 그 부분에 관하여 하자담보책임을 부담한다. 준공도면은 건축물에 대한 하자보수를 시행하는 경우 건축물에 객관적 하자가 존재하는지 여부를 판정하기 위한 도면으로서 의미가 있다. 반면에 아파트가 사업승인도면 또는 착공도면과 달리 시공되었다는 것은 분양계약에서 보유하기로 한 품질이나 성상을 갖추지 못한 경우로서 이른바 주관적 하자에 해당하는 것이다. 건축물의 하자개념은 앞서본 바와 같이 객관적 하자뿐만 아니라 주관적 하자까지 포함하는 것이므로, 피고의 위 주장은 이유 없다."

물론 대법원의 판결은 아니지만 하자판단에 있어 사업승인도면과 착공도면의 내용을 계약의 일부로 여기고 분양자의 하자담보책임을 부담하게 한 것이다. 그리고 더욱 주목할 사항은 이른바 아파트의 하자개념에는 객관적 하자뿐만 아니라 주관적 하자도 포함된다는 해석이 나온 것이다. 마감재 변경시 동질 · 동가 이상으로 변경해야 하고 수분양자들에게 이러한 사실을 정확히 설명 및 고지하는 등 분양계약의 내용으로 포섭하는 적극적인 태도를 취해야 할 뿐만 아니라 주택관련 법령에서 정한 절차와 방법대로 '사업변경승인'절차를 거치도록 하는 법적 절차들에 관해 명확하게 판단을 내린 것이다.

결론적으로 감정인은 '설계도서불일치 하자'에 대한 감정시에는 모든 가능성을 염두에 두고 기술적 판단과 전문적 경험, 식견을 종합하여 감정에 임해야 한다고 할 수 있다. 물론 그 이전에 시공자의 성실한 시공이 이루어져 분쟁이 미연에 예방된다면 더욱 좋을 것이다. 특히 설계도서 불일치에 의한 미시공, 변경시공으로 판단되는 하자보수비의 비율이 거의 절반에 이르는 현실에서는 반드시 설계도면과 시방에 근거한 철저한 시공이 전제되어야 한다. 그리고 불가피한 설계 변경이 필요한 경우에는 감리자나 발주자, 건축주와 협의하고 반드시 제반법규에 맞는 절차에 따라 진행되어야 할 것이다.

(4) 기타

이처럼 '설계도서불일치 하자'는 원·피고가 아주 차별적인 의견을 보이는 첨예한 사안이다. 그런데 간과할 수 없는 점이 있다. 바로 설계도서 표기 오류의 가능성이 그것이다. 건축설계업무는 설계도서의 작성과정이 복잡하고 여러 단계에 걸친 분업의 형태로 이루어지므로 이 과정에서 단순 오기가 자주 발생한다. 이 같은 단순한 오기가 미시공 하자로 분류돼 하자보수비로 산출된다면 시공사에게 막대한 금전적 영향을 미치는 결과를 초래할 수도 있으므로 단순한 실수로 여겨지는 '오기'는 감정과정에서 걸러내어야 한다. 이 역시 감정인의 전문적인 식견과 전체 맥락을 읽는 통찰이 요구되는 대목이다.

11

건축물의 요구성능

제11장
건축물의 요구성능[100]

건축물의 '요구성능'은 건설산업에서 중요한 가치로 인식되고 있다. 건설산업이 선진화된 미국이나 일본에서는 주택의 가치판단을 위한 성능관련 평가기술을 오래 전부터 활용되고 있다. 최근 선진화 단계에 진입하는 국내에서도 건축물 요구성능에 대한 기술의 필요성과 평가방법이 중요하게 인식되고 있다. 이미 국내에서도 2000년 이후 각종 성능관련 제도를 시행하고 있는데 최근에는 '성능'에 관한 중요성이 사용자에게도 전이되어 소송에서 서서히 부각되고 있다.

지난 2010년 10월 한국시설안전공단과 한국건설관리학회가 주최한 '공동주택 하자판정 매뉴얼 마련을 위한 공청회' 자료에 의하면 설계 및 시공된 내용이 해당 등급에 미달하는 '주택성능등급 기준에 미충족 하자'를 '도서불일치 하자'로 규정하고 있다. 그리고 2013년 1월 발표한 하자심사분쟁조정위원회의 '하자판정기준, 조사방법 및 보수비용 산정기준'에서도 '변경시공 하자'를 설계도서와 다른 저급자재 등으로 시공된 경우, 끝마무리를 제대로 안하여 불완전한 상태로 시공한 경우 외에도 설계도서에 명기된 규격·성능 및 재질에 미달하는 경우를 하자로 규정하고 있다. 건설단계에서 건축물의 성능에 관한 중요성이 확대되고, 성능기준에 미달하는 것을 하자로 인식하고 의의를 내린 것은 시대를 초월한 통찰로 여겨진다.

이처럼 우리를 둘러 싼 건축여건은 건축의 품질이나 성능 향상을 끊임없이 촉구하고 있다. 이에 감정에서도 '건축물의 요구성능'에 관한 숙지가 필요하다고 사료되어 국내에서 실시되고 있는 건축물의 요구성능과 관련한 법규와 인증제도를 살펴보고자 한다.

1. 성능관련 법규·제도

건축물이 어떠한 목적을 달성하기 위한 역할을 나타낸 것이 '기능'이고, 정도를 정량적으로 나타낸 것이 '성능'이다. 그리고 특정 요구를 달성하기 위해 역할의 정도를 정량으로 나타낸 것이 '요구성능'이다. 성능설계는 요구되는 성능수준을 실현하기 위해 재료·공법, 부품·설비의 구성과 전문분야별로 계산 혹은 실험으로 목표한 건축물을 만드는 설계법이다. 이를 위해 설계자는 설계목적에 부합되는 기본성질과 성능평가방법, 사용실례, 생산과정이나 재활용까지 포괄하여 이해해야 하며, 다른 한편으로는 각종 법규나 규칙, 기준들에서 도모하고 있는 건축성능을 정확하게 파악해야 한다.

건설산업에서 요구성능이 본격 등장한 것은 건설공법과 재료 등의 개발이 진일보되는 1960년대부터다. 1980년에는 국제적 가이드라인이라고 할 수 있는 건축성능에 관한 최초의 ISO 규격이 제정되었다. 국내에서는 2000년 이후부터 각종 성능관련 인증제도를 도입하고 있다. 건물에너지 효율등급 인증제도(2001), 친환경건축물 인증제도(2002), 주택성능등급표시제도(2005),[101] 지능형건축물 인증 등의 제도가 그것이다. 주로 공동주택이나 건물의 에너지와 관련된 기능, 친환경 성능에 집중되고 있으며, '설계도면'과 '시방서'로 구성된 설계서 위주의 '성능평가'가 이루어지고 있다.

건축과 관련한 중요한 법규로는 '건축법'과 '주택법'이 있다. '건축법'은 건축물의 대지·구조·설비·용도 등에 관한 일반적인 기준을 정하고 건축물의 시공과정을 절차상 규제하는 법이고, '주택법'은 공동주택의 분양과 각종 인허가 절차에 관한 법으로 세부적으로 공동주택의 건설을 위한 지침을 담고 있다. 여기에 법규를 더욱 상세하게 규정하고 보완하는 시행령, 규칙과 기준이 따라다닌다. 통상 이러한 규칙과 기준들은 각종 품질규정(KS규격)에 반영되어 건축재료의 제작기준으로 제시되고, 동시에 설계에 투영되어 최종적으로는 건축물의 성능으로 구현된다. 대부분 내화, 안전, 방재, 쾌적성에 관한 것인데 현재는 친환경, 에너지 절감 분야에도 초점이 맞춰지고 있다.

한편 시공시 준수해야 할 다양한 시방규정도 따져봐야 한다. 대표적인 시방으로는 국토해양부가 지정한 건축공사표준시방서와 전문시방서가 있다. 건축공사표준시방서는 매년 불필요한 부분은 폐기되고 새로운 기술이나 개선 사항이 제정되거나 개정되고 있다. 최근에는 시방서가 제품 자체를 규정하기 보다는 제품의 성능을 기술하고 요구하는 최종 결과치를 서술하는 성능시방으로서 그 성격이 바뀌고 있다. 하지만 시방서가 성능중심으로 변화하기 위해서는 건축물에 요구되는 성능을 명확히 규명하는 작업이 요구된다.

현재 국내에서 시행되는 건축성능인증제도는 에너지나 친환경 관련 인증제도 외에도 주택성능등급표시, 지능형 건축에 관한 제도가 있다. 이런 성능인정제도가 제대로 정착되기 위해서는 이를 평가하는 방법도 중요하다. 국내의 건축물 성능평가 방법은 KS(한국산업규격)와 대한건축학회, 한국콘크리트학회, 한국건설기술연구원, 한국건자재시험연구원, LH공사 등 공적기관이 정한 시험방법이 있다.

| 표 11-1 | 성능관련 법규·기준

구 분	관련 근거	성능관련 내용
건축물의 설비기준 등에 관한 규칙	건축법 제62조	건축설비 기술적 기준, 열손실 방지 규정
건축물의 구조기준 등에 관한 규칙	건축법 제48조	건축물의 구조내력 기준
건축물의 피난, 방화구조 등의 기준에 관한 규칙	건축법 제49,50,51,52조	건축물의 피난, 방화 등에 관한 기술적 기준
주택건설기준 등에 관한 규정, 규칙	주택법 제2조	소음도, 충격음
신에너지 및 재생에너지 개발, 이용	신에너지 및 재생에너지 개발, 이용, 보급촉진법	에너지 설비인증, 심사기준, 관리
소방용 기계·기구의 형식승인 등에 관한 규칙	소방시설설치유지 및 안전관리에 관한 법률	소방시설 성능검사, 시험
건축물에너지절약 설계기준	건축법 제66조, 국토해양부고시 2010-1031호	단열재등급, 창,문의 단열성능, 실내 온·습도기준 등
청정건강주택 건설기준	주택법 제2조 제1항	공인인증시험기관(KOLAS인증 기관
오피스텔 건축기준	국토해양부 2010-351호	경계벽 차음성능
내화구조의 인정 및 관리기준	국토해양부 2010-331호	내화구조 인정절차, 품질시험
벽체의 차음구조 인정 및 관리 기준	국토해양부 2009-865호	차음구조 차음성능
건축물 마감재료의 난연 성능 기준	국토해양부 2011-39호	마감재료의 난연성능 기준
자동방화셔터 및 방화문의 기준	국토해양부 2010-528호	자동방화셔터, 방화문 구성요소, 성능기준
다중이용시설 등의 실내공기질 관리법 관리규칙	다중이용시설 등의 실내공기질 관리법	다중이용시설과 신축되는 공동주택의 실내공기질을 관리함

11

| 표 11-2 | 건축성능 인증제도

인증제도	관련부처	인증대상	평가항목	인증시점
주택성능 등급표시 제도	국토 해양부	1,000세대 이상의 주택(에너지성능 등급은 300세대 이상)	• 5개 평가부문(소음, 구조, 환경, 생활환경, 화재·소방) • 14개 성능범주(경량충격음, 중량충격음, 화장실 소음, 경계소음, 가변성, 수리용이성, 내구성, 조경, 일조, 실내공기질, 에너지성능, 놀이터 등 주민공동시설, 고령자 등 사회적 약자의 배려, 화재·소방)	설계
친환경 건축물 인증제도	국토 해양부, 환경부	공동주택, 주거복합건축물, 업무용 건축물, 학교시설, 판매시설, 숙박시설	• 9개 평가부문(토지이용, 교통, 에너지, 재료 및 자원, 생태환경, 실내환경 외) • 25개 성능범주(거주환경의 조성, 교통부하저감, 에너지소비, 에너지절약, 자원절약, 대지 내 녹지공간 조성, 생물서식공간 조성, 자연자원의 활용, 공기환경, 온열환경, 음환경, 빛환경, 노약자에 대한 배려 외)	예비인증 설계단계 본인증 사용승인
지능형 건축물 인증제도	국토 해양부	공동주택, 문화 및 집회시설, 판매시설, 교육연구시설, 업무시설, 숙박시설, 방송통신시설	• 6개 분야(건축계획 및 환경, 기계설비, 전기설비 외) • 25개 필수항목(열원설비, 공조조닝, 위생설비, 제어설비 외)	예비인증 설계단계 본인증 사용승인
에너지 효율등급 인증제도	국토 해양부, 지식 경제부	신축 공동주택, 업무용 건축물, 복합용도일 경우 인증적용대상에 해당하는 공간	• 공동주택 완공 후 에너지절감 관련 항목의 현장확인 및 실사를 통해 측정된 자료를 이용하여 신청주택의 각 세대 및 단위공동주택별 에너지소요량을 재산출하고, 표준주택에 대한 총에너지절감율로 최종평가	예비인증 설계단계 본인증 사용승인

(1) 주택성능등급표시제도[102]

'주택성능등급표시제도'는 국내 성능기준 적용의 대표적 사례다. 본 제도는 개정된 주택법(2005. 1. 8)과 고시된 '주택성능등급 인정 및 관리기준'에 의거 2006년부터 시행되고 있다. 주택의 품질향상을 유도하기 위하여 주요 성능을 등급화해 공표함으로써 소비자에게 정확한 정보를 제공하고, 주택의 전반적인 품질과 성능 향상 요구에 부응하는 성능의 주택을 공급하고자 하는 것으로 주택의 객관적인 성능을 보증하는 것이다.

'주택성능등급표시제도'의 평가대상은 모든 공동주택을 대상으로 하되, 1,000세대 이상(에너지성능등급은 300세대 이상) 공동주택은 의무적으로 성능등급을 인정받아 입주자모집 공고시 표시해야 한다. 심사·평가는 사업계획승인 설계도서에 따라 소음, 구조, 환경, 생활환경, 화재소방 등 5개 부문 18개 범주 27개 항목에 대해 이루어진다.

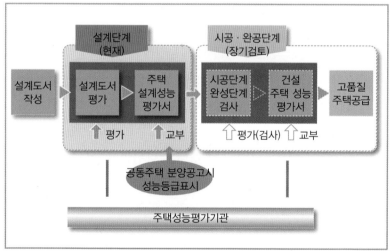

| 그림 11-1 | 주택성능등급 평가단계

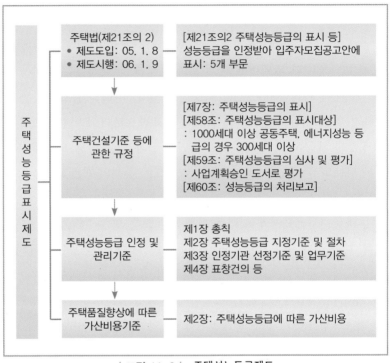

주택법(제21조의 2)
• 제도도입: 05. 1. 8
• 제도시행: 06. 1. 9

[제21조의2 주택성능등급의 표시 등]
성능등급을 인정받아 입주자모집공고안에
표시: 5개 부문

주택건설기준 등에
관한 규정

[제7장: 주택성능등급의 표시]
[제58조: 주택성능등급의 표시대상]
: 1000세대 이상 공동주택, 에너지성능 등
  급의 경우 300세대 이상
[제59조: 주택성능등급의 심사 및 평가]
: 사업계획승인 도서로 평가
[제60조: 성능등급의 처리보고]

주택성능등급 인정 및
관리기준

제1장 총칙
제2장 주택성능등급 지정기준 및 절차
제3장 인정기관 선정기준 및 업무기준
제4장 표창건의 등

주택품질향상에 따른
가산비용기준

제2장: 주택성능등급에 따른 가산비용

주
택
성
능
등
급
표
시
제
도

| 그림 11-2 |　주택성능등급제도

① 성능평가지표의 설정 형태 및 설정원칙

　현재 성능평가지표의 설정은 설계도서를 중심으로 진행되고 있는
데 설계승인시 제출하는 설계도, 시방서, 관련 시험성적서, 관련 계산
서 등 도서를 통하여 측정 가능한 내용을 기본으로 하고 있다. 평가 형
태는 성능규정 형태와 시방규정 형태로 나뉘는데, 성능을 수식이나
계산에 의하여 정량적으로 도출할 수 있는 경우는 수치로 표시하는
성능규정 형태를 취한다. 성능을 정량으로 표시할 수 없거나 어려운
경우 정성적인 지표를 나열하고 적용한 항목수를 기준으로 한다. 또
는 항목별 가중치를 주는 점수를 기준으로 한 시방의 형태를 택한다.
주택성능등급표시제도 세부성능 항목은 다음과 같다.

| 표 11-3 | 주택성능등급표시제도 세부성능 항목

등급	항 목	성능 평가방법
소음 관련 등급	경량충격음	바닥 구조체를 통하여 아래층 세대로 전달되는 경량충격음의 차단성능을 확보하여 거주자에게 쾌적한 주거환경을 제공하기 위해 성능별로 4개 등급으로 평가
	중량충격음	바닥 구조체를 통하여 아래층 세대로 전달되는 중량충격음의 차단성능을 확보하여 거주자에게 쾌적한 주거환경을 제공하기 위해 성능별로 4개 등급으로 평가
	화장실 소음	화장실 급·배수소음, AD(Air Duct)를 통한 상하 층간의 공기 전달소음에 대해 저감공법 채택을 유도, 저감공법의 점수를 합산하여 4개 등급으로 평가
	경계소음	쾌적한 거주공간을 위해 세대간의 경계벽에 대한 차단능력(공기 전달음에 대한 차단성능)을 경계벽의 두께나 차음구조 인정 시험 성적서를 바탕으로 3개 등급으로 평가
	외부소음	도로 및 철도소음에 대한 거주공간의 쾌적성 확보를 위해 실외소음도의 예측을 통해 성능별로 4개 등급으로 평가
구조 관련 등급	가변성	거주자의 공간가변요구에 쉽게 대응할 수 있는 주거공간을 제공하기 위해 전유면적 내 내벽력 및 기둥길이 비율에 따라 4개 등급으로 평가
	수리용이성 전유공간	공동주택 전유공간의 리모델링 및 유지관리계획을 통하여 장수명 주택을 구현하기 위하여 전유공간 내 내부 구성재의 점검, 수선교환의 용이성을 4개 등급으로 평가
	수리용이성 공용공간	공배관·배선의 내구성, 유지보수 및 갱신성이 우수한 설비계획 수립, 설비, 배관의 유지관리 및 리모델링의 용이성에 따라 4개 등급으로 평가
	내구성	고내구성 계획을 통하여 건축물의 수명연장 및 유지관리 비용절감을 위해 내용년수에 따라 3개 등급으로 평가
환경 관련 등급	조경 (외부환경): 외부공간 및 건물외피의 생태적 기능	생태적 기능(자연순환기능)의 정량적 평가를 통한 대상지 환경의 질적 수준 개선 및 도시생태문제의 근원적 해결유도를 위하여 생태 면적률에 따라 4개 등급으로 평가

11

등급	항 목	성능 평가방법
환경 관련 등급	조경 (외부환경): 자연토양 및 자연지반의 보전	생태적 기능(자연순환기능)의 정량적 평가를 통한 대상지 환경의 질적 수준 개선 및 도시생태 문제의 근원적 해결유도를 위하여 자연지반 녹지율에 따라 4등급으로 평가
	실내공기질 오염물질 저 방출 자재	포름알데히드 및 휘발성 유기화합물 저방출 자재의 적용으로 거주자의 쾌적한 실내환경을 유지하기 위하여 유해화학물질 저방출 자재 적용에 따라 3개 등급으로 평가
	실내공기질 단위세대 환 기성능	실내공기환경을 적절한 수준으로 유지할 수 있는 환기성능의 확보를 위하여 환기량 및 환기설비의 설치여부에 따라 3개 등급으로 평가
	일조 (빛환경)	채광을 목적으로 한 창문의 면적 및 방위를 계산하고 외부 자연채광의 도입 가능성을 건물의 채광율에 따라 4등급으로 평가
	에너지 성능 (열환경)	에너지 절약설계에 따른 쾌적한 실내온열환경이 유지되도록 하기 위하여 에너지 절약계획서 산출점수와 건물에너지 효율등급 인증기준에 따라 4개 등급으로 평가
생활 환경 등급	놀이터 등 주민공동시설	어린이놀이터, 경로당, 영유아보육시설, 문고 등의 주민공동시설을 확보하여 거주자에게 넓은 면적의 공동시설을 제공하기 위하여 설치면적에 따라 3개 등급으로 평가
	고령자 등 사회적 약자 배려	주호내부 및 주동 내 공용공간에서 이동의 용이성 및 생활의 안정성 확보를 위하여 사회적 약자를 배려한 설계요소적용 채택수에 따라 3개 등급으로 평가
	홈네트워크 종합시스템	홈네트워크 설비설치를 통해 주택의 안전성, 편리성, 쾌적성을 종합하여 홈네트워크 인프라, 기기, 시설, 단지공용시스템 항목의 설치수준과 개수에 따라 4개 등급으로 평가
	방범안전	방범안전 콘텐츠와 운영관리 측면에서 실천적으로 확보하여 주거만족도 제고에 기여하고자 방범안전 콘텐츠와 방범안전관리시스템 유형에 따라 4개 등급으로 평가
화재 소방 등급	화재, 소방	공동주택의 화재에 안전한 성능확보를 위하여 화재감지 및 경보설비, 제연설비, 내화성능에 대하여 각각 4개 등급으로 평가
	피난안전	공동주택의 화재시 안전한 피난을 위하여 수평피난거리, 복도 및 계단 유효폭, 피난설비에 대하여 각각 4개 등급으로 평가

건축물의 성능에서 최근 이슈가 되고 있는 소음과 실내공기질과 관련한 부분을 좀 더 상세히 살펴보면 다음과 같다.

② 소음

소음은[103] 외부소음과 내부소음으로 나뉘는데, 현재 소음과 관련한 기준은 주택건설기준 등에 관한 규정(제9조 제1항[104])에 따르고, 그 중 바닥충격음(층간소음)은 주택건설기준 등에 관한 규정(제14조 제3항[105])에서 기준을 정하고 있다. 2005~2011년까지 7년간 전국 16개 광역지자체에 접수된 층간소음은 1,871건에 달한다.[106] 최근 이러한 소음하자에 대한 민원은 급격히 증가하는 양상인데,[107] 이처럼 층간소음에 대한 분쟁이 증가하는 이유는 소음에 대한 기준은 갈수록 까다로워지는 데 비해 실질적인 거주환경에서 느끼는 소음은 그다지 개선되지 않고 있기 때문으로 풀이된다.

통상 입주자와 시공사의 소음관련 분쟁은 지역별 환경분쟁조정위원회의 조정 결정을 따른다. 해당 결정에 불복할 경우에는 소송을 제기해야만 한다. 국토해양부는 이에 대한 개선책으로 아파트를 지을 때 바닥두께는 21㎝ 이상, 소리차단 성능실험 의무화 등을 동시에 지키도록 하는 '주택건설기준 등에 관한 규정' 개정안을 입법 예고하고 있다. 개정안이 시행되는 2013년부터는 다세대 주택이나 아파트에서 발생하는 층간소음 피해인정 기준이 지금보다 10~15dB 낮아질 것이다. 최대 소음기준도 새로 도입되어 순간적으로 발생하는 발걸음 소리가 55dB 이상이면 층간소음으로 판정받게 된다.

게다가 시공사의 책임은 더욱 강화되어 앞으로는 아파트 시공시 '표준바닥구조기준(바닥두께 21cm이상)'과 '소리차단 성능실험 의무화' 모두를 적용해야 한다. 따라서 1,000가구 이상의 아파트의 입주자 모집공고시에는 층간소음의 종류인 경량충격음과 중량충격음은 물론

| 표 11-4 | 공동주택 바닥충격음 차단구조 인정 및 관리기준

등급[108]	경량충격음	중량충격음	화장실 소음
1급	L'n,AW ≤43	L'i, Fmax, AW ≤40	9점 이상
2급	43 < L'n, AW ≤48	40 < L'i, Fmax, AW ≤43	7점 이상 8점 이하
3급	48 < L'n, AW ≤53	43 < L'i, Fmax, AW ≤47	5점 이상 6점 이하
4급	53 < L'n, AW ≤58, 표준바닥구조	47 < L'i, Fmax, AW ≤50, 표준바닥구조	4점 이하

바닥마감재
마감모르타르 40mm 이상
경량기포콘크리트 40mm 이상
단열재 20mm 이상
콘크리트 슬래브 210mm 이상

측면 완충재

바닥마감재
마감모르타르 40mm 이상
경량기포콘크리트 40mm 이상
완충재 20mm 이상
콘크리트 슬래브 210mm 이상

바닥마감재
마감모르타르 40mm 이상
단열재 20mm 이상
경량기포콘크리트 40mm 이상
콘크리트 슬래브 210mm 이상

표준바닥구조 벽식1   표준바닥구조 벽식2   표준바닥구조 벽식3

화장실 소음과 경계소음에 대해서도 성능검사를 받아야 한다. 주택성능등급표시제도가 더욱 주목되는 이유가 여기있다. 이처럼 시공사들에게 소음기준을 충족시킬 수 있는 구조기준 적용과 품질 향상에 대한 노력이 요구되고 있는 것은 주거의 질을 높이고자 하는 정부의 적극적인 의지로 보인다.

③ 실내공기질

실내공기질(IAQ: Indoor Air Quality)이란 인간이 거주·생활하는 실내공간에서 호흡하는 공기의 수준을 의미한다. 이는 주거환경의 쾌적성뿐만 아니라 건강과도 밀접한 관련이 있어 최근 관심이 점차 고조되고 있다. 구체적으로 환경부는 '다중이용시설 등의 실내공기질관리법'을 통해 공기질 향상을 도모하고 있다. 국내 실내공기질의 인증은 한국표준협회에서[109] 실내공간에 대한 공기질 인증절차를 운영하고 있다. 환경부가 고시한 공동주택의 실내공기질 권고기준은 〈표 11-5〉 같다.

실내공기질과 관련한 사례는 신축한 집에서 유독가스가 나와 눈과

| 표 11-5 | 주택 실내공기질 관리

항 목	국 내	관련기준[110]
포름알데히드	210 μg/m³	신축 공동주택 실내공기질 권고기준
벤젠	30 μg/m³	신축 공동주택 실내공기질 권고기준
톨루엔	1,000 μg/m³	신축 공동주택 실내공기질 권고기준
에틸벤젠	360 μg/m³	신축 공동주택 실내공기질 권고기준
자일렌	700 μg/m³	신축 공동주택 실내공기질 권고기준
스티렌	300 μg/m³	신축 공동주택 실내공기질 권고기준
총휘발성유기화합물	500 μg/m³	신축 공동주택 실내공기질 권고기준
총부유세균	800 CFU/m	다중이용시설 실내공기질 유지기준
미세먼지(PM10)	150 μg/m³	다중이용시설 실내공기질 유지기준
총부유곰팡이	500 CFU/m3	WHO 권고기준
집먼지진드기	2,000 ng/g	국제 workshop제시 권고기준 (Dust mite allergens and asthma, 1992)

목이 따갑고 특히 어린이와 노약자는 각종 피부염이 생기는 현상을 들 수 있다. 흔히 '새집증후군'[111] 이라고 불린다. 공동주택에서 흔히 발생하는 이 현상의 가장 큰 원인은 포름알데히드 같은 휘발성 유기화합물 성분때문 인데, 대부분 건축자재에 사용 되는 접착제와 가소제, 도료 등 에 포함되어 있으며, 온도가 증 가할수록 방출량이 증가한다고 한다. 실내 마감자재의 합성자 재 사용이 증가함에 따라 이런 실내공기오염과 관련한 하자

| 그림 11-3 | 주택 실내공기질 관리 매뉴얼

| 표 11-6 | 오염물질(유해 화학물질)의 유해성과 발생원인

오염물질		발생원인	인체영향
포름알데히드		합판, 접착제, 건축내장재, 단열재	0.1ppm 이상시 눈, 코 등에 미세한 자극 발암물질(개설 장기간 소요), 아토피, 축농증 악화
휘발성유기화합물	톨루엔	도료, 용제, 염료, 접착제, 화장품, 세제	현기증, 두통, 메스꺼움, 식욕부진, 기관지염, 폐렴증상 유발 가능
	벤젠	염료, 합성고무, 방부제, 방충제, 가소제, 페인트 등	발암물질, 폐렴 유발, 생식력 저하, 두통, 메스꺼움, 떨림, 의식불명
	에틸벤젠	유기 합성용제, 도료의 희석제, 고무, 플라스틱 등	과다 노출시 눈, 코, 목, 피부를 자극하고 장기적으로 신장, 간 등에 영향
	자일렌	도료, 용제, 염료, 안료, 석유정제 용제 등	중추신경계 억제작용, 피로감, 호흡 촉박, 심장이상증상 유발 가능
	스티렌	접착제 제조원료, 도료, 단열재, 커튼 등	코, 인후 등을 자극하여 기침, 두통, 재채기, 피로감, 마취작용 유발 가능

사례는 갈수록 다양해지고 있고, 반면에 에너지 효율을 높이기 위해 실내공간은 더욱 밀폐되고 있어 실내환경 문제가 급격히 늘어나고 있어 실내공기질 하자는 오히려 증가하는 추세다.

　여기서 쾌적한 실내환경을 위한 설계, 시공 및 준공단계별 체계적인 시스템을 살펴보면 다음과 같다. 국내에서는 실내공기질 향상을 위해 KS(한국공업규격)이 지정되어 있고 2004년부터 사단법인 한국공기청정협회에서 시행하는 국·내외 생산건축자재에 대한 인증등급 HB마크(Healthy Building Material: 친환경 건축자재 단체 품질인증제)와 1992년부터 환경부와 환경마크협회에서 시행하는 환경마크제도가 있다. 이를 바탕으로 친환경 자재 제작이 활성화 되고 있다.

(2) 친환경건축물 인증제도[112]

　'친환경건축물 인증제도'는 설계와 시공, 유지관리 등 전 과정에 걸쳐 에너지 절약 및 환경오염 저감에 기여한 건축물에 대한 친환경 건

| 표 11-7 | 친환경건축물 인증심사 기준

심사분야	해당 세부분야
토지이용	토지가 갖는 생태학적인 기능을 최대한 고려하거나 복구하는 측면에서 외부환경과의 관련성을 고려한다.
교통	건물로의 이동은 상응하는 에너지의 소비를 유발하므로 교통유발과 관련된 항목들을 평가하여 교통부하를 줄일 수 있는 대안을 검토한다.
에너지	건축물 운영을 위해 소비되는 에너지가 환경에 미치는 영향은 크다. 에너지 소비에 대한 건축적 방안 및 시스템 측면에서의 대책을 평가한다.
재료·자원	건축재료는 건설과정에서 발생하는 영향의 상당부분을 차지하며, 생산과정에서 많은 에너지를 소비한다. 따라서 천연재료, 또는 천연재료를 가공한 제품의 사용을 가급적 억제하고, 재생재료의 활용을 적극 유도한다.
수자원	수자원의 절약 및 효율적인 물순환을 도모한다.
환경오염	건물의 건설과정과 운영과정에서 발생하는 환경오염(오존층파괴, 지구온난화방지, 산성비 등)을 줄임으로써 지구환경부하의 저감을 목적으로 한다.
유지관리	적절한 유지관리체계를 통해 환경적 영향의 최소화와 이익의 최대화를 달성할 수 있는 건축적 방법을 검토한다.
생태환경	대지는 생물종의 다양성에 직접적인 영향을 미친다. 개발과정에서 대지 내의 생태계에 미치는 영향을 최소화하는 것을 목표로 하며, 이상적으로는 서식하는 생물종을 다양하게 구성하는 것을 고려한다.
실내환경	건강과 복지측면에서 건물 내 재실자와 이웃에게 미치는 위해성을 최소화하기 위한 실질적인 조치를 검토한다. 실내환경에는 온열환경, 음환경, 빛환경, 공기환경이 포함된다.

축물 인증을 부여하는 제도다. 영국, 미국, 일본, 캐나다 등에서는 이미 친환경건축물 관련 인증제도를 시행 중에 있다. 우리나라도 2005년 11월, 건축법(제65조)에서 친환경건축물의 인증을 규정하고 '친환경건축물의 인증에 관한 규칙(별표 1)'과 '친환경건축물 인증기준'을 마련하여 토지이용, 교통, 에너지, 재료 및 자원, 수자원, 환경오염, 유지관리, 생태환경, 실내환경과 같은 9개 분야의 세부평가항목에 대하여 인증하고 있다.

인증절차

친환경건축물로 인증받기 위해서는 건축주(건물소유자) 또는 건축

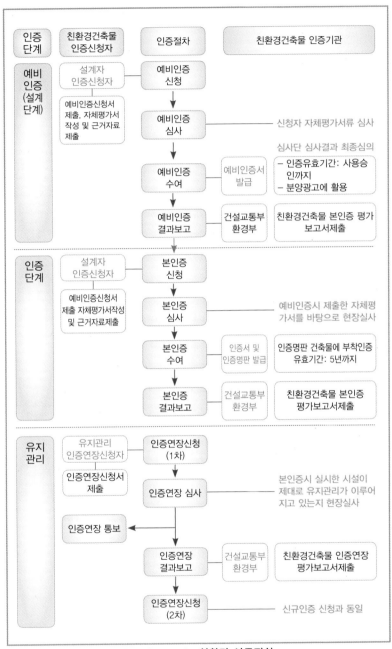

| 그림 11-4 | 친환경 인증절차

주의 동의를 받은 시공자가 인증기관에 신청을 해야 한다. 사용승인을 취득한 건축물의 경우는 항상 인증신청이 가능하고 예비 인증신청은 설계단계에서 진행해야한다.

(3) 지능형건축물 인증제도

지능형건축물은 21세기 지식정보사회에 대응하기 위해 건물의 용도, 규모와 기능에 적합한 각종 통합 시스템을 도입하여 쾌적하고 안전하며 친환경적으로 지속 가능한 거주공간을 제공할 수 있는 건축물을 말한다. 건축물의 에너지 및 이용환경을 관리하는데 효과적으로 대처하기 위한 건축물지능화 시스템을 구축하여 지능형 건축물의 건설을 유도·촉진하고자 하는 것이다.

국내에서는 지능형 건축물 인증제도를 건축법과 '지능형건축물 인증기준(국토해양부고시 제2011-406호)'에 근거하여 2011년 12월부터 시행하고 있다.[113] 적용대상 건축물은 공동주택, 문화 및 집회시설, 판매시설, 교육연구시설, 업무시설, 숙박시설, 방송통신시설이 해당된다.

에너지 절약과 실내환경의 쾌적성 외에도 정보통신의 고도화나 정보의 안정성 및 신뢰성 확보는 필연적으로 요구될 수밖에 없다. 지능형건축물의 목적이 바로 이러한 인식하에 지적인 생산성을 극대화하는 동시에 빌딩의 정보화와 안전성을 높이고 건설과 유지관리의 경제성을 추구하고자 하는 것이다.

지능형 건축물의 인증은 건물을 구성하는 다양한 시스템과 관련된 데이터나 생애주기비용(LCC) 및 운용실적을 분석하거나 평가할 수 없는 건물 준공 시점에 진행되며, 구체적인 시설관리조직, 시설경영관리시스템(FMS)의 기능을 중심으로 하는 인프라 구축이 주요 평가대상이 된다. 건축계획 및 환경분야 인증기준은 지능형건축물이 구비해야할 기반구조(Infrastructure)의 건축적 요소를 위주로 구성되어 있다.

인증절차

신청인의 자격은 건축주 또는 건물소유자나, 시공자가 건축주 또는 건물소유자의 동의를 얻는 경우, 인증을 신청할 수 있다.

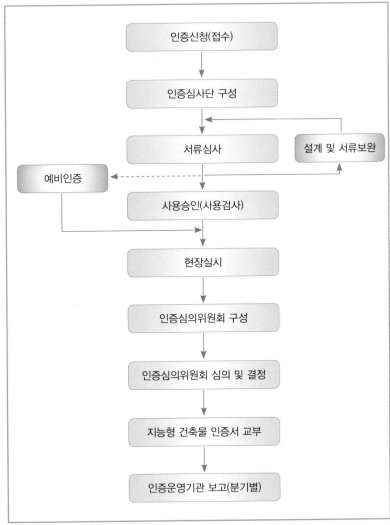

| 그림 11-5 | 인증절차

| 표 11-8 | 지능형 건축물 인증평가기준(공동주택, 숙박시설)

구 분		구 성
건축 · 기계	필수항목 (3)	에너지절약 설계기준, 유지관리 공간의 확보, 기계설비 시스템의 적정성
	평가항목 (13)	주민 편익시설 및 정보서비스, 거주자의 Life Cycle 변화, 거주자의 쾌적성 및 편의성, 친환경자재, 자연에너지를 이용한 부하저감계획, 단위세대 환기성능, 열환경 조성, 고효율 시스템, 자원순환 및 절약, 피난계획, 내진설계, 소음계획, 제어 및 감시
	가산항목 (6)	U-City 계획, 고령자 등 사회적 약자 배려, 수자원 이용, 실내공기질 향상 계획, 설비시스템 성능확보, 신기술 · 신제품 적용
전기 · 정보 통신	필수항목 (6)	전기 및 정보통신 관련실의 합리적인 배치, 비상전원 공급 및 소방계획, 단위세대의 부하설비, 통합배선 시스템 규격, 감시기능, 홈네트워크
	평가항목 (11)	단위세대의 부하계획, 수변전설비의 계획, 전력간선설비 계획, 승강기 설비, 피뢰 및 접지 시스템, 신기술 우수자재, 통합배선 시스템의 배선규격, CCTV 적용 대상, 출입통제 감시장소 및 저장방식, 지능형 홈네트워크 설비설치 수준, 커뮤니티
	가산항목 (7)	전력계통의 안정화, 세대용 비상전원 공급, 신재생에너지 적용, 에너지 절약, 출동경비서비스, 출입관리시스템, 통합운영관리 · 연동
시스템 통합 · 시설 경영 관리	필수항목 (5)	단지서버설치, 단지공용시스템, 시설관리조직 유무, 유지관리 매뉴얼 보유 유무, 주택관리정보시스템 정보공개유무
	평가항목 (10)	개방형 표준통신프로토콜 준수여부, 서버백신 및 보안기능, 매뉴얼 제공, 통합대상시스템, 에너지 정보수집, 시설관리조직 구성원의 수준, 작업관리기능, 사용수준, 자재관리기능, 사용수준, 운영데이터 축척수준, 운영 및 유지관리업무의 다양성
	가산항목 (5)	모바일 단말기 활용, 위치정보서비스 제공, 에너지 절감 및 관리기능, 모바일 관리, 3D(BIM) 연동환경 구축

(4) 에너지효율등급 인증제도

'건축물 에너지효율등급 인증 규정'[114](국토해양부고시 2009-1306호, 지식경제부고시 2009-329호)은 건물의 에너지 성능이나 주거환경의 질 등과 같은 객관적인 정보를 통해 건물의 에너지효율을 인증하는 제도이다. 합리적인 에너지절약 인식제고와 편안하고 쾌적한 실내환경 제공을 목적으로 한다.

인증절차

건축물 에너지효율등급 인증 규정의 대상은 공동주택과 업무용 건축물인데 건축물의 완공 전에 제출된 설계도서를 평가하여 에너지효율등급을 인증하는 '예비인증'과 건축물 준공승인시 신청서류가 완비된 시점에 설계도서의 평가 결과를 토대로 에너지효율등급을 인증하는 '본인증'으로 나뉜다.[115]

| 그림 11-6 | 인증마크

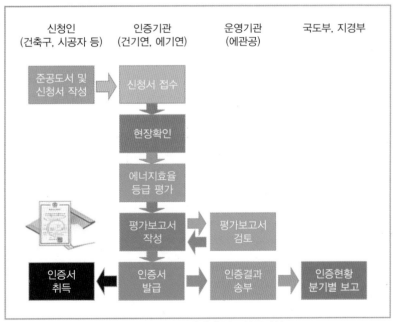

| 그림 11-7 | 에너지등급 인증절차

(5) 창호 에너지효율등급제

건축물의 에너지 손실 중 가장 큰 부분을 차지하는 부분이 창호다. 따라서 가장 쉽게 에너지 손실을 줄일 수 있는 부분도 창호다. 외부 창호가 외기에 직접 면하는 빈도와 면적이 높기 때문이다. 또한 커튼월 방식의 창호를 선호하는 추세로 인해 창을 통한 열손실 및 일사부하 증대로 에너지 비용증대가 문제되고 있다. 예를 들어 창호의 열관류율을 3.0W/㎡K에서 1.5W/㎡K로만 낮춰도 건축물에너지는 30% 절약된다. 창호의 열관류율이 중요하게 부각되는 것이 바로 이 때문이다. 외국의 경우 창호의 단열성능을 최저 0.8, 1.5~2.0W/㎡K까지 유지되도록 제도적으로 관리하고 있다.

하지만 우리나라의 경우 2006년부터 공동주택의 발코니 확장이 합법화 되어 실내공간으로 편입되고 있음에도 불구하고 창호의 에너지 성능에 대한 요구수준은 여전히 개선되지 않고 있어 에너지 손실에 대한 우려가 커지고 있다. 이 같은 문제점을 해소하기 위해 에너지 소비가 최저효율 기준 미달 제품에 대해서는 생산 및 판매를 금지하는 제도를 도입하였다. 2012년 7월부터 시행하고 있는 '창호 에너지효율등급제도가 바로 그것이다.

창호 에너지효율등급제도는 창호 제품을 에너지소비효율 또는 에너지사용량에 따라 1~5등급으로 구분하고 에너지 효율 하한선인 최저소비효율기준(MEPS)을 의무화함으로써, 에너지 손실이 큰 창호에 대해 최저소비효율기준 및 에너지소비효율 등급기준을 도입하여 지속 가능한 고효율 창호보급 활성화 촉진과 창호 관련 산업의 기술 향상이 예상된다. 아울러 하자측면에서도 결로현상의 발생은 크게 개선될 것으로 기대되고 있다.

(6) 건축물에 대한 인증제도의 경향

최근 정부에서 PL법(제조물책임법)[116] 대상에 아파트를 포함하는 방안을 추진하면서 논란이 일고 있다.[117] "아파트를 일반 상품처럼 공산품으로 정의할 수 있냐"는 화두에 소비자와 건설업계 등 이해당사자들은 물론 법조계나 학계 의견이 엇갈리고 있다. 건설업계는 법무부가 아파트 결함 보수에 대해 입주민의 권익을 대폭 강화하는 방향으로 '집합건물법'을 개정한 데다 이번 PL법 대상에까지 포함하는 방안을 추진하는 데 대해 우려를 나타내고 있다. 이에 따라 국회 입법과정에서 상당한 논란이 예상된다.

비슷한 시기인 2012년 9월에는 국토부가 주재한 주택건설기준 전면 개편을 위한 공청회가 열렸는데 물론 주택품질에 대한 기준을 강화하는 방향에 관한 것이었다. 지난 1991년 제정된 '주택건설기준 등에 관한 규정'은 변화된 주택건설환경에 부합하지 못하고 수요특성에 대응하기 어려운 획일적인 기준이라는 지적을 받아왔다. 이에 국토해양부는 주택건설기준 전면 개편방안 마련을 위한 연구용역을 한국토지주택공사(이하 LH공사) 토지주택연구원에 의뢰하고 공청회를 통해 각계의 의견을 수렴한 것이다.

개편안을 살펴보면 우선 층간소음 저감을 위해 바닥시공기준을 강화하는 한편 청정건강주택 건설기준 고시의 근거규정을 주택건설기준에 마련, 적용대상을 1,000가구에서 500가구로 확대한다고 한다. 권장사항이었던 친환경 빌트인 가전제품, 흡방습ㆍ흡착ㆍ항곰팡이ㆍ항균 등 기능성 건축자재 기준을 3개 이상 적용토록 개정하고, 결로방지성능의 최소기준을 고시하도록 근거도 마련한다는 것이다. 무엇보다 주목되는 것은 500가구 이상의 발코니를 확장해 설치하는 창호는 일정 성능 이상의 결로방지성능을 확보토록 한다는 내용이다.

LH공사도 하자발생의 주요인이 원가절감에 치우쳐 건물의 성능개선에 미흡했기 때문으로 판단하고 성능개선을 위한 구체적 행동에 착수한 것으로 보인다. 2012년 3월 발표된 LH공사의 '공동주택 기본성능 개선계획'을 보면 고질적인 소음·결로·누수·공기질·균열 등 5대 주요 하자 해결을 위하여 LH에서 시공하는 아파트 기본성능 향상을 꾀하고 있다. 그동안 공사비 상승 억제에 맞춰 고품질 신기술 및 신자재 적용에 소극적이고, 공사비 절감을 위한 무리한 설계기준 운용으로 하자 다발 부위의 설계관리가 소홀해 품질관리가 미흡했던 점을 대폭 개선하고자 하는 취지를 담고 있다.

즉 동일 하자가 동시다발적으로 발생하는 설계하자의 해결에 역점을 두어 단기간에 하자발생을 최소화하여 근본적인 주택 품질의 향상을 도모하고 있는 것이다. 국내 최대의 건설공기업으로서 선도적으로 성능개선공법을 설계부터 적용하여 품질을 높이려는 자세는 건설업체들이 귀감으로 삼아야 한다.

이 밖에 국제적인 친환경건축물 인증제도인 LEED인증을[118] 취득하는 건물이 늘고 있다. 국토해양부가 최근 국회 국토해양위원회에 제출한 국감자료에 따르면 국내 건설업체들이 서울 삼성동 코엑스, 역삼동 강남파이낸스센터, 서초동 삼성물산 사옥, 인천 송도 컨벤시아센터 등에서 모두 28건의 LEED 인증을 획득한 것이다. 이를 위해 미국 그린빌딩협회(USGBC)에 지불한 비용이 2009년 이후 무려 14억 원에 달한다고 한다.[119] 국내의 친환경인증제도가 엄연히 있음에도 외화를 들여 국제적 공인을 시도하고 있는 것은 건축물의 친환경 건축성능에 대한 관심이 그 어느 때보다도 고조되고 있는 증거라고 할 수 있다.

2. 요구성능과 하자

(1) 요구성능 평가의 문제점

하자의 평가는 사용자[120]가 한다. 하자는 건물이 완성된 이후, 사용하기 시작하면서 비로소 노출되기 때문이다. 하자와 더불어 법규나 인증제도에 의해 구현된 건축물의 성능과 각종 결함은 결국 사용자의 입장에서 전면적으로 평가될 수밖에 없다. 궁극적으로 건축법규나 각종 성능관련 제도의 목적은 도서나 인증서의 획득이 아닌 실제 건축물의 요구성능 구현일 것이다. 각종 인증제도를 들여다보면 사용자 · 소유자 · 관리자 · 시공자 등 건축단계의 모든 참여자의 요구에도 불구하고 사용자 입장에서 가치있는 성능이어야 한다는 점은 분명하다.

하지만 지금의 건축물 성능인증제도는 설계단계에서 설계자나 시공자가 주도해 성능 관련 인증을 획득하고 있다. 안타깝게도 사용자는 건물의 성능평가에서 제외되어 있다. 어쨌든 당사자 사이의 계약내용이나 해당 건축물이 설계도대로 건축되었는지와 건축관련 법령에서 정한 기준에 적합한지 여부에 따르거나 제연성능, 내화성능, 친환경자재 등 제반문제로 성능이 부족하거나 부실해지면 건축물의 성능에는 바로 문제가 발생한다.

비로소 이러한 하자가 발생하면 이제는 사용자가 그 하자에 대한 평가를 주도하게 된다. 건설과정의 특성으로 인한 불가피성도 없진 않겠지만 건물성능의 평가와 하자의 평가는 인식의 주체가 만날 수 없는 평행선상에 놓여있는 형국이다. 문제는 이러한 괴리가 사용자에게 영향을 미쳐 심각한 하자가 발생했을 때 건축물의 성능에 대한 신뢰감을 약화시키고, 성능 자체에 의구심을 들게 할 수도 있다는 점이다.

더 중요한 문제는 시공자나 제품의 제작자는 성실하고 정확하게 설계서에 명기된 공법, 규격을 준수하여 시공하겠지만 각종 설계나 성능에 관한 인증서나 승인서가 실제 건축물의 '구현성능'을 담보하지 않는다는 사실이다. 이를 단적으로 보여주는 중대한 사건이 터졌다. 2013년 4월 23일 인천지역의 ○○○○아파트가 공사중단 위기에 처했다는 SBS TV 보도가 나왔다. 시행사가 약속한 주택성능등급이 엉터리라며 입주 예정자측이 강하게 반발하고 있다는 내용이었다. 15:1의 높은 경쟁률 속에 분양을 마친 이 단지의 주택성능등급이 모두 1등급으로 표시되어 안내되고 그에 따라 분양계약이 체결되었다고 한다. 그런데 골조공사가 완료된 상황에서 1등급 성능표시가 표기실수였다는 것이다.

황당하게도 그 원인은 등급표기법이 숫자에서 기호로 변경됐지만 바뀐 기준도 몰랐고 그나마 순서도 뒤바뀐 단순 착오라는 것이다. 이에 입주예정자들은 계약당시 표시된 성능등급대로 시공해달라는 입장이지만 ○○도시공사측은 이미 골조가 완료된 상태라 수정이 어렵다는 것이다. 이게 오늘날 우리의 현실이다. 이 사태는 아무리 작은 것이라도 품질이 정해진 성능과 규격에 미치지 못할 때, 엄청난 민원이 제기될 수 있다는 사실을 극단적으로 보여주는 사례라고 할 수 있다. 향후 귀추가 주목된다.

(2) 요구성능 감정시 유의사항

정부가 약 22년 만에 현행 주택건설기준을 새로운 주거트렌드에 맞춰 수요자 중심으로 전면 개편하고자 하는 것과 최근 각종 성능인증제도의 발전과 선진국의 사례를 살펴보면 건설산업의 패러다임이 수요자 중심, 사용자 중심의 추세로 바뀌고 있음은 분명하다. 시대정신이 건축물의 성능구현에 초점이 맞춰지고 있는 것이다.

이런 측면에서 보면 '주택성능등급제도'의 각종 성능을 인증 받은 건물에서 '성능에 관한 건축하자'가 발생한다면 사용자 입장에서는 이를 쉽게 납득하지 못할 것이다. 심한 경우 분쟁으로 이어질 수밖에 없다. 이와 관련하여 최근 재료의 물성, 규격, 제원, 성능의 감정을 요청하는 사례가 점점 늘고 있다. 그런데 성능과 관련한 하자를 명시한 경우가 늘고는 있지만, 공동주택의 성능과 관련한 하자는 초기 인식 단계로 보여진다. 공동주택의 하자감정 신청내용을 살펴보면 성능과 관련한 하자를 명시한 경우가 아직 드물기 때문이다.

바로 이때가 시공사들에게는 현재의 상태를 점검하고 미비한 점을 체크하여 바로 잡을 수 있는 절호의 계기가 될 수 있을 것이다. 특히 자재의 검수나 관리, 시공관리 그리고 품질보증 검사체계에 대해서 만전을 기해야만 할 것이다. 적어도 짝퉁 부품은 잡아내야 한다. 작년에 짝퉁 부품으로 원자력 발전소가 가동이 중단되기도 했다.

감정기법에서도 개선이 요구된다. 재료의 물성을 분석하기 위해서 불가피하게 외부의 전문기관에 의뢰하는 경우가 생기기 때문이다. 이 외에도 외부기관 또는 업체에 의뢰해야 하는 업무는 방음성능, 구조 내구성능, 철근의 인장력 시험과 같은 정밀시험진단이 있을 수 있다. 은폐·매몰된 부위의 내부 상태 또는 자재의 구체적인 성분, 내화성 능 관한 분석을 요구하는 사례도 많다. 이처럼 자재의 성능이나 재질의 적격여부와 같이 정량적 성능의 분석에 관한 감정에서는 조사방식의 전환이 요구된다. 각종 장비, 기구의 활용과 공인된 시험연구소와의 연계도 필요하다. 또한 성능관련 법규, 제도에 관한 숙지도 필수적 과정이다.

3. 건축물 성능 하자 사례

(1) 방화문 내화·차연 성능

요구성능 미달의 대표적 사례로 아파트 출입구 갑종방화문 내화·

차연성능의 KS성능기준 미달에 대한 감정을 들 수 있다.[121] 이와 같은 사건의 경우 방화문 성능에 대한 판단이 필요한데 그 방법으로는 감정이 불가피하다. 방화문 감정 시 주요 절차와 유의사항을 정리하면 다음과 같다.

① 방화문 성능 감정 절차

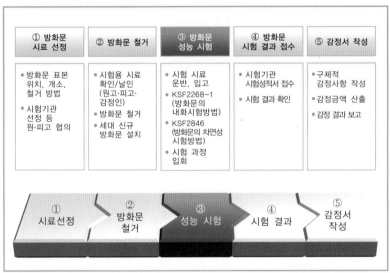

① 방화문 시료 선정	② 방화문 철거	③ 방화문 성능 시험	④ 방화문 시험 결과 접수	⑤ 감정서 작성
• 방화문 표본 위치, 개소, 철거 방법 • 시험기관 선정 등 원·피고 협의	• 시험용 시료 확인/날인 (원고·피고· 감정인) • 방화문 철거 • 세대 신규 방화문 설치	• 시험 시료 운반, 입고 • KSF2268-1 (방화문의 내화시험방법) • KSF2846 (방화문의 차연성 시험방법) • 시험 과정 입회	• 시험기관 시험성적서 접수 • 시험 결과 확인	• 구체적 감정사항 작성 • 감정금액 산출 • 감정 결과 보고

① 시료선정　② 방화문 철거　③ 성능 시험　④ 시험 결과　⑤ 감정서 작성

| 그림 11-8 | 성능시험 절차

② 감정 시 판단기준 및 유의사항

갑종방화문의 성능에 대한 판단기준은 '자동방화셔터 및 방화문의 기준(국토교통부고시) 제5조(성능기준)'에서 규정하고 있는 KSF2268-1 (방화문의 내화 시험방법), KSF2846(방화문의 차연성 시험방법)에 따른다. 일반적으로 도급계약으로 방화문의 성능을 규정하는 경우는 흔치 않은데다 설계도서나 시방기준이 '자동방화셔터 및 방화문의 기준'을 따르고 있으므로 감정도 이 기준에 의해 수행해야 한다.

방화문 감정비용은 재판부에 순수 감정비용과 함께 외부시험 및 기존세대 신규 방화문 설치비용 등을 포함하여 산정하기도 한다. 시험 결과에 따른 하자보수비 또는 손해배상액 산정 감정 시에는 방화문 보수비용과 각종 부속 액세서리의 보수비 산정기준, 주변 마감재 보수범위, 그리고 시료 중 일부가 불합격인 경우에 대해서도 명확히 특정 하는 것이 중요하다. 주의할 점은 '건축물의 피난 · 방화구조 등의 기준에 관한 규칙'이 개정되면서 건축허가신청일이나 신고일에 따라 적용하는 감정의 기준과 KS적용기준이 달라진다는 것이다. 감정 시에는 이러한 점에 유의하여 업무를 수행하여야 한다.[122]

| 표 11-9 | 자동방화셔터 및 방화문의 기준

관련 규정	내 용	조 문
자동방화셔터 및 방화문의 기준 제5조 (성능기준) 국토교통부 2015-212호	1. KSF3109(문세트)	② 방화문은 KSF 3109(문세트)에 따른 비틀림강도 · 연직하중강도 · 개폐력 · 개폐반복성 및 내충격성 외에 다음의 성능을 추가로 확보하여야 한다.
	2. KSF2268-1 (방화문의 내화 시험방법)	1. KSF2268-1(방화문의 내화 시험방법)에 따른 내화시험 결과 건축물의 피난 · 방화구조 등의 기준에 관한 규칙 제26조의 규정에 의한 비차열성능
	3. KSF2846 (방화문의 차연성 시험방법)	2. KSF2846(방화문의 차연성 시험방법)에 따른 차연성 시험결과 KSF3109(문세트)에서 규정한 차연성능
	4. KSF2845 (유리구획부분의 내화시험 방법)	3. 방화문의 상부 또는 측면으로부터 50센티미터 이내에 설치되는 방화문 인접창은 KSF2845 (유리구획부분의 내화 시험방법)에 따라 시험한 결과 비차열 1시간 성능
		4. 도어클로저가 부착된 상태에서 방화문을 작동하는데 필요한 힘은 문을 열 때 133N 이하, 완전 개방한 때 67N 이하

▶ 건축물의 피난·방화구조 등의 기준에 관한 규칙 적용 시기

• 건축허가신청일 및 건축신고일이 시행(2004. 1. 6.) 이전의 경우
→ 사양 및 성능기준 중 어느 하나를 선택적으로 충족해야 함.

• 건축허가신청일 및 건축신고일이 시행(2004. 1. 6.) 이후의 경우
→ 성능기준을 충족하면 됨.

▶ 시기별 적용 KS기준

• 건축허가신청일 및 건축신고일이 시행(2005. 7. 27.) 이전의 경우
→ KSF 2268 기준 성능시험

• 건축허가신청일 및 건축신고일이 시행(2005. 7. 27.) 이후의 경우
→ KSF 2268-1 기준 성능시험

(2) 시스템 창호 단열성능

과거에는 창호 하자의 대해 창호가 설계도면과 시방서에 맞게 시공되었는지를 주로 따졌다. 이를 테면 창호 프레임의 두께나 유리 규격을 들 수 있다. 설계도서에 명시된 유리 두께는 12㎜인 반면 실제 시공된 유리는 8㎜ 두께인 경우도 흔하다. 결로 현상이나 기밀성 저하에 대해 하자를 주장하는 경우에도 구체적 검증방법을 적시하지 않았다.

최근에는 이러한 규격상의 차이가 아닌 설계도서에서 규정한 창호 기밀성이나, 객관적이고 통상적인 성능을 구비하고 있는지를 따지는 사례가 늘고 있다. 설계도서나 시방서의 요구성능 미달을 확인하고 회복하거나 복원하기 위한 방법과 보수비용을 산정하는 감정이 그것이다. 주로 시스템창호에 집중된다. 2012년부터 실시되고 있는 창호 에너지효율등급[123] 마크에 표시된 열관류율, 기밀성능(통기량과 등급)을 확인하고 실제 그 성능이 구현되고 있는 지 검증을 요구하는 경우도 있다.

| 그림 11-9 | 창호 결로 발생 | 그림 11-10 | 열화상 카메라 촬영 사례

시공 상태조사	성능평가 창호 선정	표면온도 저하율 측정	분석 결과
▪ 프레임규격, 유리 두께 ▪ 단열간봉(SPACER) ▪ 외부 가스켓 상부 코킹 가스켓 시공 상태 ▪ 복층유리 단부 클리어런스 ▪ 글레이징비드 (Glazing Bead) 설치 위치 ▪ 셋팅블록 (Setting Block) ▪ 모헤어 ▪ 결로수 배출시스템	▪ 세대내 창호는 전면 창호, 침실, 거실, 주방 창호로 구분 ▪ 크기나 구성 차이 감안 결로 관련 성능평가 대상 창호 선정 ▪ 일사열 획득이 적어 결로 측면에서 매우 취약한 부위 (예: 북측 침실 창호) 창호 선정	▪ 시방기준 온도저하율 적용 ▪ 시스템 창호의 결로 방지성능은 온도 저하율(Px)로 평가 KSF22952 시험방법 적용 ▪ 열화상 카메라를 이용한 창호 접합부 열 성능 분포도 측정 ▪ 창호 각 부위 표면온도 저하율 측정	▪ 조사 데이터 취합 ▪ 시뮬레이션 결과 분석 ▪ 결로방지 방안 수립 ▪ 하자보수를 위한 적절한 보수공법 채택

| 그림 11-11 | 성능시험 절차

(3) 기타 성능 하자 및 지진 시대를 대비한 내진 성능 하자

방화문의 내화성능, 창호의 기밀성능, 단열성능 외에도 건축성능과 관련한 분쟁은 지속적으로 늘고 있다. 최근 증가하고 있는 사례로 스프링클러 배관의 성능을 검증하는 것도 있고 건축물 특정 부위의 방수성능을 확인하고자 하는 경우도 있다. 턴키설계로 지어진 공공청사의 냉난방 성능에 대한 부실을 따지는 소송도 제기된 바 있다.[124] 설계나 건설 과정에 참여한 모든 전문가들이 더욱 주의를 기울이고 업무에 만전을 기해야 하는 이유가 이 때문이다.

| 그림 11-12 | 포항 지진으로 파괴된 기둥1 | 그림 11-13 | 포항 지진으로 파괴된 기둥2

지어놓고 손을 털었던 시절은 이미 지난 것이다. 여기에 쐐기를 박는 사건이 일어났다. 2016년 9월 12일 경주에서 발생한 5.8규모의 지진 발생 이후 불과 1년여 만에 2017년 11월 15일 경북 포항에서 규모 5.4의 지진이 발생한 것이다. 지진의 공포가 마침내 한반도를 덮친 것이다. 포항의 지반이 연약지반이기 때문에 경주 지진에 비해 진도는 작았지만 피해는 훨씬 더 컸다. 한반도는 더 이상 지진의 안전지대가 아닌 것이다. 바다 건너 일본의 일인 줄만 알았던 지진 발생 시 대처 방법이나 복구방법에 대한 훈련과 연구가 필요해졌다.

엄청난 피해가 발생하였다. 포항 지진의 여진도 100회가 넘게 발생하고 있다. 여진으로도 피해가 계속 발생하고 있다. 포항 지진은 현재 진행형인 셈이다. 심각하게 파손된 흥해 지역 일부 아파트는 붕괴가 우려되어 철거 결정이 났다. 수많은 이재민이 발생하였고, 1년이 넘도록 집으로 돌아가지 못하고 있다. 근본적으로 지진이라는 자연현상은 미리 막을 수가 없기 때문에 정확한 사전 예측, 지진 경보 후 신속한 대응 체계 강화가 중요한 아젠다가 되었다.

여기까지는 당연한데 건축 관계자의 입장으로 관점을 바꿔 지진이라는 현상을 보면 국면이 간단치는 않다. 설계자, 감리자, 시공자 모두가 건축물의 내진설계, 내진성능이라는 단어에서 자유로울 수 없기 때문이다.[125] 여기서 내진(耐震)은 건축물의 구조가 지진에 견디는 것이다. 내진설계란 지진 발생 시 구조물의 내진 안정성을 확보하기 위한 설계를 말한다. 상정하는 지진동의 강도와 그 때에 허용할 수 있는 피해 정도에 따라 차가 있다. 중지진에 대해서는 탄성 허용 응력도법이 쓰이고, 대지진에 대해서는 보유 수평 내력의 검정이 이루어진다. 지진 하중의 결정에는 정적 진도법·수정 진도법·응답 변위법·동적 응답법 등이 쓰이고 있다.[126]

문제는 포항 지진에서 보여 주듯이 내진설계가 반영된 건물임에도 불구하고 심각한 전단 파괴 현상을 보이며 주저앉는 경우이다. 지진이 발생한 직후에는 대부분의 사람들이 대자연의 힘에 압도당해 망연자실한 상태에 빠져있을 수밖에 없다. 지진에 대한 대응이나 대처가 안전한 대피나 대처에 주안점을 둔다. 그러다 진정 국면에 들어가고, 피해 상황 파악이나 복구를 위해 전문가들이 투입되면 상황이 바뀌게 된다.

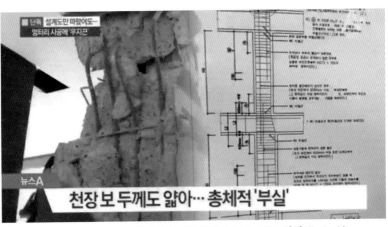

| 그림 11-14 | 포항지진 부실공사관련 뉴스 보도 화면 (뉴스 A)

입장을 바꾸어서 건축주의 입장에서 생각해보자. 지진이 와서 집이 붕괴지경에 이르러 엄청난 재산상 피해를 입었다. 황망해 있는데 전문가들이 와서 "당초 설계도에는 지금 이정도의 지진도 충분히 견딜 수 있도록 내진설계가 되어 있다. 이를 제대로 시공하지 않은 시공자, 제대로 감독하지 못한 감리자의 책임이 있다."라고 조언을 해주었을 때 당신은 가만이 있겠는가? 포항 지진이 우리에게 보내는 시그널은 우리의 건축 수준을 한단계 올리지 않으면 엄청난 분쟁에 휩싸일 수밖에 없다는 것이다.[127] 내진성능 평가, 진단, 감정이라는 새로운 업역이 생겨날 것이다.

12

건축물 손상,
상태에 대한 감정

제12장

건축물 손상, 상태에 대한 감정

건설현장의 토지굴착시에는 주변 건물에 영향을 미치지 않도록 각 종 흙막이 공법이 수반된다. 흙막이 공법이란 굴착면이 붕괴나 변형을 일으키지 않도록 흙막이벽을 설치하여 지지하고 고정하는 공법을 말한다. 도심지 지하굴착에서 주로 적용하는 흙막이 벽과 지지공법은 아주 다양하다. 건축 및 토목공사에서 지하 구조물을 시공시 다양한 방식의 굴착공사가 수반된다. 규모나 심도에 따라 차이는 있지만 이로 인해 주변지반의 거동과 침하가 발생하기도 한다. 이때 건축물 손상의 원인, 상태에 대한 감정이 요구된다. 감정의 범위는 건설현장의 토지굴착과 인접건물의 균열과 상당한 인과관계와 피해의 확대가능성, 이로 인한 건물의 붕괴가능성의 여부까지 상당히 넓다고 할 수 있다.

1. 흙막이 공법 개요

(1) H-Pile 공법

H-Pile 흙막이 공법은 강재파일을 지중에 삽입한 후에 굴착을 진행하면서, 토류판을 끼워 굴착벽을 지지하는 방식이다. 공기가 짧고 경제적이어서 건물터파기나 개착식 지하철공사 등에 많이 적용된다. 반면 벽체 변형이 크고 지하수위 저하에 따른 지반침하가 발생하여 인

접구조물이 손상될 우려가 있다. 흙막이를 지하수위 아래로 굴착하는 경우에는 인접 지반의 침하를 최소화하기 위한 방법으로 S.G.R 공법, L.W 그라우팅공법 등 차수공법을 병행하여 시공하기도 한다.

(2) 주열식 흙막이 공법

주열식 흙막이 공법은 C.I.P 공법(Cast-in-placed Pile 공법)이라고도 한다. 주열식 현장타설 말뚝으로 소정의 직경으로 천공 후 철근망을 삽입하고 콘크리트를 타설하여 현장 콘크리트 말뚝을 만들며 흙막이벽체를 형성한다. 비교적 진동이나 소음이 적고 강성이 커서 수평변위를 억제할 수 있다. 인접대지 주변에도 영향을 덜 미친다. 반면 타 공법에 비해 공사기간이 길고 공사비도 고가인 단점이 있다. 또한 기둥과 기둥 사이의 이음부가 취약하여 별도의 보강이 필요하며, 말뚝을 중첩시켜 시공할 수 없어 지하수가 있는 경우에는 별도의 차수공법이 요구된다.

S.C.W 공법(Soil Cement Wall 공법)은 소일시멘트를 이용한 지중연속벽 공법으로서 기계적 교반방식에 의한 종래의 주열공법의 단점을 해결한 다축오거 공법이다. 지중 굴착을 위해 관입한 오거의 중공로드를 통해 시멘트밀크주입재를 주입한 후, 오거로드 주변에 부착된 교반 날개로 원지반의 흙과 혼합하여 소일 콘크리트 흙막이벽을 형성하는 공법이다. 주로 지하수 차단이나 연약지반 개량, 구조물 기초형성시 적용한다. 흙막이 공법으로 채택시에는 응력보강재로 H형강이나 강관, 강널말뚝을 삽입하여 사용하기도 한다. 소음 및 진동이 적고 지수성과 강성이 좋아 도심지 공사에 적합하다. 구조적 안정성도 뛰어나 연약지반이나 물이 많은 지역, 인접구조물 밀집지역에 두루 적용되는 데 전유기계 및 부대설비가 대형이어서 소규모 현장에서는 적용이 어렵다.

12

(3) 지하연속벽 공법(Slurry Wall, Diaphragm Wall 공법)

지하연속벽 공법은 슬러리월 공법이라고도 한다. 지반에 안정액을 주입하면서 동시에 수직으로 굴착한 다음 철근 콘크리트로 벽을 형성하는 공법이다. 저소음 및 저진동의 공법으로 기존 주열식 흙막이의 단점인 기둥과 기둥 사이의 유격문제가 발생하지 않아 주로 도심지의 지하굴착공사에 채택한다. 영구적 구조물로서 이용도 가능하여 역타공법(Top down)에 많이 적용된다. 벽체의 강성이 커서 주변지반 및 인접구조물의 침하에 따른 피해를 최소화할 수 있다. 반면 고도의 기술과 관리가 요구되며 시공비용이 상당한 고가의 공법이다.

(4) 버팀보식 지지공법(Strut, Racker 공법)

버팀보식 지지공법은 굴착하고자 하는 부지의 외각에 흙막이벽을 설치하고, 버팀대(Strut, Racker), 띠장(Wale) 등의 지보공으로 지지하며 굴착하는 방법이다. 버팀대의 압축강도 자체를 이용하여 흙막이를 지지하므로 응력 상태를 확인하기 쉽다. 연약지반과 지하수위가 높은 지층에서도 많이 적용하고 있다. 자립식 흙막이 공법에 비하여 경제적이다. 반면 굴착면적이 큰 경우 버팀대 자체의 비틀림과 좌굴 등으로 흙막이 전체가 변형되기 쉬워 주변에 지반의 침하가 일어날 수 있다. 해체과정에서도 흙막이 벽에 돌발적 응력 불균형이 발생할 수 있으므로 유의해야 한다. 공사의 난이도가 높고 자재 손실이 많으며 해체기간이 별도로 필요하다는 점도 단점이다.

(5) 어스앵커 지지공법(Earth Anchor 공법)

어스앵커 공법은 버팀대 대신 굴착주변 지반 중에 어스앵커를 설치하여 흙막이벽에 작용하는 외력을 받도록 하는 공법이다. 굴착평면이나 굴착 깊이가 복잡하거나 대지에 경사가 있어 버팀대의 설치가 곤란한 경우에 적합하지만 앵커를 정착시킬 수 있는 지반이 적당한 위치에 있어야 하는데 그 위치가 인접대지일 경우 소유주의 사용동의를 구해야 하는 제약이 있다. 앵커 정착장부위의 토질이 불량한 경우에는 시공이 어렵다. 지하수위가 높은 경우는 지하수 누출도 대비해야 한다.

(6) 역타공법(Top Down 공법)

일반적인 구조물 시공은 지하구조물 축조 깊이까지 굴토를 하고 기초를 설치한 후 상층부로 전개되는데, 역타공법(Top Down 공법)은 구조물의 지하기둥 및 외벽 흙막이를 선 시공한 후 지층구조물(바닥판, 보 등)과 지상부의 구조물을 동시에 시공하는 공법이다. 지하연속벽을 이용한 역타공법은 자체의 차수성과 강성만으로 인접지반 변형을 최소화해 침하에 대한 영향은 아주 적다. 구조물 자체의 슬래브나 빔이 토압 및 수압을 지지하는 지보공(버팀대) 역할을 하므로 불확실한 지반상황에도 보다 안전한 대처가 가능하다. 기둥, 벽 등 수직재의 구조이음시에 고도의 기술이 필요하고 지하 작업공간의 통풍시설과 굴착공법시 토압, 수압 등에 대한 계측관리가 요구된다. 공기단축이 가능하지만 공사비가 비교적 고가이다.

2. 지반침하

건설현장의 지하굴착공법이 발전하고 안전조치가 강화됐음에도 불구하고, 인접건물에 대한 피해는 갈수록 증가하고 있다. 대표적인 피해로는 지반침하, 균열, 소음, 진동, 분진을 들 수 있다. 경우에 따라 심한 민원이 제기되며, 시공사와 민원인 상호간에 극단적으로 대치하

| 그림 12-1 | 지반침하

기도 한다. 마땅한 해결책을 찾지 못할 경우 소송으로 전개되는 경우가 많다. 이에 따른 제반의 문제점을 해결하기 위하여 다양한 흙막이 공법 및 굴착공법이 사용되고 있으나 인접지반에 전혀 영향을 주지 않고 공사를 진행하기는 사실상 불가능하다.

이때 불가피하게 발생하는 침하의 직접적인 원인으로는 크게 흙막이벽의 변형과 지하수위 저하를 들 수 있다. 흙막이벽의 변형은 지반의 평형 상태가 흐트러지면서 벽체에 토압이 작용하여 나타나는 현상이다. 앵커나 버팀대를 설치한 경우와 지하연속벽 공법을 적용한 경우에도 변형량의 차이만 있을 뿐 변위를 완벽히 통제하기 어렵다. 지하수위도 마찬가지다. 지하수 유출을 막기 위한 차수공법을 병행하거나 지하연속벽 공법을 사용해도 굴착공사로 파생되는 지하수위 변화는 물리적으로 제어하기 어렵다. 종종 지하수위가 저하되면 지반이 압밀 침하되는 현상이 생기므로 인접구조물에 영향을 미치지 않게 적극 예방하고 최소화하기 위한 조치가 필요하게 된다. 지반굴착공사에 따른 인접지반 침하의 요인은 다음과 같다.

(1) 탈수에 의한 압밀침하

지반이 모래나 실트 등으로 구성되어 연약한 경우 건축물의 기초공사를 위한 토지굴착시, 높은 지하수위의 영향으로 수분이 다량 침투하였을 때 흙막이벽 사이나 하부로부터 토사가 유출된다. 지하수가 유출될 때도 토사의 수분이 방출되어 인접지 지반이 침하되는 피해가 생기기도 한다.

(2) 히빙(Heaving), 원호활동

히빙현상은 연약한 점성토지반의 강도가 부족할 때, 흙이 돌아 나오거나 굴착 바닥면이 융기하면서 흙막이벽을 변형시키나 배면지반이 침하되는 현상을 말한다. 심한 경우 굴착 바닥면이 파괴되어 흙막이 벽이 붕괴된다.

(3) 보일링 현상(Boiling)

보일링 현상은 퀵샌드 현상이라고도 하는 데 지반에서 상승하는 물의 침투압에 의해 사질토 속의 모래가 입자 사이의 평형을 잃고 현탁액과 같은 상태로 액상화 되는 것을 말한다. 흙막이벽에서는 차수성이 높고 지하수위 이하의 사질토 지반을 굴착하는 경우에 많이 생기는데 굴착 바닥면 지반이 전단 저항을 잃을 경우 붕괴로 이어지게 된다.

(4) 융기 및 파이핑 현상(Piping)

불투수층 지질로 인해 상부에 침투류가 생기지 않을 때, 불투수층 하부에서 지표면 방향으로 수압이 작용한다. 이때 압력이 위쪽에 있는 흙의 무게보다 커지면 굴착 저면이 솟아오르며 불투수층이 깨지고 보일링 모양의 파괴에 이르게 되는 것을 융기현상이라 한다. 파이핑은 약한 지반의 가는 흙입자가 침투류에 의해 씻겨 나가면서 흙 속에 파이프 모양의 침투경로가 형성되는 현상을 말한다. 파이핑에 의해 침투경로가 확대되어 상류쪽에 이르면 굵은 흙입자까지 씻겨 나가면서 발생하며 하자의 형태는 보일링과 유사하다.

(5) 흙막이벽의 변형

흙막이 벽체에 과다한 토압으로 인한 변형이 일어나거나 기초 말뚝

을 타설한 자리의 간극부 혹은 현
장타설 말뚝자리에 되메움이 충
분하지 않을 경우, 또는 엄지말뚝
흙막이에서 여굴된 부분을 충분
히 되메우지 않았을 때에도 지반
이 침하한다. 강널말뚝이나 H형강
말뚝을 인발할 때도 흙막이벽체의
변형이나 붕괴가 발생할 수 있다.

| 그림 12-2 | 흙막이 벽체 붕괴

3. 침하구조물 복원공법

(1) 디록(D-ROG) 공법

디록(D-ROG: Digitalized Restoring on Grout) 공법은 지반 내 공극
및 간극을 충진하고 지내력을 향상시키는 공법이다. 침투성 및 내구
성이 있는 주입재료를 경화로 인해 발생되는 액상 쐐기력을 형성시키
는 원리를 통해 반복주입하여 충분한 반력을 생성시키는 방식이다.
지반에 주입범위를 제어하기 위한 중결성 그라우트재와 급결성 그라
우트재를 주입하고, 초미립자 그라우트재를 압밀주입 함으로써 지내
력을 증진함과 동시에 침하된 구조물을 복구하는 과정을 거치게 된

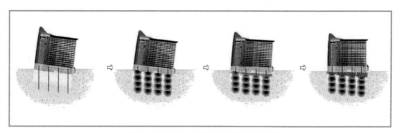

| 그림 12-3 | 디록(D-ROG) 공법

다. 그라우트재의 주입과 동시에 첨단기기를 통한 계측관리로 구조물 전반에 균등한 접지압을 형성시키므로 정밀한 복원이 가능하다.[128]

(2) 파일압입인상 공법

파일압입인상 공법은 유압을 이용하여 기초 하부에 강관파일을 지중에 압입하고, 그 파일의 지지력을 반력으로 삼아 상부 구조물을 복원하는 공법이다. 강관파일의 내력산정이 쉽고, 연약지반이 깊게 형성된 지반에서도 적용할 수 있는 장점이 있다. 반면 건물 하부에 이미 설치되어 있는 기초판과 보강파일을 일체화하기 어렵고 기초판의 전단내력을 확보하기 위해서 기초판 단면을 증설해야 하는 단점이 있다.[129]

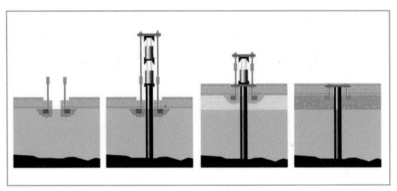

| 그림 12-4 | 파일압입인상 공법

(3) Helical Pier 공법

Helical Pier 공법은 주로 북미지역의 목조주택이 침하되었을 경우 적용한다. 지하층이 있는 건축구조물이나 실내에 기초가 형성된 구조물에는 적용하기 어려워 중량 구조물의 복원에는 적용이 어렵다. 강재 소구경 파일(Shaft) 및 나사형 날개(Helix)로 구성된 철재파일을 구조물의 기초판 하부 양호한 지반까지 근입시켜 브래킷에 구조물 기초를 거치하고, 유압으로 상향변위를 발생시키는 방식이다. 구조물 기초 노출을 위한 터파기공사가 필요하고 파일압입, 브래킷과 기초판과의 긴결, 복원 등 공사과정이 복잡하고 공사기간이 길어지는 단점이 있다.

4. 감정시 유의사항

지하굴착공사로 인하여 인접지반 침하 및 구조물 손상에 관한 주요 쟁점은 다음과 같다. 우선 손해배상의 범위에 관한 것이다. 통상 피해부분에 대한 구조물 원상복구방법 선정과 원상회복에 필요한 하자보수비를 산출은 전적으로 감정인이 결정하게 된다. 여기서 기존에 균열 등의 하자가 존재하거나 건물의 노후화에 대한 적용에서 시공자가 책임져야할 비율이 쟁점이 된다.

극단적으로 하자보수비가 건축물의 신축비용을 상회하는 사례도 발생한다. 또한 구조물 원상복구기간의 영업손해나 대체주거비, 안전진단비용 등 간접손해비용과 계량화가 어려운 정신적 위자료 등의 포함여부도 주요 쟁점이다. 손해배상의 책임이 원수급인에게만 있는지, 아니면 공사를 시킨 도급인에게도 분담되는지의 문제와 원수급인과 하수급인 사이의 책임문제, 시공자와 감리자 사이의 책임문제도 부수적인 쟁점이라고 할 수 있다.

(1) 피해 평가

건축물의 피해감정을 위해서는 우선 건물의 현황을 파악해야 한다. 착공 전 제3자에게 의뢰하여 피해가 우려되는 곳의 결함 현황을 미리 조사해 객관적으로 기록해 놓은 경우는 피해 정도를 감정하는데 큰 도움이 된다.

① 구조 형태에 대한 평가

조사시에는 건축물의 상태를 구조형태별로 감안하여 업무에 임해야 한다. 진동과 같은 횡력에 가장 취약한 조적조 건물의 평가시에는 벽량 및 벽체의 두께, 테두리보의 설치여부, 기초 형식, 상ㆍ하층 벽체의 일치성, 개구부의 배치 현황, 인방 설치여부 등을 고려해야 한다. 철근 콘크리트조와 철골조의 경우는 횡력에 대한 저항성이 설계에서 고려됐는지, 내진설계의 여부와 부재의 치수, 배근을 포함한 설계가 적정한지도 평가되어야 한다. 목구조의 경우 구조부재의 치수 및 접합 상태가 일차적인 검토사항이다. 또한 신축 당시의 용도 및 구조가 변경된 경우도 있다. 이런 정보는 감정에서 중요한 사항이므로 충분히 파악해야 한다.

② 시공품질에 대한 평가

시공품질과 관련해서는 사용재료의 품질 및 내구성, 열화상태에 대한 적정성을 판단해야 한다. 이 과정에서 건축물을 구성하는 재료에 대한 성능 및 품질 수준에 대한 평가가 중요하다. 적절한 건축기술에 의하지 않고 지어진 건물은 내구성이 확보되지 않을 수 있기 때문이다.

③ 노후도에 대한 평가

건축물은 필연적으로 노후화가 진행된다. 시간의 경과와 함께 정도의 차이는 있으나 결함이 발생하고 구조체 및 마감재의 성능저하가 생길 수밖에 없으므로 피해건물에 대한 노후도의 평가가 필요하다. 건축물의 노후도는 사전 현황조사 및 안전진단자료가 주요 참조 근거가 되므로 건물의 경과 연수, 마감재의 상태 등을 면밀히 파악해야 한다.

④ 사용조건에 대한 평가

건축물은 여러 구성재료들의 복합체이기 때문에 온ㆍ습도의 변화나 동결융해의 반복 등의 환경적 요인과 유지관리 상태 및 사용환경에 의해 영향을 받는 것은 피할 수 없다. 때로는 지반조건 등에 따라 자연발생적인 지반침하 및 기초의 부동침하가 발생하기도 한다. 그러므로 피해감정시에는 이러한 사용조건에 대해서도 충분한 공학적 판단을 고려해야 한다.

(2) 기여도[130]

'기여도'라 함은 인접지의 공사로 인해 건물에 피해가 발생하였을 때, 그에 미친 영향의 정도를 말한다. 인접공사로 인한 피해에 대한 기여도는 정량화된 비율의 산출이 필요하다. 피해에 대한 배상액을 산정하기 위해서는 상기의 개념의 도입이 불가피하기 때문이다. 기여도를 정량적으로 도출하기 위해서는 건축물에 발생한 제반결함의 발생원인을 공사요인 외 기타요인과 함께 종합적으로 분석해야 한다.

① 기존하자 및 진행하자

건축물에 변형이 일어난 경우, 취약부위부터 영향을 받으므로 노후 건축물에서는 기존균열이 확대되는 것은 보편적이라고 할 수 있다. 따라서 외부에서의 영향이 이미 발생한 균열을 일부 진전시켰다고 '기여도'를 높게 평가하기 어려운 점이 있다.

② 양호한 건물과 불량한 건물

상태가 양호한 건축물은 노후 정도가 심하고 상태가 불량한 건축물보다 공사영향 '기여도'를 더 높게 평가하여 균형을 이루어야 한다. 왜냐하면 동일한 수준의 변형이 작용했다 하더라도 원상태가 양호할 경우에는 피해 정도가 경미하겠지만 노후 정도가 심해 상태가 불량할 경우에는 피해 정도가 비교적 크게 나타나기 때문이다.

③ 보수 · 보강공사비로 산정하는 경우의 기여도

균열이나 부서진 것을 수선하는 것이 보수공법이고, 구조내력의 회복 혹은 증진시키는 것은 보강공법이라고 한다. 보강공법은 내진성능의 보강, 구조시스템의 보강, 부재의 보강, 기초 및 지반의 보강 등으로 세분화된다. 사용재료 및 시공방법에 따라 부재증설공법, 포스트텐션공법, 단면증대공법, 교체공법, 철근매입공법, 강판접착공법, 탄소섬유보강공법 등이 있다. 보수보강공법은 구조물의 중요도, 형식, 환경조건 혹은 보수 후의 상태를 고려하고 공법이 성능을 충분하게 발휘할 수 있는지 확인하여 강도 및 강성의 회복이나 수밀성의 확보, 내구성의 개선에 부합하는 공법을 선정해야 한다.

인접지공사 피해에 대한 하자보수비용이나 손해배상금액 산정하기 위해서는 우선 건축물 상태에 대한 평가에 의해 적정 보수 · 보강비용을 계산하고 그 금액에 기여도를 적용하여 피해금액을 확정한다. 이때 안전진단비용 등 각종 경비도 감정산출금액에 포함시켜야 한다. 피해자가 보수공사를 선 조치했을 경우에는 그 비용에 대한 검증이 필요할 때도 있다.

> 보수 · 보강공사비로 산정시 피해금액 산정
> = 보수 · 보강공사비 X 기여도

④ 신축비용을 기준으로 배상액을 산정할 경우의 기여도

피해가 중대하고 건물의 사용성에 문제가 생겨 방치할 수 없다고 판단될 때는 보수보강공사비용을 통한 기여도 적용이 어렵다. 이때는 건축물을 철거하고 신축하는 비용을 산정하기도 한다. 주의할 사항은 감정금액이 대상건축물의 잔존가를 초과할 수 없다는 점이다. 이런 경우는 건물의 '신축비용'에다가 '손상 정도'와 '기여도'를 적용하여 피해배상액을 산정하는 방안으로 피해를 확정하기도 한다.

피해건축물의 신축비용을 산정하기 위해서는 건축적산을 통해 전체 시공비용을 새로이 산출하기도 하나, 대개 노후화된 정도가 심하고 설계도서가 미비한 경우가 많아 신축비용의 산정자체가 어려운 경우가 있다. 이때는 한국감정원의 '건물신축단가표'를 적용하여 '단위면적당 건축비'를 통한 신축비용을 산정하는 것도 하나의 방법이다. 또한 피해부위가 한정된 경우에는 해당 부위에 대해서만 손상 정도 및 신축단가를 국한시켜 적용해야 한다. 건축물의 '손상 정도'는 감정인의 전문적 소견으로 판단되어야 하지만 객관적인 확인을 위해 중앙환경분쟁조정위원회의 '손상 정도 등급표'를 참조하여 평가하기도 한다.

> 신축비용을 기준으로 한 공사피해배상액
> = 단위면적당 건축비 X 연면적 X 손상정도 X 기여도

| 표 12-1 | 손상 정도 등급표

단 계	조치내용	손상정도(%)
1	건축물 전반에 걸친 보강	40~60
2	일부 부위에 대한 보강	20~40
3	건축물 전반에 걸친 보수	10~20
4	일부 부위에 대한 보수	5~10
5	단순 보수	5 이하

주: 환경부 중앙환경분쟁조정위원회 발간 '진동에 의한 건축물 피해 평가에 관한 연구' 142 인용
노후화 정도, 주요 부재의 기울기, 균열폭 등 결함발생 정도 및 범위를 감안하여 각 단계를 정함
〈예 : 철근콘크리트 구조부에 발생된 균열의 폭을 기준으로 할 경우〉
1단계: 1.0㎜ 이상 2단계: 0.5~1.0㎜ 3단계: 0.3~0.5㎜
4단계: 0.2~0.3㎜ 5단계: 0.2㎜ 이하

13

현장조사 방법

제13장
현장조사 방법

1. 현장조사

건설감정은 반드시 현장조사가 수반된다. 특히 증명주제를 감정인에게 전적으로 위임하는 감정 유형의 경우는 감정인의 적극적인 현장조사와 자료수집이 요구된다. 따라서 감정인은 정확하고 효율적인 현장조사를 위해서 사전에 치밀하고 체계적인 계획을 수립하여야 한다. 민사소송법은 제342조(감정에 필요한 처분)를 통해 "감정인이 감정을 위하여 필요한 경우에는 법원의 허가를 받아 남의 토지, 주거, 관리 중인 가옥, 건조물, 항공기, 선박, 차량, 그 밖의 시설물 안에 들어갈 수 있고, 저항을 받을 때에는 감정인은 국가경찰공무원에게 원조를 요청할 수 있다"고 규정하고 있는데, 원활한 감정조사를 위한 법률적 근거라고 할 수 있다.

(1) 준비단계

① 현장조사서식 목록작성

준비단계에서는 설계도서의 검토, 현장여건의 파악, 당사자의 의견청취, 제반 현황과 관련된 자료수집이 중요하다. 또한 이미 수립된 계획이라 하더라도 실행과정에서 지속적인 수정, 보완하는 과정을 거치

| 표 13-1 | 현장조사서식 목록

번호	구 분	비 고
1	감정진행 총괄표	감정 전반의 업무 프로세스 체크
2	감정신청항목 목록표	감정신청 사항의 체계적 정리
3	단지배치도	공용부 현장조사 현황 파악
4	동별 조사현황표	세대별 그리드표
5	전유세대 체크리스트	각 세대별 현장 조사서
6	외벽결함 현황도	입면도
7	옥탑결함 현황도	입면도 (평면도, 입면도)
8	계단실/주현관	계단평면도, 입면도
9	지하대피소(동지하 바닥, 천정, 벽체)	입면도 (동별 평면도, 입면도)
10	지하주차장 천장, 바닥, 벽체 결함현황도	동별 평면도, 입면도
11	주차장계단, 램프구간	평면도, 입면도
12	지하부속실(기계/전기실)	평면도, 입면도
13	부대토목, 조경(외부공간) 현황도	배치도
14	확인증, 회의록, 업무일지	-

주: 현장서식은 www.bluecost.co.kr 에서 인용함

게 된다. 현장조사 전 감정신청항목에 대한 현장조사서식을 미리 작성하고 조사에 착수하면 정확한 현장조사를 진행할 수 있다.

② 감정진행 총괄표

현장조사서식 외에도 감정진행의 상태나 담당자, 우선순위, 일정 등을 종합적으로 파악할 수 있는 '감정진행 총괄표'가 필요하다. 이를 잘 활용하면 보다 효율적인 업무수행이 가능하다.

③ 조사장비 점검표

과학적이고 정밀한 현장조사 및 계측을 위해서는 각종 장비의 활용이 필수적이다. 현장조사 준비과정에서는 '조사장비점검표'를 통해 보유장비의 상태와 수량을 확인하여야 하고 현장조사 후에도 장비가 누락되지 않게 잘 관리하여야 한다.

13

| 표 13-2 | 감정진행 총괄표 예시

감정진행 총괄표

2013가합00000 0000 아파트   일자 2011년 12월 01일

목표	주요 과업	프로젝트 완료: ○○월 ○○일	담당자/우선순위
○	1 감정신청사항 분류	○	B A
○	2 준비단계		
○	감정진행 총괄표 작성	○	
○	현장조사서식 작성	○ ○	
○	현장조사장비 점검	○	
○	현장관리비품 준비	○	
	3 현장조사 업무		
○	원/비고 감정회의	○	A B
○	현장조사	○ ○ ○ ○ ○ ○	
○	외벽	○ ○	A B
○	옥답	○ ○	A B
○	계단실/주현관	○ ○	A B
○	지하주차장	○ ○	B A
○	주차장계단, 램프	○ ○	B A
○	지하부속실(기계/전기실)	○ ○	B A
○	조경(외부공간)	○ ○	B A
○	기타하자	○ ○	A B
○	전유세대 조사	○ ○ ○ ○ ○	A B
	4 현장조사서 작성		B A
○	외벽, 지하주차장, 계단실	○ ○ ○ ○	A B
○	지하부속실, 조경 등	○ ○ ○ ○	A B
○	현장조사서 자료관리	○ ○	C B A
○	결합현황 집계표 작성	○	A
	5 감정내역서 작성		
○	항목별 수량산출서 작성 및 집계	○ ○ ○ ○	B A
○	항목별 일위대가표 작성	○ ○ ○ ○	B A
○	감정내역서 작성	○ ○ ○ ○	A B
	6 감정보고서 작성		
○	고용부분 구체적 감정사항	○ ○ ○ ○	
○	전유부분 구체적 감정사항	○ ○ ○ ○	
○	요약문/개요	○	A B
○	최종점검 체크리스트	○	A B
○	제본 및 납품	○	A B
○	대금청구서 작성	○	A B
○	세금계산서 발행		

		주요 과업	1주차	2주차	3주차	4주차	5주차	6주차	7주차	8주차	9주차	10주차	11주차	12주차	감감동	홍길동	나무관
현장조사 / 마무리 / 품목/권리 / 제어/세트/권		목표 목표기일															
		요약 및 전망	감정기일			완료예정일			현장착수일			현장조사서종료예정일			비 고		
			2013년○○월○○일			2013년○○월○○일			2013년○○월○○일			2013년○○월○○일					

재판부	서울 ○○지방병원 제○○민사부
감정 시점	2010년 12월 30일
제출기일	2013년 03월 31일

| 표 13-3 | 조사장비 점검표 예시

종류	번호	비품 항목			점검 결과		비고
		비품명	규 격	대 수	착수시	종료시	
측정기구	1	균열폭 측정기	크랙아이	1EA			
	2	크랙스케일	PSM-20	1EA			
	3	경사계	SB300	1EA			
			SB600	1EA			
	4	LEVEL	AT-G6	1EA			
	5	STAFF	GS-5500	1EA			
	6	휠메저	MW18M	1EA			
	7	유리두께 측정기	다이얼캘리퍼게이지	1EA			
	8	강재두께 측정기	AR850	1EA			
	9	온도 측정기	AR827	1EA			
	10	소음 측정기	TES1850	1EA			
	11	조도 측정기	TES1330A	1EA			
	12	거리 측정기 (디스토)	보쉬	1EA			
			코메론	1EA			
	13	버니어캘리퍼스	150mm(DIGITAL)	1EA			
	14	버니어캘리퍼스	150mm(ANALOG)	1EA			
	15	버니어캘리퍼스	300mm(ANALOG)	1EA			
	16	디지털각도기	GEMRED	1EA			
	17	줄자	5M	5EA			
	18	줄자	30M	1EA			
	19	줄자	50M	1EA			
고층부조사	20	고배율망원경	D80	1EA			
			F550육안161배	1EA			
	21	삼각대	뱅가드트랙커	2EA			
	22	테이블	450×600	2EA			
	23	쌍안경	BRUNTON	1EA			
촬영기구	24	디지털카메라	삼성-VLUUES55(B)	3EA			
			삼성-NV100HD	1EA			
			소니-DSC-W12	1EA			
			후지-AV100	2EA			
	25	캠코더	소니	1EA			
기타	26	고휘도 후레쉬	맥라이트RX2019	2EA			
	27	소형 후레쉬	LED스틸재질	2EA			
	28	안전모	-	5EA			
	29	내림추	DH400S	1EA			
	30	계단형 사다리	계단식	2EA			

13

④ 관리비품 점검표

장기간 현장조사시에는 임시 사무실 개설이 필요한 경우가 있다.
사무실 운영시 효과적으로 각종 비품의 준비와 관리하기 위해서는 이
를 점검할 수 있는 '관리비품 점검표'가 필요하다.

| 표 13-4 | 관리비품 점검표 예시

종류	번 호	비품 항목			점검 결과		비 고
		비품명	규 격	대 수	착수시	종료시	
사무기기	1	컴퓨터					
	2	노트북					
	3	프린터					
	4	와이브로					
	5	공유기					
	6	랜선					
	7	콘센트					
문구류	8	명찰					
	9	목걸이볼펜					
	10	칼					
	11	가위					
	12	수정테이프					
	13	포스트잇					
	14	A4용지					
기타	15	유니폼					
	16	장갑					
	17	커피포트					
	18	믹스커피					
	19	종이컵					
	20	휴지					
	21	수건					
	22	컵라면					
	23	쓰레기봉투					

⑤ 감정자료 수령 확인증

설계도서는 여러 종류가 있다. 간혹 기준도면에 따라 감정 결과가 달라지는 경우도 있으므로 설계도면의 확정은 상당히 중요하다고 할 수 있다. 그러므로 설계도서는 반드시 원·피고 상호의 확인을 거친 후 인수하여 감정에 임하여야 한다. 이때 이를 확인증으로 남겨놓는 것이 좋다.

확 인 증

사건과 관련하여 감정을 진행함에 있어 감정인은 원고 및 피고 당사자와

합의하에 아래와 같이 기준도서를 확정하고 감정을 진행할 것을 합의하였습니다.

-------- 아 래 --------

번호	항목	도서명	제출자	비고
1	기준 도면			
2	기준 시방서			
3	도면, 시방CD			
4	기타			

일시 :   년   월   일

원고 :   (인)

피고 :   (인)

| 그림 13-1 | 감정자료 수령 확인증 예시

⑥ 회의록

회의록은 원고측과 피고측 당사자와의 회의나 감정관련 업무회의 시 작성한다. 추후 회의내용의 확인이 용이하고, 근거자료로도 활용될 수 있다.

| 그림 13-2 | 회의록 예시

⑦ 업무일지

업무일지는 감정의 실적을 파악할 수 있는 근거자료로 활용할 수 있을 뿐만 아니라, 주요 진행상황에 대한 근거를 남김으로써 업무의 계획을 세우고 점검할 수 있으므로 효율적인 업무수행에 도움이 될 것이다.

업무일지

작성일시		부서	감정팀	작성자	이가상

	금일업무	명일업무
내 용		

	내용	비고
특이사항		

	내용
비 고	

| 그림 13-3 | 업무일지 예시

⑧ 최종점검 체크리스트

감정서 작성이 완료된 후 제출하기 전에 최종점검 체크리스트를 활용하여 체크하면 각종 누락이나 오류, 오기를 미연에 방지할 수 있다.

| 표 13-5 | 최종점검 체크리스트 예시

구분		세부검토항목		1차	2차
1. 현장 조사서	1)	공용부분 하자결함도가 감정신청항목대로 작성되었는가?			
	2)	전유부분 세대체크리스트가 감정신청항목대로 작성 되었는가?			
	3)	전유세대 조사체크리스트에 수량산출이 제대로 반영 되었는가?	(각10 개소)		
2.수량 산출	4)	공용부분 하자결함도 현황과 수량산출집계표 수량이 일치하는가?			
	5)	공용부분 수량산출서와 수량산출집계표 수량이 일치 하는가?			
	6)	전유세대 조사체크리스트와 수량산출집계표 수량이 일치하는가?	(각10 개소)		
	7)	산출집계표 수량과 감정내역서 수량이 일치하는가?			
3. 감정 내역서	8)	균 열	표면처리공법일위대가		
	9)		주입식균열보수일위대가		
	10)		습식균열보수일위대가		
	11)		습식균열보수공법은 보수가 가능한 구간에 적용되 었는가?		
	12)		외벽균열보수단가의 할증율은 적정하게 적용되었 는가?		
	13)	외벽도장공사일위대가는 할증율은 적정한가?			
	14)	조사수량이 없는 일위대가를 삭제하였는가?			
	15)	3만원 이상 단가에 대한 적정성 여부가 검토되었는가?			
	16)	공용부분 감정항목별일위대가를 완성하였는가?			
	17)	전유부분 감정항목별일위대가를 완성하였는가?			
	18)	일위대가표 작성은 코드별로 정리되었는가?			
	19)	각종 단가는 감정시점별로 작성되었는가?			
	20)	중요한 하자의 구분체크는 제대로 되었는가?			

구분		세부검토항목	1차	2차
3. 감정 내역서	21)	원가계산내역서(총괄)의 금액이 내역서의 금액과 일치하는가?		
	22)	원가계산내역서의 금액이 내역서의 금액과 일치하는가?	(각10 개소)	
	23)	원가계산내역서 금액과 하자책임기간별 금액이 일치하는가?	(각10 개소)	
	24)	공간별내역서 및 공종별내역서 내용(동별, 항목별)이 출력되었는가?		
4. 감정 보고서 (구체 적 감정 사항)	25)	구체적 감정사항의 항목별보수방법과 일위대가가 일치하는가?		
	26)	구체적 감정사항의 산출금액이 원가계산내역서 금액과 일치하는가?	(각10 개소)	
	27)	구체적 감정사항의 연차구분과 내역서상 연차구분이 일치하는가?	(각10 개소)	
	28)	구체적 감정사항의 당해 아파트 사용승인일이 정확한가?	(각10 개소)	
5. 감정 보고서 (본문)	29)	감정보고서요약문 집계표 폰트 및 페이지 레이아웃은 적절한가?		
	30)	감정보고서의 사건번호, 재판부명, 현장명, 날짜내용이 일치하는가?		
	31)	목차의 순서 및 페이지가 보고서와 일치하는가?		
	32)	감정목적물의 개요에서 전체 전유면적이 정확한가?		
	33)	감정 시점이 법원에서 제시한 날짜와 일치하는가?		
	34)	보고서에 표기된 요율과 원가계산내역서 적용요율이 일치하는가?		
	35)	감정보고서 집계표 금액과 감정내역서 총괄금액이 일치하는가?	(공용/ 전유)	
	36)	감정 시점과 주택법시행령상의 하자담보책임기간 일치하는가?		
6. 요약 문	37)	주요 하자분석표의 보수비용이 하자목록별집계표와 일치하는가?		
	38)	하자목록별집계표의 중요한 하자구분이 감정보고서와 일치하는가?		
	39)	하자목록별집계표의 보수비산정방법이 감정보고서와 일치하는가?		
	40)	감정요약문과 감정결론의 하자보수비집계표 금액이 일치하는가?		
7. 일정 준수	41)	예정된 일정을 준수하였는가? (예정일자)		

(2) 현장조사

현장조사의 목표는 감정신청사항에 대한 조사·관찰을 통해 현장을 확인하고, 전문적인 감정의견을 제시하기 위한 기초자료를 얻기 위한 것이다.

① 착수회의

현장조사에 앞서 원·피고 당사자와 감정인이 함께 착수회의를 갖는 것이 좋다. 회의를 통하여 설계도서, 자료목록을 확인하고, 주요 하자에 대한 의견교환도 이루어진다. 착수회의에서는 아래와 같은 사항들을 미리 정리하여 당사자들의 협조를 구하거나 협의해야 한다. 현장조사기간이 장기간인 경우 원활한 감정업무를 위하여 임시사무실이 필요하다. 통상 감정을 신청하는 측에서 임시 사무공간을 제공하고 있어 큰 애로는 없는 편인데 착수회의시 협의가 필요하다.

- 원·피고 제출자료 확인
- 조사대상 부위 및 범위 표본조사의 대상, 방법 확정
- 전문조사, 시험 및 진단, 계측의 범위 협의
- 일정 및 안전관리 협의 각종 협조 안내 (예: 세대별 조사일정)
- 현장조사 사무실 확보

② 현장조사

현장조사에 앞서 사전에 감정신청사항과 설계도서를 상세히 검토해야 하고, 이를 바탕으로 현장조사계획을 수립해야 한다. 결함 및 손상부위 등 주요 부위에 조사는 현장조사에서 결함현황도를 작성하고 사진도 촬영해야 한다. 종종 열심히 조사한 자료를 관리미숙으로 분실하거나 훼손하는 경우가 있는데, 이때는 재조사가 불가피해져 시간적으로나 비용적 측면에서 감정에 지대한 영향을 미치므로 주의해야 한다.

③ 현장조사시의 안전에 관한 사항

건설현장에서 안전수칙은 상당히 중요하지만 건물을 사용하는 단계에서는 안전관리가 소홀해진다. 그런데 감정에서는 사다리를 이용한 고소부위의 현장조사가 필요하고 때로는 조명시설이 갖추어지지 않은 협소한 공간을 조사해야 할 때도 있다. 따라서 이미 사용하고 있는 시설물이라 할지라도 안전수칙을 철저히 준수하여야 한다. 이러한 조치가 미흡할 시 종종 안전사고가 발생하므로 반드시 안전관련 규정에 따라 조사를 실시해야 한다.

안전교육

안전관리를 위해서는 감정인과 감정보조자를 대상으로 한 안전교육이 전제되어야 한다. 안전교육으로 위험한 상황에 대한 예측과 대처방안의 수립이 가능해져 안전사고를 예방할 수 있다. 사건현장의 건축물의 특성과 현장조사의 난이도, 위험도를 고려하여 적절한 안전교육을 실시해야 한다.

보호구

조사 및 감정참여자는 지정된 보호구를 착용하고 안전시설을 설치해야 한다. 안전모 등 각종 안전보호구는 고소부위나 지하의 어두운 피트공간에서 필수적인 장비다. 공사가 중단된 현장이나 다음의 작업시에는 반드시 보호구를 착용하여 안전사고를 예방해야 한다.

- 높이 2m 이상으로 추락의 위험이 있는 장소의 고소작업에는 안전벨트를 착용해야 한다.
- 낙하물에 의한 위험이 있는 장소에서는 안전모를 착용한다.
- 분진 등이 심하게 발생하는 곳은 분진방지 마스크를 착용한다.
- 시료채취 작업 등 비산물이나 파편에 의한 위험이 있는 장소에는 보안경 또는 보안면을 착용해야 한다.

13

- 기타 위험요소가 있는 장소에서도 적절한 보호용구를 착용해야 한다.

안전수칙

- 기상 여건으로 조사수행이 곤란한 경우에는 조사를 중지하는 것이 바람직하다. 무리하게 조사를 진행하다가 사고가 발생하는 사례가 많다.
- 위험발생구간의 조사시에는 관리주체의 협조를 얻어 안전조치를 취한 후 조사를 실시한다.
- 공공의 안전과 관계가 있을 경우에는 출입금지 또는 접근금지 등의 표지판 설치, 교통 신호수, 감시인 배치 등의 적절한 조치를 취해야 한다.
- 야간 또는 어두운 곳은 충분한 조명시설이 필요하다. 특히 조사자의 식별이 가능하도록 조치해야 한다. 또한 수시로 조사자 상호간에 연락을 취하여 안전사고를 예방해야 한다.
- 전기를 사용할 경우에는 감전사고에 대비해야 한다.
- 측정기기나 장비를 사용하는 경우에는 주의사항을 숙지하고 무리한 사용과 조작을 금지해야 한다.

(3) 현장조사시 유의사항

① 사용상 · 관리상 하자

세대 내외부의 하자감정시에는 발생원인이 시공자에 의한 하자인지, 사용상 · 관리상의 문제로 발생하는 하자인지를 구분하는 것이 상당히 중요하다. 하자는 발생원인에 따라 보수책임이 사업주체나 시공자, 또는 관리주체 중 하나로 귀결되므로 사용상 · 관리상의 하자를 판단할 때에는 분명한 기준이 필요하다. 관리주체가 보수할 책임이 있는 사용상·관리상의 문제라면 시공사의 책임은 벗어나기 때문이다.

상당기간이 경과된 시점에서 극히 일부 세대에서 발생한 싱크대 도어의 개폐불량 현상을 예로 들어보자. 이런 종류의 하자는 도어 연결부위의 철물이 노후화 되었거나 부속의 조임이 느슨해져 발생하는 경우가 대부분이다. 시공상의 과실로 보기 어려운 측면이 있다고 할 수 있다. 이처럼 하자는 사용자의 과실과 같이 다방면으로 고려해야 할 부분이 있다. 따라서 감정인은 하자의 현황을 면밀하게 검토하면서 감정에 임해야 한다. 필요한 경우 당사자와 충분한 의견교환이 필요하며 협의내용은 빠짐없이 회의록에 기록하는 것이 감정의 공신력을 위해 좋다.

② 기상환경의 고려

'결로'와 같은 하자현상은 주로 겨울철에 발생하는데, 감정의 시기가 여름철인 때에는 제대로 조사할 수 없다. 부분적으로 결로현상에 의한 곰팡이, 결로수의 흔적이라도 확인했다면 하자를 추정할 수 있지만, 흔적마저도 확인할 수 없는 경우에는 하자를 특정하기 어렵게 된다. 유사한 경우로 우천시 발생하는 '누수현상'을 들 수 있다. 누수현상은 비가 내려 누수가 발생할 때 조사가 가능할 것이다. 하지만 조사기간 내내 맑은 날만 계속되면 역시 하자의 확인이 힘들게 된다. 겨울철 나뭇잎이 다 떨어진 관목의 고사여부도 마찬가지다. 동해에 의한 타일의 탈락도 기상환경에 영향을 받는 좋은 예라고 할 수 있다.

따라서 감정인은 각 부위의 정밀한 하자조사에 있어 기상의 영향을 고려해야 한다. 계절적 영향으로 파악할 수 없는 하자는 감정기일에 감정의 가능여부를 명확하게 하거나, 현장조사시 당사자와 충분히 협의하고 조사에 들어가야 한다. 계절의 영향으로 감정이 불가하다고

13

판단되는 사항은 감정서에 사유를 명확히 기록하고 추후 보충감정의 시행여부를 재판부의 지침을 받아 진행하여야 한다.

③ 허용오차

시공의 적정성을 확보하면서 시공상 오차를 줄이는 것이 바로 품질관리라고 할 수 있지만 건축공사에서 시공오차는 일정부분 불가피한 측면이 없지 않다. 우선 시공에 적용된 자재에서부터 문제가 있을 수 있다. 벽돌이나 타일은 생산과정부터 오차가 발생할 수 있으며, 현장 시공시 기능공의 수준에 따라서도 상당한 차이가 생기기도 한다. 건설공사는 공사의 처음부터 끝까지 수백 가지의 공종에 따라 참여하는 사람도 수백 명부터 수천 명에 이르며 이에 따라 기능공의 수준도 천차만별이다. 현실적으로 제조업의 생산라인처럼 이들 모두를 획일적으로 통제하기는 어렵다. 따라서 건설공사에서는 시공된 부분이 설계도서에서 명시한 규격과 비교할 때 불가피한 시공오차가 생길 수 있다.

1995년 건축법에서 건축과정에서 부득이하게 발생하는 각종 시공상의 오차범위를 규정하기 전까지는 모든 건축기준을 수치로 규정하고 있어 1cm만 틀려도 위법이 될 수 있었다. 그러나 1995년 이후부터는 합리적인 범위 내에서 발생한 차이는 오차로 인정하여 고의성이 없는 경미한 실수까지도 건축법 위반으로 불이익을 받는 부작용을 개선하고 있다.[131]

문제는 실제 건축물의 감정시 건축법의 '허용오차'를 넘어서는 부분이 많이 발견된다는 사실이다. 대표적으로 하자소송에서 빠짐없이 등장하는 미시공, 변경시공 하자를 들 수 있는데 원고들은 설계도면과 현상의 시공 상태가 불일치하여 기능적 이상도 있고 재산상의 손해도 발생한다는 주장이다. 시공된 자재의 규격, 물성, 수직도, 평활도, 구배, 두께와'설계도서'에서 규정하는 제원과의 '오차'를 어디까지

인정할 것인지 결정하는 것은 쉽지 않다.

하지만 무조건 기계적 측정 결과만으로 하자를 판단해서도 안 된다. 감정 목적물에 대한 시공이 당해 공종의 시방이나, KS규격에서 정한 허용오차기준을 충족하는지 여부도 중요하지만 각종 오차측정 결과치가 부실시공을 방지하기 위한 최소 범위 이내인지의 판단도 중요하다. 외관상 또는 구조적, 기능적 문제가 없는 지, 오차를 벗어난 고의성 있는 자재, 규격의 변경을 사용하였는지도 충분히 감안한 후 종합적인 분석을 도출하여야 한다.

④ 세대조사

전유세대의 조사시 입주자의 부재로 인하여 부득이하게 조사를 하지 못하는 세대가 종종 발생한다. 감정이 완료된 후에 자신의 집은 방문하지 않았다는 불만을 토로하는 일도 있다. 이러한 민원을 해소하기 위해서는 방문횟수를 정례화하고 주말에도 조사해야 할 필요성이 있다. 세대조사시에는 각 세대별 방문횟수, 방문시각, 방문근거(현관문 알림장)를 남기는 것이 좋다.

2. 계측방법

하자의 조사방법은 크게 '육안조사'와 '계측조사'로 분류할 수 있다. 육안조사는 발생된 하자현상에 대하여 근접조사를 하는 것으로 망원경 등을 보조수단으로 사용하기도 한다. 주로 외관에서 하자현상[132]을 확인할 수 있는 경우 적용한다. 계측조사는 조사대상의 주요 부재에 대하여 각종 계측장비 등을 이용하여 형상, 상태 및 현상을 조사하고 나아가 부분철거나 절개 후 내부를 확인하여 하자의 원인분석을 위한 기초자료로 삼기도 한다.

| 표 13-6 | 하자현상별 조사방법

하자현상	하자조사방법	하자부위 측정	비 고
도장부위 들뜸, 박락, 백화, 부실	육안조사	줄자 등으로 하자부위 측정	이색부위고려
미장부위 균열, 들뜸, 몰탈, 부실		줄자 등으로 하자부위 측정	
유리 파손, 거울변색, 복층유리변색		부분보수가 불가능한 경우 전체 교체물량 산출	
수장재 도배훼손, 마감재 탈락		줄자 등으로 하자부위 측정	이색부위고려
각종 배수불량 물뿌림 후 확인		줄자 등으로 하자부위 측정	외부마감재고려
각종 미시공 싱크대하부, 안전페인트		설계도서 기준 산출	
타일 들뜸, 뒤채움 부족	타음진단봉 두들김 조사	줄자 등으로 하자부위 측정	외부마감재고려

(1) 육안조사

건설감정은 주로 표면에 드러나는 하자현상이 많아 대부분 '육안조사'에 의존하고 있다. 그러나 은폐되어 있거나 매몰된 부위의 조사가 필요한 경우 당해 부위의 철거 후 진행하기도 한다.

(2) 계측조사

계측장비는 시공부위의 경사도나 자재 두께, 균열폭, 온·습도, 목재의 수분함유율 등과 같이 육안조사로는 확인이 어려운 부위 조사시 활용한다. 그리고 하자발생 부위의 공사내용과 설계도면 및 시방서의 일치여부에 대한 확인을 위하여 계측장비를 동원하는 경우도 있다. 이런 과정을 거쳐야 정밀한 계측이 이루어지고 설계도서와 불일치한 시공 상태의 비교를 통한 감정의견이 감정서에 반영될 수 있다.

① 주요 하자항목별 조사장비

| 그림 13-4 |　유리두께 측정

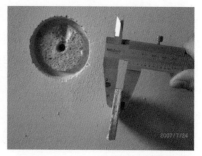

| 그림 13-5 |　미장몰탈 두께 측정

| 표 13-7 |　하자현상별 조사장비 예시

하자현상	조사장비	하자부위 측정	비　고
천장틀 각재 변경	버어니어 캘리퍼스	설계도서 비교 적용	
액체방수 보호몰탈 두께 미달			
미장몰탈 두께 미달			
우레탄 도막두께 미달			
단열재 두께 미달			
암면, 각종 보온재 두께 미달			
아스팔트 두께 규격 미달		당해 수량 적용	
기타 정밀실측 부위		-	
조경 수목 지름 흉고 미달	대형 버어니어 캘리퍼스, 다이얼 게이지, 초음파측정기	당해 수량 적용	
창호유리 두께 미달		설계도서 비교 적용	
기타 특수부위 두께 측정		-	
석고보드, 목재 수분량	수분계	당해 수량 적용	
주차장 바닥, 트렌치 구배불량	경사계		
장애인 경사로 구배확인	각도계		
주차장 바닥, 트렌치 구배불량	레벨		
건물의 기울기, 수직도 불량	트랜싯	-	
은폐 매몰부위 시공불량 하자	내시경	-	
콘크리트 코어 채취	코어장비 굴착장비	-	표본 조사
아스팔트 코어 채취		-	
미장몰탈, 액체방수몰탈 채취		-	
조경토심 부족, 지하구조물 확인		-	

13

② 주요 계측장비

감정목적물의 형상, 대상 부위의 상태, 현상, 두께 등을 조사하기 위해서는 계측장비가 필요하다. 경우에 따라 당해 부위를 부분철거나 절개하여 조사한다. 주요 계측장비는 표 〈13-8〉과 같다.

| 표 13-8 | 계측장비 일람표

장비명	장비사진	장 비	장비사진
균열폭측정기 콘크리트 균열폭을 디지털 정보로 제시		디스토 레이져 방식으로 정밀한 거리 측정	
루페(균열현미경) 균열폭의 크기와 길이를 확대렌즈를 통해 확인		트랜싯 및 레이져 레벨 수평, 수직도, 높이, 기울기 측정	
도막측정기 도장도막의 측정		경사계(디지털) 대상 바닥 등 표면의 기울기(구배) 상태를 확인	
철근탐지기 콘크리트 내부의 철근위치, 간격검사		각도기 경사로 구배 측정	
버어니어 캘리퍼스 부재의 길이, 두께, 구, 구멍의 지름 측정		열화상카메라 건축물 외벽 열손실	
다이얼 캘리퍼스 금속 및 유리 마감재의 정밀한 두께 측정		내시경 육안검사 불가능한 구조 내부 상태 검사	
초음파 두께 측정기 각종 부재 두께 측정		수분계 목재, 합판, 석고보드, 벽돌, 콘크리트의 습기 측정	

(3) 전문검사기관의 활용

감정인의 현장조사와 전문적인 식견을 통해서도 소송의 주요 이슈를 해결하지 못하는 경우도 있다. 소음진동 평가, 구조안전성 검토, 철근부식 시험 등의 각종 진단이나 시험, 전문검사 업무 외에도 재료의 물성을 시험, 검사해야 하는 경우나 부동산 감정평가를 요청하는 사례가 그것이다. 감정에서 요구하는 사항 자체가 건물의 전체 성능에 관한 사항이나 재료의 물성 분석을 요구하는 사례도 점차 증가하고 있다.

이런 경우에는 감정업무 개시 전 원·피고와 미리 협의를 통하여 감정사항의 취지를 정확하게 파악하고 수행이 가능한 사항과 자체적으로 처리할 수 없는 내용을 구분하여 조사방법을 결정해야 한다. 보유한 기술력으로 해소하기 어렵다고 판단되는 감정사항은 관련 전문기관에 의뢰하여 처리하는 방법도 강구해야 한다. 시설물이 대형화되고 복잡해지면서 건설감정도 점점 다원화 되고 있는 추세라고 할 수 있다.

(4) 표본조사

하자조사에 있어 접근이 가능하고 육안으로 확인이 가능한 부위는 전면적인 조사가 가능하다. 이때는 각각의 현상에 적합한 방법으로 진행하면 된다. 문제는 고층 건축물의 외벽이나 천장틀, 또는 각종 내장재의 내부와 은폐나 매몰된 부위로 근접이 어렵거나 부분철거를 하지 않고서는 확인이 불가능한 하자의 경우이다. 하자의 범위가 단지 전체에 걸쳐 있거나 전 세대에 적용되는 것이라면 모든 부위의 철거가 필요한데 이는 사실상 불가능할 것이다. 이처럼 전면조사가 불가능한 경우는 표본조사를 통해서 일부분의 조사 결과를 토대로 해당 하자의 전체적 분포를 추정하는 방법이 있다. 그리고 전수조사가 아닌 표본조사 방법은 당연히 원·피고와 협의하여 조사부위와 범위를 결정해야 할 것이다.

① 표본조사가 필요한 하자

- 사각지대에 위치하여 광학기계로도 확인이 어려운 외벽균열
- 동일패턴으로 시공되는 단열재 미시공, 단열재 규격의 미달
- 동일유형의 시공이 예상되는 바닥 층간완충재 미시공
- 파이트 샤프트 에어덕트 같은 폐쇄된 공간내부의 배관불량, 폼타이핀 미제거, 미장몰탈 미시공, 전기 트레이 고정불량
- 반복되는 세대 화장실 천장 전기배관 불량, 천장내부 폼타이핀 미제거, 화장실 내부 조적벽체 상부몰탈 미시공
- 타일 뒤채움 불량 등 전수조사가 어려우며 반복이 예상되는 부분
- 공통적인 목문 상하 마구리부분 마감 미시공
- 아스팔트 포장두께, 포장면 하부, 수목의 고무밴드 미제거 등
- 기타 세대 보일러 연도배관 오시공과 같이 동일한 유형으로 반복되는 각종 미시공, 변경시공

② 표본조사의 절차

표본조사 항목 선정

감정인은 예비적인 조사를 통해 동일 또는 유사공간에서 동일한 유형의 반복이 예상되는 하자를 표본조사 대상으로 선정한다.

표본조사의 조사개소 결정

타일 뒤채움 부족이나 단열재 시공불량 등과 같은 하자현상의 조사는 표본조사가 불가피하다. 이때 표본조사의 위치와 개소 선정은 표본조사의 통계적 신뢰가 가능한 범위 내에서 전체 수량과의 적정 비율을 감안하여 결정해야 한다. 예를 들어 전 층에 발생한 하자일 경우,

각 동의 몇 개소를 조사할 것인지, 전체에서 몇 %를 조사할 것인지 또는 단위세대별로 몇 개소를 조사할 것인지와 함께 부분철거 부위나 일정 및 보수주체 등을 미리 원·피고 당사자와 협의한 후 조사에 착수해야 한다.

3. 하자 조사방법

현장조사의 목표는 전문적인 감정의견을 제시하기 위한 자료를 얻기 위한 것이다. 정확한 감정결과를 얻기 위해서는 사진(동영상), 위치, 물량, 특성 등의 4가지 정보가 수집되어야 한다. 조사 과정의 정보가 감정신청사항에 대한 과학적이고 객관적 기초자료가 되기 때문이다.

(1) 바로체크에 의한 항목별 조사 정보

현재 대부분의 감정인은 하자 조사 후 수기식 방식으로 조사 결과를 야장으로 기록하고 있다. 특히 공동주택의 경우 수기식 현장조사서 작성 방법이 오류나 부실이 심하다는 의견이 있다. 조사 부위와 개소가 너무 과다하기 때문이다. 문제는 이 조사방식은 하자 위치나 물량 산출 근거에 대한 검증이 어렵다는 것이다.[133] 더 큰 문제는 조사자의 수작업에 의존하다 보니 하자의 확인, 물량 산출이 너무 주관적이라는 것이다.

현장조사 전문 어플리케이션과 같은 정보화된 방법의 활용이 요구된다. 거창하게 4차 산업혁명을 들먹이지 않더라도 기술의 진보와 스마트폰 시대라는 점에서 감정업무도 정보화가 필요한 시점이다. 업무 자동화를 통해 더욱 효율적이고 전문적 감정의 수행이 가능하기 때문이다. 바로체크는 건설감정 업무에 특화되어 개발된 국내최초·국내유일의 현장조사 전문 스마트 애플리케이션이다.[134]

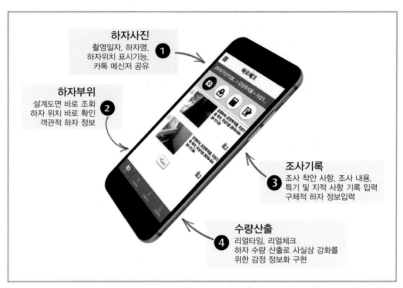

| 그림 13-6 |　건설감정 전문 어플리케이션 바로체크

① 사진 정보

사진 정보는 감정 항목에 대한 구체적 현상을 확인시켜 줄 수 있는 중요한 정보이다. 정확한 감정서 작성과 감정보완에 대비하여 조사 시 발견되는 구체적 현상에 대해서는 부위별로 빠짐없이 촬영하여 기록하는 것이 좋다. 사진 파일이 너무 많은 경우에는 추후 조회 시 혼돈될 우려가 있으므로 촬영 후 파일 정보를 확인하여 감정 항목 번호와 같이 메모를 해놓으면 분류하는 데 도움이 된다. PC 저장 시에도 항목별·부위별로 구분하여 폴더를 생성하여 저장해 놓으면 쉽게 조회할 수 있어 감정보고서 작성 시나 감정 보완 업무를 효율적으로 진행할 수 있다.

② 위치 정보

사진 이미지 정보와 함께 하자와 같은 조사 부위에 대한 위치 정보를 조사 평면도에 기록해야 한다. 클립보드나 태블릿에 의해 위치정

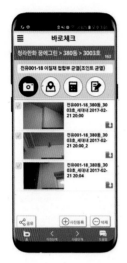

| 그림 13-7 | 사진촬영 | 그림 13-8 | 위치 표시 |

보를 기록하고 저장한다. 이때 위치의 표기와 함께 항목 번호도 같이 기록하는 것이 중요하다. 이를 소홀히 하면 현장조사서 정리 시 조사자의 기억에 의존해 항목을 구분해야 하므로 오류가 일어날 가능성이 높아지기 때문이다.

③ 물량 정보

물량 정보는 하자보수비나 추가공사비 산정과 같은 감정금액 산정 시 기초 자료가 된다. 하지만 이처럼 중요한 기본 정보임에도 불구하고 현장에서는 대략적 부위만 체크하였다가 현장조사 완료 후 일괄하여 물량을 산출하는 경우가 많다. 문제는 이 과정에서 오류가 발생하면 감정금액 자체가 실제와는 다른 결과에 이르게 된다는 것이다. 뿐만 아니라 물량에 대한 산출근거 없이 단순히 숫자(예: $1.2㎡$, $3㎡$)만 표기하여 검증이 어려운 경우도 있어 감정결과의 신뢰성이 떨어진다는 지적도 있다. 이런 점을 개선하기 위해서는 현장조사 시 조사 항목에 대한 정확하고 객관적 물량 정보를 산출하여 기록해야 한다.

13

| 그림 13-9 | 물량 산출 | 그림 13-10 | 특성 정보

④ 특성 정보

건설분쟁의 특성상 발견된 현상이나 부위가 감정 신청 항목의 문헌적 의미와 다른 경우가 흔히 발생한다. 분쟁의 당사자가 건축분야에 비전문가이면 이런 사례가 더욱 흔하다. 하자 특성이나 부위가 감정 신청 사항의 취지와 다를 때에는 그 사항을 꼼꼼히 기록하여 감정서 작성 시 반영해야 한다. 이런 기록이 미흡하면 현장조사서 정리 시 조사 내용이 누락되거나 오류가 발생할 가능성이 높아지기 때문이다.

(2) 외벽 균열조사

① 고성능 카메라 촬영

건물 외벽면의 균열은 하자보수비용의 주요 부분을 차지하기 때문에 이해당사자의 관심이 가장 크게 집중된다. 외벽 균열조사를 위해 주로 사용하는 방법은 비접촉식 조사방법, 즉 고해상도 망원경을 이용한 관찰 결과를 수기식 야장에 기록하는 방식이다. 하지만 사람이

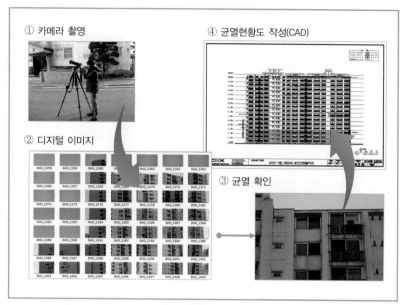

| 그림 13-11 |　고성능 카메라에 의한 외벽균열 조사방법

근접하기 어려운 상태에서 어떻게 정확한 균열현상과 폭을 측정하느냐와 수기식 야장에 기록할 때 발생하는 오차와 이를 다시 물량을 산출하는 과정에서 발생하는 오차가 심한 것이 문제가 되고 있다.

감정 실무의 과학화·객관화 측면에서 고해상도 디지털 카메라를 사용하는 방법을 권장한다. 이 방법에 의하면 조사시간을 단축하고 외벽균열 이미지를 디지털 사진정보로 보관할 수 있어 가장 효율적이고 객관적인 조사방법이라고 할 수 있기 때문이다. 추후 언제라도 조사 데이터를 바로 확인할 수 있어 감정보완에 적극적으로 대응할 수 있는 장점도 있다.

② 가로 프레임 컷 결정

대부분의 외벽은 아래에서 위를 보고 촬영해야 하므로 마름모꼴로 피사체가 보이는 특성이 있다. 이때 외벽의 상부부터 촬영을 하게 되

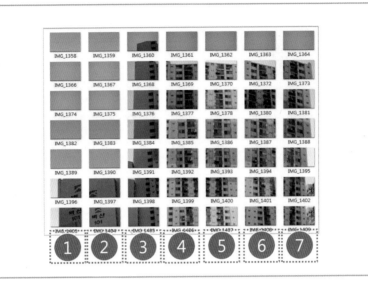

| 그림 13-12 |　가로 프레임 컷 결정 예시

면 PC에서 사진 판독을 할 때 애로를 겪는 경우가 생긴다. 외벽 촬영 이미지를 PC에서 볼 때 〈그림 13-12〉와 같이 건축물 형태를 썸네일 모양으로 파악할 수 있기 때문이다. 그래서 카메라 촬영 시 먼저 피사체 아파트 하단에서 가로 방향으로 몇 컷에 촬영 가능한지를 먼저 확인하여야 한다.

③ 외벽 촬영 방법

사진 촬영 순서는 지그재그가 아닌 피사체 상단에서부터 가로프레임 컷을 고려하여 맨 좌측부터 우측방향으로만 진행해야 한다. 이미지 파일명은 사진 촬영 시간에 따라 자동으로 생성되는데, PC에서는 이 파일명에 따라 건물 형상을 썸네일 형태로 조회되기 때문이다. 만약 이 순서대로 하지 않으면 PC에서 썸네일 형태가 아파트 형상대로 조회되지 않고 뒤섞여버리기 때문에 주의해야 한다.

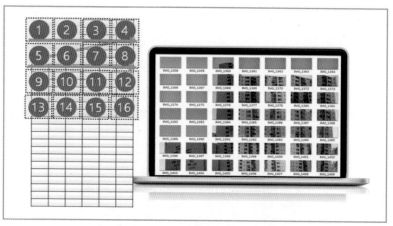

| 그림 13-13 | 외벽 촬영 순서 예시

④ 촬영 후 이미지 저장

촬영이 완료되면 각 동의 입면별로 폴더를 생성하여 저장한다. 한 번에 촬영이 어려워 입면을 분할하여 촬영하였다면 그 분할면마다 폴더를 생성하여 저장한다.

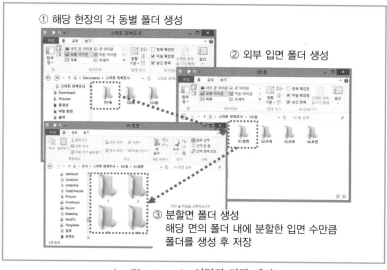

| 그림 13-14 | 이미지 저장 예시

⑤ CAD 균열현황도 작성

썸네일의 사진을 한 장씩 확대하여 균열 현황도를 CAD에 의해 작성한다.

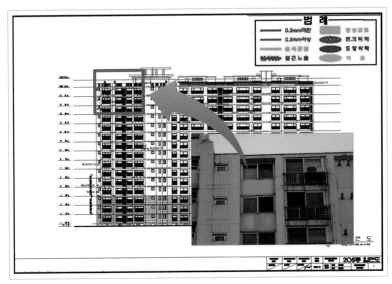

| 그림 13-15 | 균열 현황도 작성 예시도

⑥ 균열길이 자동 산출

CAD Lisp에 의한 균열 두께 레이어별로 균열길이를 자동 산출한다.

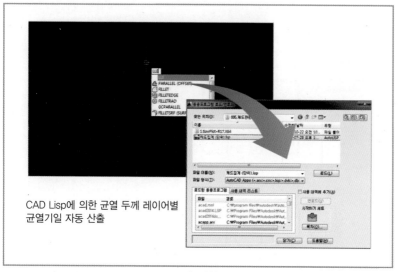

CAD Lisp에 의한 균열 두께 레이어별
균열기일 자동 산출

| 그림 13-16 | CAD Lisp에 의한 균열 길이 자동 산출 예시

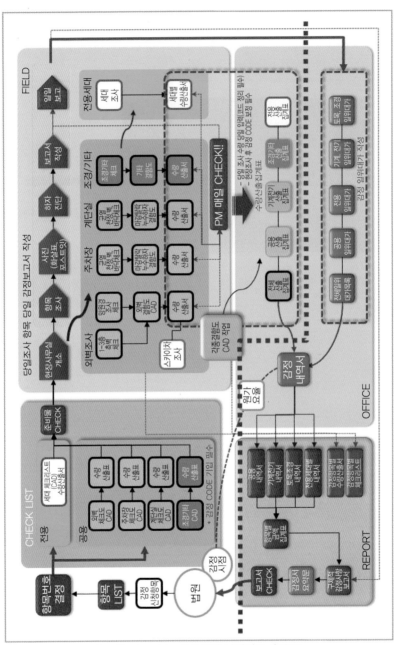

| 그림 13-17 | 공동주택 감정업무 흐름도

101동 102호

위 치		층	조사일자	조사자	확인자	비고
101동	102호		2015. 3. 20 오후 1:07:09	cmx3		

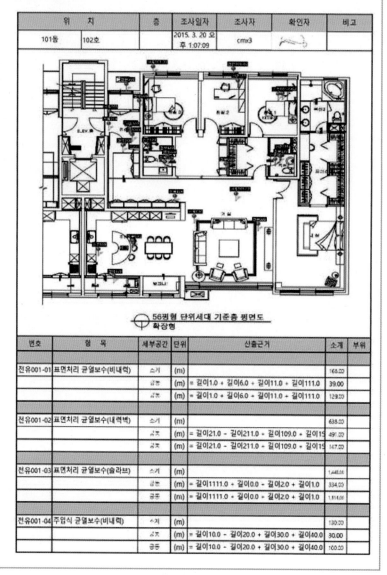

56핑형 단위세대 기준층 평면도
확장형

번호	항 목	세부공간	단위	산출근거	소계	부위
전유001-01	표면처리 균열보수(비내력)	소계	(m)		168.00	
		공노	(m)	= 길이1.0 + 길이6.0 + 길이11.0 + 길이111.0	39.00	
		공동	(m)	= 길이1.0 + 길이6.0 + 길이11.0 + 길이111.0	129.00	
전유001-02	표면처리 균열보수(내력벽)	소계	(m)		638.00	
		공노	(m)	= 길이21.0 - 길이211.0 - 길이109.0 + 길이19	491.00	
		공동	(m)	= 길이21.0 - 길이211.0 - 길이109.0 + 길이19	147.00	
전유001-03	표면처리 균열보수(슬라브)	소계	(m)		1,448.00	
		공노	(m)	= 길이1111.0 + 길이0.0 + 길이2.0 + 길이1.0	334.00	
		공동	(m)	= 길이1111.0 + 길이0.0 + 길이2.0 + 길이1.0	1,114.00	
전유001-04	주입식 균열보수(비내력)	소계	(m)		130.00	
		공노	(m)	= 길이10.0 - 길이20.0 + 길이30.0 + 길이40.0	30.00	
		공동	(m)	= 길이10.0 - 길이20.0 + 길이30.0 + 길이40.0	100.00	

| 그림 13-18 | 바로체크로 생성한 현장조사서

13

14

감정내역서
작성방법

제14장
감정내역서 작성방법

　건설감정의 최종적 결론은 대부분 금전으로 귀결된다. 모든 감정사항에 대한 조사와 물량산출 작업이 마무리되면 가장 핵심적인 단계라고 할 수 있는 감정내역을 작성하게 된다. 그런데 이처럼 감정내역서 작성이 중요함에도 불구하고 그동안 별다른 서식이나 범례, 작성매뉴얼이 없었다. 서울중앙지방법원에서 그 동안 발표한 「건설감정실무」 지침에서도 감정서 목차나 구성체계는 제시하고 있지만 내역서나 수량산출서의 서식과 같은 구체적인 내용은 없다. 이는 전적으로 감정인의 재량에 맡겨져 왔다. 문제는 감정인이 저마다의 방식으로 '감정내역서'를 만들다 보니 법원에 제출되는 감정서가 너무 각양각색 이

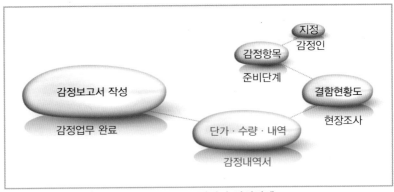

| 그림 14-1 | 감정서 작성단계

어서 재판부나 당사자가 감정내용을 제대로 검토하기 어렵다는 점이
다. 이런 문제점을 해소하기 위해 2011년 9월 서울중앙지방법원은 건
설감정기준과 함께 감정서와 내역서 작성지침도 같이 마련하였다. 건
축전문 감정인과 조정위원들이 6개월에 걸친 공동연구를 통해 감정서
검토가 용이하고 산출 오류 또한 줄일 수 있는 내역서 작성지침을 마
련한 것이다.

　몇 가지 특징을 살펴보면 다음과 같다. 우선 감정서의 구성을 표준
화하여 '감정보고서', '감정내역서', '현장조사서', '감정자료'로 나누
고 권별로 표지색상도 지정하여 쉽게 구별할 수 있게 했다. 또한 각종
내역서식을 템플릿으로 제공하여 정형화된 감정서 작성이 가능하게
되었다. 그동안의 애로점을 일거에 해소하는 획기적인 변화라고 할
수 있다. 그러나 아직도 많은 감정인들이 서울중앙지방법원의 표준형
감정내역서에 대한 이해가 부족하여 제대로 반영하지 못하거나 여전
히 기존방식대로 내역서를 만들고 있는 실정이다. 이에 「건설감정실
무」의 감정내역체계를[135] 상세히 해설하여 내역서 작성업무에 조금이
나마 보탬이 되고자 한다.

| 그림 14-2 |　서울중앙지방법원 감정서 구성체계

| 표 14-1 | 감정서의 구성

구 분	내 용	비 고
별지	감정요약문	요약문 별지로 컬러 단면인쇄(2부) 상철하여 제출
1 권	I.감정보고서	제출문 감정수행 경과보고 감정요약문 　1. 개요 　2. 감정의 목적 및 기준 　3. 감정진행 및 근거자료 　4. 항목별 구체적 감정사항 　5. 결 론
2 권	II.감정내역서	양면인쇄로 분량 축소 1000세대 → 500장·
3 권	III.현장조사서 　1. 공용부분 결함현황도 　2. 전유부분 결함현황도 　　세대체크리스트	CAD작업 후 PDF파일 변환 컬러 인쇄를 권장 SCAN작업 후 PDF파일 변환
4 권	IV.감정자료	주요 설계도면 자료 각종 감정자료(시방서, 공문 등) 보고서 작성에 참고한 기술문헌, 자료

1. 공공시설 공사비내역서 작성방식

감정내역서의 체계를 파악하기 위해서는 우선 일반적인 건설현장의 공사비내역서[136] 산출과정을 고찰하고 감정내역과의 상이한 점을 비교 분석하는 단계가 필요하다. 건설소송이 각종 건설현장의 문제점에서부터 비롯되는 것은 분명하지만 일반적인 공사비 내역체계로는 하자보수비의 산정이나 항목별 내역이나 구분소유자별 내역서로 풀어낼 수 없기 때문이다.

대다수 공사비 내역서는 재료비와 노무비, 경비로 구성된 개별 단가의 생성방법이나 제반원가 비율의 적용은 국내 건설공사 내역체계의 표준이라고 할 수 있는 '표준품셈'[137]에 근거하고 있다. 세부적으로 들어가면 공사비의 원가계산은 기획재정부령 '회계예규' 규정에 근거하고 내역서 작성을 위한 코드체계나 발주를 위한 내역작성 과정은 재료비, 노무비, 산출경비 등 원가비목과 제반요율 적용과 함께 공사비 산정방법까지 체계적으로 다루고 있는 조달청의 '시설공사 산출내역서 작성 매뉴얼'을 참고로 하게 된다.

(1) 수량산출서

공사비 내역서를 작성하기 위해서는 실제 공사에 소요될 물량을 산정하여 집계를 해야 한다. 흔히 적산이라고도 한다. 수량산출작업은 실시설계도면을 근거로 실별로 당해 공종의 수량을 정밀하게 계산해야 하는데 산출된 수량정보는 공종별로 집계한다. 이때 각 실과 같은 공간의 위치정보는 별도로 관리하지 않고 공종별로만 수량정보를 관리한다.[138]

(2) 내역서 작성

수량산출작업이 완료되면 공종별 수량정보를 이용하여 내역서를 작성하게 되는데, 내역작성 과정은 '조달청 시설공사 산출내역서 작성매뉴얼' 등에 양식과 집계방식이 명확히 규정되어 있다. 공종별 수량정보에 단가를 곱하여 공사비를 산출하고 있으므로 공사비내역서도 역시 공종별로 정리된다. 즉 공종별로 상세 내역을 작성한 후 공종별 합계 금액으로 직접공사비를 도출하는 개념이다.

(3) 원가계산서

공종별 직접공사비 내역서와 집계표가 완료되면 제반경비를 포함하는 공사원가계산서를 작성하는 단계로 넘어가게 된다. 제 비목별 산출근거를 명시한 기초계산서를 첨부하여 직접공사비와 간접공사

14

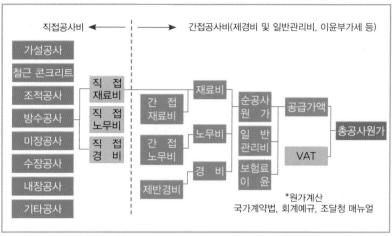

| 그림 14-3 | 공공시설 공사비 산정방법

비, 일반관리비, 이윤을 산출하여 총공사원가를 산정하게 된다. 이렇게 산출된 금액은 발주를 위한 당해 공사의 총투입비용이므로 '예정가격'이라고도 한다. 흔히 '예가'라고도 부른다. 공공시설 공사비내역체계는 공사를 공종에 따라 전문업체별를 발주를 하기에는 적합하다고 할 수 있다. 하지만 공간단위의 위치정보와 수량정보가 없고, 무엇보다 직접공사비를 산출한 후 제반간접비를 별도로 산정해야 하는 이중적인 구조로 되어 있어 공사비 관리가 힘들다는 단점이 있다. 따라서 투입공사비의 파악이 어려워 공사비를 둘러싼 분쟁이 자주 발생한다.

2. 기존 감정내역서 작성방식

(1) 감정내역의 특징

공공시설 발주를 위한 공종별 내역시스템은 절차와 방법이 표준화되어 있다. 문제는 공종별 내역과 법원의 감정내역 사이에는 구조적인 비대칭이 존재한다는 점이다. 공종별 내역서는 단순히 기술별 공종별 내역인데 비해 법원에서 요구하는 내역서에는 사건의 쟁점별이나 교환가치차액, 혹은 공간단위의 정보가 필요하기 때문이다. 몇 가지 차이점을 정리하면 다음과 같다.

① 단가의 산정체계가 다르다

일반적인 공사비는 시공에 소요되는 공사비를 산출하면 되지만 하자감정내역은 하자의 중요도나 보수 가능 여부에 따라 공사비 또는 교환가치 차액을 구분하여 산출해야 한다.

② 원가계산 방식이 틀리다

재판부에 제출하는 감정내역서는 공종별이 아닌 쟁점사항별 집계를 요구하므로 공사비 산정시 간접비를 포함한 비용이 산정되어야 한다. 공사비 감정이나 하자감정 모두 쟁점사항이 많을 때는 변론기간 중에 수많은 논쟁을 거치게 되는데 일부 항목은 인용되기도 하고 일부 항목은 배척되기도 한다. 이때 감정내역서에 제시된 항목별 공사비는 간접비와 부가세가 모두 포함되어 있고 쟁점사항별로 나누어져 있어야 인용과 배척이 가능해진다.

③ 비용을 분류하는 방식이 상이하다

공동주택 하자감정내역서의 경우 주택법에서 정하고 있는 하자담보책임기간에 따른 구분이나 사용검사 전·후의 구분과 같은 시간별 분류 및 구분 세대와 같은 공간별 분류가 필요하다. 따라서 재판부가 요청하는 감정결과를 위해서는 공종별 내역방식이 아닌 감정만의 내역 구성이 필요하다.

④ 기성고 비율 산정방법이 차이가 있다

공사계약이 중도에 해제되어 공사가 중단된 경우에 도급인이 수급인에게 지급하여야 할 공사비를 산정하기 위해서는 확정이 필요하다. 법원소송의 공사비 감정에서 기성고공사대금 산정방법은 일반적인 건설공사에서의 기성금액 산정과 완전히 다른 개념이다. 여기서 기성고 공사대금이란 당사자 사이에 약정된 총공사비에 공사를 중단할 당시의 공사에서 공사비 지급의무가 발생한 시점을 기준으로 하여 이미 완성된 부분에 소요된 공사비에다, 미시공 부분을 완성하는데 소요될 공사비를 합친 전체 공사비 가운데, 완성된 부분에 소요된 비용이 차지하는 기성고 비율을 적용한 금액이다. 반면 일반공사에서는 기성금액 산정을 투입된 비용 자체만을 기성공사비로 인식하므로 그 의미에서 상당한 차이가 난다고 할 수 있다.

(2) 수량산출 방법

공동주택 감정의 수량산출서는 현장조사시 작성한 공용부분 '하자체크리스트', '하자결함현황도' 전유부분은 '세대조사서'를 근거로 한다. 이 중에서 세대별 수량산출서는 가로형과 세로형 2가지 경우로 나뉜다. 문제는 대개의 세대조사서는 감정신청항목의 연번을 따르지 않고 있어 산출서 작성시 일일이 세대조사서의 항목과 수량산출서의 항목을 비교해야 하므로 상당한 시간이 소요된다는 것이다. 이를 보완하기 위해서는 전유 감정신청항목의 체계와 연번이 일치하는 세대조사서를 작성해야 한다.

(3) 감정내역서 작성

감정내역서 작성방법은 전유부분과 공용부분이 유사하다. 일위대가표는 '표준품셈'을 근거로 작성하지만 감정항목의 하자여부를 판단하고 중대한 하자인지 경미한 하자인지, 또는 재시공할 것인지, 공사비 차액을 반영할 것인지를 결정하면서 그 보수공법에 따른 각 항목별 보수비용을 산정해야 한다. 바로 이 과정에서 동일한 사안임에도 불구하고 감정인마다 산정기준이 달라 산출된 단가의 편차가 큰 경우가 많아 민원이 많이 발생하고 있다. 또한 대부분의 감정인이 내역작성을 인력에 의한 수작업에 의존하고 있어 작업시간의 장기화를 피할 수 없는 실정이다. 특히 구분소유자별 보수비내역서 작성시에는 작업일정이 1~2개월 이상 걸리기도 한다.

(4) 원가계산 방법

감정금액은 감정신청 항목별로 비용이 구분되어야 한다. 따라서 감정내역서는 일부 항목의 수용과 배척이 가능하게끔 쟁점사항인 감정신청항목으로 집계되어야 한다. 때문에 공동주택의 경우 구분소유자별로 제반경비 등 '하자보수'에 필요한 총투하비용을 산정해야 하고 동시에 하자항목별로도 하자담보책임기간에 대한 연차별 집계정보를 작성해야 한다.

일반 건설공사비 내역서 작성방식과 가장 상이한 부분이 바로 이 대목이다. 일반적인 건설공사에서는 원가계산서가 단 한 장이어도 문제가 없지만 감정에서는 공사비의 내역정보가 재판을 위한 사실관계에 대한 판단자료가 되므로 감정항목별로 원가계산서가 작성되어야 한다. 그러나 감정인이 기존의 건설공사에서 적용하는 원가계산방식을 채용할 경우에는 직접공사비와 원가계산서를 별도로 작성할 수밖에 없다. 현재 대부분의 감정인들이 이런 방식으로 내역서를 만들고 있다. 이처럼 감정내역서 작성에서 원가계산서를 따로 만든 것이 작업량이 과다해져 내역작성 단계에서 일정이 지연되는 주원인이 된다.

14

(5) 문제점

① 비표준화

감정내역의 작성에서 가장 큰 문제점은 표준적인 내역 양식이 없어 감정인이 저마다의 방식으로 감정내역을 작성하고 있다는 것이다. 내역서 양식이 다양하고 복잡하다 보니 감정서 검토에 많은 시간과 노력이 소요되고, 공사비를 제대로 파악하기 힘든 경우도 자주 발생한다. 감정은 사실판단의 근거인데 정작 내용의 이해가 어렵게 된 것이다. 그동안 별다른 표준화 된 서식이나 매뉴얼이 없이 감정인의 재량에 맡기다 보니 백인백색의 감정서가 양산되었고, 이와 같은 다양한 형식에 비해 내용은 부실한 실정이다.

실태를 파악하기 위하여 2008~2009년 사이 각기 다른 감정인에 의해 작성된 300세대 규모 이상 공동주택 하자감정서를 수집하여 분석

| 표 14-2 | 감정내역서 분석자료

순 번	감정인명	감정 연도	세대수	소재지	감정서 작성기간
1	A	2008년	330세대	경북 00	120일
2	B	2008년	296세대	서울 00	120일
3	C	2009년	570세대	충북 00	150일
4	D	2009년	720세대	경북 00	150일
5	E	2009년	606세대	경기 00	180일
6	F	2009년	1,072세대	경남 00	180일
7	G	2009년	196세대	경기 00	120일
8	H	2009년	1,515세대	경기 00	180일
9	I	2008년	390세대	인천 00	120일
10	J	2008년	1,308세대	경남 00	180일
11	K	2008년	646세대	경남 00	120일
12	L	2009년	328세대	경기 00	150일

| 표 14-3 | 감정내역서 작성 유형

구 분	감정내역서 작성 유형										비고
	1	2			3	4	5	6	7	8	
	세대별 하자 체크 리스트	수량산출 형식		세대구분	일위대가표	세대별 내역서	세대별 원가계산서	항목별 총괄 원가계산서	세대별 하자 책임 집계표	책임 기간별 집계표	
		리스트형									
		세로	가로								
'가'타입	▲	▲			▲	▲	▲	▲	▲	▲	
'나'타입	▲	▲			▲	▲	▲	×	▲	×	
'다'타입	▲		▲		▲	▲	▲	▲	▲	▲	
'라'타입	▲		▲		●	●	▲	×	▲	▲	
'마'타입	▲			●	●	●	▲	×	▲	▲	

주: ▲ 엑셀프로그램 ● 내역작성용 프로그램 × 작업무

해 보았다. 그 결과 내역서작성 타입을 5개 유형으로 나눌 수 있었다. 여기에 시중의 내역작성 프로그램의 적용여부까지 포함하면 훨씬 복잡하게 분류된다. 감정인 중 시중의 내역프로그램을 사용하는 비율은 12명 중 5명으로 40% 정도로 나타나는데 정작 대부분의 감정인들은 항목별 '일위대가표' 작성에만 활용하고 있는 것으로 파악되었다. 이는 시중의 적산프로그램이 감정의 특수성을 제대로 반영하지 못하기 때문이다.

따라서 대다수의 감정인들은 MS사의 엑셀프로그램을 활용하여 내역서를 작성하고 있는 실정이다. 이는 다른 말로 하면 수작업이라고 할 수 있다. 특히 공동주택의 하자감정내역서의 경우 구분소유자별로 몇백 세대라도 일일이 감정내역서를 엑셀로 작성하다 보니 상당한 시간 지연과 계산상의 애로가 발생하는 가장 큰 요인이라고 할 수 있다.

② 작성시간의 장기화

실무적으로 좀 더 상세히 살펴보면 감정내역서 작성프로세스는 '직접공사비내역서' 작성 후 '원가계산'이라는 공공공사비 내역작성 방

식의 틀 속에 갇혀 있다. 따라서 전유세대별 내역서와 원가계산서 작성시간이 상당히 소요되고 있다. 500세대 정도의 공동주택 하자감정기간은 3개월 정도, 1,000세대 규모는 4개월에서 6개월까지 소요되는데 이중 내역서 작성기간이 2~3개월을 차지하고 있다. 즉 내역서 작성지연이 감정이 장기화되는 가장 큰 요인이라고 할 수 있다.

③ 계산 오류

엑셀에 의한 수작업에 의존하여 만들어진 내역서는 계산상 오류가 자주 발생한다. 게다가 비정형화된 프로세스로 작업하다 보니 그런 사례가 더 잦다. 이는 종종 판결경정[139]의 사유가 되기도 한다. 판결경정이 판결내용에는 본질적인 영향을 미치지 않는다고는 하나, 당사자 입장에서는 금액의 대소에 상관없이 신뢰라는 측면에서 상당한 불신을 갖게 된다. 심한 경우, 감정인의 감정 결과에도 의구심을 품게 되는 바람직하지 못한 양상으로 전개된다. 따라서 감정인의 평가라는 측면에서 보면 계산 오류가 많다는 것이 결코 득이 될게 없고 오히려 부정적인 측면으로 작용하므로 신중한 감정내역서 작성작업이 요구된다.

④ 전자소송 대응 미비

대형병원의 의사가 환자를 진료 후 작성하는 모든 내용은 전자적인 형태로 기록된다. 건축인허가시 관공서에 제출해야하는 모든 서류도 인터넷으로 작성한다. 법원도 2011년 5월부터 '전자소송'제도를 적용하고 있으며 전자소송 시범재판부에 제출해야 하는 건설소송감정서는 문서가 아닌 전자소송시스템으로 감정서를 제출해야 한다. 반면 감정인의 업무 전반은 아직 수작업 수준에 머물러 있어 이러한 시대적 변화에 적극적으로 대처하지 못하고 있는 실정이다.

3. 표준형 감정내역서 작성방법

감정내역을 둘러싸고 발생하는 제반 문제점을 해소하기 위해 치열한 논의를 거쳐 나온 것이 2011년 9월 건설감정인 실무연수 때 발표한 '표준형 감정내역서'이다. 제시된 내역양식은 다양한 토론과 수차례에 걸친 세미나와 건설감정인을 대상으로 한 의견청취를 통해 작성되었다. 특히 건설감정인에 대한 의견청취 결과, 표준형 내역서식에 대해서 거의 대부분의 감정인이 찬성한 것으로 나타났다. 전체 감정인들의 의견을 체계적으로 조사하고 반영한 것은 기존의 일방향의 의사결정 구조가 아닌 양방향의 소통을 통한 결정으로 상당히 중요한 의미를 지닌다. 충분한 의견수렴을 거친 결정은 향후 감정인들이 적극적으로 수용하고 반영할 수 있는 동력이 되고 있다.

(1) 감정항목 분류

「건설감정실무」에서는 감정신청 과정에서 야기되는 가장 큰 문제점부터 개선하였다. 감정을 효과적으로 진행하기 위해서는 원고가 요

| 표 14-4 | 감정내역서 의견 분석 | 표 14-5 | 집계표 양식 의견 분석

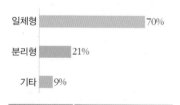

일체형 70%
분리형 21%
기타 9%

세대별보수비집계표 100%
하자목록별집계표 98% / 2%
하자보수비총괄표 98% / 2%
■찬성 ■반대

구 분	세대별 내역서양식	
A(일체형)	33명	70%
B(분리형)	10명	21%
기타	4명	9%
소계	47명	100%

구분	세대별보수비 집계표		하자목록별 집계표		하자보수비 총괄표	
찬성	48명	100%	47명	98%	47명	98%
반대	-		1명	2%	1명	2%
소계	48명	100%	48명	100%	48명	100%

14

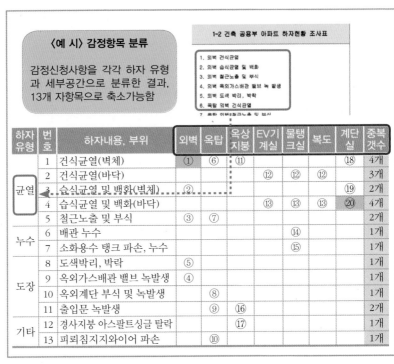

하자유형	번호	하자내용, 부위	외벽	옥탑	옥상지붕	EV기계실	물탱크실	복도	계단실	중복갯수
균열	1	건식균열(벽체)	①	⑥	⑪				⑱	4개
	2	건식균열(바닥)				⑫	⑫	⑫		3개
	3	습식균열 및 백화(벽체)	②						⑲	2개
	4	습식균열 및 백화(바닥)				⑬	⑬	⑬	⑳	4개
누수	5	철근노출 및 부식	③	⑦						2개
	6	배관 누수					⑭			1개
	7	소화용수 탱크 파손, 누수					⑮			1개
도장	8	도색박리, 박락	⑤							1개
	9	옥외가스배관 밸브 녹발생	④							1개
	10	옥외계단 부식 및 녹발생		⑧						1개
	11	출입문 녹발생		⑨	⑯					2개
기타	12	경사지붕 아스팔트싱글 탈락			⑰					1개
	13	피뢰침지지와이어 파손		⑩						1개

| 그림 14-4 | 감정항목 분류개념도

청한 감정항목의 분류가 체계적으로 정리돼야 하지만 특별한 기준체계가 없다보니 동일한 하자항목이 공간별로 중복되어 감정항목의 개수가 과다해졌다. 감청항목을 공종과 공간별로 구분해 간소화 하고 연번을 부여하는 방법을 제시하였다.[140]

이는 기존의 무작위적인 감정신청항목을 체계적으로 정리하여 감정을 진행할 수 있게하는 아주 중요한 변화라고 할 수 있다. 한마디로 원고의 감정신청 방법을 규정해준 것이다. 이로 인해 동일한 하자도 공간별 현상별로 정리되어 하자항목의 갯수가 획기적으로 줄어들게 되어 감정업무도 상당히 개선되었다. 〈그림 14-4〉의 예시는 공용부분 20개 항목을 공간별로 구분한 결과로 4가지 유형과 7개 공간으로 분류해 13개 항목으로 줄이는 예시를 보여주고 있다.

(2) 수량산출서

공동주택의 하자감정시 현장조사 전에 항목분류가 선행되어야 한다. 전유부분의 감정시 조사항목별로 분류된 현장조사서를 작성하면 효과적이고 빠짐없는 하자조사가 가능해진다. 여기서 여러 감정인들을 위해 덧붙이자면 수량산출작업은 조사당일 수행하는 것이 가장 좋다. 조사당일에 수량산출 작업을 하지 않고 미루다 보면 추후 한꺼번에 산출작업을 할 때는 현장의 정확한 하자상황을 수량과 연계시키지 못하므로 오차가 생기기 쉽기 때문이다. 현장조사자가 아닌 타인이 수량을 산출할 때도 마찬가지다.

| 표 14-6 | 수량산출 집계표 예시

번 호	품 명	규격	단위	소계	101	102	103	104	201	202	203	204	301	302	303	304
전유-01	현관 방화문 도어 스토퍼 및 도어체크 작동불량	도어체크	EA	5												1.00
전유-02	현관 바닥 타일 눈 시공불량		M	0												
전유-03	현관 방화문틀 녹발생 및 부식		EA	1										1.00		
전유-04	현관 인터폰 작동불량		EA	17	1.00	1.00								1.00	1.00	1.00
전유-05	현관 중문 창호 시공불량		EA	2												
전유-06	내부 목문 개폐불량		EA	9			1.00						2.00			
전유-07	도배지 들뜸 및 시공불량	(벽지)	M2	0.5												
전유-08	도배지 들뜸 및 시공불량	(천정지)	M2	7.7	4.00					2.80	0.90					
전유-09	목문 프레임 도색 박리 박락		M2	5.98		0.32			0.40	0.40			0.45	0.40		
전유-10	내부 바닥 미장균열		M	0												
전유-11	내부 벽체 누수		M2	3.6												
전유-12	침실 벽체 결로에 의한 누수		M2	19.6											6.30	

공간정보 (전유세대, 공용 세부공간)

14

| 표 14-7 | 외벽 균열조사 집계표 예시

위치	구분	공용 001-04 건식균열(m) 0.3mm 미만	공용 001-08 건식균열(m) 0.3mm 이상	공용 001-32 층간 균열	공용 001-15 망상균열 (㎡)	공용 001-23 철근 노출 (㎡)	공용 001-33 콘크 탈락 (㎡)	공용26 도장들 뜸 (㎡)	공용 001-20 백화 발생 (㎡)	공용 001-39 전체 도장 (㎡)
101동 정면	옥탑		22.50							
	지붕벽1									51.76
	지붕벽2	11.87								12.36
	15층	15.03		4.21						66.24
	14층	10.94		4.64						53.60
	13층	12.92		3.83						53.60
	12층	12.12		3.83						53.60
	11층	11.41		4.87						53.60
	10층	11.67		4.62						53.60
	9층	15.11		3.65						53.60
	8층	13.58		2.51						53.60
	7층	13.11		3.64						53.60
	6층	13.48		2.70						53.60
	5층	12.46		2.63						53.60
	4층	9.70		3.13						53.60
	3층	17.11		4.23						53.60
	2층	25.69		1.48						53.60
	1층	1.35			0.48		0.02	0.03		114.14
소계		207.55	22.50	49.97	0.48	-	0.02	0.03	-	941.30

간혹 현장조사서와 별도로 세대별로 수량산출서를 작성하는 경우도 있는데 이는 불필요한 과정이라고 할 수 있다. 분량이 너무 많아지는 문제점도 있고 현장조사시 수량산출이 가능한 경우가 많기 때문이다. 개별 세대의 물량산출은 조사당일 현장조사서에 바로 물량을 산출내용을 기록하는 것이 가장 정확한 방법이다. 수량을 산출하면서 세로 열에는 감정항목을 나열하고 가로 행에는 해당 세대의 수직 열에서 감정항목과 일치하는 셀에 해당 항목의 산출 수량을 표기

하면 세대별 수량 산출과 동시에 동별 수량산출집계표를 만들 수 있다. 공용부의 외벽 균열 조사 수량은 층별로 조사항목 수량을 집계하여야 한다. CAD프로그램의 LISP기능을[141] 활용하면 쉽게 산출할 수 있다. 기타 항목도 산출서식에 의한 수량을 확인해야 하는데 이때 워드형 수량산출서식을 사용하면 추후 산출근거 확인시 산출내용을 수월하게 파악할 수 있어 상당히 효율적이다.

| 표 14-8 | 워드형 수량산출서 예시

항 목		규 격	단위	수량	산출서식
1) 공용부분 하자(건축)					
	미시공				
공용 1	전기실 및 발전기실 걸레받이 누락	전기실 및 발전기실 벽체			
		발전기실	M2	3.76	=길이((12.0+6.8)*2)*높이0.1
		전기실	M2	4.60	=길이((15.5+7.5)*2)*높이0.1
		합계		8.36	
공용 2	지하저수조 벽체 액체방수 위 보호몰탈 누락	지하저수조 벽체			
		X21/Y2~X23/Y2	M2	54.21	=길이13.9*높이3.9
		X21/Y7~X23/Y7	M2	54.21	=길이13.9*높이3.9
		Y2/X23~Y7/X23	M2	93.60	=길이24.0*높이3.9
		합계		147.81	
부실시공					워드형 수량선출서식
공용 3	지하주차장 바닥 마감재 탈락 및 탈색 발생	지하주차장 바닥			
		X4~X6/Y7~Y8	M2	56.24	=X열길이7.4*Y열길이7.6
		X13~X14/Y6~Y7	M2	49.12	=X열길이6.14*Y열길이8.0
		합계		105.36	
공용 4	지하주차장 및 휀룸 등 건축폐자재 방치	201동 지하피트			
		X6~X7/Y2	M2	20.00	=가로4.0*세로5.0
		X7/Y2	M2	6.00	=가로2.0*세로3.0
		X6~X7/Y1	M2	16.00	=가로4.0*세로4.0
		X7/Y1	M2	3.00	=가로1.5*세로2.0

14

〈그림 14-5〉는 미리 분류된 하자항목을 적용하고 하자 수량을 기록한 세대조사서의 예시 사례이다.

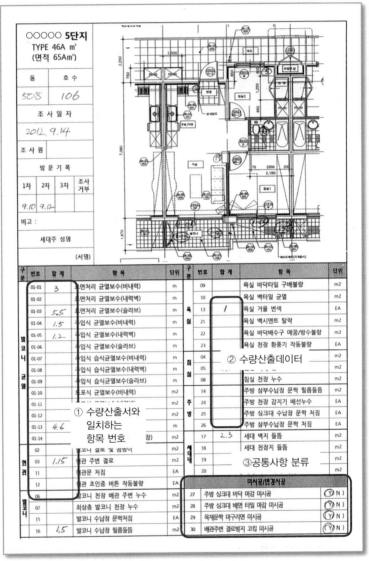

| 그림 14-5 | 　세대조사서 예시

(3) 단가표 작성

하자보수의 단가는 대부분 '표준품셈'에 근거하여 보수비를 산출하지만 하자가 중대한 하자인지 여부와 보수 가능한 것인지 여부에 따라 보수비가 아닌 공사비 차액을 반영해야 하는 경우도 생긴다. 따라서 적정한 보수공법의 적용여부를 충분히 고려해 단가를 산정하여야 한다.

① 하자담보책임 법리적용

「건설감정실무」에서는 하자의 판단과 발생원인, 보수 가능여부, 하자의 중요도, 보수비 과다여부를 감안하여 하자보수비를 산정하도록

| 표 14-9 | 하자담보책임 유형 정리

보수 여부	하자의 중요성	보수의 과다성	하자보수청구	보수에 갈음하는 손해배상	하자에 의한 손해배상
불가능			×	×	○
가능	중요 ○	적다	○	○	
		과다	○	○	
	중요 ×	적다	○	○	
		과다	×	×	○
기능			이행보증	이행보증	손해보증
지체책임			청구 이후 상당 기간 경과시부터	청구시부터	
손해액				하자보수비 상당액	
손해액 산정시점				하자보수청구시 또는 손해배상청구시	복성식평가법(재조달원 가에 감가수정을 하는 방 법) 감가수정이 적당하지 않은 경우 건물완공시의 재조달원가를 산정비교

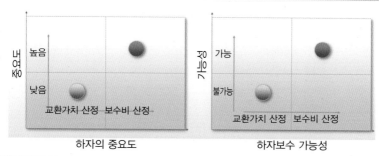

제14장 감정내역서 작성방법 **411**

규정하고 있다.[142] 특히 중요하지 아니하면서 보수비가 과다한 경우는 하자 없이 시공했을 때의 교환가치 차액으로 산정해야 한다. 보수가 불가능한 경우도 손해배상 개념으로 교환가치 산정방식을 적용해야 한다.

② 균열 보수 일위대가표 예시[143]

| 표 14-10 | 표면처리공법

품 명	규 격	단위	수량	재료비 단가	재료비 금액	노무비 단가	노무비 금액	경 비 단가	경 비 금액	합 계 단가	합 계 금액	비고
균열보수재	에폭시 계열	KG	0.3400	11,475	3,901					11,475	3,901	
프라이머		L	0.0190	5,000	95					5,000	95	
연마석	A_CUP 4.5T	EA	0.0050	28,000	140					28,000	140	
공구손료	인력품의 3%	식	1	38	38					38	38	
잡재료	주재료비의 5%	식	1	207	206					207	206	
노무비	연마공	인	0.0018	-		96,799	174			96,799	174	
노무비	도장공	인	0.0100	-		109,720	1,097			109,720	1,097	
소계					4,380		1,271				5,651	

| 표 14-11 | 주입식 균열보수공법

품 명	규 격	단위	수량	재료비 단가	재료비 금액	노무비 단가	노무비 금액	경 비 단가	경 비 금액	합 계 단가	합 계 금액	비고
건식균열주입재		KG	0.0600	20,000	1,200					20,000	1,200	
건식균열씰링재		KG	0.1020	13,000	1,326					13,000	1,326	
주사기		개	5	600	3,000					600	3,000	
연마석	A_CUP 4.5T	EA	0.0050	28,000	140					28,000	140	
공구손료	인력품의 3%	식	1	421	421					421	421	
잡재료	주재료비의 5%	식	1	283	283					283	283	
노무비	연마공	인	0.0018			96,799	174			98,569	174	
노무비	특별인부	인	0.1000			97,951	9,795			97,951	9,795	
노무비	보통인부	인	0.0500			81,443	4,072			81,443	4,072	
소계					6,370		14,041				20,411	

| 표 14-12 | 습식 균열보수공법

품 명	규 격	단위	수 량	재료비		노무비		경 비		합 계		비고
				단가	금액	단가	금액	단가	금액	단가	금액	
습식균열 주입재		KG	0.0600	25,000	1,500					25,000	1,500	
습식균열 실링재		KG	0.1530	20,000	3,060					20,000	3,060	
연마석	A_CUP 4.5T	EA	0.0050	28,000	140					28,000	140	
주사기		개	10	600	6,000					600	6,000	
공구손료	인력품의 3%	식	1	568	568					568	568	
잡재료	주재료비의 5%	식	1	535	535					535	535	
노무비	연마공	인	0.0018			96,799	174			98,569	174	
노무비	특별인부	인	0.1500			97,951	14,692			97,951	14,692	
노무비	보통인부	인	0.0500			81,443	4,072			81,443	4,072	
소계					11,803		18,938				30,741	

| 표 14-13 | 충전식 균열보수공법

품 명	규 격	단위	수 량	재료비		노무비		경 비		합 계		비고
				단가	금액	단가	금액	단가	금액	단가	금액	
에폭시 씰링재		kg	0.1700	18,000	3,060			-		18,000	3,060	
프라이머		L	0.0030	5,000	15			-		5,000	15	
다이아몬 드날		개	0.0100	32,000	320			-		32,000	320	
공구손료	노무비의 3%	식	1.0000	245	245			-		245	245	
잡재료	주재료비의 5%	식	1.0000	170	170			-		170	170	
특별인부		인	0.0500			97,951	4,897			97,951	4,897	
보통인부		인	0.0400			81,443	3,257			81,443	3,257	
소계					3,809		8,154				11,963	

* 본 단가표는 서울중앙지방법원의 건설감정실무를 근거로 하여 2013년 1월 기준으로 만든 예시 자료입니다.

14

③ 고소할증

때로는 하자보수 산정시 부 고소부위 작업 특성상 품의 할증을 반영해야 하는 경우가 있다. 표준품셈에서는 고소작업 및 기타의 능률저하를 고려하여 각 공종별 할증이 감안되지 않은 사항에 대하여 품의 할증을 적용할 수 있다고 명시하고 있다. 「건설감정실무」에서는 국토해양부의 고소할증에 관한 질의회신 내용을 기준으로 도장공사 할

| 표 14-14 | 표준품셈 관련 질의회신

질의사항	회신답변
1) 표준품셈1-16. 5항에서 〈고층 특수건물공사에서 고소작업 및 기타의 능률저하를 고려하여 본 품셈에서 각 공종별 할증이 감안되지 않은 사항에 대하여 품의 할증을 할 수 있다〉고 되어 있는데 이 뜻이 고소작업시의 할증의 적용 시에는 도장공사의 공종별 높이별 품의 할증을 적용하지 않아야 한다는 뜻으로 해석해도 되는 것인지요.	〈답변〉 건설공사 표준품셈(1-16 품의할증)은 품셈 각 항목별 할증이 명시된 경우에는 각 항목별 할증을 우선 적용하도록 하는바, 칠공사의 경우 높이별 할증은 표준품셈 (19-3 조합 유성페인트칠) 〈주〉⑤, ⑥를 적용하지 않는 범위 내에서 (1-16의 9호)를 적용할 수 있습니다.
2) 표준품셈1-16. 10항의 건물층수별 할증률은 내부도장의 경우인지 외부도장의 경우인지요. 3) 표준품셈1-16. 10항의 건물층수별 할증률이 외부도장의 경우라면 어떤 경우에 적용하는 것인지요.	〈답변〉 건설공사 표준품셈(1-16 품의할증) 중 10.건물층수별 할증률은 건물내부에서 작업할 때 부여하는 할증률입니다.
4) 표준품셈19-6 수성페인트의 〈주〉⑦비계사용시 높이별 품의 할증은 '19-3 〈주〉 ⑤~⑥'에 준하여 계상할 수 있다고 되어 있을 뿐, 비계 불사용시에 대한 할증은 표준품셈에 표기되어 있지 않습니다. 그런데 수성페인트의 외부공사는 통상적으로 비계 불사용시가 많습니다. 이 경우 도장공사의 공종별 할증은 적용하지 않는 것으로 해석해야 하는지요, 아니면 다른 적용 근거가 있는지요.	〈답변〉 건설공사 표준품셈(19-3 조합 유성페인트칠) 〈주〉⑤, ⑥에서 비계를 사용하지 않을 경우 할증률은 별도로 정하고 있지 않는바, 건설공사 표준품셈 1-3(적용방법) 제4항에 따라 발주기관에서 적정한 예정가격산정기준을 결정하여 사용할 수 있습니다. 또한, 비계를 사용한 외부페인트 공사의 경우에는 위 질의 1에 대한 답변 내용을 참고하시기 바랍니다.

주: 2011년 6월 20일 건설감정TF에서 의뢰한 국토해양부 질의 회신자료

증률 적용여부를 결정하고 있다.

예를 들어 비계를 사용하지 않을 때는 비계틀 사용할증률을 적용할
수 없고, 건물층수별 할증 역시 내부에 해당하는 기준이므로 적용할

| 표 14-15 | 고소부위 위험할증률 산정표 예시

층수	층고	누계높이 (m)	위험할증율 적용기준	101동 18 층	102동 22 층	103동 18 층	104동 25 층	105동 20 층	적용 할증률
25 층	2.6 m	65.8 m	90%				90%		
24 층	2.6 m	63.2 m	90%				90%		
23 층	2.6 m	60.6 m	90%				90%		
22 층	2.6 m	58.0 m	80%		80%		80%		
21 층	2.6 m	55.4 m	80%		80%		80%		
20 층	2.6 m	52.8 m	80%		80%		80%	80%	
19 층	2.6 m	50.2 m	70%		70%		70%	70%	
18 층	2.6 m	47.6 m	70%	70%	70%	70%	70%	70%	
17 층	2.6 m	45.0 m	70%	70%	70%	70%	70%	70%	
16 층	2.6 m	42.4 m	70%	70%	70%	70%	70%	70%	
15 층	2.6 m	39.8 m	60%	60%	60%	60%	60%	60%	
14 층	2.6 m	37.2 m	60%	60%	60%	60%	60%	60%	
13 층	2.6 m	34.6 m	60%	60%	60%	60%	60%	60%	
12 층	2.6 m	32.0 m	60%	60%	60%	60%	60%	60%	
11 층	2.6 m	29.4 m	50%	50%	50%	50%	50%	50%	
10 층	2.6 m	26.8 m	50%	50%	50%	50%	50%	50%	
9 층	2.6 m	24.2 m	50%	50%	50%	50%	50%	50%	
8 층	2.6 m	21.6 m	50%	50%	50%	50%	50%	50%	
7 층	2.6 m	19.0 m	40%	40%	40%	40%	40%	40%	
6 층	2.6 m	16.4 m	40%	40%	40%	40%	40%	40%	
5 층	2.6 m	13.8 m	30%	30%	30%	30%	30%	30%	
4 층	2.6 m	11.2 m	30%	30%	30%	30%	30%	30%	
3 층	2.6 m	8.6 m	20%	20%	20%	20%	20%	20%	
2 층	2.6 m	6.0 m	20%	20%	20%	20%	20%	20%	
1 층	2.6 m	3.4 m	0%	0%	0%	0%	0%	0%	
G.L~1	0.8 m	0.8 m	0%	0%	0%	0%	0%	0%	
	가중평균			44%	50%	44%	54%	47%	48%

수 없어 최종적으로 공통부분의 품의 할증인 위험할증률을 적용하고 기타 불필요한 할증 적용을 배제하고 있다.[144] 또한 여러 개의 건물로 이루어진 공동주택의 경우 동별로 가중평균할증률을 계산한 후 다시 전체의 평균할증률을 산출하여 그 값을 적용하고 있다.[145]

④ 일위대가표와 수량산출서의 항목번호 일치

전게한 바와 같이 단가산정은 통상 일위대가표의 형태로 표기되어

| 표 14-16 | 일위대가표와 수량산출서의 감정항목 일치 개념

번호	품 명	규격	단위	소계	101호	102호	103호	104호	201호	202호	203호	204호	301호	302호	303호	304호
전유-01	현관 방화문 도어스토퍼 및 도어체크 작동불량	도어체크	EA	5.00			하자감정 항목별 수량산출집계표									1.00
전유-02	현관 바닥 타일 줄눈 시공불량		M	0.00												
전유-03	현관 방...생 및 ...															
전유-04	현관 인...량															
전유-05	현관 중...불량															
전유-06	내부 목...															
전유-07	도배지...불량															
전유-08	도배지...불량															
전유-09	목문 ...리 박리...															
전유-10	내부 비...															
전유-11	내부 벽...															
전유-12	침실 벽...한 누수...															

품 명	규격	단위	수량	재료비 단가	재료비 금액	노무비 단가	노무비 금액	경비 단가	경비 금액	합계 단가	합계 금액	비고
전유-001. 현관 방화문 도어스토퍼 및 도어체크 작동불량		개소	1	1,954	1,954	7,704	7,704			9,658	9,658	
전유-002. 현관 바닥 타일 줄눈 시공불량		M	1	278	278	1,402	1,402			1,680	1,680	
전유-003. 현관 방화문틀 녹 발생 및 부식		제외	1									
전유-004. 현관 인터폰 작동 불량		제외	1									
전유-005. 현관 중문 창호 시공불량		제외	1		하자감정 항목별 일위대가							
전유-006. 도배지 들뜸 및 시공불량(벽지)		M2	1	1,293	1,293	3,694	3,694	170	170	5,157	5,157	
전유-007. 도배지 들뜸 및 시공불량(천정지)		M2	1	1,338	1,338	4,596	4,596	170	170	6,104	6,104	
전유-008. 내부 목문 개폐불량		개소	1	202	202	6,741	6,741			6,943	6,943	
전유-009. 내부 목문 프레임 도색 박리 박락		M2	1	1,100	1,100	8,157	8,157			9,257	9,257	
내부 바닥 미장		M	1	9,216	9,216	6,133	6,133			5,349	5,349	
내부 벽체 누수		M2	1	1,293	1,293	3,694	3,694	170	170	5,157	5,157	
침실 벽체 결로...누수		M2	1	55,000	55,000	18,453	18,453			73,453	73,453	

일위대가의 항목번호와 수량산출집계표의 번호를 일치시켜야 함

야 한다. 일위대가의 작성시 반드시 주의해야 할 사항이 있는데 바로 일위대가표의 감정항목번호와 수량산출서 감정항목번호를 일치시켜야 하는 것이다. 앞서 언급한 바 있는 현장조사서의 항목번호와 수량산출서의 번호를 일치시키는 것과 같은 개념이다.[146] 두 서식의 항목별 일치는 감정내역서 작성시 오류 가능성을 줄이고, 감정내역서 납품 후 재판부나 원·피고의 감정서 검토가 쉬워지는 등 효율성을 한층 높이는 아주 중요한 작업이므로 반드시 지켜야 하다.

(4) 감정내역서

① 표준형 감정내역서

2011년 발표된 서울중앙지방법원의 「건설감정실무」에서는 감정내역서식을 정하고 있다. 바로 '원가일체형내역서'이다. 원가일체형내역서는 가로방향으로 감정항목의 '규격', '수량', '단가', '금액' 등 직접공사비와 간접노무비, 각종 보험료 등의 '제경비'와 '일반관리비', '이윤', '부가세' 등 원가계산금액을 표기하고, 세로방향으로 하자담보기간별 공사항목을 전개한다. 직접비의 계산과 원가계산을 동시에 진

| 표 14-17 | 표준형 감정내역서식

하자 담보 기간	품 명	규 격	단 위	수 량	재료비		노무비		경 비		소 계		간접노무비, 산재고용보험료 , 일반관리비 ,이윤,부가세 제경비	합 계
					단 가	금 액	단 가	금 액	단 가	금 액	단 가	금 액		
													직접공사비 간접공사비	

14

행하여 기존의 이중적 계산을 배제함으로써 작성방법을 단순화 시킨 형식의 내역서식이다. 하자항목별로 '하자담보책임기간'에 따른 하자의 연차별 구분정보를 명시하여 한눈에 하자에 관한 내역정보를 파악할 수 있는 장점이 특징이다.[147]

② 제비율

제비율을 적용한 공사비의 원가계산은 원가일체형 내역서식으로서 내역과 동시에 해결이 가능해졌지만 제비율 적용요율에 대한 건설사의 이의제기는 계속되고 있다. 그들의 주장은 이윤율에 초점이 맞춰져 있다. 통상의 '공사원가계산 제비율 적용기준'에서 적용하는 이윤율 15%가 지나치게 과다하다는 것이다. 문제는 조달청의 원가계산 제비율 외에는 건설사들의 주장을 뒷받침할 수 있는 객관적인 제비율 자료가 없다는 것이다. 「건설감정실무」에서도 이런 사정을 감안하여 "하자보수비의 산정시 원가계산을 위한 제비율의 적용은 감정 시점의 조달청이 발표한 건축공사 원가계산 제비율 적용기준의 원가요율을 적용하여 산출한다"고 명시하고 있다.[148]

③ 낙찰률

그럼에도 불구하고 일부에서는 상기와 같이 산출된 비용은 원가계산에 의한 '예정가격'이라고 할 수 있으므로, 입찰시 적용되는 낙찰률을 적용한 금액이 합당하다고 주장한다. 「건설감정실무」는 이에 대해서도 다음과 같이 정리하고 있다.[149]

"하자보수비의 산정시 원가계산을 위한 제비율의 적용은 감정 시점의 '조달청-건축공사 원가계산 제비율 적용기준'을 적용하여 산출하는데, 실질적인 보수비용에 근접하기 위해서는 제비율과 이윤율을 일부 축소하거나, 관급공사의 낙찰률을 적용하여야 한다는 소수의견이 있다. 조달청 시설공사 산출내역서 작성매뉴얼을 참고하면 원가계산서 작성시 예산을 이유로 조달청에서 조사발표한 '공사원가계산 제비율 적용기준'상의 제비율을 임의로 축소 조정하는 것은 지양하도록 하고 있고, 관급공사의 낙찰률은 정부 등 공공기관이 건설공사 예정가격을 정하여 놓고 업체로 하여금 수주경쟁을 하도록 하여 발생하는 것으로 이러한 수주경쟁을 전제로 한 낙찰률은 건설감정의 하자보수비산정 적용에 적합하지 않아 적용하지 않는다."

대부분의 하자보수청구 소송이 손해배상과 동시에 진행되는 만큼 지침의 기준에 따르면 무난할 것으로 판단된다.

④ 집계표

내역이 완성되면 집계가 필요하다. 감정서의 요약분에는 하자목록별 집계표와 하자보수비 총괄표가 정리되어 제출되어야 한다. 또한 연차별 구분정보, 중요도 및 보수비 산정방법이 동시에 표시되어야 하고 외벽도장 보수비용에 대한 보수공법별로 하자보수비 총괄표가 작성되어야 한다. 재판부가 하자보수비를 바로 파악하고 서로 비교할 수 있게하고자 하는 것이다.

⑤ 분석 차트

「건설감정실무」에서 또 하나의 변화가 있다면 분석 차트의 도입을 들 수 있다. 재판부가 하자보수비의 연차별 분석과 중요한 하자의 구성비율 등을 직관적으로 파악할 수 있게 내역정보를 Bar형의 그래프로 작성해야 한다.[150]

14

| 표 14-18 | 세대별 집계표

동호수	사용검사 전			사용검사 후							합계	비고
	미시공	변경시공	소계	1년차	2년차	3년차	4년차	5년차	10년차	소계		
101동101호												
101동102호												
101동103호												
101동104호												
101동201호												
101동202호												
101동203호												
101동204호			사용검사 전			사용검사 후						
101동301호												
101동302호												
101동303호												
101동304호												
101동401호												
101동402호												
101동403호												

| 표 14-19 | 하자목록별 집계표

하자목록	중요도	보수비 산정방법	사용검사 전		사용검사 후						합계
			미시공	변경시공	1년차	2년차	3년차	4년차	5년차	10년차	
1. 공용부분 하자(건축)											
공용 001 지하주차장 연석 오시공		차액	-	1,488,502	-	-	-		-	-	1,488,502
공용 002 E/V 기계실 OPEN 트렌치 미시공		보수비	3,195,391	-	-	-	-		-	-	3,195,391
공용 003 지하 바닥배수판 미시공	중요	보수비	1,722,984	-	-	-	-		-	-	1,722,984
공용 004 지하층 집수정 보호몰탈 미시공		보수비	1,427,051	-	-	-	-		-	-	1,427,051
공용 005 계단실 PD구획 내부 방청도장 미시공											5,758,071
공용 006 E/V 샤프트 내 옹벽 폼타이 제거부 메꿈 미시공		보수비	-	-	444,592	-	-		-	-	444,592
공용 007 주현관 내부 장애자 램프 손잡이 미설치		보수비	1,810,469	-	-	-	-		-	-	1,810,469

하자의 중요도 및 보수비 산정방법을 표시

| 표 14-20 | 부분도장, 전체도장 집계표

제1안 부분도장

구 분	사용검사 전			사용검사 후							소계
	미시공	변경시공	소계	1년차	2년차	3년차	4년차	5년차	10년차	소계	
1) 전유부분											
2) 공용부분											
합계											

부분도장안, 전체도
장안 2개안으로 감정
금액을 총괄 집계

제2안 전체도장

구 분	사용검사 전			사용검사 후							소계
	미시공	변경시공	소계	1년차	2년차	3년차	4년차	5년차	10년차	소계	
1) 전유부분											
2) 공용부분											
합계											

| 표 14-21 | 보수비 연차별 분석

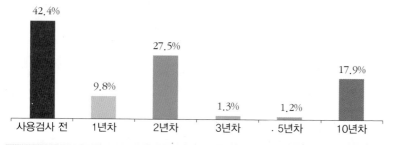

구 분	사용검사 전	1년차	2년차	3년차	5년차	10년차	소 계
전유부분	34,720,190	39,028,456	111,587,490	1,044,937	1,135,609	936,331	188,453,014
공용부분	171,611,233	8,506,770	22,381,939	5,097,189	4,753,583	86,032,898	298,383,611
합계	206,331,423	47,535,225	133,969,429	6,142,127	5,889,193	86,969,229	486,836,625
비율	42.4%	9.8%	27.5%	1.3%	1.2%	17.9%	100.0%

14

(5) 기대효과

① 감정내역서의 직관적 파악

'표준형 감정내역서'는 하자체크리스트와 감정내역서상의 항목을 일치시켜 작성하므로 항목별 내역 파악이 직관적으로 가능하다. 또한 감정인이 손쉽게 도입하도록 감정서 양식을 파일로 제공하고 있어 향후 감정내역서 작성업무를 획기적으로 개선시킬 것으로 기대된다.

② 감정보완의 신속한 대처

법원은 감정인에게 감정서 제출 이후 감정보완 과정에서도 성실함을 요구한다. 표준적인 감정내역 작성체계가 정착되면 재판부의 추가적인 감정지시, 원·피고의 감정보완 등의 내역서 수정, 변경업무 등에 효율적 대응이 가능하므로 재판업무에도 상당한 도움을 줄 것으로 판단된다.

③ 감정내역서 분량의 간소화 및 전자문서형 감정서 변환[151]

기존내역서 작성방식에서는 직접공사비 내역서와 원가계산서를 별개로 작성하였다. 따라서 1,000세대 단지의 경우 1세대를 1장에 담아도 2,000페이지 분량의 종이가 소모되었다. '표준형 감정내역서'는 하나의 행에 직접공사비 내역서와 원가정보를 동시에 표기하므로 1세대의 내역과 원가계산서가 1페이지에 수록이 가능하고, 이를 양면으로 인쇄하면 1,000세대의 단지도 500페이지 내외로 내역서 작성이 가능해진다. 기존방식에 비해 무려 1/4로 분량이 줄어드는 것이다. 또한 손쉽게 전자문서형 PDF파일로 변환이 가능해져 전자소송에 의한 전자문서 제출이 훨씬 용이해졌다.

| 표 14-22 | 감정서의 전자문서화와 결합방법

구 분	파일형식	1차 변환	2차 파일결합
① 감정보고서	Hwp파일 Excel파일	감정보고서.pdf	〈통합본〉 감정서.pdf
② 감정내역서	Excel파일	감정내역서.pdf	
③ 현장조사서 결함 현황 도 세대체크리스트	Autocad 파일	결함현황도.pdf	
	종이문서 스캔	세대체크리스트.pdf	

주:「건설감정실무」지침 인용

④ 감정내역서 작성시스템 개발

국내 건축분야 설계에는 Autodesk사의 거의 모든 건축사무소가 AutoCAD 솔루션을 쓰고 있다. 구조의 해석에는 거의 구조기술사가 회사 MIDAS IT사의 MidasGEN이라는 구조설계 프로그램을 활용한다. 건축적산분야에는 거의 모든 적산회사들이 고려전산의 EMS라는 적산전문 솔루션을 쓰고 있다. 이처럼 건설의 각 전문분야는 해당 분야별로 특화된 솔루션을 사용하고 있는데도 불구하고 법원의 건설감정 분야만 아직 MS 엑셀프로그램으로 감정내역서를 작성하고 있는 실정이다. 수작업 수준이다. 건축적산분야에 비하면 상당히 뒤처져 있다고 할 수 있다. 이처럼 감정업무에 전산적인 자원이 제대로 활용되지 않는 가장 큰 이유는 기존 패키지 내역프로그램이 법원감정의 특성을 제대로 지원하지 못하기 때문이다.

그러나 감정내역의 서식이 표준화 되면서 전산화된 감정내역서 작성시스템의 구현이 실현되고 있다. 감정내역에 특화된 솔루션이 개발된 것이다.[152] 덕분에 법원에서 제시하고 있는 모든 표준형 감정내역서에 대한 전산적 산출이 가능하게 되었다. 이 솔루션을 공동주택의 감정내역에 적용한 결과는 놀랍다. 기존의 수작업시 통상 1.5개월에서 2개월이 소요되던 내역작성이 짧게는 3일, 길어야 7일정도에 완료되는 것으로 나타났다. 이처럼 감정에 특화된 전문서비스들은 비단 감정적산 분야만이 아니라 현장조사분야에서도 활성화 되고 있다. 향후 감정인들의 내역작성업무가 더욱 전문화될 것으로 기대된다.

| 표 14-23 | 전산시스템을 적용한 감정내역서 작성 사례 비교

순번	현장명	감정 연도	세대수	엑셀내역 작성시간	블루코스트 작성기간	단축일정
1	A 아파트	2011년	1,968세대	70일	7일	63일 단축
2	B 아파트	2011년	1,586세대	50일	6일	54일 단축
3	C 아파트	2012년	1,148세대	50일	7일	43일 단축
4	D 아파트	2012년	1,386세대	50일	5일	45일 단축
5	E 아파트	2010년	2,061세대	90일	7일	83일 단축
6	F 아파트	2010년	1,739세대	55일	7일	4일 단축
7	G 아파트	2011년	738세대	30일	5일	25일 단축
8	H 아파트	2012년	658세대	30일	3일	27일 단축
9	I 아파트	2012년	1,036세대	40일	4일	36일 단축

4. 표준형 감정료 산정서 작성방법
(또는 '건설감정료 표준안)

서울중앙지방법원은 알기 쉽고 투명한 건설감정료 산정을 목적으로 2015.11.30. 개최된 심포지엄에서 변호사, 감정인 등 각계 전문가가 제기한 의견을 반영한 최종안을 확정하여 2016.1.18.부터 해당 법원에 계속된 건설사건(민사합의 · 단독) 중 ① 공동주택 하자감정, ② 일반건축물 하자감정, ③ 기성고 감정, ④ 추가공사대금 감정, ⑤ 건축피해 감정 등 5개 분야의 건설감정료 산정에 적용할 '건설감정료 표준안'을 제시하였다.

표준안 프로그램은 5개의 엑셀파일로 구성되어 있으며, 각각의 프로그램은 감정신청 항목수, 세대수 또는 연면적, 감정 난이도 등 감정 분야별로 정해진 항목을 입력하면 프로그램에 기 입력되어 있는 투입 기준인원, 제경비율, 기술료율을 적용하여 예상감정료가 자동으로 산출되도록 작성되어 있다. 감정인이 사안별 난이도 기타 특수성을 감안하여 기 입력된 투입 기준인원, 제경비율, 기술료율을 변경하거나 직접경비, 여비를 추가 입력하여 산출하는 것도 가능하여 프로그램 내 '변경사항 및 변경사유'란에 또는 별지로 변경사항 및 구체적인 변경사유를 작성하여 제출함으로써 법원 및 소송대리인이 검토 후 감정인 선정에 반영할 수 있도록 하였으며, 추가감정료 산정이나 감정료 정산 등에 활용할 수 있다.

(1) 건설감정료 표준안 프로그램

건설감정료 표준안 프로그램은 대한민국 법원(http://seoul.scourt. go.kr) 대국민서비스의 전국법원소식에서 다운받을 수 있다.

(2) 작성방법

① **사건번호**: 해당 사건번호를 입력
② **건물유형**: 공동주택, 오피스텔, 아파트형 공장 등 적절한 건물 유형을 입력
③ **세대규모**: 집합건물 전체 세대수(전유부분의 개수)를 숫자만 입력
④ **20평형 이하**: 20평형 이하 세대수를 숫자만 입력
⑤ **30평형대**: 30평형대 세대수를 숫자만 입력
⑥ **40평형 이상**: 입력 불필요. 위 ③~⑤의 입력 결과에 따라 자동 계산
⑦ **조사비율**: 집합건물 전유세대 중 조사비율(%)을 숫자만 입력. 전부 조사할 경우 100(%)

14

⑧ 항목개수－전유: 하자감정 신청 항목 중 전유 부분의 개수를 입력

⑨ 항목개수－공용: 하자감정 신청 항목 중 공용 부분의 개수를 입력

⑩ 여비(소재지): 민사소송비용규칙 소정의 여비 정액이 있는 경우 '적용'으로 변경 가능

- 변경방법: 현재 기본 상태는 '미적용'으로 '미적용' 셀을 클릭하면 우측에 버튼이 나타나고 버튼을 누르면 적용/미적용을 선택할 수 있도록 해당 셀 아래로 메뉴가 나타남
- 관련수치 변경: 관련규칙이나 경제상황의 변화에 따라 연비, 휘발유 단가, 숙박비 내지 일비 등 관련수치를 변경할 수 있음 (다만 변경사항 및 변경사유란에 이를 밝히고 반드시 소명자료 첨부)
- ※ 직접경비 중 나머지 항목의 경우 발생 비용이 없거나 극소일 것으로 예상되어 따로 편제하지 않았는바, 만약 상당한 관련 비용이 발생하는 경우 위 제경비율에 포함하여 반영되도록 하고 이를 소명하는 자료를 제출

⑪ 여비－운임 중 왕복거리: 왕복거리를 km 단위로 숫자만 입력

⑫ 자동차 대수: 조사인력 이동시 소요되는 자동차 대수를 숫자만 입력. 기본값은 '1대'

⑬ 변경사항 및 변경사유: 표준안의 기본값(기본상태)과 다른 값(상태)으로 변경할 경우 이를 밝히고 반드시 소명자료 제출

- 변경방법 예시
- 투입인원: 투입인원수를 숫자만 입력, 기본값으로 세대수, 평형, 하자 항목수 등을 고려하여 마련된 표준값 입력
- 제경비율: 제경비율(%)을 숫자만 입력, 기본값은 60(%)(즉, 직접비의 60%)

- 기술료율: 기술료율(%)을 숫자만 입력, 기본값은 15(%)(즉, (직접비 + 제경비)의 15%)

⑭ 연월일, 회사명, 감정인명, 날인: 해당 항목을 기재하고 날인

(3) 건설감정료 표준안

① 일반건축물 하자감정료 표준안

일반건축물 하자감정료 표준안										

사건번호 :
건물용형
연면적 : 1,000 ㎡

			1종 단순 0.9	2종 보통 1.0	3종 복합 1.1	보정지수 1.0	전체조사 부분	항목 개수 50 개	항목난이도 상

구 분	업무내용	기 술 자 (인)			산 출 근 거
		감정인	감정보조조사 (예술·조업)	계	
1. 감정기일 출석	① 감정사항 검토	0.50 인		0.50 인	· 수도권 법원 기준 출석 소요 시간 4시간 소요 0.5인 산정
	② 법원 출석, 선서				
2. 사전 준비	① 과업수행계획서 작성	0.50 인		0.50 인	투입 인원 0.500인 ...
	② 현장조사 준비				
3. 현장 조사	① 감정항목별 조사	6.25 인		6.25 인	항목별 인원 0.125인 ...
	② 건축물 현황 조사		0.00 인	0.00 인	투입 인원 0.000인 ...
4. 현장조사서 작성	① 재임현황도 작성		3.13 인	3.13 인	항목별 인원 0.063인 ...
	② 현장조사서 정리				
5. 감정내역서 작성	① 수량산출서 작성		3.13 인	3.13 인	항목별 인원 0.063인 ...
	② 감정내역서 작성				
6. 감정보고서 작성	① 구체적 감정사항 작성	12.50 인		12.50 인	항목별 인원 0.250인 ...
	② 감정 결과 및 보고서 작성				
투입인원 소계		19.75 인	6.25 인	26.00 인	기술자단가 특급단가 고급단가 중급단가 초급단가
직접인건비				₩ 8,185,441	₩348,160 ₩264,306 ₩209,485 ₩190,910 ₩149,647 6,876,160 1,309,281
건축물 종별 구분		1.0	₩	-	투입인원
직접경비(시험, 검사비용 등)					사전준비 현장조사 내업 소계
직접비 소계			₩	8,185,441	1.00인 6.25인 18.75인 26.00인
제 경 비	직접비의 60%		₩	4,911,265	여비(지방 추가시 산정)
기 술 료	(직접비 + 제경비)의 15%		₩	1,964,506	운임 숙박비 식비 일비
여비 (소재지)	적용			519,360	₩ 129,360 ₩150,000 ₩120,000 ₩120,000
계			₩	15,580,572	연비10 km/L 1일50,000원 1일20,000원 1일20,000원
단수 정리				80,572	1,540원/L 3일(2인1실) 6인 6인
산정 금액			₩	15,500,000	왕복거리 840km *공통비 자동차 이용, 연비 소나타 기준, 위험분단가 오피넷 기준, 숙박비 1천원 적용, 안분 등일 적용
V.A.T			₩	1,550,000	1대
합 계			₩	17,050,000	
변경사항 및 변경사유	예) 사전 조사 결과, ①감정항목별 현황조사 기준인원이 6.25인이나 하자현상이 3개동에 걸쳐 있고, 하자 종류도 기계, 전기 하자가 다수 포함되어 있어 추가로 3.75인이 더 투입될 것으로 예상되어 10인으로 변경함				

* 건축종별 복잡도 보정, 전체조사 필요시 전체조사 비율 조정
* 일반하자외 성능검사비 별도 감정 필요 시 직접경비란에 반영할 것
* 면적별 투입인원 직선보간법 적용
* 여비 민사소송비용규칙 별표고 적용

년 월 일

회사명
감정인 (인)

② 집합건축물 하자감정료 표준안

집합건물 하자감정료 표준안

사건번호 :

건물유형 세대규모		평형별 보정	20평형이하 0.9 세대	30평형대 1.0 300세대	40평형이상 1.1 세대	소계 1.00	조사율 100%	항목 개수		소계
	300세대							전용 100 개	공용 150 개	250 개

구 분	업무내용	기 술 자 (인)			산 출 근 거		
		감정인	감정인보조자 (특급·초급)	계			
1. 감정기일 출석	① 감정사항 검토	0.50 인		0.50 인	• 수도권 법원 기준 출석 4시간 소요 0.5인 산정		
	② 법원 출석, 선서						
2. 사전 준비	① 과업수행계획서 작성	0.40 인	3.60 인	4.00 인	투입인원	4.000인	150세대 이하 2인, 300~1,500세대 4-5 인, 1500세대 초과 치대5인
	② 현장조사 준비						
3. 현장 조사	① 공용부 조사	0.80 인	7.20 인	8.00 인	투입인원	8.000인	150세대 이하 4인, 300~1,500세대 8-18 인, 1500세대 초과 1500세대대당 18인추가
	② 외벽균열 조사	1.00 인	9.00 인	10.00 인	투입 인원	10.000인	150세대 이하 6인, 300~1,500세대 10-20 인, 1500세대 초과 1500세대대당 20인추가
	③ 지하주차장 균열 조사						
	④ 전유세대 조사	1.20 인	10.80 인	12.00 인	세대별 조사	0.040인	1일 조사세대수 25 세대
4. 현장조사서 작성	① 각 부위 결함현황도 작성	0.80 인	7.20 인	8.00 인	투입 인원	8.000인	150세대 이하 4인, 300~1,500세대 4-18인, 1500세대 초과 1500세대대당 18인추가
	② 외벽균열 결함현황도 작성						
5. 감정내역서 작성	① 공용부분 수량산출서 작성	0.94 인	8.44 인	9.38 인	항목별 작성	0.063인	일위대가, 내역서 작성, 항목별 평균 30분
	② 공용부분 감정내역서 작성						
	③ 전유세대 수량산출서 작성	1.00 인	9.00 인	10.00 인	투입인원	10.000인	150세대 이하 5인, 300~1,500세대 10-20인, 1500세대 초과 1500세대대당 20인추가
	④ 전유세대 감정내역서 작성						
6. 감정보고서 작성	① 구체적 감정사항 작성	1.56 인	14.06 인	15.63 인	항목별 작성	0.063인	감정보고서 작성, 항목별 평균 30분
	② 감정 결과 및 보고서 작성						
투입인원 소계		8.20 인	69.30 인	77.50 인	기술사단가	특급단가	고급단가	중급단가	초급단가

직접인건비		₩ 16,235,088	@348,160	@264,306	@209,485	@190,910	@149,647
				16,235,088			

평형별 보정 계수	1.00	₩ -		투입인원		
직접경비(시험, 검사비용 등)			사전준비	현장조사	내업	투입인원 소계
직접비 소계		₩ 16,235,088	4.50인	30.00인	43.00인	77.50인
제 경 비	직접비의 60%	₩ 9,741,053	여비(지방 주재시 산정)			
기 술 료	(직접비 + 제경비)의 15%	₩ 3,896,421	운임	숙박비	식비	일비
여비 (소재지)	미적용	₩ -	₩ -	₩750,000	₩600,000	₩600,000
계		₩ 29,872,561	연비10 km/L.	1일50,000원	1일20,000원	1일20,000원
단수 정리		₩ 872,561	1,540원/L.	15일(2인1실)	30인	30인
산정 금액		₩ 29,000,000	왕복거리 0km	• 교통비 자동차 이용, 연비 소나타 기준, 위험용단가 오피넷 기준, 숙박비 5만원 적용, 인원 2인실 적용		
V.A.T		₩ 2,900,000	1대			
합 계		₩ 31,900,000	세대당 96,667원			

변경사항 및 변경사유	예) 3. 현장조사 ② 외벽균열 조사 : 공용부 조사기준 - 표준안은 300세대 8인이나, 이 사건 아파트의 경우 평균적인 경우와 달리 외벽 균열의 정도가 크고 범위가 넓으며, 충수가 8개층으로 많아(특히 아파트 구조상 균열부위에 대한 조사가 쉽지 않을 것으로 보여) 기준인원보다 추가로 2인에 더 필요한 것으로 예상되므로, 10인으로 변경함.

* 공동주택 외 오피스텔, 아파트형공장(20평형 산정) 등 집합건물 산정 가능
* 채권양도 세대나 전유세대의 제한적 조사시 조사비율로 조정
* 감정인 보조자 고급인력단가로 일원화 적용, 세대별 투입인원 직선보간법 적용
* 고배율카메라촬영, CAD길열도 작성, 전유세대 1일 25세대 조사 전제, 평형별 10% 보정
* 여비 민사소송비용규칙 별표2 적용

년   월   일

회사명

감정인   (인)

③ 기성고 감정료 표준안

기성고 감정료 표준안

사건번호 :

건물유형				건축물 구 분	1종 단순	2종 보통	3종 복잡	보정지수	부분 조사 비율
연면적	1,000 m²				0.9	1.0	1.1	1.0	100%

구 분	업무내용	기 술 자 (인)			산 출 근 거				
		감정인	감정비보조자 (특급·초급)	계					
1. 감정기일 출석	① 감정사항 검토 ② 법원 출석, 선서	0.50 인		0.50 인	- 수도권 법원 기준 출석 소요 시간 4시간 소요 0.5인 산정				
2. 사전 준비	① 과업수행계획서 작성 ② 현장조사 준비	0.50 인		0.50 인	투입 인원	0.500인	300 m² 이하 0.3인, 1000~3000m² 이하 0.5~1인, 10000m² 이하 8인, 10000m² 초과 최대2인		
3. 현장 조사	① 기시공 부분 조사 ② 기타 현장조사	0.20 인	1.80 인	2.00 인	투입 인원	2.000인	300 m² 이하 1인, 1000~3000m² 이하 2~4인, 10000 m² 이하 8인, 10000m² 초과 10000m²마다 8인추가		
4. 현장조사서 정리	① 가시공/미시공 현황도 작성 ② 현장조사서 정리	0.60 인	5.40 인	6.00 인	투입 인원	6.000인	300 m² 이하 3인, 1000~3000m² 이하 6~10인, 10000 m² 이하 2인, 10000m² 초과 12인		
5. 감정내역서 작성	① 수량산출서 작성 ② 가시공/미시공 감정내역서	1.50 인	13.50 인	15.00 인	투입 인원	15.000인	300 m² 이하 3인, 1000~3000m² 이하 15~20인, 10000m²이하 25인, 10000m² 초과 10000m²마다 25 인추가		
6. 감정보고서 작성	① 구체적 감정사항 작성 ② 감정 결과 및 보고서 작성	0.20 인	1.80 인	0.20 인	투입 인원	2.000인	300 m² 이하 1인, 1000~3000m² 이하 2~4인, 10000 m² 이하 8인, 10000m² 초과 최대2인		
투입인원 소계		3.50 인	22.50 인	24.20 인	기술사단가	특급단가	고급단가	중급단가	초급단가
직접인건비				₩ 5,931,973	@348,160	@264,306	@209,485	@190,910	@149,647
					1,218,560		4,713,413		
건축물 종별 구분			1.0	₩ -	투입인원				
					사전준비	현장조사	내업	소계	
직접비 소계				₩ 5,931,973	1.00인	2.00인	21.20인	24.20인	
제 경 비		직접비의 60%	₩ 3,559,184		여비(지방 주재시 산정)				
기 술 료		(직접비 + 제경비)의 15%	₩ 1,423,673		숙박비		식비	일비	
여비 (소재지)		미적용		공임	₩ 38,500	₩ 50,000	₩ 40,000	₩ 40,000	
	계		₩ 10,914,829		연비10 km/L	1일50,000원	1일20,000원	1일20,000원	
	단수 정리		₩ 14,829		1,540원/L	1일(2인1실)	2인	2인	
	산정 금액		₩ 10,900,000		왕복거리 250km				
	V.A.T		₩ 1,090,000		1대	* 교통비 자동차 이용, 연비 소나타 기준, 휘발유단가 오피넷 기준, 숙박비 5만원 적용, 인원 올림 적용			
	합 계		₩ 11,990,000						
변경사항 및 변경사유		예) 사전 검토 결과, 3.현장조사는 2인이 기준이나 설계도면이 미비하기 때문에 현장 실측이 필요하여 4인으로 변경함							

* 건축종별 복잡도 보정, 전체조사 필요시 전체조사 비율 조정
* 면적별 투입인원 직선보간법 적용
* 여비 민사소송비용규칙 별표2 적용

년   월   일

회사명
가제자 인   인

14

④ 추가공사대금 감정료 표준안

추가공사대금 감정료 표준안

사건번호 :

건물유형				건축물 구 분	1종 단순	2종 보통	3종 복잡	보정지수	전체조사	항목 개수	항목가중치
연면적	3,300 ㎡				0.9	1.0	1.1	1.0	부분	70 개	단순

구 분	업무내용	기 술 자 (인)			산 출 근 거			
		감정인	감정연보조자 (특급·초급)	계				
1. 감정기일 출석	① 감정사항 검토	0.50 인		0.50 인	• 수도권 법원 기준 출석 소요 시간 4시간 소요 0.5인 산정			
	② 법원 출석, 선서							
2. 사전 준비	① 과업수행계획서 작성	1.04 인		1.04 인	투입 인원	1.043인	300 ㎡ 이하 0.3인, 1000~3000㎡ 이하 0.5~1인, 10000㎡ 이하 7인, 10000㎡ 초과 최대7인	
	② 현장조사 준비							
3. 현장 조사	① 감정항목별 조사	4.38 인		4.38 인	항목별 인원	0.063인	항목당 (단순)30분, (복잡)60분, (복합)1.20분	
	② 건축물 현황 조사		0.00 인	0.00 인	투입 인원	0.000인	300 ㎡ 이하 1인, 1000~3000㎡ 이하 2~4인, 10000㎡ 이하 6인, 10000㎡ 초과 10000㎡당21.6	
4. 현장조사서 작성	① 조사현황도 작성		4.38 인	4.38 인	항목별 인원	0.063인	항목당 (단순,복잡)30분, (복합)60분	
	② 현장조사서 정리							
5. 감정내역서 작성	① 수량산출서 작성		4.38 인	4.38 인	항목별 인원	0.063인	항목당 (단순,복잡)30분, (복합)1.20분	
	② 감정내역서 작성							
6. 감정보고서 작성	① 구체적 감정사항 작성	4.38 인		4.38 인	항목별 인원	0.063인	항목당 (단순)30분, (복잡)1.20분, (복합)180분	
	② 감정 결과 및 보고서 작성							
투입인원 소계		10.29 인	8.75 인	19.04 인	기술사단가	특급단가	고급단가	중급단가	초급단가

직접인건비			₩	5,416,555	@348,160	@264,306	@209,485	@190,910	@149,647
					3,583,561		1,832,994		

건축물 종별 구분		1.0	₩	-	투입인원			
직접경비(시험, 검사비용 등)					사전준비	현장조사	내업	소계
직접비 소계			₩	5,416,555	1.54인	4.38인	13.13인	19.04인
제 경 비	직접비의 60%		₩	3,249,933	여비(지방 부재시 산정)			
기 술 료	(직접비 + 제경비)의 15%		₩	1,299,973	운임	숙박비	식비	일비
여비 (소재지)	미적용		₩	-	₩ 107,800	₩ 100,000	₩ 80,000	₩ 80,000
계			₩	9,966,461	연비10 km/L	1일50,000원	1일20,000원	1일20,000원
단수 정리			₩	66,461	1,540원/L	2일(2인1실)	4인	4인
산정 금액			₩	9,900,000	왕복거리 700km	• 교통은 자동차 이용, 연비 소나타 기준, 위 빌유단가 오피넷 기준, 숙박비 5인용 적용, 인 원 울집 적용		
V.A.T			₩	990,000	1대			
합 계			₩	10,890,000				

변경사항 및 변경사유	예) 사전 조사 결과, ①감정항목별 현황조사 기준인원이 4.38인이나 추가공사 조사 부위가 고소부위에 많고, 공사종 류도 주차설비등 장비 분야가 다수 포함되어 있어 7인으로 변경함

* 건축종별 복잡도 보정, 전체조사 필요시 전체조사 비율로 조정
* 면적별 투입인원 직선보간법 적용
* 여비 민사소송비용규칙 별표2 적용
* 일부 증축의 경우 기성고 감정료 산정기준 적용하는 것이 적정

년   월   일

회사명
감정인   (인)

⑤ 건축피해감정료 표준안

건축피해 감정료 표준안

사건번호 :

건물유형		건축물 구분	1종 단순	2종 보통	3종 복잡	보정지수	전체조사	항목 개수
연면적	1,000 ㎡		0.9	1.0	1.1	1.0	전체	10 개

구 분	업무내용	기 술 자 (인)			산출 근거		
		감정인	감정인보조자 (특급·초급)	계			
1. 감정기일 출석	① 감정사항 검토 ② 법원 출석, 선서	0.50 인		0.50 인	- 수도권 법원 기준 출석 소요 시간 4시간 소요 0.5인 산정		
2. 사전 준비	① 과업수행계획서 작성 ② 현장조사 준비	0.50 인		0.50 인	투입 인원 0.500인	300 ㎡ 이하 0.3인, 1000~3000㎡ 이하 0.5~1인, 10000 ㎡ 이하 2인, 10000㎡ 초과 최대 2인	
3. 현장 조사	① 감정항목별 조사	1.25 인		1.25 인	항목별 인원 0.125인	균열, 누수, 침습, 처짐, 침하, 전도, 각종 손상	
	② 건축물 현장 및 주변 조사		1.00 인	1.00 인	투입 인원 1.000인	300 ㎡ 이하 0.5인, 1000~3000㎡ 이하 4인, 10000㎡ 초과 10000㎡ 마다 4명추가 (1천㎡추가 시 필요시 적용)	
4. 현장조사서 정리	① 결함현황도 작성 ② 현장조사서 정리		1.00 인	1.00 인	투입 인원 1.000인	300 ㎡ 이하 0.5인, 1000~3000㎡ 이하 1~1.5인, 10000 ㎡ 이하 2인, 10000㎡ 초과 10000㎡ 마다 2명추가	
5. 감정내역서 작성	① 수량산출서 작성 ② 감정내역서 작성		2.00 인	2.00 인	투입 인원 2.000인	300 ㎡ 이하 1인, 1000~3000㎡ 이하 2~3인, 10000㎡ 이하 4인, 10000㎡ 초과 10000㎡ 마다 4명추가	
6. 감정보고서 작성	① 기여도 산정	0.50 인		0.50 인	투입 인원 0.500인	300 ㎡ 이하 0.3인, 1000~3000㎡ 이하 0.5~0.7인, 10000㎡ 이하 1인, 최대1인추가	
	② 구체적 감정사항 작성 ③ 감정 결과 및 보고서 작성	2.50 인		2.50 인	항목별 인원 0.250인	항목당 1.70인	

투입인원 소계		5.25 인	4.00 인	9.25 인	기술사단가	특급단가	고급단가	중급단가	초급단가
					@348,160	@264,306	@209,485	@190,910	@149,647
직접인건비			₩	2,665,780		1,827,840	837,940		

건축물 종별 구분		1.0	₩	-	투입인원			
					사전준비	현장조사	내업	소계
직접경비(안전진단 비용 등)			₩	2,665,780	1.000인	2.250인	6.000인	9.25인
제 경 비	직접비의 60%		₩	1,599,468	여비(지방 주재시 산정)			
기 술 료	(직접비 + 제경비)의 15%		₩	639,787	운임	숙박비	식비	일비
여비 (소재지)	미적용		₩	-	₩	₩ 50,000	₩ 40,000	₩ 40,000
계			₩	4,905,035	운비10 ㎞/L	1일50,000원	1일20,000원	1일20,000원
단수 정리			₩	5,035	1,540일A.	1일(2인1실)	2인	2인
산정 금액			₩	4,900,000	왕복거리 0㎞	* 교통비 자동차 이용, 연비 소나타 기준, 미발생 단가 오피넷 기준, 숙박비 5만원 적용, 인원 응집 적용		
V.A.T			₩	490,000	1대			
합 계			₩	5,390,000				

변경사항 및 변경사유	예) 사전 조사 결과, 3.현장조사 ①감정항목별 조사 기준인원은 1.25인이나 건축피해가 건축물 전체에 걸쳐있고 특히 외벽쪽에 많아 2인정도 인원이 더 투입될 것으로 예상되어 3인으로 변경함

* 건축종별 복잡도 보정, 전체조사 필요시 전체조사 비용 조정
* 주요 하자유형 균열, 누수, 침습, 처짐, 침하, 전도, 각종 손상 등
* 신축 공사비 산정시 인원은 한국감정원 [건물신축단가표] 적용 인원 기준
* 안전진단 필요 시 안전진단 비용은 안전진단대가기준에 의거 별도 산정할 것
* 면적별 투입인원 직선보간법 적용, 여비 민사소송비용규칙 별표2 적용

년   월   일

회사명

감정인   (인)

부록

에필로그

　책을 마무리 지을 때 쯤 변화가 있었다. 2012년 12월, 국회는 '집합건물의 소유 및 관리에 관한 법률'을 개정하였다. 그동안 공동주택의 하자담보책임에 관해서는 '주택법'이 적용되어 아파트의 하자담보책임기간이 다른 집합건물보다 짧아지는 문제점이 지적되어 왔다. 법무부가 이 규정을 삭제하여 집합건물의 하자담보책임 범위와 책임기간을 일치시키고, 하자담보책임기간을 대통령령으로 정하여 합리적인 범위에서 담보책임기간을 재설정한 것이다. 그동안 제한되었던 공동주택 소유자의 권리를 회복시키고 하자담보책임기간과 범위를 명확하게 하여 구분소유자, 분양자 및 시공자 사이의 이해관계를 합리적으로 규율하게 되었다고 할 수 있다.

　한편 주택법 개정안도 국회본회의를 통과하였다. 개정된 안에 따르면 하자심사 · 분쟁조정위원회의 권한이 대폭 확대될 것으로 예상된다. 분쟁조정 결과에 재판상 화해의 효력을 부여해 실효성을 확보하되 당사자가 임의로 처분할 수 없는 사항은 제외한다고 한다. 화해란 당사자가 서로 양보하여 분쟁을 중지할 것을 약정함으로써 성립하는 계약으로 당사자가 직접 분쟁해결에 나서지 않고 제3자에게 맡기는 중재와 구별된다. 민간 사업주체도 조정에 의무적으로 참여해 조기에 분쟁을 해결토록 하였다.

또 다른 한편으로는 공동주택의 하자분쟁이 사회적인 문제로 대두됨에 따라 22년간 양적 공급확대에 초점이 맞춰졌던 아파트 등 주택건설기준도 소비자 중심으로 전면 개편될 예정이다. 2012년 10월 국토해양부는 다양한 주거수요와 급속도로 변하는 주택건설기술을 반영하기 위해 '주택건설기준 등에 관한 규정·규칙'의 개정안을 마련해 입법예고했다. 이번 개정안에서는 주거품질기준도 강화하는 방안이 추진된다. 가구 간 층간소음 문제를 해소하기 위해 기준을 강화하고, 발코니 확장에 따른 결로현상을 해소하기 위해 500가구 이상 공동주택에 대해선 창호 성능기준을 마련하기로 한 것이다. 또한 입주민의 아토피를 최소화하기 위해 권장사항이었던 친환경전자제품, 흡방습·흡착 등 기능성 건축자재 사용을 의무화하기로 했다.

그리고 2012년 12월에는 국토해양부 산하 '하자심사분쟁조정위원회'에서 분쟁조정시 활용하는 '하자판정기준, 조사방법 및 보수비용산정 기준'을 하자판정기준으로 적용한다고 발표했다.[153] 추후에는 국토해양부 장관이 하자판정기준, 조사방법 및 보수비용산정 기준을 고시할 수 있도록 하는 주택법을 개정하여 이 기준을 법제화하는 방안을 추진 중이라고 한다. 발표된 안을 살펴보면 분양자나 입주자의 입장을 충분히 감안한 기준임을 느낄 수 있다. 대표적인 예를 들면 하자판정기준, 조사방법 및 보수비용산정 기준 제9조의 정의에서 미시공이나 변경시공 하자를 판단함에 있어 적법한 설계 변경절차를 마친 사용검사도면(준공도면)을 기준으로 하되, 내장재료 및 외장재료의 품질이 사업계획 승인 당시의 재료 미만일 경우 하자로 판정한다고 규정하고 있다. 그리고 사업계획 승인 당시에 설계도서에 표기가 되지 않은 재료에 대해서는 착공도서를 기준으로 한다는 것이다.

일부 일반적인 시방기준과 차이가 있는 부분도 있다. 동일한 하자현상에 대한 평가라는 측면에서 보면 서울중지방법원의 「건설감정실무」기준과도 편차가 큰 부분이 몇 군데 있다.[154] 물론 하자분쟁조정위원회회의 '조정'업무는 소모적인 '민사소송'을 예방하고 상호합의에 의한 분쟁의 종결이란 측면과 조정의 주관이 공공기관이라는 면에서는 '민사소송'과는 차원이 다르므로 기준이 다를 수 있을 것이다. 적정한 접점을 찾고자 한다는 점에서 보면 기준을 사업주체가 적극적으로 수긍할 수 있는 범위 내에 있어야 조정이 활성화 되고, 적극적인 보수나 개선을 통한 하자의 보수가 이루어질 것이다. 그래서 소모적인 소송이 줄어들고 주택의 품질이 향상된다면 더할 나위 없이 좋을 것이다.

그럼에도 불구하고 분쟁의 조정이나 소송에서 당사자가 '입주자'나 '사업주체'라는 점에서 동일하고, 다투는 하자의 본질도 건축물에서 빚어지는 하자현상이라는 점에서 동일한 것은 부인할 수 없다. 소송을 제기하는 분양자나 입주자의 입장에서 보면 지난 몇 년간 꾸준히 제기되었던 감정결과의 편차에 대한 문제가 해소되자마자, 분쟁의 조정과 소송의 기준에서 편차가 생겨버린 셈이다. 그것도 행정부와 사법부라는 국가 공공기관의 기준이 서로 다르게 된 것이다. 일부 몇 가지 기준의 문제에 한정되는 사안이지만 약간 혼돈을 느낄 수 있는 부분이 없진 않다.

총체적인 관점에서는 건설산업의 선진화로 가는 친환경건축과 건축물 성능인증제도의 활성화를 감안하면 건축물의 하자를 해석하는 시대적 흐름은 이미 수요자, 사용자 중심으로 방향성을 잡은 것 같다. 장기적 관점에서는 주요 건축분쟁의 쟁점에 대해서 사법부와 행정부의 공동연구가 필요하다고 할 수 있다. 나아가 건설분쟁 전문학회와 같은 연구기관이 생겨서 중립적인 입장에서 좀 더 폭 넓은 관점의 논의가 이루어진다면 건설문화의 발전에도 도움이 되고 감정의 전문화에도 상당한 진전이 가능할 것이다.

이처럼 서울중앙지방법원의 「건설감정실무」 발표 이후, 하자소송의 근간이 되는 '주택법'과 '집합건물의 소유 및 관리에 관한 법률' 및 '주택건설의 기준'의 개정과 더불어 하자분쟁조정위원회의 '하자판정 기준, 조사방법 및 보수비용산정 기준'까지 감정인들을 둘러싼 주변 환경은 급변하고 있다. 밖으로는 이러한 변화의 움직임에 항상 촉각을 곤두세우고, 내부적으로는 감정인선정에서부터 경쟁해야 한다. 새롭게 부상하는 다양한 기술적 이슈들에 대해 신속하고 정확한 감정의견을 제시해야 하고, 재판의 전 과정에 걸쳐 지속적으로 감정을 보충해야 한다. 대응이 부실한 감정인은 도태된다.

모든 상황을 고려할 때 감정인은 오늘날의 역동적인 환경에 보다 효과적으로 대응하고 적응할 수 있는 방안을 모색해야만 한다. 감정을 성공적으로 수행하기 위해서는 제반업무에 대해 심도 있는 연구가 필요하고, 때에 따라서는 아주 세부적인 사항까지도 집중적으로 파고들어가 결과를 도출해야 한다. 감정을 실현하는 강력한 수단도 구체적으로 확보하여야 한다. 이것이 바로 이 책의 결론이다.

이 책에서 설명하는 내용이 감정의 성공을 보장할까? 그렇지는 않다. 좋은 자료는 이해를 높일 수는 있겠지만 궁극적인 해답을 제공하지는 않는다. 결국 객관적이고 과학적인 감정의 결론을 위해서는 감정인 스스로 끊임없이 노력하여 공정성과 전문성을 제고하여야 한다. 바로 이 노력이 감정의 성공을 보장할 것이다.

감사의 글

　서울중앙지방법원「건설감정실무」의 공동연구에 참여했던 여운이 채 가시지 않은 상태인 2012년 초부터 책을 쓰기 시작한 지 꼬박 일년이 걸렸다. 되짚어 보니 마치 긴 징검다리를 건넌 것 같다. 어느 돌 하나라도 없었다면 건너지 못했을 것이다. 자신의 시간과 지혜를 기꺼이 나누어 준 여러분들의 도움을 받았기 때문이다. 그 분들이 없었다면 이 책은 완성하지 못했을 것이다.

　보다 나은 책을 만들 수 있도록 내용을 더 가다듬기 위해서는 체계적인 검토가 필요했는데, 초고를 읽고 비평과 제안, 격려를 해준 분이 계신다. 바로 광운대학교 건설법무대학원의 은사이신 강재철 판사님이시다. 휴일에도 시간을 내어 하나하나 보완점을 지적해주셨다. 1장과 2장은 강재철 부장판사님께서 인용을 허락해 주신 자료를 바탕으로 구성하였음을 밝혀둔다. 진심으로 감사의 뜻을 전한다.

　감정관련 논문을 비롯한 각종 자료조사에는 광운대 건설법무대학원의 전폭적인 지원이 많은 보탬이 되었다. 사실 건축분쟁을 대학에서 전문적으로 논하고 있는 곳은 여기가 유일한 곳이다. 건설감정인들이 배우고 익히며 교류할 수 있는 장이기도 하다. 매년 건설분쟁포럼을 개최하며 분쟁예방과 해소를 위한 연구기관으로 자리매김하고 있다. 분쟁을 다룬 논문도 벌써 수십 편에 달하고 있다. 이곳에 축적된 자료들이 큰 도움이 되었다. 이 자리를 빌려 아낌없이 지원해주신 유선봉 원장님께 감사드린다. 유선봉 원장님은 기꺼이 이 책의 감수를 맡아주셨다. 박상열 교수님께도 감사한다.

그리고 우리에겐 각종 조사와 분석을 도와준 훌륭한 팀이 있었다. 무려 6개월에 걸쳐 10만 건에 달하는 하자 데이터의 분석을 도맡아 준 추재호 이사, 수많은 논문과 기술서적을 정리해 준 손은성 이사, 각종의 도표와 그림을 그려준 박종철, 이용희와 현장조사 방법과 사진정리를 도와준 이정훈, 이한수, 홍은실, 정인영, 자료의 취합과 분석을 도와준 이연실과 감정내역 작성방법을 체계적으로 정리하고 편집을 도와준 임희정에게 감사한다. CMX의 직원들 모두에게 감사한다.

늦은 감이 있지만 이 자리를 빌려「건설감정실무」를 만들어준 서울중앙지방법원 건설소송실무연구회에 깊은 존경과 감사의 마음을 전한다. 감정인들이 공부하고 연구하고 공유할 수 있는 자료가 절대적으로 부족한 현실에서「건설감정실무」는 실전에서 다투는 쟁점에 대해 명확한 기준을 설정하고 있어 건설감정의 아주 중요한 지침서가 되었다. 게다가 구체적인 감정서 서식을 제공하고 있어 감정업무의 표준화가 가능해졌다. 이처럼 좋은 실무서를 만들어 주신 건설소송실무연구회와 회장이셨던 고충정 부장판사님께 진심으로 감사드린다. 사실 고충정 부장님이 아니었다면「건설감정실무」는 나올수 없었을지 모른다. 이는 그분이 보여준 엄청난 열정의 결과물이라고 할 수 있다.

당시 실무서의 작성에는 조정위원님들의 적극적인 조언도 큰 보탬이 되었다. 김인하, 민경민 위원님께 감사의 뜻을 전한다. 이문우, 오원근, 김석주, 김명준 조정위원님께도 감사드린다. 돌이켜보면 감정실무기준 마련을 위한 태스크포스회의는 참으로 치열했다. 같이 했던 차광찬, 최재남, 김만재, 신병철, 최순정, 박재순, 음종욱, 진재형, 정상선 위원님들에게 감사의 뜻을 전한다. 세미나 과정에서 지정토론자로 참석하여 고견을 들려주셨던 정홍식, 김남식, 이범상, 최승관, 이경준 변호사님께 감사의 뜻을 전한다. 한국을 대표하는 기술사단체를 이끌고 계신 고영회, 장순영, 김종호 회장님께도 진심으로 감사드린다. 그분들에 의해 감정실무의 내용이 더욱 정교하고 세심하게 다듬어졌다. 같은 감정업에 종사하시면서 토론에 참여해주신 송인철, 김석현, 김옥남, 이관배, 김재구 감정인께도 감사한다.

무엇보다 큰 힘이 되었던 것은 대한건축사협회 김영수 회장님의 지원이었다. 김영수 회장님은 건설감정의 초석을 다지신 분으로「건설감정실무」의 전반적인 맥을 짚어주셨다. 이 자리를 빌려 진심으로 감사의 마음을 전한다. 그리고 장장 6개월에 걸쳐 회의 장소를 제공해주고 물심양면 지원해 주신 서울시건축사협회 곽철규 사무국장님과 김태문 이사님께 감사드린다.

건설감정실무의 인용을 허락해 주신 손지호 부장판사님과 책의 출판에 깊은 관심을 보여주신 김홍준 부장판사님께도 진심으로 감사의 뜻을 전한다.

1 이은아 기자, '하자기획소송'이 분양가 올려, 매일경제, 2010년 4월
   15일.

2 강재철, 건설소송에 있어서의 검증감정.

3 시방서는 가설의 모양, 공사에 사용하는 재료의 종류와 품질, 각
   부위 또는 재료의 시공방법, 시공상 특히 주의하여야 할 사항 등을
   설계도면과 병행하여 건축공사의 내용을 설명하기 위하여 문장으
   로 기재한 것으로 건물의 품질을 결정하는 도서이다. 발주자에 의
   한 공사예산의 산출, 시공자에 의한 공사비 산출의 중요한 지침이
   된다. 일반적으로 공사개요, 시방서의 적용범위, 사용재료, 시공방
   법, 특기사항, 공사별의 사양이라는 순서로 기재되는 경우가 많다.
   어느 공사에나 공통으로 사용하는 것을 전제로 하여 편집되고, 모
   든 공사항목을 망라하고 있는 공통시방서(또는 일반시방서)와 공통
   시방서를 보완하여 개개의 공사에 대하여 세부적으로 지시가 기재
   되어 있는 특기시방서(또는 특별시방서)가 있다. (법원행정처, 건설재
   판실무편람, 2006, 118면)

4 '클레임'이란 분쟁을 의미하는 것이 아니다. 계약조건의 조정이나
   해석, 금전지급, 공기연장 또는 기타 구제조치 등 계약과 관련하여
   발생하는 당사자 간의 일종의 이의제기라고 할 수 있다. 계약당사

부록

자 일방에 의한 서면을 통한 청구 또는 이의신청으로 분쟁(Dispute)의 이전 단계를 '클레임'이라고 한다. 클레임이 해소가 되지 않을 경우 비로소 분쟁이 시작된다.

5 이범상, 건설관련소송, 법률문화원, 2008, 205면.

6 민사소송법 제202조(자유심증주의).

7 감정은 하나의 '증거방법'이다. '증거'란 법원이 법률의 적용 이전에 당사자에 의해 주장된 사실을 조사하고, 사실의 진부(眞否)를 판단하기 위한 자료를 말한다. '증거'는 성격에 따라 인증(人證)(인적 증거: 증인, 감정인, 본인)·물증(문서, 증거물), 직접증거·간접증거(정황증거), 본증·반증, 본래증거·전문증거, 단순증거·종합증거 등으로 나뉜다. 증거에 의한 사실인정이 법관의 주관이나 자의에 의하지 않고 객관적으로 인정받으려면, 변론기일에 증거조사한 것이어야 한다.

8 법원감정은 재판부의 지시나 업무 유형에 따라 크게 네 가지 형태로 분류된다.

첫째, 추상적인 지식을 제공하는 '자문형'이 있다. 특정 기술이나 공법, 현상에 관한 전문가의 자문을 구하는 경우로 구체적인 사실에는 적용하지 않고 사건과는 무관하게 전문지식 자체를 재판부에 제공하는 방법이다. 법원이 증거를 결정을 하기 전에 소장, 준비서면의 내용이 너무 전문적이어서 감정사항을 결정하는데 어려움을 느낄 경우, 감정인에게 소송기록을 전달하고 조언을 구하기 위해 활용한다. 재판부는 잘못된 법적 개념을 이용하여 감정사항을 채택하는 오류를 줄일 수 있는 장점이 있다.

감정의 두 번째 유형은 전제사실을 법원에서 제시하는 경우로 '전제사실 제시형'이라고 할 수 있다. 본 유형은 법원이 각종 증거를 조사, 평가하여 사실을 확정하고, 전제사실에 감정인의 전문적 경험법칙을 적용시켜 귀결을 도출하는 형태다. 법원이 일상 경험법칙에 따라 각종 증거를 조사하여 평가하고 이에 대한 사실을 인정하고 감정인에게 제공하면, 감정인은 전제사실에 전문적 경험법칙을 적용하여 귀결을 이끌어 내 결론(감정주문)과 근거를 법원에 보고하는 방식이다. 이 경우 재판부가 제공한 전제사실은 감정인을 구속하게 되고 감정의 사고는 언제나 전제사실에서부터 출발한다. 감정의 '전제사실'은 감정인이 하나의 다른 사실을 인정할 때 전제가 되는 것이므로 감정내용을 특정하는 중요한 요소가 된다. 따라서 '전제사실 제시형'은 감정인이 전제사실로부터 귀결을 이끌어내는 사고과정과 결론을 적시해야 한다. 왜냐하면 감정인과 재판부만이 아니라 당사자에게도 감정결과가 어떤 전제사실에 근거한 내용인지 명확치 않으면 감정으로서 증거가치를 판단할 수 없기 때문이다. 감정은 사실에 전문적 경험·법칙을 적용하여 결과를 도출하거나 전문적 식견과 기술을 이용하여 사실을 발견하고 인정하는 것이므로 법원으로부터 주어진 '전제사실'은 감정서에 반드시 감정서에 명시되어야 한다.

세 번째 유형은 '증명주제 제공형'이다. 전문지식이 결여된 법관의 사실인정 자체가 불가능한 경우, 증명주제를 감정인에게 제공하고 사실인정을 주문하기도 한다. 감정인은 법원의 눈과 손이 되어 전문적인 사실을 발견, 인정하고 법원에 보고해야 한다. 실험형, 검사형, 진단형 감정이 여기에 속한다. 건축물을 눈으로 확인하고 전문가만이 알 수 있는 결점을 발견하거나, 공사 현황을 분석하여 설계도면대로 건축되었는지를 조사하고, 어떤 기계의 부품 강도를 시험하는 경우를 예로 들 수 있다. 어떤 금속의 화학적 안정도를 분석하거나, 소음에 관한 전문지식을 이용하여 공항진입로 부근의 소음을 측정하는 사례도 있다. 이와 같은 '증명주제 제공형'은 전문가만이 발견하고 확인할 수 있는 사실을 조사하는 유형이다.

마지막으로 앞의 세 유형이 상호결합된 '혼합형'이 있다. 전제사실의 일부가 감정인이 전문지식과 기술을 이용하여 발견하고 인정한 전문적 발견사실로, 일상 경험법칙에 의해 인정할 수 있는 사실과 법관으로서는 인정 불가능하고 전문가만이 발견할 수 있는 사실로 구성된다. 이는 도출된 광의의 전제사실에 전문적 경험법칙을 다시 적용하는 것이다. 일반 사건에서 흔히 시행되는 측량감정, 시가감정, 문서감정 등은 두 번째 '전제사실 제시형'이 많으며 건설소송에서의 감정은 세 번째 유형인 '증명주제 제공형'과 다른 유형이 혼합된 형태가 많다. (木川統一郎, 民事鑑定の 硏究, 判例タイムズ, 382면)

9 건물이 시공되고 거주자가 입주하여 일정한 시간이 경과한 후에 사용 중인 건축물을 대상으로 체계적이고 엄격한 방법으로 시행하는 건물 평가방법을 거주자의 만족도 평가(POE: Post occupancy evaluations)라고 한다.

10 프랑스는 프랑스혁명을 계기로 재판에 전문가를 활용해왔으며 감정인의 진술에 의존하는 전통이 오래되었다. 프랑스의 감정인은 세 가지 중 하나의 방식으로 선임된다. 첫째는 소송 당사자가 특정한 사실을 확립하거나 보전하기 위하여 전문가를 법원이 선임하는 경우이다. 둘째는 법원이 직권으로 전문가를 선임하는 경우이다. 세 번째로는 법관이 법률에 의하여 전문가를 선임하도록 강제하는 방식이다. 이처럼 프랑스 법원이 전문가를 선임하는 것은 법원의 재량에 해당한다. 일단 감정인의 채택이 결정되면 당해 사안에 적합한 감정인을 찾는다. 이는 전문가들이 해당 분야의 전문지식을 보유하고 있지만 재판에서는 판사의 특정 요구에 맞는 전문지식을 보유한 감정인이 선임되어야 하기 때문이다. 프랑스에서는 지

역명단과 전국명단의 두 종류의 감정인명단이 있다. 전문가가 전국명단에 들기 위해서는 3년 동안 지역명단에 등재를 유지해야 한다. 프랑스의 감정은 세 가지 유형으로 나뉜다. 첫째, 단순한 기술적 질문에 대한 답변을 제공하는 '사실확인' 또는 '사실인증'이다. 법관은 재판절차 중 언제든지 사실확인을 명할 수 있다. 사실인정은 일반적으로 서면으로 제출된다. 전문가 설명의 두 번째 유형으로는 단순한 사실인정과 충분한 감정의 중간 단계라고 할 수 있는 '자문'이 있다. 자문은 법관이 언제든지 명할 수 있는데 역시 전문가의 의견은 서면보고서로 제출된다. 세 번째 유형은 전문가의 설명으로 소위 '감정(expertise)'이다. 현행 프랑스 법에 따르면, 감정은 1인 이상의 전문가가 특정 쟁점에 대하여 연구하고 그에 대한 감정의견을 제출하여야 한다.

영국 법원은 과학 및 기술적인 문제나 서증 및 필적, 전문적인 거래 관행 및 기준, 외국법, 예술, 문학, 교육 분야에 대해서 전문가의 조력 없이는 적절한 결론에 도달할 수 없는 경우, 전문적인 지식의 대상이 된 사항을 입증하기 위해 감정을 이용한다. 감정인의 감정결과는 일반적으로 감정보고서나 설명서 및 구술감정 등 다양한 방법으로 제출된다. 법관은 사정관이나 법원이 선임한 감정인, 당사자가 선임하는 전문가 등 다양한 방법으로 감정을 활용하며, 전문가협회(Academy of Experts) 및 그 밖의 독립적인 전문가 명단과 같이 전문가 디렉토리를 확보하여 그 중에서 전문가를 채택하기도 한다. (이규호, 민사소송법상 과학적 증거, 비교사법 통권 제38호 상, 2007. 9, 199-240면)

미국은 당사자주의를 철저히 관철하는 국가이기에 민사소송절차에서 각 당사자의 책임아래 전문가의 의견을 법정에 증거자료로 제출하고, 법원은 전문가의견의 신빙성만을 심사하는 구조를 취하

부록

고 있다. 건축분야를 예를 들면 이들 전문가증인은 건설과정의 제반문제와 법적 측면의 전문가를 뜻하는데, 이들은 건축분쟁과 관련한 조사, 각종 결함, 열화 등에 대한 조사보고와 증언, 자문을 수행한다. 그러나 전문가증인이 성공보수의 형식으로 고용되는 경우가 많고, 소송에서의 증언에 의해 생계를 유지하는 자도 적지 않기에 변호사의 주장에 맞추어 증언을 하게 될 위험이 높다는 비판도 있다. (김주, 감정에 관한 소고, 중국법연구 제6집)

일본은 우리와 유사하게 당사자의 청원에 의한 감정을 채택하고 있다. 감정을 의뢰할 경우 사건개요서, 감정사항 등을 설명하는 문서를 첨부하여야 한다. 건설소송의 경우 감정인 선정방식이 우리나라와 좀 다른데 비교적 전문화된 감정인 선정이 이루어지고 있다. 일본의 건설감정인선정은 건축관계 소송위원회 규칙에 근거하고 있다. 재판소나 조정위원회가 최고재판소가 감정을 의뢰할 경우, 최고재판소에 설치된 '건축관계 소송위원회'가 감정인 후보자를 선정하고, 실무적으로는 일본건축학회의 '사법지원 건축회의'가 감정인 추천업무를 맡고 있다. 사법지원건축회의는 건축학회이사 등의 추천을 통하여 지역 건축사 및 대학 연구자 중에서 적정한 건축사를 사법지원 건축회원으로 등록하고 있다가 법원으로부터 감정인후보자 추천의뢰가 오면 회원 중에서 감정사항에 맞는 전문분야 건축사를 추천하는 방식이다. 이 같은 사법지원건축회의의 활동은 매우 효과가 좋아서 높은 평가를 받고 있다. (윤재윤, 건설분쟁관계법, 691면)

또한 일본건축학회는 건설감정인 선정에 필요한 인재풀 제공에 머물지 않고 각종 분쟁의 기술적 분석과 감정사례를 담은 '건축분쟁가이드'를 발간하여 건축분쟁을 예방하기 위한 노력도 기울이고 있다. (日本建築學會, 建築紛爭ハンドブック, 2010)

11 강재철, 건설소송에 있어서의 검증감정, 56면.

12 윤재윤, 전게서, 207면.

13 대법원 1991. 12. 10. 선고 91다25628 판결.

14 대법원 1999. 1. 26. 선고97다39520 판결.

15 손해배상책임을 부담하는 수급인은 피해건물의 기존의 하자정도 및 노후화로 인한 보수비용의 기여도를 주장하면서 이 부분의 감정을 명확하게 요구하여야 할 것이다. 통상 법원의 지시가 없는 경우에는 감정인이 현재의 하자 상태만 감정을 하는 경향이 있다.

16 추가공사는 당초의 공사와 동일성을 유지하면서 양적으로 공사범위를 넓히는 경우(동종 공정상 시공면적을 원계약보다 늘리는 경우)와 당초 공사의 동일성을 넘어서 다른 공정공사까지 시공하는 경우(건물의 골조공사만 계약하였다가 외벽까지 공사는 경우)로 구분되고, 추가공사를 위하여 설계변경을 해야 하는 경우와 설계변경이 불필요한 경우로 구분되기도 한다. (윤재윤, 전게서, 142면)

17 강재철, 건설소송에 있어서의 검증감정.

18 법원행정처, 건설재판실무편람, 2006, 17면.

19 나아가 이러한 어려움을 해결하기 위하여 현실적인 방안의 하나로써 감정절차의 기본적 정리사항을 표준화하여 활용하는 방안이 좋을 것 같다. 이러한 정리사항을 정형화해 놓고 그 항목을 중심으로 감정기일에 당사자 사이에서 입장을 정리하자는 것이다. 이 방식은 재판부로서는 사건에 대한 상세한 분석을 할 필요가 없으므로 업무 부담이 적어서 현실적이다. 당사자로서도 정리할 사항이 명백히 지정되므로 전문지식이 다소 부족하여도 감정준비를 하기가 용이하다. (강재철, 건설소송에 있어서의 검증감정)

20 2013년도 감정인명단 등재신청방식부터 변화가 생겼다. 수기 관리되던 감정인명단 등재업무를 온라인으로 신청을 받아 사법지원실

부록

이 통합관리하게 된 것이다. 온라인감정인신청시스템〈gamjung. scourt.go.kr〉에서는 감정인등재희망자가 인터넷을 통해 직접 등재신청을 진행하고 공인인증, 실명인증을 통하여 신청자정보를 등록하는 방식이다. 전자소송과 더불어 또 하나의 획기적인 변화라고 할 수 있다.

21 법원행정처, 전게서, 31면.

22 윤재윤, 전게서, 708면.

23 박성걸, 민사소송법상의 증거조사방법, 경북대학교, 2009, 79면.

24 윤재윤, 전게서, 707면.

25 일부 재판부는 감정보완과 별개로 감정인 신문이나 이와 유사한 형태로 감정인을 불러 감정보고서를 설명케 하기도 한다. 이와 같이 감정인이 감정업무를 완료한 후라도 기일을 정해 보고하게 하는 것은 원·피고 당사자 대리인들이 참석하여 의문사항을 질의할 수도 있고, 대면을 통한 의견교환을 통해 부족한 부분을 보충하는 것이 수월하기 때문이다. 간혹 감정인이 감정보고서를 충분히 숙지하지 않아 질문 받은 내용에 대해 제대로 대응하지 못하는 난처한 경우가 발생한다.

26 재판부는 감정인에 대한 신문사항이 오로지 경험적 판단과 전문적 판단의 해명으로 한정되도록 소송지휘를 하여야 할 것이다. 그러므로 구체적으로 감정의 전제가 되는 사실관계의 확인, 판단 및 추론과정의 확인, 판단 그리고 추론의 근거로서 견해에 대한 다툼이 있는지 확인하고 반대견해에 대한 의견, 감정서에 사용된 표현의 의미 확인으로 신문사항을 한정하다는 것이 바람직하다는 의견이 있다.

27 감정기일에서 감정인에게 감정을 명할 때 감정사항, 감정자료, 감정조건 등을 특정하여 감정을 명하지 않고, 감정인이 자기 자신의

독자적인 견해에 따라 감정을 하고 감정결과를 보고하는 경우에는 반대당사자가 재감정을 하자는 주장을 하게 된다.

28 법원행정처, 전게서, 33면.

29 국내에서 사법사상 최초로 '건설감정인 세미나'을 주관하신 당시 서울중앙지방법원 건설소송실무연구회의 윤재윤 부장판사님은 2012년 춘천지방법원장을 끝으로 법복을 벗고 현재는 법무법인 세종의 대표변호사로 재직 중이다.

30 강재철, 서울중앙지방법원 건설소송실무연구회, 건설재판실무논단, 2006.

31 특히, 아파트 등 집합건물의 하자가 문제되는 사건으로 건물사용승인검사일로부터 소제기일까지 상당한 시간이 경과한 경우가 문제이다.

32 법원의 명령에 의하여 작성된 감정서는 서증으로 취급해서는 안 된다. 서증으로 보지 않는 이유는 감정인에 대한 당사자 기피권(민사소송법 336조), 신문권 보장(민사소송법 333조)을 침해하기 때문이다.

33 민사소송법 제3절 감정

제335조(감정인의 지정): 감정인은 수소법원·수명법관 또는 수탁판사가 지정한다.

제336조(감정인의 기피): 감정인이 성실하게 감정할 수 없는 사정이 있는 때에 당사자는 그를 기피할 수 있다. 다만, 당사자는 감정인이 감정사항에 관한 진술을 하기 전부터 기피할 이유가 있다는 것을 알고 있었던 때에는 감정사항에 관한 진술이 이루어진 뒤에 그를 기피하지 못한다.

제337조(기피의 절차)

① 기피신청은 수소법원·수명법관 또는 수탁판사에게 하여야 한다.

부록

② 기피하는 사유는 소명하여야 한다.

③ 기피하는 데 정당한 이유가 있다고 한 결정에 대하여는 불복할 수 없고, 이유가 없다고 한 결정에 대하여는 즉시 항고를 할 수 있다.

34 최근에는 시공사측 기술지원 업체들까지 생겨났다. 통상 송무지원 업체라 일컬어지고 있다. 건설하자 소송과정에서 파생된 용역업체라고 할 수 있다. 감정인후보자의 경력카드, 이력서와 감정경력 등 모든 정보는 대리인에게 팩스로 전송되는데, 이 자료가 대리인에게서 송무지원업체에 보내지고 있다고 한다. 문제는 미리 감정인의 성향을 분석하고 감정인에게 우호적 의사를 확인하며, 불리하다고 판단되는 감정인에 대해서는 배제의견서를 제출하여 배척하는 방식을 취한다는 데 있다. 이러한 일은 재판부의 중립성과 공정성 보다 조금도 덜하지 않은 엄정한 중립성과 공정성이 요구되는 감정인의 위상에 영향을 미칠 수 있어, 후보자에 대한 의견서 제출 방식에 개선이 필요한 실정이다.

35 동아 새국어사전, 두산동아, 2011.

36 齋藤 隆, 建築關契訴訟の實務, 新日本法規, 2011, 163면.

'법률효과'란 어떤 경우에 어떤 권리가 발생, 변경, 소멸(득실변경)하는가를 정하고 있다. 권리의 발생, 변경, 소멸을 '권리의 변동'이라고 하고, 권리의 변동을 발생하는 경우를 '법률요건'이라 하며, 일정한 경우에 일정한 권리의 변동이 발생하는 것을 '법률효과'라고 한다.

'법률요건'이란 법률의 역할은 일정한 경우에 사람은 무엇을 할 수 있고 무엇을 하지 않으면 아니 된다는 것을 표시하는 것이다. 무엇을 할 수 있고 무엇을 하지 않으면 아니 되는가를 표시한다는 것은 달리 말하자면 권리와 의무를 분명이 한다는 것이고, '일정한 경우'를 표시한다는 것에 지나지 않는다. 예를 들면 매매는 '당사자의 일방이 재산권을 상대방에게 이전할 것을 약속하고 상대방이 이에 대하여 대금의 지급을 약속하는 것'에 의하여 성립하는 법률요건(제563조), 불법행위는 '고의 또는 과실로 인한 위법행위로 타인에게 손해를 입히는 것'에 의하여 성립하는 법률요건이다(제750조). 여기서 '고의'라든가 '과실'이라는 개개의 조건을 법률사실이라고 한다. (법률용어사전, 현암사, 2012.)

37 윤재윤, 전게서, 273면.

38 이상태, 건축수급인의 하자담보책임, 서울대학교 대학원, 1991, 73면.

39 윤재윤, 전게서, 274면.

40 이준형, 수급인의 하자담보책임에 관한 연구, 서울대학교 대학원, 2001, 101면.

41 대법원 1973. 7. 24. 선고 73다576 판결, 1994. 9. 30. 선고 94다32986 판결, 1996. 2. 23. 선고 94다42822, 42839 판결, 1997. 12. 23. 선고 97다44769 판결.

42 대법원 2006. 4. 28. 선고 2004다39511 판결.

43 미완성과 미시공은 구별되어야 한다. 미시공이란 예정된 공정이 모두 종료하였다고 인정되는데, 건물의 주요 구조부분에 관계되지 않는 공사가 누락되어 있는 경우를 말한다. 수급인의 하자담보책임에서의 하자는 수급인이 완성한 일이 도급계약에서 정한 내용을 갖추지 못하여 불완전한 점이 있는 경우를 말하는 것으로 협의의 미시공과 변경시공을 포함하는 넓은 의미로 이해되고 있다. 실무상으로도 미시공, 변경시공 및 하자의 법적 성격을 구별하고 있지는 않다.

44 윤재윤, 전게서, 279면.

45 집합건물이라 함은 집합건물법 제1조에서 정하는 바와 같이, 1동의 건물 중 구조상 구분된 수개의 부분이 독립된 건물로서 사용될 수 있는 것을 말하고, 공동주택이라 함은 주택건설촉진법 제3조 제3호에서 정하고 있는 바와 같이, 대지 및 건물의 벽·복도·계단 기타 설비 등의 전부 또는 일부를 공동으로 사용하는 각 세대가 하나의 건축물 안에서 각각 독립된 주거생활을 영위할 수 있는 구조로 된 주택(아파트, 다세대주택, 연립주택)을 말하는 것이다. 다만 집합건물법 부칙 제6조는 집합주택의 관리방법과 기준에 관한 주택건설촉진법의 특별한 규정은 그것이 이 법에 저촉하여 구분소유자의 기본적인 권리를 해하지 않는 한 효력이 있다고 규정하고 있다. 주택법의 규정에 의하여 공동주택의 관리에 관하여 필요한 사항을 정하고 있는 공동주택관리령은 공동주택의 관리에 관하여 특칙을 규정하고 있는데, 법 제16조 제1항, 시행령 제15조 제1항의 규정에 따라 20세대 이상의 공동주택을 대상으로 하고 있으므로 20세대 이상의 공동주택의 관리에 대하여는 공동주택관리령이 우선하여 적용된다. 집합건물법의 관리에 관한 규정은 20세대 미만의 공동주택, 비주택용 집합건물인 상가 또는 사무실 빌딩의 경우에 주로 적용된다고 할 것이다.

46 집합건물법은 1960년대 후반 이후의 경제발전과 인구의 도시집중으로 인하여 서울 등 대도시에 아파트 등 공동주택이 급격히 증가하는데 따라 새로운 생활관계를 규율하기 위하여 1984년에 제정된 법률이다. 동법에서 '집합건물'이란 1동의 건물 중 구조상 구분된 수개의 부분이 독립한 건물로서 사용될 수 있는 경우를 의미한다. 제정 당시부터 집합건물법은 하자담보책임에 대한 규정을 두고 있으며, 아파트, 연립주택 등 집합건물 분양자에게 민법상의 도급에 관한 규정을 준용하여 건물의 기본 구조에 대해서는 10년간의 하

자담보책임을 부과하고 있다.

47 두성규, 건설공사 하자담보책임기간의 적정성과 보험대체방안, 한국건설산업연구원, 2004년, 19면.

48 공동주택관리법 시행령 제36조 1항.

49 하자담보책임기간을 「집합건물법」과 일치시켜 담보책임기간이 지반 분야의 경우 2년에서 10년으로, 구조부 수직부재의 경우 5년에서 10년으로, 창호 공종은 1년에서 3년으로 늘어났다. 다양한 주거형태라는 측면에서 아파트의 비율이 비정상적으로 높은 현실을 감안하면 하자담보택임기간은 공동주택의 수명주기관리를 고려한 합리적인 수준, 나아가 건축물의 성능을 일정기간 보장하는 기간 설정에 대한 연구가 필요하다.

50 당사자가 서로 양보하여 당사자 사이의 분쟁을 종지할 것을 약정함으로써 성립하는 계약이다. 당사자가 직접 분쟁해결에 나서지 않고 제3자에게 맡기는 중재(仲裁)와 구별된다. (민법 731조)

51 국토해양부 주택건설공급과, 보도자료, 2012. 11. 22.

52 2012년 11월 22일 개정된 집합건물법이 국회를 통과함에 따라 아파트, 오피스텔 등에 하자가 생기면 시공 건설회사를 상대로 하자보수나 손해배상을 청구할 수 있게 됐다. 보, 바닥, 지붕, 기둥 등 집합건물의 주요 구조부에 대한 담보책임기간을 현행 5년에서 10년으로 늘렸고 이외의 기타 부분은 5년 이내에서 대통령령으로 정하도록 했다.

53 제척기간: 법정기간의 경과로서 당연히 권리의 소멸을 가져오는 것을 말한다. 시간의 경과에 의해서 권리가 소멸되는 점에서 소멸시효와 비슷하지만, 권리의 존속기간이 예정되고 그 기간만료에 의하여 권리가 당연히 소멸된다는 점이 소멸시효와의 차이점이다.

54 大森文彦, 建築工事の 瑕疵責任入門, 大成出版社, 2006.

일본의 경우 하자를 다음과 같이 나누고 있다.

(1) 법규 위반형

건축기준법은 건축물의 부지, 구조, 설비 및 용도에 관한 기준을 정하고 있지만, 건축물에 관해서는 건축기준법, 도시계획법 등 여러 가지 규제가 있고, 이러한 공법적 규제에 위반하는 경우에 하자가 문제가 된다. 청부계약에 있어서의 주문자로는, 보통은 법규위반의 건축물을 발주하는 일은 없다고 생각되지만, 청부인과 상통하여 법규위반을 감안하고 발주하는 경우는 문제이다. 따라서 행정법규위반이 바로 하자라고 평가되는지 여부에 대해서는 당사자의 인식도 고려한 다음, 해당 법규의 취지 등을 고려하여 결정되어야 할 문제라고 생각된다. 덧붙여 행정법규의 규정은, 다음에서 말하는 약정 성능 내지 약정사양에 포함되는 문제로도 될 수 있다.

(2) 약정성능 위반형

법규에는 위반하지 않아도, 특히 당사자끼리 약정한 성능이 있는 경우, 그 약정성능에 위반했을 때도 하자의 문제가 된다. 성능을 약정한 경우, 묵시의 합의도 포함된다. 예를 들면, 건축물로써 당연히 가져야 하는 성능(예를 들면, 방수성능)은 굳이 명시 하지 않아도, 약정내용에 포함되어 있는 것은 당연하다. 무엇보다, 방음성능이나 단열성능 등에 대해 설계상의 문제와도 깊게 관계하는 것이 문제라는 것에 주의를 필요로 한다.

(3) 약정사양 위반형

성능 그 자체는 아니고, 설계도서에 나타난 사양대로 시공되어 있지 않는 경우에도 하자의 문제가 된다. 더구나 '주택의 품질확보 촉진 등에 관한 법률'의 성능표시제도에 대하여, 표시성능에 반하는 내용의 시공이 이루어졌을 경우는, 그 실질에 있어서 약정사양 위반의 문제가 될 것이다.

(4) 미관 손상형

공사로서 설계도서상 요구되는 성능상이나 사양상으로는 문제가 없지만, 벽의 마감 일부가 벗겨져 있거나, 마루재가 일부 오염되어 있는 경우 등 완성 건물로써의 말하자면 미관상의 문제가 되는 일이 있지만 이 문제는 코스트 내지 그레이드의 문제에도 관계한다. 덧붙여 예를 들면, 창호와 창호범위와의 사이에 틈새의 문제 등 정도에 따라서 미관상의 문제이거나 약정성능 내지 약정사양의 문제이거나 하는 케이스도 많다.

55 대법원 1994.10.11. 선고 94다26011 판결; 1997.2.25. 선고, 96다45436 판결(공 1997상, 881); 1998.3.13. 선고 95다30345 판결(공 1998상, 996); 같은 날 선고 97다54376 판결(공 1998상, 1041); 2000.11.14. 선고 99다49743 판결.

56 대법원 1998.3.13. 선고 95다30345 판결(공 1998상, 996).

57 서울중앙지방법원,「건설감정실무」15면.

58 구욱서, 주석민법 채권각칙(4), 222면.

59 이때는 하자보수에 (실제로) 필요한 비용, 즉 철거하고 재시공하는데 소용되는 비용상당액을 청구할 수 있다는 견해와 하자보수나 하자보수에 갈음하는 손해배상을 구할 수 없고, 오직 그 하자로 인하여 입은 손해, 즉 건축한 건물의 완성 인도 시점을 기준으로 하여 하자가 없는 건물의 객관적인 가치와 하자가 있는 건물의 객관적인 가치의 차액만을 청구할 수 있다는 견해로 나뉜다. 후자의 견해는 재건축 비용 상당의 손해배상을 인정하게 되면 그 실질에 있어서 도급계약의 해제를 인정하는 것일 수밖에 없으므로 건물의 신축에 관한 도급계약의 해제를 금지한 민법의 규정에 반하여 허용되어서는 안 되고, 또한 수급인이 건축한 건물을 철거하지 않으면 안 되는데, 이는 사회경제적으로 손해가 크고 수급인에게 지나

치게 가혹하다는 것을 근거로 하고 있다.

60 대법원 1997. 2. 25. 선고 96다45436 판결.

61 서울중앙지방법원,「건설감정실무」16면.

〈예시〉단열재의 변경시공으로 인한 결로. 곰팡이 발생하자

단열재의 변경시공에 의한 결로, 곰팡이 발생하자에 대한 현장 조사결과, 외벽면 내부의 단열재를 설계도서에는 규격(THK85㎜/가 등급)의 단열재를 시공하도록 명시했으나, 실제시공은(THK 60㎜/나 등급)의 단열재를 시공한 사실을 확인했고, 그 시공시기는 사용검 사 이전으로 판단한다. 각종 보수청구공문를 확인 결과, 당해 부위 의 결로현상과 그에 의한 곰팡이 발생 등의 하자현상은 사용검사일 (2008년 12월 31일) 이후인 2009년 2월경부터 발생했음을 확인했다. 본 하자는 비록 단열재의 변경시공으로 인하여 건축물 자체에 위와 같은 결로 등의 하자가 발생할 가능성이 내재되어 있었다고 할지라 도, 그 자체만으로 하자가 사용검사 이전에 발생한 것이라고 볼 것 은 아니라 할 것이며, 주택의 기능상ㆍ미관상 지장을 초래하는 결 로현상, 곰팡이 등이 사용검사일 이후에 발생했으므로, 본 하자는 사용검사 이후에 발생한 하자로 판단한다.

62 서울중앙지방법원,「건설감정실무」74면.

63 육안조사는 발생된 균열에 대하여 근접조사를 하되, 망원경이나 카메라를 보조수단으로 사용한다.

64 조사대상의 주요 부재에 대하여 균열폭 측정기, 크랙 스케일 등을 활용하여 측정한다.

65 문제는 균열폭의 변동기록도 참고로 균열의 발생시기를 추정해야 하지만 균열발생 시기의 특정이 쉽지 않다는 데 있다. 균열의 발생 시기와 균열의 발견시기가 일치한다고 할 수 없고 하자보수 요청 공문으로는 보수요청 시기의 특정은 가능하나, 이를 하자의 발생

시기로 추정하는 것도 무리가 있기 때문이다. 즉 하자의 발생시기와 발견시기, 보수요청 시기는 서로 일치하지 않는다. 따라서 감정인은 하자의 발생시기와 관련하여 다수의 관계자로부터 정보를 수집하고 전문적 식견과 경험을 종합하여 발생시기를 추정해야 한다. 그리고 시기를 특정할 수 없는 경우는 이유를 감정서에 명시해야 한다.

66 서울중앙지방법원, 「건설감정 수행방법」, 2011, 21면.

67 서울중앙지방법원, 「건설감정실무」, 2011, 29-30면.

68 한국시설안전공단, 안전점검 및 정밀안전진단 세부지침, 44면.

69 이 기준은 「주택법」 제46조의2 제1항에 따라 하자심사분쟁조정위원회에서 공동주택의 내력구조부별 및 시설공사별로 발생하는 하자를 신속하고 공정하게 하자심사 및 분쟁을 조정하기 위하여 하자여부 판정, 하자조사 방법 및 하자보수비용 산정에 관한 기준을 정함을 목적으로 한다.

70 서울고등법원 2008. 6. 12. 선고 2007나49085 판결, 서울고등법원 2008. 3. 25. 선고 2007나56625 판결, 서울고등법원 2008. 3. 26. 선고 2007나77608 판결, 서울고등법원 2008. 5. 27. 선고 2007나105725 판결, 서울중앙지방법원 2008. 1. 30. 선고 2005가합97960 판결, 수원지방법원성남지원 2008. 2. 13.선고 2005가합3485 판결, 대전고등법원 2007. 11. 2. 선고 2007나628 판결, 서울중앙지방법원 2004. 4. 22. 선고 2002가합27595 판결, 서울중앙지방법원 2005. 1. 12. 선고 2003가합22504 판결, 서울고등법원 2008. 4. 23. 선고 2006나96503 판결, 서울중앙지방법원 2007. 8. 31. 선고 2004가합67221 판결, 서울중앙지방법원 2006. 6. 16. 선고 2004가합79378 판결, 서울중앙지방법원 2006. 7. 26. 선고 2005가합21130 판결, 서울중앙지방법원 2007. 12. 18. 선고 2006가합102234 판결, 서울

중앙지방법원 2008. 7. 4. 선고 2007가합7657 판결, 대전지방법원 2007. 4. 18. 선고 2004가합8825 판결, 서울남부지방법원 2008. 4. 25. 선고 2005가합19522 판결, 서울중앙지방법원 2008. 1. 30. 선고 2005가합96806 판결, 대구지방법원 2007. 5. 25. 선고 2004가합9729 판결) (대전지방법원 2007. 4. 18. 선고 2004가합8825 판결, 대전지방법원 2007. 9. 19. 선고 2005가합1586 판결, 대전지방법원 2007. 10. 17. 선고 2005가합7201 판결, 전주지방법원 2004. 11. 19. 선고 2003가합3460 판결.

71 서울중앙지방법원 2002. 9. 10. 선고 2000가합29160 판결, 서울동부지방법원 2004. 10. 28. 선고 2003가합6345 판결, 서울동부지방법원 2006. 5. 25. 선고 2004가합12842 판결, 서울중앙지방법원 2003. 12. 16. 선고 2002가합15653, 서울중앙지방법원 2007. 8. 8. 선고 2003가합49455 판결, 서울중앙지방법원 2008. 7. 9. 선고 2006가합1621 판결, 창원지방법원 2005. 9. 30. 선고 2001가합2822, 2001가합4736(병합) 판결, 서울중앙지방법원 2008. 8. 28. 선고 2007가합28241 판결, 서울남부지방법원 2007. 1. 19. 선고 2005가합7369 판결.

72 서울고등법원 2007. 8. 28. 선고 2006나13492 판결, 서울중앙지방법원 2004. 2. 17. 선고 2001가합34527 판결, 서울중앙지방법원 2003. 5. 21. 선고 2001가합51867 판결, 서울중앙지방법원 2003. 7. 8. 선고 2000가합92090 판결, 서울중앙지방법원 2004. 10. 6. 선고 2003가합398974 판결.

73 2013년 4월, 인천의 한 아파트 시공현장에서 58개층 중 철근을 부분적으로 빼먹은 채 시공된 사실이 언론에 보도되어 감리자와 시공관계자가 경찰에 입건되는 사건이 발생했다. 아파트 시공회사와 시공감독을 소홀히 한 감리자를 대상으로 부실시공 혐의를 적용한

것이다.

결국 시공사의 이러한 행태가 건설업 전반에 불신을 초래하는 중요한 요인이라고 할 수 있다. 따라서 시공과정에서 발생하는 각종 정보와 이를 검증한 감리업무에 관한 정보 등이 수분양자에게 명쾌하게 공개하는 것도 건설사의 신뢰를 향상시키는 좋은 방법이 될 것이다.

74 서울중앙지방법원,「건설감정실무」, 2011, 33면.

75 서울중앙지방법원,「건설감정실무」, 2011, 35면.

76 국토해양부 고시 〈에너지 절약 설계기준〉〈별표3〉 창 및 문의 단열성능기준 참조.

77 서울중앙지방법원,「건설감정실무」, 2011, 35면.

78 이흥식, 공동주택에 있어서의 발코니 단열 및 결로에 대한 현장사례 연구, 연세대학교 공학대학원, 2006.

79 국토해양부 고시 〈에너지 절약 설계기준〉의 단열재 기밀 및 결로방지를 위한 시공기준.

1. 단열재의 이음부는 최대한 밀착하여 시공하거나, 2장을 엇갈리게 시공하여 이음부를 통한 단열성능 저하가 최소화되도록 조치할 것.

2. 방습층으로 알루미늄박 또는 플라스틱계 필름를 사용할 경우의 이음부위는 100 ㎜ 이상 중첩하고 내습성 테이프, 접착제 등으로 기밀하게 마감할 것.

3. 단열부위가 만나는 모서리 부위는 방습층 및 단열재가 이어짐이 없이 시공하거나 이어질 경우 이음부위를 통한 단열성능 저하가 최소화되도록 하며, 알루미늄박 또는 플라스틱계 필름를 사용할 경우의 모서리 이음부위는 150㎜ 이상 중첩되게 시공하고 내습성 테이프, 접착제 등으로 기밀하게 마감할 것.

4. 방습층의 단부는 단부를 통한 투습이 발생하지 않도록 내습성 테이프, 접착제 등으로 기밀하게 마감할 것.

80 서울중앙지방법원,「건설감정실무」, 2011, 35면.

81 대한건축학회, 건축기술지침 Rev.1 건축Ⅱ, 공간예술사, 2010, 146-152면.

82 서울중앙지방법원,「건설감정실무」, 2011, 36면.

83 Cellulose Reinforced Cement.

84 도장공사업 협의회 〈http://www.paints.or.kr〉.

85 서울중앙지방법원,「건설감정실무」, 2011, 38면.

86 대한건축학회, 건축재료, 기문당, 2010, 253면.

87 대한건축학회, 건축시공기술, 기문당, 2010, 528면.

88 한글라스 블로그 〈http://blog.naver.com/myhanglas1〉.

89 서울중앙지방법원,「건설감정실무」, 2011, 38면.

90 서울중앙지방법원,「건설감정실무」, 2011, 39면.

91 전기사업법 제65조에 의하여 전기사업용 전기설비 및 아파트, 공장, 상가 등은 자가용 전기설비에 대한 사고를 사전에 예방하기 위하여 전기설비의 유지ㆍ운용상태가 전기설비기술기준에 적합한지의 여부에 대하여 정기검사를 해야 한다.

92 내선규정의 제210절: 옥내 등 210-2의 '조명기구를 직부 또는 매입하는 경우의 시설방법'편에서는 '2중천장 내에서 옥내배선으로부터 분기하여 조명기구에 접속하는 배선은 케이블배선 또는 금속제가요전선관(점검할 수 없는 장소에서는 2종 금속제가요전선관에 한한다) 배선으로 하는 것을 원칙으로 한다.

93 서울중앙지방법원,「건설감정실무」, 2011, 40면.

94 서울중앙지방법원,「건설감정실무」, 2011, 40면.

95 서울중앙지방법원,「건설감정실무」, 2011, 40면.

96 대한건축학회, 건축공사표준시방서 해설(조경공사), 기문당, 2009.

97 서울중앙지방법원, 「건설감정 수행방법」, 54면.

98 사업주체가 사업계획승인을 받기 위해 사업계획승인권자에게 제출하는 최소의 설계도서.

99 서울중앙지방법원, 「건설감정실무」, 2011, 18면.

100 이기상, 건축물의 요구성능과 하자와의 접점, 광운대학교 건설법무대학원 주최 건설감정포럼, 2012.11.29.

101 주택성능등급표시제도: 주택건설사업자가 주택법의 사업승인을 받아 공급하는 주택의 성능등급을 인정받아 입주자모집 공고안에 표시하여 소비자에게 정확한 정보를 제공하여 선택의 기회를 주고, 더불어 주택의 품질을 향상하도록 유도하는 제도로 2005년 1월 주택법을 개정하여 2006년 1월부터 시행하며, 단지 규모가 1,000세대 이상(에너지성능등급은 300세대 이상)인 사업자에게는 의무이다.

102 주택성능등급표시제도 〈http://www.goodhousing.or.kr〉.

103 소음이란 소리의 총칭으로 공기의 진동이 음파가 되어 청각기관에 도달하는 현상을 말한다.

104 1. 공동주택을 건설하는 지점의 소음도가 65db 이상인 경우에는 방음벽·수림대 등의 방음시설을 설치하여 해당 공동주택의 건설지점의 소음도가 65db 미만이 되도록 해야 한다. 다만, 6층 이상인 부분에 대하여 다음을 모두 만족하는 경우는 본문을 적용하지 아니한다.

　　① 세대 안에 설치된 모든 창호를 닫은 상태에서 거실에서 측정한 소음도가 45db 이하일 것.

　　② 공동주택의 세대 내에 시간당 0.7회의 환기를 할 수 있는 환기설비를 갖출 것.

부록

2. 이에 대한 측정기준은 건설교통부장관이 환경부장관과 협의하여 고시한 공동주택의 소음측정기준(건설교통부고시 제2007-573호)에 의거 세부기준이 정해졌다.

3. 개정된 규정은 2008년 1월 1일 이후에 사업승인신청이 들어간 현장부터 적용한다.

105 ③ 공동주택의 바닥은 다음 각 호의 어느 하나의 구조로 하여야 한다. 〈개정 2005.6.30, 2008.2.29〉

1. 각 층간 바닥충격음이 경량충격음(비교적 가볍고 딱딱한 충격에 의한 바닥충격음을 말한다)은 58db 이하, 중량충격음(무겁고 부드러운 충격에 의한 바닥충격음을 말한다)은 50db 이하의 구조가 되도록 할 것. 이 경우 바닥충격음의 측정은 건설교통부장관이 정하여 고시하는 방법에 의하며, 그 구조에 관하여 국토해양부장관이 지정하는 기관으로부터 성능확인을 받아야 한다.

2. 국토해양부장관이 정하여 고시하는 표준바닥구조가 되도록 할 것.

106 박은호 기자, 윗집 아이 쿵쿵 뛰는 소리 1분 넘으면 소음 간주, 조선일보, 2012년 11월 21일.

107 2013년 2월 구정 연휴기간에는 층간소음으로 살인사건이 일어나 사회적으로 큰 이슈가 되었다. 방화사건도 일어났다. 이웃간 방화와 살인사건까지 부른 '층간소음' 문제에 대해 정부가 부랴부랴 개선대책을 내놓고 있다. 아파트 등 공동주택 대부분 '벽식구조'로 건설되는 골조건설방식을 '기둥식 구조'로 유도하겠다는게 국토해양부 개선안의 요지다.

108 국토해양부고시 제2009-1217호 공동주택 바닥충격음 차단구조 인정 및 관리기준, 〈별표 1〉 바닥충격음 차단성능의 등급기준(제4조관련).

109 실내공기질인증 〈http://isum.ksa.or.kr〉.

110 S.H.S(Sick House Syndrome): 실내의 유해한 휘발성 유기화합물 등에 의한 건강피해 전반을 의미한다. Sick Building Syndrom에서 유래.

111 다중이용시설 등의 실내공기질관리법 시행규칙 제7조의2 〈별표 4의2〉 신축공동주택의 실내공기질 권고기준.

112 친환경건축물 인증제도 〈http://greenbuilding.re.kr〉.

113 지능형건축물인증제도 〈www.ibskorea.info〉.

114 에너지 효율등급 인증제도 〈http://www.kemco.or.kr〉.

115 인증(Certification)이란 어떤 대상(프로세스, 제품 등)이 정해진 요건에 적합함을 자격 있는 기관이 서면으로 보장하는 것이고, 인정(Accreditation)이란 일정 조직 또는 사람이 특정 업무를 수행할 수 있는 능력이 있음을 권한을 가진 기관이 절차에 따라 공식 승인하는 것이다.

116 어떤 제품의 안전성이 미흡해 소비자가 피해를 입었을 경우, 제조기업이 원인을 입증하고 손해배상책임을 부담하도록 규정한 법률.

117 송학주 기자, 아파트도 공산품 … PL법 적용 추진 '논란', 머니투데이, 2012년 9월 22일.

118 LEED는 Leadershop in Energy and Enviromental Design의 약어로 미국의 그린빌딩위원회(USGBC)가 만든 자연친화적 빌딩/건축물에 부여하는 친환경인증제도이다. 건축물의 디자인과 설계, 시공, 그리고 운영 중에 발생하는 환경피해를 최소화하도록 설계된 건축된 건축물에만 부여하는 녹색건물인증제도이다.

119 신정운 기자, 미국 친환경건축물 인증(LEED)에 외화 낭비, 건설경제, 2012년 10월 11일.

120 국내 성능관련의 규격은 KS F ISO 6241:2001 〈건물의 성능표준-

부록

작성원칙 및 고려사항)에서 '사용자'에 대해 정의하고 있는데 '요구조건'을 '사용자의 요구'로 정의한다. 그러므로 각종 건물의 성능표준의 작성원칙 및 고려사항에서 '요구조건'의 주체는 바로 건물의 '사용자'라고 할 수 있다.

121 내화·차연성능 못 갖춘 아파트 방화문… "사용검사 전 하자"

최근 화재 발생 시 일정시간 이상 화염과 연기를 차단해 거주자의 대피시간을 확보해야 하는 방화문의 설치 당시 내화성능 불충분 하자를 인정하는 판결이 나와 주의를 모으고 있다. 서울중앙지법 제45민사부(재판장 임태혁 부장판사)는 최근 경기 평택시 A 아파트 입주자대표회의가 시행사 B사, 시행사 겸 시공사 C사, 시공사 D사를 상대로 제기한 손해배상 청구소송에서 "피고 B, C사는 연대해 원고 대표회의에 8억 8,415만 6,503원을 지급하라"는 원고 일부 승소 판결을 내렸다.

재판부는 판결문에서 "화재 발생 시 일정 시간 이상 화염과 연기를 차단해 거주자의 대피시간을 확보해야 하는 방화문의 본질적인 기능을 고려하면 건축물에 설치되는 갑종방화문은 사회통념상 최소한 1시간 이상의 비차열 내화성능 및 차연성능을 구비하고 있어야 한다"며 "감정인의 하자감정결과 등을 종합하면 이 아파트 방화문 중 일부에는 하자가 있다"고 밝혔다. (아파트관리신문 2018.1.11. 이인영기자)

122 2016 개정판 건설감정실무 76(서울중앙지방법원 건설소송실무연구회).

123 에너지소비효율등급표시제도는 에너지를 많이 소비하고 보급률이 높은 제품을 대상으로 1~5등급으로 구분해 에너지소비효율등급라벨을 표시하도록 하고 최저효율기준 미달제품에 대해서는 생산·판매를 금지하는 제도이다.

124 '찜통 청사' 성남시청, 하자 손배소송 4년여만에 승소(2016.2.17. 연합뉴스 이우성 기자).

125 날로 강화되는 내진설계 기준… 소급 안돼 '한계'

경북 포항에서 발생한 지진으로 다세대주택을 중심으로 적잖은 피해가 발생함에 따라 건축물 내진설계에 대한 관심이 증가하고 있다. 17일 국토교통부에 따르면 내달 1일부터 개정된 건축법령이 시행됨에 따라 신축하는 모든 주택에는 층수와 연면적에 상관없이 내진설계가 적용돼야 한다. 주택 외 용도 건축물은 내진설계 연면적 기준이 500㎡에서 200㎡로 내려간다. (연합뉴스 2017.11.17. 윤종석 기자)

126 토목용어사전.

127 포항지진 이후 지난해 12월 26일 개정된 건설산업기본법 제41조 (건설공사 시공자의 제한)에 따르면 2018년 6월부터 연면적 200㎡를 초과한 건축물, 특히 다중주택과 다가구주택의 경우 규모에 상관없이 건축주의 직접시공이 제한된다. 문제는 연간 비상주 착공건수가 20만 건인데 그 중 건설업자 시공예외대상 건축물이 16만 건인 점을 감안하면 건설업 면허의 수요가 폭발할 거라는 것이다. 현재 12,000개 정도에 불과한 건설업체를 대상으로 물량이 갑자기 10만 건 이상 늘어날 수밖에 없는데 어떻게 감당할 수 있을 것인가. 결국 불법 면허대여가 횡행할 수밖에 없다. 또 다른 문제가 생겼다.

128 고효석, 인접 구조물 지반침하 관련 법적 구제방안에 대한 연구, 광운대학교, 2010, 64면.

129 국토해양부 지정 신기술 제470호 건설교통기술평가원 발행, 신기술 보고서.

130 환경부 중앙환경분쟁조정위원회 발간, '진동에 의한 건축물 피해

부록

평가에 관한 연구' 인용.

131 건축법 제22조 허용오차.

132 하자에 대해서는 그 현상과 하자 그 자체를 구별하여 생각해야 할 것이다. 누수는 하자의 현상이며, 누수가 발생한 건축물에 있는 어떤 결함(균열, 방수층 손상)이 하자이고, 결로 자체는 현상이며, 그 결로가 발생한 건축물의 어떤 결함(단열불량)이 하자이다.

133 야장이란 측량의 측정값을 현장에서 기록하는 수첩을 말한다. 측량의 방법이나 목적에 따라서 형식이 다른 것이 있다. 누가 보아도 알 수 있도록 정해진 방법으로 정확하게 기입하고, 연필을 사용한다. 잘못 쓴 것은 선을 그어서 지우고 지우개는 사용하지 않는다(건축용어사전, 현대건축관련용어편찬위원회, 2011, 성안당).

134 www.barocheck.co.kr

135 서울중앙지방법원, 「건설감정실무」, 2011, 197면.

136 '공사비내역서'란 설계도면의 구체적 이미지를 실제로 구현하기 위해 소요되는 비용의 세부명세서로 건설공사에 소요되는 공사비용의 세목별 단가와 수량, 비용을 수록한 것이다.

137 건설공사 중 대표적이며 일반화된 공종, 공법을 기준으로 공사에 소요되는 자재(物) 및 공량(工量·勞務)을 정하여 국가기관(정부) 및 지방자치단체, 정부투자기관이 공사의 예정가격을 산정하기 위한 기준.

138 우리나라의 공사비 내역체계는 국가계약법 시행령 제14조(공사의 입찰) 제2항에 의거 공사발주를 위한 공사비산출서는 공사의 종류별인 공종별 물량내역서를 제출하게끔 지정하고 있기 때문에 공종별 내역서로만 작성된다. 수량산출 단계에서도 공종별로 공사비 수량만을 관리하게 되는 것이다.

139 판결내용은 실질적으로 변경하지 않는 범위 내에서 잘못된 계산

이나 기재, 그 밖에 이와 비슷한 잘못이 있음이 분명한 때에 판결
법원이 직권 또는 당사자의 신청에 의하여 결정으로 바로 잡는
것을 말한다.

140 서울중앙지방법원, 「건설감정실무」, 2011, 233면.

141 1985년 Autocad사는 AutoLisp이라는 쉽게 사용할 수 있는 언어
를 도입했고 R11 판에서는 ADS(Autocad Development System)가
추가되어 C언어를 사용할 수 있는 신기원이 마련하였다. R12에
서는 또하나의 프로그래밍 언어로 DIESEL(Direct Interactive String
Expression! Language)이 추가 되었으며, AutoLisp도 한층 보강되었
다. R14에서 Visual LISP의 추가로 VBA의 기능을 대폭 수용하면
서 막강한 LISP이 되었다.

- AutoCAD의 도면설계시 유용하게 사용할 수 있는 함수만 골라
  서 AutoCAD에 접목시킨 것이다.
- AutoCAD에 없던 명령을 새로 만들수 있는 컴퓨터 언어이다.
- 접근이 쉽고 프로그램도 간단하여 누구나 프로그램을 작성하
  여 원하는 기능을 빨리 할 수 있다.
- AutoCAD를 사용할 때 발생되는 반복적인 작업을 단순화시키
  며 생산성을 높여준다.

142 서울중앙지방법원, 「건설감정실무」, 2011, 10면.

143 서울중앙지방법원, 「건설감정실무」, 2011, 30면.
   건설감정실무에서는 노무비는 표준품셈, 보수방법은 한국시설
안전공단 보수보강전문시방서를 근거로 균열보수 일위대가를 작
성하여 제시하고 있다.

144 서울중앙지방법원, 「건설감정실무」, 2011, 33면.

145 서울중앙지방법원, 「건설감정실무」, 2011, 34면.

표준품셈 위험할증률

위 험 할증률 (비계틀 불사용시)	5m 미만	5~10m	10~15m	15~20m	20~30m	30~40m	40~50m	50~60m	비 고
	0%	20%증	30%증	40%증	50%증	60%증	70%증	80%증	60m 이상시 매 10m증 마다 10%씩 가산

146 서울중앙지방법원,「건설감정실무」, 2011, 78면.

147 서울중앙지방법원,「건설감정실무」, 2011, 77면.

148 서울중앙지방법원,「건설감정실무」, 2011, 17면.

149 서울중앙지방법원,「건설감정실무」, 2011, 17면.

150 서울중앙지방법원,「건설감정실무」, 2011, 70면.

151 서울중앙지방법원,「건설감정실무」, 2011, 96면.

152 건설감정전문회사인 CMX사에서 개발한 '블루코스트(www.bluecost.co.kr)'라는 감정내역 작성시스템

블루코스트 서비스 홈페이지 〈www.bluecost.co.kr〉.

153 국토해양부(주택건설공급과)는 2012년 12월 27일 '하자판정기준, 조사방법 및 보수비용산정 기준'을 제정하였다. 이 기준은「주택법」제46조의2 제1항에 따라 하자심사분쟁조정위원회에서 공동주택의 내력구조부별 및 시설공사별로 발생하는 하자를 신속하

고 공정하게 하자심사 및 분쟁을 조정하기 위하여 하자여부 판정, 하자조사 방법 및 하자보수비용 산정에 관한 기준을 정함을 목적으로 하고 있다.

제3조(적용대상) 이 규칙을 적용하는 건축물은 다음 각 호와 같다.

1. 「주택법」(이하 "법"이라 한다) 제16조에 따른 사업계획승인을 받아 분양을 목적으로 건설한 다음 각목의 건축물

가. 20세대 이상의 공동주택

나. 20호 이상의 단독주택

2. 「건축법」 제11조에 따른 건축허가를 받아 분양을 목적으로 건설한 다음의 건축물

가. 19세대 미만의 공동주택

나. 주택 외의 시설과 주택을 동일건축물로 건축한 건축물 중 주택부분

3. 그 밖에 제1호 및 제2호에 해당하지 아니하는 건축물 중 「집합건물의 소유 및 관리에 관한 법률」 제1조 및 제1조의2에 따른 집합건물

154 예를 들면 제2장 정의에서 '습윤환경'을 외기에 직접 면하는 벽체 및 슬래브, 지하옹벽, 피트(Pit)와 기타 빗물 및 지하수 등의 물이 접촉하는 부위의 구조체로 정의하고, 습윤환경이 아닌 부분은 전부 '건조환경'으로 나누고 있다. 그런데 국내 콘크리트 구조 설계기준에서 정의하고 있는 '건조환경'은 일반 옥내, 부식의 우려가 없을 정도로 보호한 경우의 보통 주거 및 사무실 건물 내부로 정의되고 있어 그 의미가 좀 다르다. 또한 습윤환경도 일반 옥외의 경우, 흙속의 경우, 옥내의 경우에 있어서 습기가 찬 곳으로 하자판정기준에서 다루는 것보다 범위가 넓다. 그리고 습윤환경과 비교하여 건습의 반복작용이 많은 경우, 특히 유해한 물질

을 함유한 지하수위 이하의 흙속에 있어서 강재의 부식에 해로운 준 영향을 주는 경우, 동결작용이 있는 경우, 동상방지제를 사용하는 경우는 부식성 환경, 더 심한 경우는 고부식성 환경으로 구분하고 있다. 그렇지만 허용균열폭의 기준은 '콘크리트의 설계기준'을 따른다고 한다. 동일한 국토해양부 산하기관이지만 환경의 정의에서 '콘크리트의 설계기준'과 '하자판정기준'에서의 정의의 의미가 다른 것이다.

일반적인 시방기준과도 차이가 나는 부분도 있다. 제27조의 식재된 수목이 준공도면 규격에 미달하자에 대해서 '사용검사도면에 표기된 조경수의 규격을 기준으로 수종별로 −10%를 초과하는 경우, 허용차에도 불구하고 규격 미달의 수목이 각 수종별, 규격별 총수량의 20%를 초과하는 경우 하자로 판정한다. 단, 수형과 지엽 등이 지극히 우량하거나 식재지 및 주변 여건에 조화될 수 있다고 판단되는 것은 하자가 아닌 것으로 판정한다'고 하는데 이는 사단법인 한국조경학회의 조경공사표준시방서를 인용한 것으로 보인다. 2008년의 조경공사 표준시방서는 건설교통부가 승인한 것이다.

그런데 원문을 살펴보면 '수목규격의 허용차는 수종별로 −5～ −10% 사이에서 여건에 따라 발주자가 정하는 바에 따른다. 단, 허용치를 벗어나는 규격의 것이라도 수형과 지엽 등이 지극히 우량하거나 식재지 및 주변 여건에 조화될 수 있다고 판단되어 감독자가 승인한 경우에는 사용할 수 있다'고 규정하고 있다. 따라서 상기의 판정기준이 상대방에게 좀 더 설득력을 가지려면 '감독자'나 '감리자'의 승인을 받은 서류가 확인되어질 때 비로소 하자에서 제외되어야 할 것이다. 만약 법원감정이라면 이를 확인해야만 할 것이다. 감독자의 승인이 전제적 사실이 되기 때문이다.

서울중앙지방법원의 「건설감정실무」와 하자분쟁조정위원회의 '하자판정기준'을 비교하면 다음과 같은 몇 가지 차이점이 있다.

	하자심사분쟁조정위원회 공동주택 하자의 조사, 보수비용 산정 및 하자판정기준	2016년 서울중앙지방법원 건설소송실무연구회 건설감정실무기준(개정판)
제2조	4. "시공하자"란 건축물 또는 시설물을 해당 설계도서대로 시공하였으나, 내구성 · 내마모성 및 강도 등이 부족하여 품질을 제대로 갖추지 아니하였거나, 끝마무리를 제대로 하지 아니하여 안전상 · 기능상 또는 미관상 지장을 초래할 정도의 결함이 발생한 것을 말한다. 5. "미시공 하자"란 「주택법」 제33조에 따른 설계도서 작성기준과 해당 설계도서에 따른 시공기준에 따라 공동주택의 내력구조별 또는 시설공사별로 구분되는 어느 공종의 전부 또는 일부를 시공하지 아니하여 그 건축물 또는 시설물(제작 · 설치 · 시공하는 제품을 포함한다. 이하 같다)이 안전상 · 기능상 또는 미관상의 지장을 초래하는 것을 말한다. 6. "변경시공하자"란 건축물 또는 시설물이 다음 각 목의 어느 하나에 해당하여 그 건축물 또는 시설물의 안전상 · 기능상 또는 미관상 지장을 초래할 정도의 하자를 말한다. 가. 관계법규에 설치하도록 규정된 시설물 또는 설계도서에 명기된 시설물의 규격 · 성능 및 재질에 미달하는 경우 나. 설계도서에 명기된 시설물과 다른 저급자재로 시공된 경우	건축물의 하자라고 함은 완성된 건축물에 공사계약에서 정한 내용과 다른 구조적 · 기능적 결함이 있거나, 거래관념상 통상 갖추어야 할 품질을 제대로 갖추고 있지 아니한 것을 말하는데, 하자 여부는 당사자 사이의 계약 내용, 해당 건축물이 설계도대로 건축되었는지 여부, 건축 관련 법령에서 정한 기준에 적합한지 여부 등 여러 사정을 종합하여 고려하여 판단되어야 한다. (대법원 2008다16851 판결)

하자심사분쟁조정위원회 공동주택 하자의 조사, 보수비용 산정 및 하자판정기준	2016년 서울중앙지방법원 건설소송실무연구회 건설감정실무기준(개정판)
제7조 **제8조** **제9조** 제7조(콘크리트 균열) ① 콘크리트에 발생한 균열은 별표 2의 콘크리트 균열하자 범위에 따른 보수균열폭 이상인 경우 시공하자로 본다. ② 제1항에도 불구하고 다음 각 호의 어느 하나에 해당하는 보수균열폭 미만의 콘크리트의 균열은 시공하자로 본다. 1. 누수를 동반하는 균열 2. 철근이 배근된 위치에 철근길이 방향으로 발생한 균열 제8조(콘크리트 철근노출) 콘크리트에 철근이 노출된 경우 시공하자로 본다. 제9조(마감부9조(마감부위 균열 등) ① 미장부위에 발생한 미세균열 또는 망상균열 등이 미관상 지장을 초래하는 경우에는 마감공사의 시공하자로 본다. ② 도장면에 변색·들뜸 및 탈락 등이 발생하여 미관상 지장을 초래하는 경우에는 시공하자로 본다.	① 표면처리보수 : 0.3mm 미만(건식균열) ② 주입식보수 : 0.3mm 이상(건·습식균열) ③ 충전식보수 : 0.3mm 이상(조적벽, 층간균열) ④ 도포식보수 : 망상균열 ⑤ 단면복구방법 : 피복부족, 철근노출
제 10 조 제10조(누수) ① 건축물 또는 시설물에서 발생하는 누수 부위는 방수(防水)공사, 비방수(非防水)공사 및 창호공사로 구분한다. ② 제1항에 따른 누수하자 범위는 별표 3과 같다.	누수발생 및 발생흔적이 육안이나 측정도구로써 확인되면 누수하자로 판단한다. 누수하자는 기능상·안전상·비관상 지장을 초래하는 중요한 하자이다. 하자의 원인과 특성에 적합한 공법을 선정하여 보수비용을 산정해야 한다.

하자심사분쟁조정위원회 공동주택 하자의 조사, 보수비용 산정 및 하자판정기준	2016년 서울중앙지방법원 건설소송실무연구회 건설감정실무기준(개정판)
제 15 조	제15조(결로) ① 단열 공간의 벽체 또는 천장에서 결로가 발생한 경우에는 다음 각 호의 방법으로 하자 여부를 정한다. 다만, 제1호에 따른 측정결과 온도차이가 미미하여 당사자가 이의를 제기할 경우에는 제2호의 방법에 따른다. 1. 열화상 카메라로 측정한 결과, 결로 및 곰팡이가 발생한 부위의 단열처리가 현저히 불량한 때. 이 경우 모서리 부위는 일자형(평면) 벽체와 다르게 실내측 벽체 면적에 비해 외기측의 벽체 면적이 넓은 점을 고려한다. 2. 결로 및 곰팡이 발생부위의 마감재를 해체한 상태를 설계도서와 비교하여 단열재를 미시공·변경시공 또는 부실시공한 상태가 육안으로 식별되거나 장비로 측정될 때 ② 단열 공간 창호에 발생한 결로는 다음 각 호의 어느 하나에 해당하는 경우에 하자로 본다. 1. 창호의 모헤어(Mo Hair) 및 풍지판(창문 상·하부의 창틀 부위에 외풍을 차단하는 역할을 하는 고무판 등을 말한다) 등의 시공상태가 불량하여 기밀성이 현저히 저하된 때 2. 창문틀 주위에 모르타르 또는 우레탄폼 등을 제대로 채우지 아니한 때 3. 창호시험성적서 등에 기재된 창호의 성능이 국토교통부에서 고시한「건축물의 에너지절약 설계기준」,「에너지절약형 친환경주택의 건설기준」및「공동주택 결로 방지를 위한 설계기준」에 미달하는 때 ③ 비단열 공간의 벽체·천장·창호 또는 입주자 등이 설치·시공한 시설물에서 결로가 발생한 경우에는 입주자 등의 유지관리 사항을 고려하여 하자가 아닌 것으로 본다.	결로 하자는 곰팡이, 얼룩, 결로수 등의 발생 및 흔적을 육안으로 조사한다. 결로 하자는 실내외 단열 성능에 이상이 발생한 기능상의 하자로서, 기능상, 미관상, 위생상의 지장을 초래한다. 각종 결로 하자 현상의 제거와 보수에 적합한 공법과 보수비를 산출하여야 한다.

하자심사분쟁조정위원회 공동주택 하자의 조사, 보수비용 산정 및 하자판정기준	2016년 서울중앙지방법원 건설소송실무연구회 건설감정실무기준(개정판)
제16조 제16조(주방 싱크대 하부 및 배면 마감) ① 설계도서(실내재료 마감표, 싱크대 하부의 상세도면, 시방서 등)에 마감 표시되어 있는데도 시공하지 아니한 시설물은 미시공하자로 본다. ② 설계도서에 주방 싱크대 하부나 배면에 마감재가 표시되어 있지 아니한 경우, 별도의 마감재를 시공하지 아니하거나 미장 또는 쇠흙손 등으로 마감을 하지 아니한 경우에는 미시공하자로 본다.	싱크대 하부 바닥의 마감이 없어 시멘트 모르타르가 그대로 노출된 경우에는 분진이 발생할 우려가 있고, 미관상 지장을 초래하므로 하자로 판단한다. 싱크대 벽면의 마감 미시공은 설계도면의 실내재료 마감표 및 당해 부위 상세도의 마감재 표기 유무에 따라 판단한다. 건축물의 설계도서에 마감재를 미시공하도록 표기한 경우 하자에서 제외한다.
제17조 제17조(욕실 문턱 및 거울변색) ① 욕실의 문턱이 다음 각 호의 어느 하나에 해당하는 경우에는 시공하자로 본다. 1. 설계도면에 욕실 깊이만 표시된 경우 문턱에서 측정된 단차가 배수구에서 문턱이 있는 벽체까지의 최단 직거리 물매 100분의 1을 뺀 값에 미달하는 때 2. 설계도면에 문턱 단차가 표시된 경우 문턱의 단차 치수에 미달하는 때 3. 설계도면에 욕실 문턱의 단차 또는 깊이에 대한 표시가 없는 경우에는 물청소 시 물이 넘치지 않을 정도의 높이인 50mm 깊이에 미달하는 때 ② 욕실 거울이 부식방지를 위한 코팅처리가 되지 않아 변색된 경우에는 시공하자로 본다. 다만 입주자의 사용상 잘못이 인정되는 경우에는 그러하지 아니하다.	화장실 문턱과 타일 바닥면의 단차 불량 하자는 설계도서의 표기 치수를 기준으로 판단한다. • 욕실 단차가 설계도면과 일치하는 경우 : 슬리퍼가 욕실 문하부에 걸린다 하더라도 하자가 아닌 것으로 판정한다 • 욕실 단차가 설계도면과 상이한 경우: 설계도면에 표기된 문턱의 단차와 비교해서 배수구에서 문턱까지 직선거리의 물매 1/100을 고려한 값보다 미달한 경우 하자로 판정한다. • 치수표기가 없는 경우 5cm를 최소 단차기준으로 판단한다. 화장실 거울의 변색은 기능상, 미관상 하자로 판단한다.

하자심사분쟁조정위원회 공동주택 하자의 조사, 보수비용 산정 및 하자판정기준	2016년 서울중앙지방법원 건설소송실무연구회 건설감정실무기준(개정판)
제18조(타일) ① 타일에서 균열, 파손, 탈락 또는 들뜸 등의 현상이 확인되거나 배부름 또는 처짐 등의 현상이 발생하는 경우에는 시공하자로 본다. ② 벽체 타일의 뒤채움이 부족하여 분쟁이 발생한 경우에는 타일의 접착강도 시험을 실시하여 접착강도가 0.392Mpa(4kgf/㎠) 미만인 경우에는 시공하자로 본다.	타일면의 균열, 파손, 탈락은 육안관측으로 판단되며, 생활의 주요공간인 화장실, 발코니의 특성상 기능상. 안전상, 미관상 지장을 초래하는 하자로써 보수공사를 시행해야 한다.
제19조(트렌치 시공 등) ① 설계도서에 시공하도록 표시되어 있는 트렌치(Trench)를 시공하지 아니하여 물 넘침 등 기능상 하자가 발생한 경우에는 이를 미시공하자로 본다. ② 트렌치를 설계도서에 표시된 규격 및 재질 등에 미달되게 시공한 경우에는 변경시공하자로 본다. 다만, 트렌치의 깊이를 현장 상황에 맞도록 시공하여 바닥물매 및 배수로 길이 등을 고려할 때에 기능상 특별한 문제가 없는 경우에는 하자가 아닌 것으로 본다. ③ 설계도면대로 시공하였으나 트렌치의 바닥에 물이 장시간 고이거나 배수가 원활하지 아니한 경우에는 이를 시공하자로 본다.	트렌치 누락 및 구배불량으로 인한 배수불량은 설계도면 및 시방서 등과 현장 시공상태를 비교하여 판단한다. 기능상. 미관상 하자로 분류한다.
제20조(바닥 배수물매) ① 옥내에 설치된 지하주차장 등의 바닥 일정 부위에 물이 장시간 고이거나 역물매가 형성되어 배수가 원활하지 아니한 경우에는 시공하자로 본다. ② 설계도면에 옥외(옥상·지상주차장 등) 및 욕실 등의 물을 사용하는 공간에 배수물매가 표시되지 아니한 경우에도 물이 장시간 고이거나 배수가 원활하지 아니한 경우에는 이를 시공하자로 본다. ③ 제1항 및 2항에도 불구하고 다음 각 호의 경우에는 하자가 아닌 것으로 본다. 1. 소량의 물이 기능상 지장을 초래하지 아니할 정도로 고이는 경우 2. 설계 당시부터 배수 물매가 고려되지 아니한 경우	주차장 바닥면의 구배불량은 레벨기 등을 통해 확인이 가능하며 기능상, 미관상의 지장 여부등에 의하 판단한다.

하자심사분쟁조정위원회 공동주택 하자의 조사, 보수비용 산정 및 하자판정기준	2016년 서울중앙지방법원 건설소송실무연구회 건설감정실무기준(개정판)
제21조 (목재 창호) 물을 사용하는 욕실과 세탁실, 샤워실과 같은 곳에 설치된 문짝 상·하부의 마구리면에 래핑지 또는 조합 페인트 등으로 마감하지 않은 문짝의 경우 미시공하자로 본다. 다만, 물을 사용하지 않는 공간은 부식될 여지가 없으므로 하자 가 아닌 것으로 본다.	방문짝 등의 마구리면 마무리 처 리 미시공하자는 물을 사용하는 욕실과 세탁실, 샤워실과 같은 곳 문짝의 역우는 하자로 판정한다. 다만, 물을 사용하지 않는 공간의 문짝은 부식될 우려가 없으므로 하자가 아닌 것으로 판정한다.
제23조(조명기구 옥내배선) ① 2중 천장 내에 서 옥내배선 분기점 또는 아웃렛박스(Outlet Box)에서부터 조명기구전원 인입부분까지의 전기배선을 케이블배선, 금속제전선관(점검 할 수 없는 장소는 2종 금속제 가요전선관에 한한다) 또는 합성수지관으로 시공하지 아니 한 경우에는 미시공하자로 본다. 다만, 이를 설계도서와 다른 저급자재 등으로 시공한 것 은 변경시공하자로 본다. ② 제1항에도 불구하고 전기배선의 길이가 30cm 이하이고 그 배선이 조명기구 등에 직 접 접촉될 우려가 없는 경우에는 하자가 아닌 것으로 볼 수 있다. **제24조(조명설비)** 조명설비에 다음 각 호와 같은 결함이 발생한 경우에는 시공하자로 본다. 다만, 제1호의 경우에는 변경시공하 자로 본다. 1. 규격오류 : 설치된 조명기구가 설계도서 와 상이하거나 기준에 미달하는 때 2. 작동·기능불량 : 조명등(照明燈)을 점 등할 때에 조명기구의 내부에서 소음· 타는 냄새·연기·스파크(Spark) 등이 발생하거나 고장이 난 때 3. 탈락·추락 : 입주자 등의 과실 없이 조 명기구가 탈락되거나 추락된 때 4. 부착·접지·결선불량 : 스위치 조작 시 조명등이 켜지지 아니한 때	화장실 천장 내의 플렉시블 전선 관의 미시공은 설계도면, 시방서 및 관계 법령에 의거 판단한다. 전기시설물의 특성상 안전상, 기 능상의 하자로 분류한다. 제품 자체의 불량 여부와 소모품 에 따른 관리주체의 교체사항인 지를 판단하여 반영한다.

	하자심사분쟁조정위원회 공동주택 하자의 조사, 보수비용 산정 및 하자판정기준	2016년 서울중앙지방법원 건설소송실무연구회 건설감정실무기준(개정판)
제 26 조 제 27 조	제26조(난방설비) 거실 또는 침실별로 난방조절이 안 되는 경우에는 특별한 사정이 없는 한 시공하자로 본다. 다만, 거실 또는 침실에 가변형 공간 또는 부속공간(드레스룸, 알파룸, 파우더룸 및 욕실 등)을 두는 경우에는 설계도서대로 적합하게 시공된 경우에는 하자가 아닌 것으로 본다. 제27조(위생기구 설비) 위생기구 관련 제품에 다음 각 호와 같은 결함 등이 발생한 경우에는 시공하자로 본다. 다만, 제1호의 경우에는 변경시공하자로 본다. 1. 규격오류 : 설치된 위생기구 등이 설계도서와 상이하거나 기준에 미달하는 때 2. 들뜸 · 탈락 · 파손 : 위생기구 등이 들뜸 · 탈락 · 파손, 고정불량 또는 처짐 등의 결함이 발생한 때 3. 기능 · 부착불량 : 위생기구와 배관의 연결 불량 또는 위생기구와 배관 사이에서 누수가 되는 때	각종 설비기기류의 작동불량은 조사 당시의 상태를 확인한다. 사용관리상의 분제가 아닌 제품상 결함인 경우 하자로 판단한다. 탈락, 고정불량, 처짐 등 육안이나 촉지로 판단한다. 좌변기, 세면대 등 위생기구류의 파손, 고정불량이 다수 발생한 경우 제품 자체의 하자로 판단한다. 위생기구와 배관 사이에 누수가 발생한 경우는 부착, 접지불량으로 판단한다. 단 사용상 부주의로 인한 파손 탈락인 경우는 하자에서 제외한다.
제 30 조	제30조(조경수 고사 및 입상불량) ① 조경수는 수관부의 가지 3분의 2 이상이 고사되거나, 수목의 생육상태가 극히 불량하여 회복하기 어렵다고 인정되는 경우에는 고사(枯死)된 것으로 간주하여 시공하자로 본다. ② 지주목의 지지상태가 부실하여 조경수가 쓰러진 경우에는 입상불량 시공하자로 본다. ③ 제1항 및 제2항에도 불구하고 관리주체 및 입주자 등의 유지관리 소홀로 인하여 조경수가 고사되거나 쓰러진 경우 또는 인위적으로 훼손되었다고 입증되는 경우에는 하자가 아닌 것으로 본다.	고사목은 설계도서 및 식생 환경의 조건, 불량 등을 종합적으로 고려하여 기능상, 미관상의 하자를 판단한다.

하자심사분쟁조정위원회 공동주택 하자의 조사, 보수비용 산정 및 하자판정기준	2016년 서울중앙지방법원 건설소송실무연구회 건설감정실무기준(개정판)
제31조(조경수 뿌리분 결속재료) ① 고사되지 않은 조경 수목의 뿌리분 결속재료를 제거하지 않은 것은 하자가 아닌 것으로 본다. ② 지표면에 노출된 조경수의 뿌리분 결속재료를 제거하지 아니한 경우에는 시공하자로 본다. 다만, 분해되는 결속재료를 사용한 경우에는 하자가 아닌 것으로 본다. **제32조(조경수 식재 불일치)** ① 설계도서와 식재된 조경수를 비교하여 수종이 다르거나 저가(低價)의 수종으로 식재한 것으로 인정되는 경우에는 변경시공하자로 본다. ② 설계도서와 달리 조경수의 식재를 누락한 경우에는 미시공하자로 본다. 다만, 설계도서와 달리 위치를 변경하여 다른 장소에 식재된 경우에는 현장의 제반여건을 고려할 수 있다. **제33조(조경수 규격미달)** ① 조경수는 설계도서에 적합한 수종으로 식재하였으나, 규격(흉고직경 또는 근원직경과 수고를 말한다)이 설계도서에 미달하는 경우에는 변경시공하자로 본다. ② 제1항에 따른 조경수 규격의 허용오차는 -10%까지로 한다. ③ 제1항 및 제2항의 규정에 불구하고 조경수의 수형과 지엽 등이 지극히 우량하거나 식재지 및 주변 여건에 조화될 수 있다고 인정되는 경우에는 하자가 아닌 것으로 볼 수 있다.	식재의 규격이 설계도서에 규정한 치수보다 미달인 경우, 흉고직경과 근원직경, 수고를 기준으로 조사한다. 실측치수가 사용검사 도면의 조경수 규격치수보다 10%이상 미달하는 경우 하자로 판정한다. 부족식재, 미식재는 조경설계도서의 구역별 상세도를 기준으로 그 부족 여부를 판단한다. 설계도면과 대비해 추가적으로 시공한 식재에서 발생한 하자는 고사목의 경우에 준하여 하자를 판단한다. 고무밴드, 철선 미제거는 시방서 등에 의거하여 판단하나 현재 나무의 상태가 고사 등 부실하면 고사목으로 분류가 가능할 것이다. 상태가 양호하다면 중요하지 않은 하자로 판단한다.
제35조(준용 규정) ① 스프링클러 헤드에 관하여 이 기준에 없는 사항은 국민안전처에서 고시한「스프링클러 설비의 화재안전기준(NFSC 103)」제10조를 준용하여 하자 여부를 정한다. ② 전기설비에 관하여 이 기준에 없는 사항은 산업통상자원부에서 고시한「전기설비기술기준」을 준용하여 하자 여부를 정한다.	지하주차장 스프링클러 헤드의 살수반경에 대한 법적 기준 위반은 기능상, 안전상의 중요한 하자로 판단한다.

(첫 번째 열 좌측 라벨: 제31조, 제32조, 제33조 / 제35조)

색인

부록

색인 **479**

부록

【 저 자 】　　이기상　　건설법무학 박사
건축사 · 건축시공기술사 · CVP
경희대학교 건축공학과
한양대학교 공학대학원 공학석사
광운대학교 건설법무대학원 법학석사
(주) CMX엔지니어링건축사사무소 대표
서울시건축사협회 감정위원회 위원
서울중앙지방법원「건설감정실무」공동연구
leekisang@empal.com

　　　　　　　손은성　　건설법무학 박사
건축사 · 건축시공기술사 · CVP
전남대학교 건축공학과
광운대학교 건설법무대학원 건설법무학 석사
광주고등법원 상임전문심리위원
서울중앙지방법원「건설감정실무」외 공동연구
esson71@naver.com

【 감 수 】　　유선봉　　미국 위스콘신(매디슨)대학교 로스쿨 법학박사(S.J.D)
하버드 로스쿨 협상학과정 수료
U.C 버클리 로스쿨 방문교수
호주변호사(Barrister & Solicitor)
(현) 광운대학교 건설법무대학원장

개정판

건설감정 – 하자편

초판발행	2013년 8월 7일
개정판발행	2018년 8월 24일
중판발행	2023년 8월 25일

공저자	이기상 · 손은성
감 수	유선봉
펴낸이	안종만 · 안상준

편 집	김효선
표지디자인	권효진
기획/마케팅	임재무
제 작	고철민 · 조영환

펴낸곳	(주) **박영사**
	서울특별시 금천구 가산디지털2로 53, 210호(가산동, 한라시그마밸리)
	등록 1959. 3. 11. 제300-1959-1호(倫)
전 화	02)733-6771
f a x	02)736-4818
e-mail	pys@pybook.co.kr
homepage	www.pybook.co.kr
ISBN	979-11-303-0625-4 93540

정 가	45,000원